高等院校电子信息及机电类规划教材

模拟电子技术基础及应用

潘海军　潘学文　李　文　主　编
周　鹏　贾竹君　陈泽顺　副主编

U0310707

中国铁道出版社有限公司
CHINA RAILWAY PUBLISHING HOUSE CO., LTD.

内 容 简 介

本书为湖南科技学院课程建设教材之一,是作者在多年教学实践的基础上,汲取国内外优秀模拟电子技术教材的优点编写而成的。本书依据"必需、够用"的原则,注重模拟电子技术基本理论、基本分析方法与应用的阐述,从学生的角度出发,注重提出问题、分析问题、解决问题的能力和创新意识的培养。

全书共 9 章,主要内容包括:绪论、半导体器件、基本放大电路、放大电路的频率响应、集成运算放大电路及其应用电路、负反馈放大电路、波形发生电路及应用、功率放大电路、直流稳压电源。

本书适合作为高等院校电子信息类、电气信息类、通信类、计算机类、自动化类和机电类等专业的模拟电子电路相关课程的教材和参考资料,也适用于高职院校学生使用,还可以作为模拟电子技术相关研究人员的参考书。

图书在版编目(CIP)数据

模拟电子技术基础及应用 / 潘海军,潘学文,李文主编 .—北京:中国铁道出版社,2017.12(2024 .7重印)

高等院校电子信息及机电类规划教材

ISBN 978 - 7 - 113 - 23597 - 0

Ⅰ.①模…　Ⅱ.①潘…②潘…③李…　Ⅲ.①模拟电路-电子技术-高等学校-教材　Ⅳ.①TN710

中国版本图书馆 CIP 数据核字(2017)第 285116 号

书　　名:**模拟电子技术基础及应用**

作　　者:潘海军　潘学文　李　文

策　　划:韩从付　　　　　　　　　　　编辑部电话:(010)51873202

责任编辑:刘丽丽　绳　超

封面设计:刘　颖

责任校对:张玉华

责任印制:樊启鹏

出版发行:中国铁道出版社有限公司 (100054,北京市西城区右安门西街 8 号)

网　　址:https://www.tdpress.com/51eds/

印　　刷:北京铭成印刷有限公司

版　　次:2017 年 12 月第 1 版　2024 年 7 月第 3 次印刷

开　　本:787 mm×1 092 mm　1/16　印张:21.5　字数:565 千

书　　号:ISBN 978 - 7 - 113 - 23597 - 0

定　　价:54.00 元

前 言

模拟电子技术是高校电子信息类各专业的一门技术性和实践性很强的专业基础课,也是其他理工科专业的必修课程之一。在信息社会中,电子技术已融入生产生活的各个领域,人们的工作、学习和生活都离不开这门课程所涉及的知识。随着电子技术的飞速发展,尽管数字化已然是当今电子技术的发展重点,但是电子元器件和基本电路仍是电子技术的基础,它们在电子设备中具有不可替代的作用。

本书主要针对应用型本科院校和高职院校电子信息及机电类专业而编写,在内容编排上注重结合应用型人才的培养特点,依据"基础理论适用,分析设计方法够用,实践应用实用"的写作原则,即做到对公式、定理的推导及证明从简,知识深入浅出,原理简洁易懂;做到重点介绍典型、常用应用电子电路的适用范围及分析、设计和调试方法;做到更加注重理论应用于实践的特色,综合型实例贯穿全书各个章节,使学生通过本书的学习,提高工程应用能力,为后续课程及今后的就业和创业打下良好基础。

本书按照工程教育理念,突出基本理论与实际应用的结合;帮助学生在学习基本理论的同时,了解各章节单元电路在电子电路系统设计中的作用。通过合理安排内容,在保证基本理论知识的前提下,强化知识应用和仿真实现,淡化技巧性解题训练。

本书主要特点如下:

(1)精选内容,强化基础,突出工程应用,采用理论结合典型工程应用实例的方式编写。

(2)减少了理论推导,加强了应用及 Multisim 仿真。

(3)为便于读者学习,每章设有小结、习题与思考题。

全书共 9 章,各章内容及教学学时安排如下(建议教学学时为 64 学时):

各章内容	教学学时
第 1 章　绪论	2 学时
第 2 章　半导体器件	8 学时
第 3 章　基本放大电路	10 学时
第 4 章　放大电路的频率响应	4 学时
第 5 章　集成运算放大电路及其应用电路	10 学时
第 6 章　负反馈放大电路	8 学时
第 7 章　波形发生电路及应用	10 学时
第 8 章　功率放大电路	6 学时
第 9 章　直流稳压电源	6 学时

本书以综合型应用实例为线索，教师可根据不同的教学对象和教学计划，重新组合教学内容的顺序。

参与本书编写的人员均为湖南科技学院的骨干教师，有着丰富的教学经验和科研经历。

本书由潘海军、潘学文、李文任主编，负责全书策划；周鹏、贾竹君、陈泽顺任副主编。全书的统稿由潘海军和潘学文完成，审稿由贾竹君、陈泽顺完成。具体分工如下：第1、2、3章由潘海军编写，第4、5、8、9章由潘学文编写，第6章由李文编写，第7章由周鹏编写。

本书适合作为高等院校电子信息类、电气信息类、通信类、计算机类、自动化类和机电类等专业的模拟电子电路相关课程的教材，也适用于高职院校学生使用，还可以作为模拟电子技术相关研究人员的参考书。

本书在编写过程中，得到了校内外相关教师和学校教务处的大力支持和帮助，在此表示诚挚的谢意。

本书虽经过多次讨论及反复修改，但因时间仓促及编者水平有限，不妥之处在所难免，敬请广大读者批评指正。请将您在阅读本书过程中的意见和建议反馈至 71430221@qq.com。

编　者
2017 年 7 月

本书使用的文字符号说明

文字符号一般包括两个部分:基本符号和下标。基本符号为一个字符,少数情况为多个字符;下标可由一个或多个字母组成。当基本符号或下标采用大写或小写时,各自表示不同的含义,本书中规定如下:

一、几点原则

1. 电流和电压(以基极电流为例,其他电流、电压可类比)

I_B、U_{BE}(I_{BQ}、U_{BEQ})	大写字母、大写下标,表示直流量(或静态值)
I_b、U_{be}	大写字母、小写下标,表示交流有效值
$\dot{I}_b$、$\dot{U}_{be}$	大写字母上面加点、小写下标,表示正弦相量
i_B、u_{BE}	小写字母、大写下标,表示瞬时总量
i_b、u_{be}	小写字母、小写下标,表示交流瞬时值
$I_{B(AV)}$ $I_{C(AV)}$	表示平均值

2. 电阻

R	电路中的电阻或等效电阻
r	器件内部的等效电阻

二、基本符号

1. 电压和电流

V_{CC}	集电极直流电源电压
V_{BB}	基极直流电源电压
V_{EE}	发射极直流电源电压
V_{DD}	漏极直流电源电压
V_{GG}	栅极直流电源电压
V_{SS}	源极直流电源电压
I、i	电流的通用符号
U、u	电压的通用符号
$\dot{U}_f$、$\dot{I}_f$	反馈电压、电流
$\dot{U}_i$、$\dot{I}_i$	交流输入电压、电流
$\dot{U}_o$、$\dot{I}_o$	交流输出电压、电流

U_{REF}、I_{REF}	参考电压、电流
u_{P}、i_{P}	集成运放同相输入端的电位、电流
u_{N}、i_{N}	集成运放反相输入端的电位、电流
u_{Ic}、Δu_{Ic}	共模输入电压、共模输入电压增量
u_{Id}、Δu_{Id}	差模输入电压、差模输入电压增量
$\dot{U}_{\text{s}}$	交流信号源电压
U_{T}	电压比较器的阈值电压
U_{OH}、U_{OL}	电压比较器的输出高、低电平

2. 功率和效率

P	功率通用符号
p	瞬时功率
P_{o}	输出交流功率
P_{om}	最大输出交流功率
P_{T}	晶体管耗散功率
P_{V}	电源消耗的功率

3. 频率

f	频率通用符号
f_{bw}	通频带
f_{c}	使放大电路增益为 0 dB 的信号频率
f_{H}、f_{L}	放大电路的上限截止频率、下限截止频率
f_{P}	滤波电路的通带截止频率
f_0	电路的振荡频率、中心频率、滤波电路的特征频率
ω	角频率通用符号

4. 电阻、电导、电容、电感

R	电阻通用符号
G	电导通用符号
C	电容通用符号
L	电感通用符号
R_{b}、R_{c}、R_{e}	晶体管的基极电阻、集电极电阻、发射极电阻
R_{g}、R_{d}、R_{s}	场效应管的栅极电阻、漏极电阻、源极电阻
R_{i}、R_{if}	放大电路的输入电阻、负反馈放大电路的输入电阻
R_{L}	负载电阻
R_{N}、R_{P}	集成运放反相输入端外接的等效电阻、同相输入端外接的等效电阻
R_{o}、R_{of}	放大电路的输出电阻、负反馈放大电路的输出电阻
R_{s}	信号源内阻

5. 放大倍数、增益

A	放大倍数或增益通用符号
A_c	共模电压放大倍数
A_d	差模电压放大倍数
$\dot{A}_u$	电压放大倍数通用符号，$\dot{A}_u = \dot{U}_o / \dot{U}_i$
$\dot{A}_{uh}$	高频电压放大倍数
$\dot{A}_{ul}$	低频电压放大倍数
$\dot{A}_{um}$	中频电压放大倍数
$\dot{A}_{up}$	有源滤波电路的通带电压放大倍数
$\dot{A}_{us}$	考虑信号源内阻时的电压放大倍数的通用符号，$\dot{A}_{us} = \dot{U}_o / \dot{U}_s$
$\dot{A}_{uu}$	第一个下标为输出量，第二个下表为输入量，电压放大倍数符号，$\dot{A}_{ui}$、$\dot{A}_{ii}$、$\dot{A}_{iu}$ 以此类推
$\dot{F}$	反馈系数通用符号
$\dot{F}_{uu}$	第一个下标为反馈量，第二个下表为输出量，反馈系数符号，$\dot{F}_{ui}$、$\dot{F}_{ii}$、$\dot{F}_{iu}$ 以此类推

三、器件参数符号

1. P 型、N 型半导体和 PN 结

C_b	势垒电容
C_d	扩散电容
C_j	结电容
U_T	温度的电压当量

2. 二极管

VD	二极管
VD_Z	稳压二极管
I_D	二极管的电流
$I_{D(AV)}$	二极管的整流平均电流
I_F	二极管的最大整流平均电流
I_R、I_S	二极管反向电流、反向饱和电流
r_d	二极管导通时的动态电阻
r_z	稳压二极管工作在稳压状态下的动态电阻
U_{on}	二极管的开启电压
$U_{(BR)}$	二极管的击穿电压

3. 晶体三极管

T	晶体管
b、c、e	基极、集电极、发射极
C_{ob}	共基接法时晶体管的输出电容
C_μ、C_π	混合 π 等效电路中集电结的等效电容、发射结的等效电容
f_β	晶体管共射接法电流放大系数的上限截止频率
f_α	晶体管共基接法电流放大系数的上限截止频率
f_T	晶体管的特征频率，共射接法下使电流放大系数为 1 时的频率
g_m	跨导
h_{11e}、h_{12e}、h_{21e}、h_{22e}	晶体管共射接法 h 参数等效电路的四个参数
I_{CBO}	发射极开路时 b-c 间的反向电流
I_{CEO}	基极开路时 c-e 间的穿透电流
I_{CM}	集电极最大允许电流
P_{CM}	集电极最大允许耗散功率
$r_{bb'}$	基区体电阻
$r_{b'e}$	发射结的动态电阻
$U_{(BR)CBO}$	发射极开路时 c-b 间的击穿电压
$U_{(BR)CEO}$	基极开路时 c-e 间的击穿电压
U_{CES}	晶体管饱和管压降
U_{on}	晶体管 b-e 间的开启电压
α、$\bar{\alpha}$	晶体管共基交流电流放大系数、直流电流放大系数
β、$\bar{\beta}$	晶体管共射交流电流放大系数、直流电流放大系数

4. 场效应管

T	场效应管
d、g、s	漏极、栅极、源极
C_{ds}、C_{gs}、C_{gd}	d-s 间等效电容、g-s 间等效电容、g-d 间等效电容
g_m	跨导
i_D、i_S	漏极电流、源极电流
I_{DO}	增强型 MOS 管 $U_{GS} = 2U_{GS(th)}$ 时的漏极电流
I_{DSS}	结型场效应管 $U_{GS} = 0$ 时的漏极电流
P_{DM}	漏极最大允许耗散功率
r_{ds}	d-s 间的动态电阻
$U_{GS(off)}$ 或 U_P	耗尽型场效应管的夹断电压
$U_{GS(th)}$ 或 U_T	增强型场效应管的开启电压

5. 集成运放

A_{od}	开环差模增益
f_c	单位增益带宽

f_h	-3 dB 带宽
I_{IB}	输入级偏置电流
I_{IO}、$\mathrm{d}I_{IO}/\mathrm{d}T$	输入失调电流、输入失调电流的温漂
K_{CMR}	共模抑制比
r_{id}	差模输入电阻
S_R	转换速率
U_{IO}、$\mathrm{d}U_{IO}/\mathrm{d}T$	输入失调电压、输入失调电压的温漂

四、其他符号

D	非线性失真系数
K	热力学温度的单位
N_F	噪声系数
Q	静态工作点
S	整流电路的脉动系数
S_r	稳压电路中的稳压系数
T	温度,周期
η	效率,等于输出功率与电源提供的功率之比
τ	时间常数
φ	相位角

>>> 本书仿真图中所用图形符号与国家标准符号对照表

名　称	国家标准的画法	仿真图中的画法
电压源		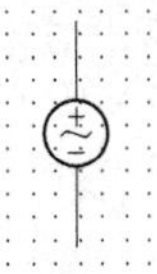
蓄电池		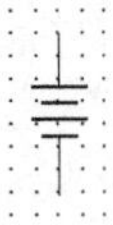
二极管		
电解电容	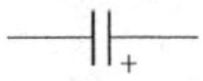	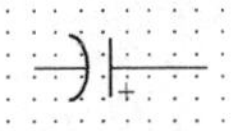

目　录

模拟电子技术基础及应用 ▶ ▶ ▶

第1章　绪　　论

本章首先介绍电子技术的基本概念,按照消息、信号、电信号、模拟信号、数字信号、电子技术的概念逐次推进;然后引出模拟电子技术的概念、研究内容以及模拟电子系统组成等内容;最后介绍模拟电子技术基础及应用课程的特点和计算机仿真软件。

 ## 1.1　电子技术概念

1. 信号和电信号

信号是消息的载体和表现形式,是反映消息的物理量,例如自然界中的温度、声音、压力、流量、质量等,也就是说任何可以承载某种消息的物理量都可以是信号。为了方便传送和控制自然界中的非电量信号,可以利用传感器将非电量信号转换成随时间变化的电压或电流,使其成为应用广泛的电信号,即电信号是指随时间变化的电压 u 或电流 i 值,可用数学表达式表示为 $u = f(t)$ 或 $i = f(t)$,并可画出其波形。电信号是生活中最常用的一种信号。我们可以从变化的电流或电压中提取很多特征,比如幅值、频率、相位等。

2. 模拟信号和数字信号

信号的形式多种多样,从不同的角度大致可以分为确定信号和随机信号、周期信号和非周期信号、连续时间信号和非连续时间信号等。在电子电路中则将信号分为模拟信号(Analog Signal)和数字信号(Digital Signal)。

模拟信号是指在时域上数学形式为连续函数的信号,即对于任意时间 t 均有确定的并且是连续的函数值 u 或 i 与之对应。典型的模拟信号如图 1.1.1(a)所示。

数字信号是指在时间上和数值上都具有离散性,u 或 i 的变化在时间上不连续,总是发生在离散的瞬间,且它们的数值是一个最小量值的整数倍,并以此倍数作为数字信号的数值,典型的数字信号如图 1.1.1(b)所示。

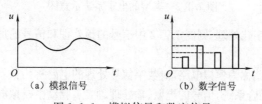

(a) 模拟信号　　　　　　　　(b) 数字信号

图 1.1.1　模拟信号和数字信号

应当指出,大多数物理量所转换成的信号均为模拟信号,尽管随着传感器技术的发展,出现了很多能输出数字信号的传感器,其敏感元件依然是模拟的,只是在后续的信号处理过程中进行了模/数转换(A/D转换)而成为数字式传感器。

本书所涉及的信号多为模拟信号。

3. 电子技术

电子技术是研究电子器件、电子电路及其应用的科学技术,是根据电子学的原理,运用电子器件设计和制造某种特定功能的电路以解决实际问题的科学,包括信息电子技术和电力电子技术两大分支。信息电子技术包括模拟电子技术和数字电子技术。按照处理信号频率的高低,模拟电子技术还可分为低频电子技术和高频电子技术。本书主要介绍低频电子技术。模拟电子技术是以半导体二极管、三极管和场效应管为关键器件,主要研究模拟信号的发生、放大、滤波、运算、转换等。

1.2 电子信息系统

电子信息系统简称电子系统。本节简要介绍电子系统所包含的主要组成部分和各部分的作用,以及电子系统的设计原则、系统中常用的模拟电子电路和组成系统时所要考虑的问题。

1. 电子系统的主要组成

典型的电子系统示意图如图1.1.2所示。系统首先采集信号,即进行信号的提取。通常这些信号来源于测试物理量的传感器、接收器或用于测试的信号发生器。对于实际系统,传感器或接收器提供的信号幅度往往都很小,噪声很大,易受干扰,甚至有时分不清是有用信号还是干扰或噪声。因此,在加工信号之前,需要将其进行预处理。进行预处理时,要根据实际情况利用隔离、滤波、阻抗变换等手段将信号提取出来进行放大。当信号足够大以后,再进行信号的运算、转换、比较等不同的加工。最后,一般要经过功率放大以驱动执行机构或负载。若要进行数字化处理,则首先通过A/D转换电路将预处理后的模拟信号转换为数字信号,输入至计算机或其他数字系统,经处理后,再经D/A转换电路将数字信号转换为模拟信号,以便驱动负载。

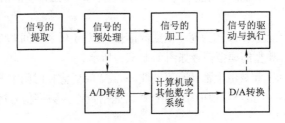

图1.1.2 典型的电子系统示意图

若系统不需要经过数字化处理,则图1.1.2中信号的预处理和信号的加工可以合二为一,统称为信号的处理。

对模拟信号处理的电路称为模拟电路,对数字信号处理的电路称为数字电路。因此,图1.1.2所示电子系统是模拟/数字混合系统,信号的提取、预处理、加工、驱动由模拟电路组成,计算机或其他数字系统由数字电路组成,A/D、D/A转换为模拟电路和数字电路的接口电路。

2. 电子系统中的模拟电路

从对信号的分析可知,对模拟信号最基本的处理是放大,而且放大电路是构成各种功能模拟电路的基本单元。在电子系统中,常用的模拟电路及其功能如下:

①放大电路:用于信号的电压、电流或功率的放大。

②滤波电路:用于信号的提取、变换或干扰。

③运算电路:完成信号的比例、加、减、乘、除、积分、微分、对数、指数等运算。

④信号转换电路:用于电压信号与电流信号之间的转换、直流信号与交流信号之间的转换、电压信号与频率信号之间的转换等。

⑤信号发生电路:用于产生正弦波、方波、矩形波、三角波、锯齿波等。

⑥直流电源:用于向电子设备提供工作所需的能量。

3. 电子系统的设计原则

在设计电子系统时,不但要考虑如何实现预期的功能和性能指标,而且还要考虑系统的可测性和可靠性。所谓可测性,包含两个含义:一是为了测试方便引出合适的测试点,二是为系统设计有一定故障覆盖率的自检电路和测试激励信号;所谓可靠性是指系统在工作环境下能够稳定运行,具有一定的抗干扰能力。

系统设计时,在满足功能和性能指标要求的前提下,尽可能做到以下几点:

①电路尽量简单。因为同样功能的电子系统,电路越简单、元器件数目越少、连线和焊点越少,出现故障的概率就越小,系统的可靠性也就越高。因此,在电子系统设计中,尽量选用集成电路实现系统的功能。

②需要考虑电磁兼容性。电磁兼容是指电子系统在预定的环境下,既能抵御周围电磁场的干扰,又较少地影响周围环境。由于电磁干扰源的大量普遍存在,电磁干扰现象经常发生。电子系统中各种用电设备能和谐正常工作而不致相互发生电磁干扰造成性能改变和遭受损坏,人们就称这个系统中的用电设备是相互兼容的。但是随着用电设备功能的多样化、结构的复杂化、功率加大和频率提高,同时它们的灵敏度已越来越高,这种相互包容兼顾、各显其能的状态很难获得。为了使系统达到电磁兼容,必须以系统的电磁环境为依据,要求每个用电设备不产生超过一定限度的电磁辐射,同时又要求它具有一定的抗干扰能力。只有对每一个设备做这两方面的约束,才能保证系统达到完全兼容。

电磁兼容设计的主要方法有屏蔽、滤波、接地等。常用的屏蔽方法有静电屏蔽、磁屏蔽和电磁屏蔽。静电屏蔽主要是为了抑制寄生电容的耦合,使电路由于分布电容泄漏出来的电磁能量经屏蔽接地而不致串入其他电路,从而使干扰得到抑制。磁屏蔽主要是针对一些低阻抗源。如变压器、线圈及一些示波器、显示器就可考虑用磁屏蔽。电磁屏蔽是利用铁磁性材料或非铁磁性金属材料做成屏蔽壳体,通过对电磁场的反射和吸收损耗,对高频电磁辐射的屏蔽。具体选用哪种材料,则应根据工作频率来确定。

另外,电路中的干扰信号还常常通过电源线、信号线、控制线等进入电路造成干扰,所以对公用电源线及通过干扰环境的导线一般均要设置滤波电路。滤波方式可以分为有源滤波和无源滤波,滤波特性可根据需要设计成带通、带阻、高通、低通滤波器。接地问题在电磁兼容设计中也是一个极其重要的问题,正确的接地方法可以减少或避免电路间的互相干扰。根据不同的电路可用不同的接地方法。对于系统的组合单元电路可以有串联一点接地、并联一点接地、多点接地等,整机接地方式也是保障产品电磁兼容的主要措施之一。由于其功能不同,故电路差别甚大,接地状况也不大相同。一般常用的方法是:将模拟电路、数字电路、机壳分开,各自独立接地,避免相互间的干扰,最后三地合一接入大地。这种方法较好地抑制了电磁噪声,减少了数字信号和模拟信号之间的干扰。

③需要考虑系统的可调性,合理引出测试点。设计自检电路,使系统的调试简单、易操作。

④在满足系统性能要求的前提下,电路设计、生产工艺应简单易行,元器件的选择应以通用化为主,不能盲目追求某一指标而忽略系统的整体性能。

1.3 电子电路的计算机辅助分析与设计软件介绍

随着电子计算机的硬件和软件技术的飞速发展,以计算机辅助设计(Computer Aided Design,CAD)为基础的电子设计自动化(Electronic Design Automation,EDA)技术也得到了蓬勃发展,目前已成为电子学领域的重要设计手段。EDA 工具使电子电路和电子系统的设计产生了革命性的变化,它摒弃了靠硬件调试来达到设计目标的烦琐过程,实现了硬件设计的软件化。

1. SPICE

SPICE(Simulation Program with Integrated Circuit Emphasis)是美国加利福尼亚大学伯克利分校开发的,1988 年被定为美国国家工业标准,主要用于集成电路(IC)、模拟电路、数/模混合电路、电源电路等电子系统的设计和仿真。可以进行各种电路仿真、激励建立、温度与噪声分析、模拟控制、波形输出、数据输出,并在同一窗口内同时显示模拟与数字的仿真结果。无论对哪种器件哪些电路进行仿真,都可以得到精确的仿真结果,并可以自行建立元器件及元器件库。

2. Multisim

Multisim 是美国国家仪器(NI)有限公司推出的以 Windows 为基础的仿真工具,适用于板级的模拟/数字电路板的设计工作。它包含了电路原理图的图形输入、电路硬件描述语言输入方式,具有丰富的仿真分析能力。Multisim 提炼了 SPICE 仿真的复杂内容,初学者很容易使用 Multisim 交互式地搭建电路原理图,并对电路进行仿真,轻松完成从理论到原理图捕获与仿真再到原型设计和测试这样一个完整的综合设计流程。目前使用比较普遍的是 Multisim 10.0。详细使用方法见附录 C 部分。

初步掌握一种电子电路计算机辅助分析与设计软件对学习模拟电子技术基础很有必要。本书选用 Multisim 10.0 为基本工具,在后续章节中进行应用举例,使读者掌握电子电路的仿真与测试方法。

小 结

本章简要介绍了电子技术的基本概念、模拟电子系统的组成及电子信息系统的组成原则,为读者在后续章节的学习建立一个关于模拟电子技术的初步概念,同时强调了仿真软件的应用对本课程学习的重要性。

习题与思考题

1. 简述模拟信号与数字信号的区别。
2. 简述电子技术的分类。
3. 简述模拟电子系统的组成。
4. 使用 Multisim 10.0 软件任意绘制一个电路原理图。

第2章　半导体器件

本章主要介绍半导体的基础知识和二极管、三极管、场效应管等器件。半导体器件是组成各种电子电路的核心元件,掌握它们的工作原理、特性曲线和主要参数是学好本课程及后续有关课程的重要基础。

 ## 2.1　半导体的特性

自然界的物质,按导电能力的强弱可分为导体、绝缘体和半导体三类。物质的导电能力可以用电导率 σ 或电阻率 ρ 来衡量,二者互为倒数。物质的导电能力越强,其电导率越大,电阻率越小。

导电能力很强的物质称为导体。金属一般都是导体,如银、铜、铝、铁等。原因是其原子最外层的电子受原子核的束缚作用很小,可以自由移动,成为自由电子。

绝缘体是导电能力极弱的物质。这种物质的核外电子被束缚得很紧,因而不能自由移动。如橡胶、塑料、陶瓷、石英等都是绝缘体。

半导体是导电能力介于导体和绝缘体之间的物质。如硅、锗、硒、砷化镓等都属于半导体。

半导体器件是构成各种电子电路——包括模拟电路和数字电路、集成电路和分立元电路的基础。而这些半导体器件主要是利用各种半导体材料制成的,例如硅(Si)和锗(Ge)等。它们的原子结构如图 2.1.1 所示。锗和硅的最外层电子都是 4 个,因此都是 4 价元素。最外层电子受原子核束缚力最小,称为价电子。物质的化学性质是由价电子数决定的,半导体的导电性质也与价电子有关。

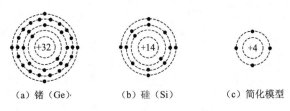

(a) 锗(Ge)　　(b) 硅(Si)　　(c) 简化模型

图 2.1.1　锗和硅的原子结构

根据原子之间排列形式的不同,可把物质分成晶体和非晶体两大类。所谓晶体就是这些物质的原子是按一定的规则整齐地排列着,组成某种形式的晶体点阵。现在所用的半导体材料都制成晶体。例如,将锗和硅材料提纯并形成单晶体后,锗和硅原子就是按四角形系统组成晶体点阵,即每个原子处于正四面体中心,而有 4 个其他原子位于四面体的顶点,如图 2.1.2(a)所示。由于原子之间靠得很近,原来分属于每个离子的价电子就要受到相邻原子的影响而使价电子为 2 个原子所共有,即形成了晶体中的共价键结构。也就是说,2 个相邻的原子共有 1 对价电子,这 1 对价电子组成所谓的共价键,

图 2.1.2(b)是硅晶体中共价键结构平面示意图。

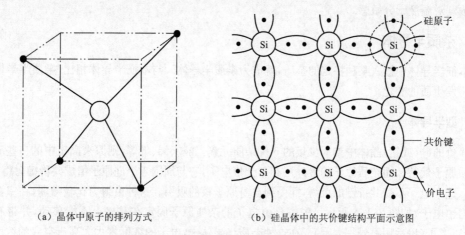

（a）晶体中原子的排列方式　　　　　（b）硅晶体中的共价键结构平面示意图

图 2.1.2　晶体中的原子的排列方式及硅晶体中的共价键结构平面示意图

2.1.1　本征半导体

　　纯净的、不含杂质的半导体称为**本征半导体**。在本征半导体中,由于晶体中共价键的结合力很强,在热力学温度零度(即 $T=0$ K,相当于 -273 ℃)时,价电子的能量不足以挣脱共价键的束缚,因此,晶体中不存在能够导电的载流子。所以,在 $T=0$ K 时,半导体不导电。如果温度升高,例如在室温下,将有少数价电子获得足够的能量,克服共价键的束缚而成为**自由电子**。但因自由电子的数量很少,所以本征半导体的导电能力非常微弱。

　　当本征半导体中的某些价电子挣脱共价键的束缚成为自由电子时,在原来的共价键中留下一个空位,这种空位称为**空穴**,如图 2.1.3 所示,对于这样的空位,附近共价键中的电子比较容易进来填补,而在附近的共价键中留下一个新的空位,同样,其他地方的电子又有可能来填补后一个空位,从效果上看,这种共有电子的填补运动,相当于带有正电荷的空穴在运动。为了与自由电子的运动区别开来,将这种运动称为空穴运动,并将空穴视为带正电的载流子。

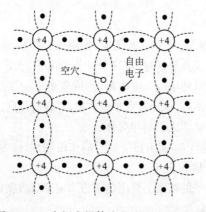

图 2.1.3　本征半导体中的自由电子和空穴

　　由此可见,半导体中存在两种载流子:电子和空穴。带负电的自由电子和空穴总是成对出现,称为**电子-空穴对**,因此两种载流子的浓度是相等的。本征半导体中载流子的浓度,除了与半导体材料本身的特质有关外,还与温度密切相关,而且随着温度的升高,基本上按指数规律增加。因此,本征载流子的浓度对温度十分敏感。

2.1.2 杂质半导体

在本征半导体中掺入某种特定的杂质,就成为**杂质半导体**。与本征半导体相比,杂质半导体的导电性能将发生质的变化。

1. N 型半导体

在 4 价的硅(或锗)晶体中掺入少量的 5 价杂质元素,如磷、锑、砷等,则原来晶格中的一些硅原子将被杂质原子代替。而杂质原子的最外层有 5 个价电子,它与周围 4 个硅原子组成共价键时将多余 1 个电子。这个电子不受共价键的束缚,而受到自身原子核的吸引。这种束缚力比较微弱,在室温下即可成为自由电子,如图 2.1.4 所示。失去自由电子的杂质原子固定在晶格上不能移动,并带有正电荷,称为正离子(以后用符号⊕表示)。在这种杂质半导体中,电子的浓度将大大高于空穴的浓度。因主要依靠电子导电,故称为电子型半异体或 **N 型半导体**。其中 5 价的杂质原子可以提供电子,所以称为施主原子。N 型半导体中的电子称为多数载流子(简称多子),而其中空穴称为少数载流子(简称少子)。

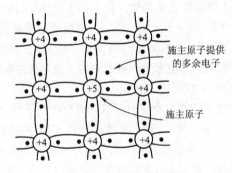

图 2.1.4 N 型半导体

2. P 型半导体

如果在硅(或锗)的晶体中掺入少量的 3 价元素,如硼、镓、铟等,由于杂质原子的最外层只有 3 个价电子,当它和周围的硅原子组成共价键时,将缺少一个价电子,在常温下很容易从其他位置的共价键中夺取一个电子,使杂质原子对外呈现为负电荷,形成负离子(以后用符号⊖表示),同时在其他地方产生一个空穴,如图 2.1.5 所示,在这种杂质半导体中,空穴的浓度比电子的浓度高得多,因而主要依靠空穴导电,故称为空穴型半导体或 P 型半导体。

3 价的杂质原子产生多余的空穴,起着接受电子的作用,所以称为**受主原子**,在 P 型半导体中,多数载流子是空穴,而少数载流子是电子。

在杂质半导体中,多数载流子的浓度主要决定于掺入的杂质浓度;而少数载流子的浓度与温度密切相关。

无论是 N 型或 P 型半导体,从总体来看,仍然保持电中性。以后,为简单起见,表示 N 型半导体时,通常只画出其中的正离子和等量的自由电子;同样地,对于 P 型半导体,只画出其中的负离子和等量的空穴。

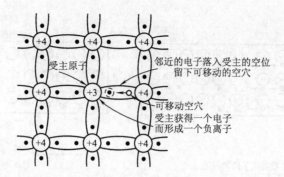

图 2.1.5　P 型半导体

由上面的分析可以看出，在纯净的半导体中掺入杂质以后，导电性能将大为改观。当然，仅仅提高导电能力不是最终目的，杂质半导体的奇妙之处在于，掺入不同性质、不同浓度的杂质，并使 N 型半导体和 P 型半导体采用不同的方式组合，可以制造出形形色色、品种繁多、用途各异的半导体器件。

 ## 2.2　半导体二极管

首先来观察一下，当 P 型半导体和 N 型半导体结合在一起时，将会出现什么现象。

2.2.1　PN 结

如果将一块半导体的一侧掺杂成为 P 型半导体，而另一侧掺杂成为 N 型半导体，则在二者的交界处将形成一个 PN 结。

1. PN 结中载流子的运动

在 P 型和 N 型半导体的交界面两侧，由于电子和空穴的浓度相差悬殊，所以 N 区中多数载流子电子要向 P 区扩散；同时，P 区中的多数载流子空穴也要向 N 区扩散，如图 2.2.1(a)所示。当电子和空穴相遇时，将发生复合而消失。于是，在交界面两侧形成一个由不能移动的正、负离子组成的空间电荷区，也就是 PN 结，如图 2.2.1(b)所示。由于空间电荷区内缺少可以自由运动的载流子，所以又称耗尽层。在扩散之前，无论 P 区还是 N 区，从整体来说，各自都保持着电中性。但是，由于多数载流子的扩散运动，电子和空穴因复合而消失，空间电荷区中只剩下不能参加导电的正、负离子，因而破坏了 P 区和 N 区原来的电中性。在图 2.2.1(b)中，空间电荷区的左侧(P 区)带负电，右侧(N 区)带正电，因此，在二者之间产生了一个电位差 U_D，称为电位壁垒。它的电场方向是由 N 区指向 P 区，这个电场称为内电场。因为空穴带正电，而电子带负电，所以内电场的作用将阻止多数载流子继续进行扩散，所以它称为阻挡层。但是，这个内电场却有利于少数载流子的运动，即有利于 P 区中的电子向 N 区运动，N 区中的空穴向 P 区运动。通常，少数载流子在电场作用下的定向运动称为漂移运动。

上面分析了 PN 结中进行的两种载流子的运动，即多数载流子的扩散运动和少数载流子的漂移运动，前者产生的电流称为扩散电流，而后者产生的电流称为漂移电流。随着扩散运动的进行，空间电荷区的宽度逐渐增大，而随着漂移运动的进行，空间电荷区的宽度逐渐减小。到达动态平衡时，扩散电流与漂移电流达到相等，则 PN 结中总的电流等于零，空间电荷区的宽度达到稳定。一般，空间电荷区很薄，约为几微米至几十微米。电位壁垒 U_D 的大小与半导体材料有关，硅材料为 0.6～0.8 V，锗材料为 0.2～0.3 V。

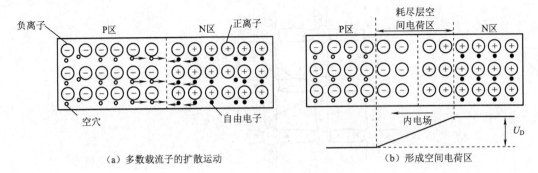

（a）多数载流子的扩散运动　　　　　　（b）形成空间电荷区

图 2.2.1　PN 结的形成

2. PN 结的单向导电性

①假设在 PN 结上外加一个电压 V，其正极接 P 区，负极接 N 区，如图 2.2.2 所示。这种接法称为正向接法或正向偏置（简称正偏）。

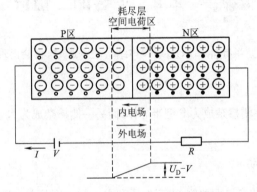

图 2.2.2　正向偏置的 PN 结

由图 2.2.2 可见，外电场的作用将使 P 区中的空穴向右移动，与空间电荷区内的一部分负离子中和；使 N 区中的电子向左移动，与空间电荷区内的一部分正离子中和。结果，由于多子移向耗尽层，使空间电荷区变窄，于是电位壁垒随之降低，这将有利于多数载流子的漂移运动。因此，扩散电流将大大超过漂移电流，最后在回路中形成一个正向电流 I，其方向在 PN 结中是从 P 区流向 N 区，如图 2.2.2所示。

正向偏置时，只要在 PN 结上加一个较小的电压，即可得到较大的正向电流。为了防止回路中电流过大，一般应接入一个电阻 R。

②假设在 PN 结上外加电压 V 的正极接 N 区，而负极接 P 区，如图 2.2.3 所示，这种接法称为反向接法或反向偏置（简称反偏）。

此时，外电场的作用将使 P 区中的空穴和 N 区中的电子各自向着远离耗尽层的方向移动，从而使空间电荷区变宽，因此电位壁垒随之升高，结果将不利于多子的扩散运动，而有利于少子的漂移运动。所以漂移电流将超过扩散电流，最后在回路中形成一个主要由少数载流子运动产生的反向电流 I，方向见图 2.2.3。在一定温度下，当外加的反向电压超过一定值（大约零点几伏）后，反向电流将不再随着反向电压而增大，所以又称反向饱和电流。正因为反向饱和电流是由少子产生的，所以对温度十分敏感。

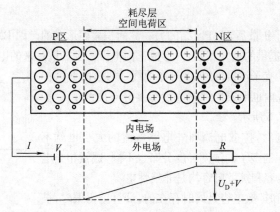

图 2.2.3 反向偏置的 PN 结

综上所述,当 PN 结正向偏置时,回路中将产生一个较大的正向电流,PN 结处于导通状态;当 PN 结反向偏置时,回路中的反向电流非常小,几乎等于零,PN 结处于截止状态。可见,PN 结具有单向导电性。

3. PN 结的击穿

击穿电压与半导体材料的性质、杂质浓度及工艺过程等因素有关。PN 结的击穿主要有两类,齐纳击穿和雪崩击穿。齐纳击穿主要发生在两侧杂质浓度都较高的 PN 结,击穿机理就是强电场把共价键中的电子拉出来参与导电,使得少子浓度增加,反向电流上升;雪崩击穿主要发生在 PN 结一侧或两侧的杂质浓度较低的 PN 结,击穿机理就是强电场使载流子的运动速度加快,动能增大,撞击中心原子时把外层电子撞击出来,继而产生连锁反应,导致少数载流子浓度升高,反向电流剧增。

PN 结的击穿是 PN 结的一个重要电学性质,击穿电压限制了 PN 结的工作电压,所以半导体器件对击穿电压都有一定的要求。但利用击穿现象可制造稳压二极管、雪崩二极管和隧道二极管等多种器件。

4. PN 结的电容效应

PN 结具有一定的电容效应,它由两方面的因素决定:一是势垒电容 C_b,二是扩散电容 C_d。

(1)势垒电容 C_b

势垒电容 C_b 是由空间电荷区引起的。空间电荷区内有不能移动的正负离子,各具有一定的电量。当外加反向电压变大时,空间电荷区变宽,存储的电荷量增加;当外加反向电压变小时,空间电荷区变窄,存储的电荷量减小,这样就形成了电容效应。"垫垒电容"大小随外加电压改变而变化,是一种非线性电容,而普通电容为线性电容。在实际应用中,常用微变电容作为参数,变容二极管就是势垒电容随外加电压变化比较显著的二极管。势垒电容的示意图如图 2.2.4 所示。

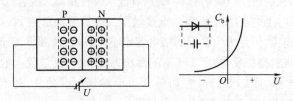

图 2.2.4 势垒电容的示意图

（2）扩散电容 C_d

扩散电容 C_d 是由多子扩散后，在 PN 结的另一侧面积累而形成的。因 PN 结正偏时，由 N 区扩散到 P 区的电子，与外电源提供的空穴相复合，形成正向电流。刚扩散过来的电子就堆积在 P 区内紧靠PN 结的附近，形成一定的多子浓度 n_p 梯度分布曲线；同理，由 P 区扩散到 N 区的空穴，在 N 区内也形成类似的浓度梯度分布曲线 p_n。扩散电容的示意图如图 2.2.5 所示。

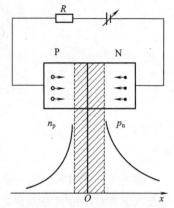

当外加正向电压不同时，扩散电流即外电路电流的大小也就不同。所以，PN 结两侧堆积的多子的浓度梯度分布也不同，这就相当电容的充放电过程。势垒电容和扩散电容均是非线性电容。

综上可知，势垒电容和扩散电容是同时存在的。PN 结正偏时，扩散电容远大于势垒电容；PN 结反偏时，扩散电容远小于势垒电容。势垒电容和扩散电容的大小都与 PN 结面积成正比。与普通电容相比，PN 结结电容是非线性的分布电容，而普通电容为线性电容。

图 2.2.5　扩散电容的示意图

2.2.2　二极管的伏安特性

在 PN 结的外面装上管壳，再引出两个电极，就可以做成半导体二极管。图 2.2.6（a）所示为二极管的图形符号，图 2.2.6（b）～图 2.2.6（d）所示为一些常见的二极管的管芯结构图。

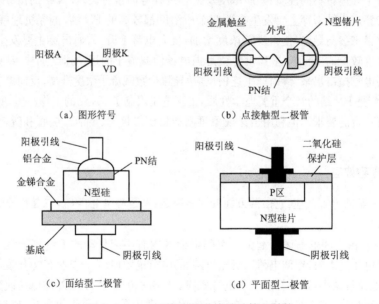

图 2.2.6　二极管的图形符号及管芯结构

二极管的类型很多，从制造二极管的材料来分，有硅二极管和锗二极管；从二极管的结构来分，有点接触型[见图 2.2.6（b）]、面结型和平面型。点接触型二极管的特点是 PN 结的面积小，因而，二极管中不允许通过较大的电流，但是因为它们的结电容也小，可以在高频下工作，适用于检波和小功率的整流电路。面结型二极管则相反，由于 PN 结的面积大，故允许流过较大的电流，但只能在较低频率下工作，可用于整流电路，面结型二极管如图 2.2.6（c）所示。此外，还有一种平面型二极管如图 2.2.6（d）所示，适用于脉冲数字电路中作为开关管。

二极管的性能可用其伏安特性来描述。通过二极管的电流 I 与加在二极管两端的电压 U 之间的

关系曲线 $I = f(U)$ 就是二极管的伏安特性。

典型的二极管的伏安特性如图 2.2.7 所示。特性曲线包括两部分：正向特性和反向特性。

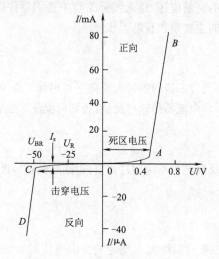

图 2.2.7　二极管的伏安特性

1. 正向特性

图 2.2.7 的右半部分示出了二极管的正向特性。由图可见，当正向电压比较小时，正向电流几乎为零。只有当正向电压超过一定值时，正向电流才开始快速增长。正向特性上的这一数值称为死区电压。死区电压的大小与二极管的材料以及温度等因素有关。一般来说，硅二极管的死区电压为 0.5 V 左右，锗二极管为 0.1 V 左右。

2. 反向特性

图 2.2.7 的左半部分为二极管的反向特性。由图可见，二极管加上反向电压时，反向电流的值很小。而且，在一定范围内，反向电流并不随着反向电压而增大，故称为反向饱和电流，用符号 I_S 表示。

如果反向电压继续升高，当超过 U_{BR} 以后，反向电流将急剧增大，这种现象称为击穿，U_{BR} 称为反向击穿电压。二极管击穿以后，不再具有单向导电性。

但是，发生击穿并不意味着二极管被损坏。实际上，当反向击穿时，只要注意控制反向电流的数值，不使其过大，以免因过热而烧坏二极管，则当反向电压降低时，二极管的性能可能恢复正常。

根据半导体物理的原理，可以分析得到如下 PN 结伏安特性的表达式，此式通常称为二极管方程，即

$$i_D = I_S(e^{\frac{u_D}{U_T}} - 1) \tag{2.2.1}$$

式中，i_D 为流过二极管的电流；u_D 为加在二极管两端的电压；U_T 为温度的电压当量；I_S 为二极管的反向饱和电流。室温下，$U_T \approx 26$ mV。

由二极管方程可见，若二极管加上反向电压，即 $u_D < 0$，而且 $|u_D| \gg U_T$，则 $i_D = -I_S$。若二极管加上正向电压，即 $u_D > 0$，而且 $u_D \gg U_T$，则式(2.2.1)中的 $e^{\frac{u_D}{U_T}} \gg 1$，可得 $i_D \approx I_S e^{\frac{u_D}{U_T}}$，说明电流 i_D 与电压 u_D 基本上为指数关系。

2.2.3 二极管的主要参数

电子器件的参数是其特性的定量描述,也是实际工作中选用器件的主要依据。各种器件的参数可由手册查得。半导体二极管的主要参数有以下几个:

1. 最大整流电流 I_F

指二极管长期运行时,允许通过二极管的最大正向平均电流。I_F 的数值是由二极管允许的温升所限定的。使用时,二极管的平均电流不得超过此值,否则可能使二极管过热而损坏。

2. 最高反向工作电压 U_R

工作时加在二极管两端的反向电压不得超过此值,否则二极管可能被击穿。为了留有余地,通常将击穿电压 U_{BR} 的一半定为 U_R。

3. 反向电流 I_R

I_R 是指在室温条件下,在二极管两端加上规定的反向电压时,流过二极管的反向电流。通常希望 I_R 值愈小愈好。反向电流愈小,说明二极管的单向导电性愈好。此外,由于反向电流是由少数载流子形成的,所以 I_R 受温度的影响很大。

4. 最高工作频率 f_M

f_M 是二极管的上限截止频率,f_M 的值主要决定于 PN 结结电容的大小,结电容愈大,则二极管允许的最高工作频率愈低。超过此值,由于结电容的作用,二极管的单向导电性将不能很好体现。

应当指出,由于制造工艺的限制,半导体材料参数具有分散性,同一型号二极管的参数值也会有较大的差距。在实际应用中,应当根据二极管所使用的场合,按其承受的最高反向电压、最大整流电流、工作频率、环境温度等条件,选择满足要求的二极管。

2.2.4 二极管的等效电路

二极管的伏安特性具有非线性,这给二极管应用电路的分析带来一定的困难。为便于分析,在一定条件下,常用线性元件所构成的电路来近似模拟二极管的特性,并用之取代电路中的二极管。能够模拟二极管特性的电路称为等效电路,又称二极管的等效模型。

1. 由伏安特性折线化得到的等效电路

由伏安特性折线化得到的等效电路如图 2.2.8 所示,图中粗实线为折线化的伏安特性,虚线为实际伏安特性。

理想化模型表明二极管导通时的正向压降为零,截止时反向电流为零,用理想二极管符号表示。

恒压降模型表明二极管导通时正向压降为一个常量 U_{on},截止时反向电流为零。因而等效电路用理想二极管和一个电压源 U_{on} 串联表示。

折线化模型表明二极管导通时正向电压 U 大于 U_{on} 后,其电流 I 与 U 成线性关系,直线斜率为 $\dfrac{1}{r_D}$。二极管截止时反向电流为零。因此等效电路用理想二极管串联电压源 U_{on} 和电阻 r_D 表示,且

$$r_D = \frac{\Delta U}{\Delta I}。$$

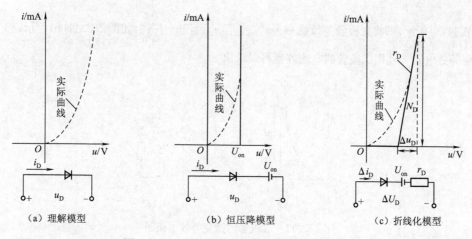

图 2.2.8　由伏安特性折线化得到的等效电路

【例 2.2.1】　电路图如图 2.2.9 所示,试用二极管的 3 种等效模型分别写出电路中电流 I 的表达式。

解　(1)用理想化模型分析:$I \approx \dfrac{U}{R}$。

(2)用恒压降模型分析:若 $U_D = U_{on}$,则 $I \approx \dfrac{U - U_{on}}{R}$。

(3)用折线化模型分析:$I \approx \dfrac{U - U_{on}}{r_D + R}$。

【例 2.2.2】　电路图如图 2.2.10 所示,二极管导通压降 U_{on} 约为 0.7 V,试分析当开关断开和闭合时输出电压的数值。

解　当开关断开时,二极管因加正向电压而导通,所以输出电压

$$U_O = U_I - U_D$$
$$= (6 - 0.7)\text{V} = 5.3 \text{ V}$$

当开关闭合时,二极管因加反向电压而截止,所以输出电压

$$U_O = U_2 = 12 \text{ V}$$

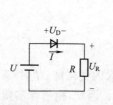

图 2.2.9　例 2.2.1 电路图

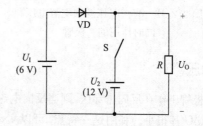

图 2.2.10　例 2.2.2 电路图

2. 二极管的微变等效电路

当二极管外加直流正向电压时,将有一直流电流,曲线上反映该点电压和电流的点为称为 Q 点,如图 2.2.11(a)中所标注。

若在 Q 点基础上外加微小的变化量,则可以用以 Q 点为切点的直线来近似微小变化时的曲线,

如图 2.2.11(a)所示，即将二极管等效成一个动态电阻 r_d，且 $r_d = \dfrac{\Delta u_D}{\Delta i_D}$，如图 2.2.11(b)所示，称为二极管的微变等效电路。利用二极管的电流方程可以求出 r_d。

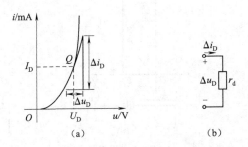

图 2.2.11　二极管的微变等效电路图

$$\frac{1}{r_d} = \left(\frac{\mathrm{d}i_D}{\mathrm{d}u_D}\right) = \frac{\mathrm{d}\left[I_S(\mathrm{e}^{\frac{u_D}{U_T}}-1)\right]}{\mathrm{d}u_D} \approx \frac{I_S}{U_T}\mathrm{e}^{\frac{u_D}{U_T}} \approx \frac{I_D}{U_T}$$

$$r_d \approx \frac{U_T}{I_D}$$

式中，I_D 是 Q 点的电流；r_d 亦随工作点而变化，它是非线性电阻。

需要指出的是，由于制造工艺的限制，即使是同类型的二极管，其参数的分散性也很大。通常，半导体手册中给出的参数都是在一定测试条件下测出的，使用时应注意条件。

对于图 2.2.12 所示的电路，在交流信号 u_i 幅值较小且频率较低的情况下，u_R 的波形如图 2.2.13 所示，它是在一定的直流电压的基础上叠加一个与 u_i 一样的正弦波，该正弦波的幅值决定于 r_d 与 R 分压。图中标注的 U_D 是直流电压源 U 单独作用时二极管的正向压降，即 Q 点电压。

图 2.2.12　直流电压源和交流电压源
同时作用的二极管

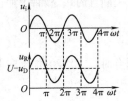

图 2.2.13　u_R 的波形

2.2.5　稳压管

如果二极管工作在反向击穿区，则当反向电流有一个比较大的变化量 ΔI 时，二极管两端相应的电压变化量 ΔU 却很小。利用这一特点，可以实现"稳压"作用。因此，稳压管实质上也是一种二极管，但是通常工作在反向击穿区。稳压管的伏安特性和图形符号如图 2.2.14 所示。

稳压管的主要参数有以下几项：

1. 稳定电压 U_Z

U_Z 是稳压管工作在反向击穿区时的工作电压。稳定电压 U_Z 是挑选稳压管的主要依据之一。由于稳压电压随着工作电流的不同而略有变化，所以测试 U_Z 时应使稳压管的电流为规定值。不同型号的稳压管,其稳定电压的值不同。对于同一型号的稳压管,由于制造工艺的分散性,各个不同稳压管的 U_Z 值也有些差别。例如稳压管 2DW7C,其 $U_Z = 6.1 \sim 6.5$ V,表示型号同为 2DW7C 的不同的稳压管,其稳定电压有的可能为 6.1 V,有的可能为 6.5 V 等,但并不意味着同一个稳压管的稳定电压会有如此之大的变化范围。

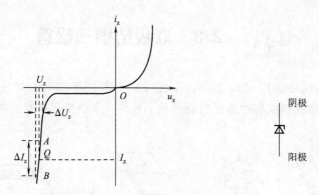

图 2.2.14　稳压管的伏安特性和图形符号

2. 稳定电流 I_Z

I_Z 是使稳压管正常工作时的参考电流。若工作电流低于 I_Z,则稳压管的稳压性能变差;如工作电流高于 I_Z,只要不超过额定功耗,稳压管就可以正常工作。而且一般来说,工作电流较大时稳压性能较好。

3. 动态内阻 r_Z

r_Z 指稳压管两端电压和电流的变化量之比。显然,稳压管的 r_Z 值越小,则稳压性能越好。对于同一个稳压管,一般工作电流越大,其 r_Z 值越小。通常手册上给出的 r_Z 值是在规定电流之下得到的。

4. 额定功耗 P_Z

由于稳压管两端加有电压 U_Z,而稳压管中又流过一定的电流,因此要消耗一定的功率。这部分功耗转化为热能,使稳压管发热。额定功耗 P_Z 决定于稳压管允许的温升。也有的手册上给出最大稳定电流 I_{ZM}。稳压管的最大稳定电流 I_{ZM} 与耗散功率 P_Z 之间存在以下关系:$I_{ZM} = P_Z / U_Z$。如果手册上只给出 P_Z,可由上述关系计算出 I_{ZM}。

5. 电压的温度系数 α

α 表示当稳压管的电流保持不变时,环境温度每变化 1 ℃所引起的稳压值的变化量,即 $\alpha = \Delta U_Z / \Delta T$。一般来说,稳定电压大于 7 V 的稳压管,其 α 为正值,即当温度升高时,稳定电压值将增大;稳定电压小于 4 V 的稳压管,其 α 为负值,即当温度升高时,稳定电压值将减小。而稳定电压为 4~7 V 的稳压管,α 比较小,表示其稳定电压值受温度的影响较小,性能比较稳定。

使用稳压管组成稳压电路时,需要注意几个问题。首先,应使外加电源的正极接稳压管的 N 区,外加电源的负极接稳压管的 P 区,以保证稳压管工作在反向击穿区,如图 2.2.15 所示。其次,稳压管应与负载电

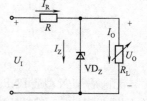

图 2.2.15　稳压管稳压电路

阻 R_L 关联,由于稳压管两端电压的变化量很小,因而使输出电压比较稳定。第三,必须限制流过稳压管的电流 I_Z,使其不超过规定值,以免因过热而烧毁稳压管。但 I_Z 的值也不能太小,若小于临界值 I_{Zmin},则稳压管将失去稳压作用,应保证 $I_{Zmin} < I_Z < I_{Zmax}$。因此稳压管电路中必须接入一个限流电阻 R,它的作用就是调节稳压管电流 I_Z 的大小。

2.3 双极结型三极管

双极结型三极管(Bipolar Junction Transistor,BJT)又称双极型三极管、半导体三极管或晶体管,简称三极管。它们常常是组成各种电子电路的核心器件。双极型三极管的常见外形如图 2.3.1 所示。

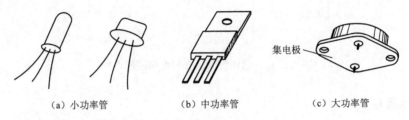

(a) 小功率管　　　　　　(b) 中功率管　　　　　　(c) 大功率管

图 2.3.1　双极型三极管的常见外形

2.3.1　三极管的结构及类型

根据不同的掺杂方式在同一个硅片上制造出 3 个掺杂区域,并形成 2 个 PN 结,就构成三极管。我国生产的半导体三极管,目前最常见的结构有硅平面管和锗合金管两种类型。硅平面管的结构如图 2.3.2(a)所示。首先在 N 型硅片(集电区)的氧化膜上利用光刻的工艺刻出一个窗口,将磷杂质进行扩散,形成 N 型的发射区,并引出 3 个电极:发射极(e)、基极(b)和集电极(c)。

锗合金管的基区是很薄的 N 型锗片(几微米到几十微米),在其两边各置一个小铟球。当加热到高于铟的熔点而低于锗的熔点的高温时,铟被熔化并与 N 型锗接触,冷却后在 N 型锗片的两侧各形成一个 P 型区,其中集电区与基区的接触面积较大,而发射区则掺杂浓度比较高,其结构如图 2.3.2(b)所示。

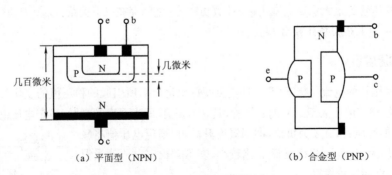

(a) 平面型(NPN)　　　　　　(b) 合金型(PNP)

图 2.3.2　三极管的结构图

无论是 NPN 型或 PNP 型的三极管,内部均包含 3 个区:发射区、基区和集电区,并相应地引出 3 个电极:发射极(e)、基极(b)和集电极(c),同时,在 3 个区的两两交界处,形成 2 个 PN 结,分别称为发射结和集电结。

NPN 型和 PNP 型三极管的结构示意图和符号分别如图 2.3.3(a)、(b)所示。

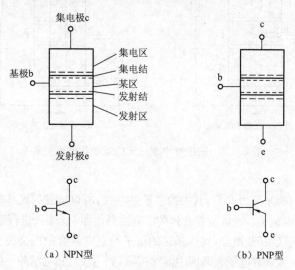

（a）NPN型   （b）PNP型

图 2.3.3　三极管的结构示意图和图形符号

2.3.2　三极管中载流子的运动和电流分配关系

对于 NPN 型和 PNP 型三极管,它们的工作原理是类似的。下面以 NPN 型三极管为例进行讨论。

1. 三极管中载流子的运动

由图 2.3.4(a)所示的 NPN 型三极管的结构示意图,可知三极管内部存在两个 PN 结,表面看来,似乎相当于两个背靠背的二极管。但是,如果将两个单独的二极管背靠背地串联起来,就会发现它们并不具有放大作用。为了使三极管实现放大,还必须由三极管的内部制造工艺和外部所加电源的极性两方面的条件来保证。

从三极管的内部制造工艺来看,主要有三个特点。第一,发射区高掺杂,即发射区中多数载流子的浓度很高。NPN 型三极管的发射区为 N 型,其中的多子是电子,因此发射区中电子的浓度很高。第二,基区很薄,而且掺杂浓度比较低。第三、集电区截面积大,有利于收集电子。NPN 型三极管的基区为 P 型,所以其中的多子空穴比较少。

从外部条件来看,外加电源的极性应使发射结正向偏置,集电结反向偏置。

在满足上述内部和外部条件的情况下,三极管内部载流子的运动有以下 3 个过程:

（1）发射

由于发射结正向偏置,因而外加电场有利于多数载流子的扩散运动。又因为发射区的多子电子的浓度很高,于是发射区发射出大量的电子。这些电子越过发射结到达基区,形成电子电流。因为电子带负电,所以电子电流的方向与电子流动的方向相反,如图 2.3.4 所示。与此同时,基区的多子空穴也向发射区扩散而形成空穴电流,上述电子电流和空穴电流的总和就是发射极电流 I_E。由于基区中空穴的浓度比发射区中电子的浓度低得多,因此与电子电流相比,空穴电流可以忽略,可以认为,I_E 主要由发射区发射的电子电流所产生。

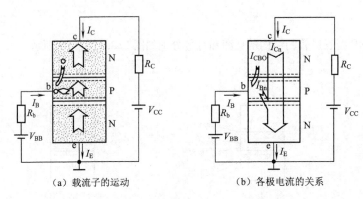

（a）载流子的运动　　　　　　　（b）各极电流的关系

图2.3.4　三极管中载流子的运动和电流关系

（2）复合和扩散

电子到达基区后，因为基区为 P 型，其中的多子是空穴，所以从发射区扩散过来的电子和空穴产生复合运动而形成基极电流 I_{Bn}，基区被复合掉的空穴由外电源 V_{BB} 不断进行补充。但是，因为基区空穴的浓度比较低，而且基区很薄，所以，到达基区的电子与空穴复合的机会很少，因而基极电流 I_{Bn} 比发射极电流 I_E 小得多。大多数电子在基区中继续扩散，到达靠近集电结的一侧。

（3）收集

由于集电结反向偏置，外电场的方向将阻止集电区中的多子电子向基区运动，但是却有利于将基区中扩散过来的电子收集到集电极而形成集电极电流 I_{Cn}。由图 2.3.4 可见，外电源 V_{CC} 的正端接集电极，因此对基区中集电结附近的电子有吸引作用。

以上说明了三极管中载流子运动的主要过程。此外，因为集电结反向偏置，所以集电区中的少子空穴和基区中的少子电子在外电场的作用下还将进行漂移运动而形成反向电流，这个电流称为反向饱和电流，用 I_{CBO} 表示。

2. 三极管的电流分配关系

由图 2.3.4(b)可知，集电极电流 I_C 由两部分组成，即

$$I_C = I_{Cn} + I_{CBO} \tag{2.3.1}$$

而发射极电流 I_E 也包括两部分，即

$$I_E = I_{Cn} + I_{Bn} \tag{2.3.2}$$

通常将 I_{Cn} 与 I_E 之比定义为共基直流电流放大系数，用 $\bar{\alpha}$ 表示，即

$$\bar{\alpha} = \frac{I_{Cn}}{I_E} \tag{2.3.3}$$

由于发射区发射的电子绝大部分能够到达集电极形成 I_{Cn}，而只有很少一部分与基区中的空穴复合形成 I_{Bn}，因此三极管的 $\bar{\alpha}$ 值一般可达 0.95～0.99。将式(2.3.3)代入式(2.3.1)，可得

$$I_C = \bar{\alpha} I_E + I_{CBO} \tag{2.3.4}$$

当 $I_{CBO} \ll I_C$ 时，可将 I_{CBO} 忽略，则由式(2.3.4)可得

$$\bar{\alpha} \approx \frac{I_C}{I_E} \tag{2.3.5}$$

即 $\bar{\alpha}$ 近似等于集电极电流 I_C 与发射极电流 I_E 之比。

另外，由图 2.3.4(b)可知，将三极管等效成一个大的节点，根据基尔霍夫电流定律，三极管 3 个电极之间的电流应满足

$$I_E = I_C + I_B \tag{2.3.6}$$

将式(2.3.6)代入式(2.3.4),可得

$$I_C = \bar{\alpha}(I_C + I_B) + I_{CBO}$$

经整理可得

$$I_C = \frac{\bar{\alpha}}{1-\bar{\alpha}} I_B + \frac{1}{1-\bar{\alpha}} I_{CBO}$$

令

$$\bar{\beta} = \frac{\bar{\alpha}}{1-\bar{\alpha}}$$

则

$$I_C = \bar{\beta} I_B + (1+\bar{\beta}) I_{CBO}$$

$\bar{\beta}$ 称为共射直流电流放大系数。上式中的最后一项常用符号 I_{CEO} 表示,称为穿透电流,即

$$I_{CEO} = (1+\bar{\beta}) I_{CBO} \tag{2.3.7}$$

则 I_C 也可表示为

$$I_C = \bar{\beta} I_B + I_{CEO} \tag{2.3.8}$$

当穿透电流 $I_{CEO} \ll I_C$ 时,可将 I_{CEO} 忽略,则由式(2.3.8)可得

$$\bar{\beta} \approx \frac{I_C}{I_B} \tag{2.3.9}$$

即 $\bar{\beta}$ 近似等于 I_C 与 I_B 比值。一般三极管的 $\bar{\beta}$ 值为几十至几百。

2.3.3 三极管的特性曲线

利用三极管的输入/输出特性曲线,可以较全面地描述三极管各极电流和电压之间的关系。本节主要介绍 NPN 型三极管的共射特性曲线。

1. 输入特性

当三极管的 u_{CE} 不变时,输入回路中的电流 i_B 与电压 u_{BE} 之间的关系曲线称为输入特性,可用式(2.3.10)表示,即

$$i_B = f(u_{BE}) \big|_{u_{CE}=常数} \tag{2.3.10}$$

先来考察 $u_{CE}=0$ 时的输入特性曲线。当 $u_{CE}=0$ 时,即三极管的集电极与发射极短接在一起,此时从三极管的输入回路看,基极与发射极之间相当于 2 个 PN 结(发射结和集电结)并联,如图 2.3.5 所示,因此,当 b、e 之间加正向电压时,三极管的输入特性相当于二极管的正向伏安特性,如图 2.3.6 中左边的一条输入特性。

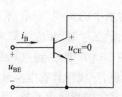

图 2.3.5 $u_{CE}=0$ 时三极管的输入回路

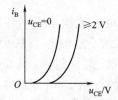

图 2.3.6 三极管的输入特性曲线

当 $u_{CE}>0$ 时,集电极电压的极性将有利于发射区扩散到基区的电子收集到集电极。此时发射区的电子只有一小部分在基区与空穴复合,成为 i_B,大部分将被集电极收集,成为 i_C。所以,与 $u_{CE}=0$ 时相比,在同样的 u_{BE} 之下,i_B 将减小很多,结果输入特性将右移,如图 2.3.6 中右边的一条输入特性。

当 u_{CE} 继续增大时,严格来说,输入特性应继续右移。但是,当 u_{CE} 大于某一数值以后,在一定的 u_{BE} 下,集电极电压已足以将扩散到基区的电子基本上都收集到集电极,此时即使 u_{CE} 再增大,i_B 也不会减小很多。因此,u_{CE} 大于某一数值以后,不同 u_{CE} 的各条输入特性几乎重叠在一起,所以常常用大于某一数值(例如 $u_{CE}=2$ V)时的一条输入特性来代表 u_{CE} 更高的情况。

在实际的放大电路中,三极管的 u_{CE} 一般都大于零,因而图 2.3.6 中右边的一条输入特性更有实用意义。

2. 输出特性

当 i_B 不变时,三极管输出回路中的电流 i_C 与电压 u_{CE} 之间的关系曲线称为输出特性。其表达式为

$$i_C=f(u_{CE})\big|_{i_B=常数} \tag{2.3.11}$$

NPN 型三极管的输出特性曲线如图 2.3.7 所示。输出特性曲线可以划分为 3 个区域:截止区、放大区和饱和区。

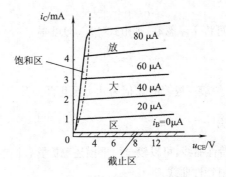

图 2.3.7　三极管的输出特性曲线

(1)截止区

一般将 $i_B\leqslant0$ 的区域称为截止区,此时 i_C 也近似为 0,由于三极管的各极电流都基本上等于 0,因此认为三极管处于截止状态。

实际上,当 $i_B=0$ 时,集电极电流并不等于零,而是有一个比较小的穿透电流 I_{CEO}。一般硅三极管的 I_{CEO} 小于 1 μA,锗三极管的 I_{CEO} 为几十微安至几百微安。可认为,当发射结反向偏置时,发射区不再向基区注入电子,则三极管真正处于截止状态,没有放大作用。

所以,在截止区,三极管的发射结和集电结都处于反向偏置状态,对于 NPN 型三极管来说,此时 $u_{BE}<0,u_{BC}<0$。

(2)放大区

由图 2.3.7 可见,在放大区内,各条输出特性曲线近似为水平的直线,表示当 i_B 一定时,i_C 的值基本上不随 u_{CE} 而变化。但是,当基极电流有一个微小的变化量 Δi_B 时,相应的集电极电流将产生一个较大的变化量 Δi_C。例如,当 $u_{CE}=5$ V 时,如果 i_B 由 20 μA 增加到 40 μA($\Delta i_B=20$ μA $=0.02$ mA),相应的 i_C 由 1 mA 增加到 2 mA($\Delta i_C=1$ mA),可见,三极管具有电流放大作用。

将集电极电流与基极电流的变化量之比定义为三极管的共射电流放大系数,用 β 表示,即

$$\beta=\frac{\Delta i_C}{\Delta i_B}$$

在放大区,三极管的发射结正向偏置,集电结反向偏置。对于 NPN 型三极管来说,$u_{BE}>0$,$u_{BC}<0$。

（3）饱和区

在图 2.3.7 中，靠近纵坐标的附近，各条输出特性曲线的上升部分属于三极管的饱和区。在这个区域，不同 i_B 值的各条特性曲线几乎重叠在一起，十分密集。也就是说，此时三极管的集电极电流 i_C 基本上不随基极电流 i_B 而变化，这种现象称为饱和。在饱和区，不能用放大区中的 β 来描述 i_C 和 i_B 的关系，三极管失去了放大作用。

在饱和区，三极管的管压降 u_{CE} 很小，一般认为，当 $u_{CE} < u_{BE}$ 时，三极管达到饱和状态。三极管饱和时的管压降用 u_{CES} 表示，一般小功率硅三极管的 $u_{CES} < 0.4$ V。

三极管工作在饱和区时，发射结和集电结都处于正向偏置状态。对于 NPN 型三极管来说，$u_{BE} > 0$，$u_{BC} > 0$。

2.3.4 三极管的主要参数

1. 电流放大系数

三极管的电流放大系数是表征三极管放大作用的主要参数。三极管的电流放大系数有以下几个：

（1）共射电流放大系数 β

体现共射接法时三极管的电流放大作用。所谓共射接法指输入回路和输出回路的公共端是发射极，如图 2.3.8(a) 所示。β 的定义为集电极电流与基极电流的变化量之比，即

$$\beta = \frac{\Delta i_C}{\Delta i_B} \tag{2.3.12}$$

（2）共射直流电流放大系数 $\bar{\beta}$

当忽略穿透电流 I_{CEO} 时，$\bar{\beta}$ 近似等于集电极电流与基极电流的直流量之比，即

$$\bar{\beta} \approx \frac{I_C}{I_B}$$

（3）共基电流放大系数 α

体现共基接法时三极管的电流放大作用。共基接法指输入回路的公共端为基极，如图 2.3.8(b) 所示。α 的定义是集电极电流与发射极电流的变化量之比，即

$$\alpha = \frac{\Delta i_C}{\Delta i_E}$$

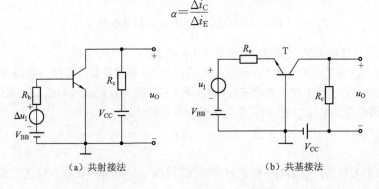

| (a) 共射接法 | (b) 共基接法 |

图 2.3.8 三极管的电流放大关系

（4）共基直流电流放大系数 $\bar{\alpha}$

当忽略反向饱和电流 I_{CEO} 时，$\bar{\alpha}$ 近似等于集电极电流与发射极电流的直流量之比，即

$$\bar{\alpha} \approx \frac{I_C}{I_E}$$

根据 β 和 α 的定义可知,这两个参数不是独立的,二者之间存在以下关系:

$$\alpha = \frac{\Delta i_C}{\Delta i_E} = \frac{\Delta i_C}{\Delta i_B + \Delta i_C} = \frac{\dfrac{\Delta i_C}{\Delta i_B}}{\dfrac{(\Delta i_B + \Delta i_C)}{\Delta i_B}} = \frac{\beta}{1+\beta}$$

即

$$\alpha = \frac{\beta}{1+\beta} \quad \text{或} \quad \beta = \frac{\alpha}{1-\alpha} \tag{2.3.13}$$

根据前面的介绍还可以知道,直流参数 $\bar{\alpha}$、$\bar{\beta}$ 与交流参数 α、β 的含义是不同的,但是,对于大多数三极管来说,同一三极管的 β 和 $\bar{\beta}$,α 与 $\bar{\alpha}$ 的数值差别不大,所以在今后的计算中,常常不再将它们严格地区分。

2. 反向饱和电流

(1)集电极和基极之间的反向饱和电流 I_{CBO}

I_{CBO} 表示当发射极 e 开路时,集电极 c 和基极 b 之间的反向电流。测量 I_{CBO} 的电路如图 2.3.9(a)所示。一般小功率锗三极管的 I_{CBO} 约为几微安至几十微安,硅三极管的 I_{CBO} 要小得多,有的可以达到纳安数量级。

(2)集电极和发射极之间的穿透电流 I_{CEO}

I_{CEO} 表示当基极 b 开路时,集电极 c 和发射极 e 之间的电流。测量 I_{CEO} 的电路如图 2.3.9(b)所示。

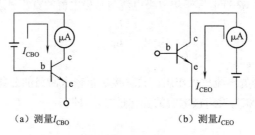

(a)测量 I_{CBO} (b)测量 I_{CEO}

图 2.3.9　反向饱和电流的测量电路

由 $I_{CEO} = (1+\bar{\beta})I_{CBO}$ 可知,$\bar{\beta}$ 越大,则该管的 I_{CEO} 也越大。

因为 I_{CBO} 和 I_{CEO} 都是由少数载流子的运动形成的,所以对温度非常敏感。当温度升高时,I_{CBO} 和 I_{CEO} 都将急剧地增大。实际工作中选用三极管时,要求三极管的反向饱和电流 I_{CBO} 和穿透电流 I_{CEO} 尽可能小一些,这两个反向电流的值越小,表明三极管的质量越好。

3. 极限参数

三极管的极限参数是指使用时不得超过的限度,以保证三极管的安全或保证三极管参数的变化不超过规定的允许值。主要有以下几项:

(1)集电极最大允许电流 I_{CM}

当集电极电流过大时,三极管的 β 值就要减小。当 $i_C = I_{CM}$ 时,三极管的 β 值下降到额定值的三分之二。

(2)集电极最大允许耗散功率 P_{CM}

当三极管工作时,三极管两端的压降为 u_{CE},集电极流过的电流为 i_C,因此损耗的功率为 $p_C = i_C u_{CE}$。集电极消耗的电能将转化为热能使三极管的温度升高。如果温度过高,将使三极管的性能恶化甚至被损坏,所以集电极损耗有一定的限制。在三极管的输出特性上,将 i_C 与 u_{CE} 的乘积等于规定的 P_{CM} 值的各点连接起来,可以得到一条双曲线,如图 2.3.10 中的虚线所示。双曲线左下方的区域中,满足 $i_C u_{CE} < P_{CM}$ 的关系,是安全的;而在双曲线的右上方,$i_C u_{CE} > P_{CM}$,即三极管的功率损耗超过了允许的最大值,属于过损耗区。

(3)极间反向击穿电压

表示外加在三极管各电极之间的最大允许反向电压,如果超过这个限度,则三极管的反向电流急剧增大,甚至可能被击穿而损坏。极间反向击穿电压主要有以下几项:

$U_{(BR)CEO}$:基极开路时,集电极和发射极之间的反向击穿电压。

$U_{(BR)CBO}$:发射极开路时,集电极和基极之间的反向击穿电压。

根据给定的极限参数 P_{CM}、I_{CM} 和 $U_{(BR)CEO}$,可以在三极管的输出特性曲线上画出三极管的安全工作区,如图 2.3.10 所示。

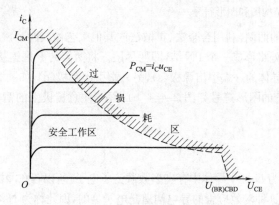

图 2.3.10　三极管的安全工作区

2.4　场效应三极管

前面介绍的半导体三极管称为双极型三极管,因为在这种三极管中参与导电的有两种极性的载流子,既有多数载流子,又有少数载流子。本节将要介绍另一种类型的三极管,它们只有一种极性的载流子(多数载流子)参与导电,故称为单极型三极管。又因为这种三极管是利用电场效应来控制电流的,所以又称场效应三极管(Field Effect Transistor,FET),本书简称为场效应管。

场效应管分为两大类:一类是结型场效应管,另一类是绝缘栅场效应管。

2.4.1　结型场效应管

结型场效应管(Junction Field Effect Transistor,JFET),根据其导电沟道的不同又分为两种类型,N 沟道结型场效应管和 P 沟道结型场效应管,它们的工作原理是类似的。本节以 N 沟道结型场效应管为例,介绍它的结构、工作原理和特性曲线。

1. 结构

N沟道结型场效应管的实际结构图和图形符号分别如图2.4.1(a)、(b)所示。图2.4.2为N沟道结型场效应管的结构示意图。

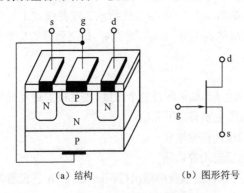

（a）结构　　　　（b）图形符号

图2.4.1　N沟道结型场效应管的
实际结构图和图形符号

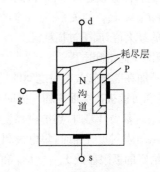

图2.4.2　N沟道结型场效应管的
结构示意图

在一块N型半导体的两侧,利用合金法、扩散法或其他工艺做成两个掺杂浓度比较高的P区,此时在P区和N区的交界处将形成一个PN结,即耗尽层。将两侧的P区连接起来,引出一个电极,称为**栅极**(g),再在N型半导体的一端引出**源极**(s),另一端引出**漏极**(d),如图2.4.2所示。

N沟道结型场效应管的图形符号如图2.4.1(b)所示,注意栅极上的箭头方向指向内部,即由P区指向N区。

2. 工作原理

由图2.4.2可见,因为N型半导体中存在多数载流子电子,所以若在漏极与源极之间加上一个电压,就有可能导电。由于这种场效应管的导电沟道是电子型的,因此称为**N沟道结型场效应管**。

下面分别讨论当这种场效应管的栅极与源极之间的电压 u_{GS} ,以及漏极与源极之间的电压 u_{DS} 变化时,导电沟道和漏极电流 i_D 将如何变化。

①假设 $u_{DS}=0$,在栅源之间加上负电压,即 $u_{GS}\leqslant 0$,观察 u_{GS} 变化时对导电沟道的影响。

由图2.4.3(a)可见,当 $u_{GS}=0$ 时,耗尽层比较窄,导电沟道比较宽。

当 $u_{GS}\leqslant 0$ 时,栅源之间加上一个反向偏置电压,因此耗尽层的宽度增大,导电沟道相应地变窄,如图2.4.3(b)所示,但只要满足 $U_{GS(off)}<u_{GS}<0$,仍然存在导电沟道。

当 $u_{GS}=U_{GS(off)}$ 时,两侧的耗尽层合拢在一起,导电沟道被夹断,如图2.4.3(c)所示。$U_{GS(off)}$ 称为**夹断电压**。N沟道结型场效应管的夹断电压 $U_{GS(off)}$ 本身是一个负值。

在图2.4.3中,当 u_{GS} 变化时,虽然导电沟道的宽度随着发生变化,但因 $u_{DS}=0$,所以漏极电流 i_D 总是等于零。

②假设 u_{GS} 固定不变(但 u_{GS} 的值满足 $U_{GS(off)}<u_{GS}\leqslant 0$),在漏源之间加上正电压,即 $u_{DS}>0$,观察 u_{DS} 变化时对导电沟道和漏极电流 i_D 的影响。

当 $u_{DS}=0$ 时,虽然存在导电沟道,但 $i_D=0$,相当于前面图2.4.3(b)的情况。

当 $u_{DS}>0$ 时,将产生一个漏极电流 i_D ,i_D 流过导电沟道时,沿着沟道的方向从漏极到源极产生一个电压降落,使沟道上不同位置的电位各不相等,漏极处的电位最高,源极处的电位最低。因此,沟道上各点与栅极之间的电位差也不相等。由于沟道的不同位置上加在PN结上的反向偏置电压不等,致使沟道上各处耗尽层的宽度也不同。漏极处反向偏置电压最大,耗尽层最宽;源极处反向偏置电压最小,耗尽层最窄,如图 2.4.4(a)所示。

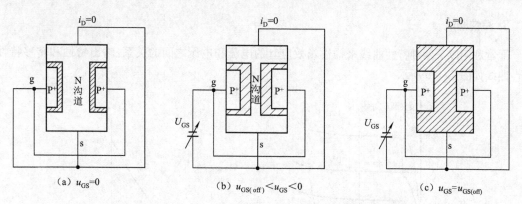

图 2.4.3 当 $u_{DS} = 0$ 时,u_{GS} 对耗尽层和导电沟道的影响

随着 u_{DS} 的升高,i_D 将逐渐增大。同时,沟道上不同位置的耗尽层不等宽的情况逐渐加剧。当 $u_{GS} - u_{DS} = u_{GD} = U_{GS(off)}$ 时,漏极处的耗尽层开始合拢在一起,如图 2.4.4(b)所示,这种情况称为**预夹断**。

如果 u_{DS} 继续升高,耗尽层合拢的部分将延长,如图 2.4.4(c)所示。但是,预夹断并不表示导电沟道完全被夹断,使 $i_D = 0$。实际上,在 u_{DS} 产生的电场的作用下,电子可以在夹断区的窄缝中高速通过。u_{DS} 升高时,夹断部分延长,导电沟道的电阻增大,限制了 i_D 的增大。也就是说,达到预夹断后,沟道电阻的增大抵消了 u_{DS} 的升高,使 i_D 几乎不再随着 u_{DS} 而增大,而达到基本恒定。

如果 u_{DS} 的值过高,则 PN 结将由于反向偏置电压过高而被击穿,使场效应管受到损害。

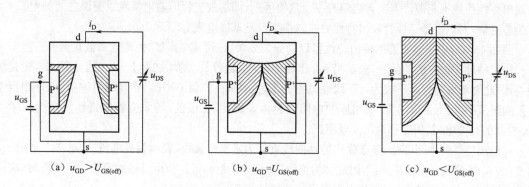

图 2.4.4 当 $U_{GS(off)} < u_{GS} \leqslant 0$ 且 $u_{DS} > 0$ 的情况

③假设 u_{DS} 固定不变($u_{DS} > 0$),在栅源之间加上负电压,$u_{GS} \leqslant 0$,观察 u_{GS} 变化时对导电沟道和漏极电流 i_D 的影响。

注意到,这种情况是在前面讨论的第①种情况的基础上,改为 $u_{DS} > 0$ 时,因此,与第①种情况的不同之处在于,将产生漏极电流 i_D。

当 $u_{GS} = 0$ 时,由于耗尽层比较窄,导电沟道比较宽,因此 i_D 比较大。因 i_D 流过导电沟道时产生电压降落,故沟道上不同位置的耗尽层存在不等宽的现象。

当 $u_{GS} < 0$ 时,耗尽层变宽,导电沟道变窄,i_D 相应地减小。当 $u_{GS} \leqslant U_{GS(off)}$ 时,导电沟道完全被夹断,i_D 减为零。

根据以上分析可知,改变栅极与源极之间的电压 u_{GS},即可控制漏极电流 i_D。这种器件利用栅源之间的电压 u_{GS} 来改变 PN 结中的电场,从而控制漏极电流 i_D,故称为**结型场效应管**。

3. 特性曲线

通常利用以下两种特性曲线来描述场效应管的电流和电压之间的关系:**输出特性**和**转移特性**。特性曲线如图 2.4.5 所示。

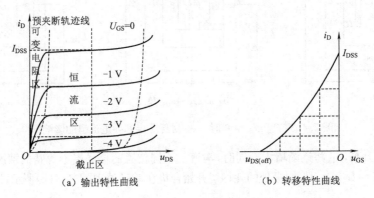

（a）输出特性曲线　　　　　　（b）转移特性曲线

图 2.4.5　JFET 特性曲线

（1）输出特性

场效应管的输出特性表示当栅源之间的电压不变时,漏极电流 i_D 与漏源之间电压 u_{DS} 的关系,即

$$i_D = f(u_{DS})\big|_{u_{GS}=常数} \tag{2.4.1}$$

N 沟道结型场效应管的输出特性曲线如图 2.4.5(a)所示。可以看出,它们与双极型三极管的共射输出特性曲线很相似。但二者之间有一个重要区别,即场效应管的输出特性以栅源之间的电压 u_{GS} 作为参变量,而双极型三极管输出特性曲线的参变量是基极电流 i_B。

图 2.4.5(a)中场效应管的输出特性可以划分为 3 个区:可变电阻区、恒流区和截止区。

输出特性中最左侧的部分,表示当 u_{DS} 比较小时,i_D 随着 u_{DS} 的增加而上升,二者之间基本上是线性关系,此时场效应管几乎成为一个线性电阻。不过,当 u_{GS} 的值不同时,直线的斜率不同,即相当于电阻的阻值不同。u_{GS} 值越负,则相应的电阻值越大。因此,在该区,场效应管的特性呈现为一个由 u_{GS} 控制的可变电阻,所以称为可变电阻区。

在输出特性的中间部分,各条输出特性曲线近似为水平的直线,表示漏极电流 i_D 基本上不随 u_{DS} 而变化,i_D 的值主要取决于 u_{GS},因此称为恒流区,也称为饱和区。当组成场效应管放大电路时,应使场效应管工作在此区域内,以避免出现严重的非线性失真。

在输出特性的最右侧部分,表示当 u_{DS} 升高到某一限度时,PN 结因反向偏置电压过高而被击穿,i_D 将突然增大,场效应管被击穿。为了保证器件的安全,场效应管的 u_{DS} 不能超过规定的极限值。

可变电阻区与恒流区之间的虚线表示预夹断轨迹。每条输出特性曲线与此虚线相交的各个点上,u_{DS} 与 u_{GS} 的关系均满足 $u_{GS} - u_{DS} = u_{GD} = U_{GS(off)}$,此时场效应管出现预夹断现象。

在输出特性的最下面靠近横坐标的部分,表示场效应管的 $u_{GS} \leqslant U_{GS(off)}$,则导电沟道完全被夹断,场效应管不能导电,这个区域称为截止区。

（2）转移特性

当场效应管的漏源之间的电压 u_{DS} 保持不变时,漏极电流 i_D 与栅源之间电压 u_{GS} 的关系称为**转移**

特性，其表达式如下：

$$i_D = f(u_{GS}) \big|_{u_{DS}=常数} \tag{2.4.2}$$

转移特性描述栅源之间电压 u_{GS} 对漏极电流 i_D 的控制作用。N 沟道结型场效应管的转移特性曲线如图 2.4.5(b)所示。由图可见，当 $u_{GS} = 0$ 时，i_D 达到最大，u_{GS} 越负，则 i_D 越小。当 u_{GS} 等于夹断电压 $U_{GS(off)}$ 时，$i_D \approx 0$。

从转移特性上还可以得到场效应管的两个重要参数。转移特性与横坐标轴交点处的电压，表示 $i_D = 0$ 时的 u_{GS}，即**夹断电压** $u_{GS(off)}$。此外，转移特性与纵坐标轴交点处的电流，表示 $u_{GS} = 0$ 时的漏极电流，称为**饱和漏极电流**，用符号 I_{DSS} 表示。

图 2.4.5(b)中结型场效应管的转移特性曲线可近似用式(2.4.3)表示：

$$i_D = I_{DSS} \left(1 - \frac{u_{GS}}{U_{GS(off)}}\right)^2 \qquad (U_{GS(off)} \leqslant u_{GS} \leqslant 0) \tag{2.4.3}$$

场效应管的上述两组特性曲线之间互相是有联系的，可以根据输出特性，利用作图的方法得到相应的转移特性。因为转移特性表示 u_{DS} 不变时，i_D 与 u_{GS} 之间的关系，所以只要在输出特性上，对应于 u_{DS} 等于某一固定电压处画一条垂直的直线（见图 2.4.6），该直线与 u_{GS} 为不同值的各条输出特性有一系列的交点，根据这些交点，可以得到不同 u_{GS} 时的 i_D 值，由此即可画出相应的转移特性曲线。

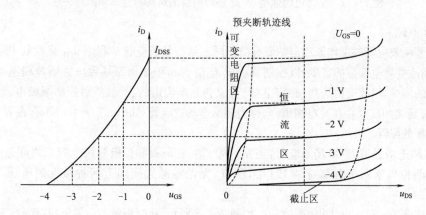

图 2.4.6　利用作图法由输出特性求转移特性

在结型场效应管中，由于栅极与导电沟道之间的 PN 结被反向偏置，所以栅极基本上不取电流，其输入电阻很高，可达 10^7 Ω 以上。但是，在某些情况下希望得到更高的输入电阻，此时可以考虑采用绝缘栅型场效应管。

2.4.2　绝缘栅型效应管

绝缘栅型效应管由金属、氧化物和半导体制成，所以称为金属-氧化物-半导体场效应管，或简称 MOS 场效应管（Metal Oxide Semiconductor Field Effect Transistor，MOSFET）。由于这种场效应管的栅极被绝缘层（例如 SiO_2）隔离，因此其输入电阻更高，可达 10^9 Ω 以上。从导电沟道来分，绝缘栅型场效应管也有 N 沟道和 P 沟道两种类型。无论 N 沟道或 P 沟道，又都可以分为增强型和耗尽型两种。本节将以 N 沟道增强型 MOS 场效应管为主，介绍它的结构、工作原理和特性曲线。

1. N 沟道增强型 MOS 场效应管

(1)结构

N 沟道增强型 MOS 场效应管用一块掺杂浓度较低的 P 型硅片作为衬底,在其表面上覆盖一层二氧化硅(SiO_2)的绝缘层,再在二氧化硅层上刻出两个窗口,通过扩散形成两个高掺杂 N 区,分别引出源极 s 和漏极 d,然后在源极和漏极之间的二氧化硅上面引出栅极 g,栅极与其他电极之间是绝缘的。衬底也引出一根引线,用 B 表示。通常情况下,将衬底与源极在场效应管内部连接在一起。由图 2.4.7(a)可见,这种场效应管由金属、氧化物和半导体组成。N 沟道增强型 MOS 场效应管的图形符号如图 2.4.7(b)所示。

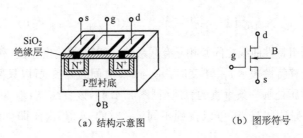

(a)结构示意图   (b)图形符号

图 2.4.7 N 沟道增强型 MOS 场效应管的结构示意图和图形符号

(2)工作原理

绝缘栅型场效应管的工作原理与结型有所不同。结型场效应管是利用 u_{GS} 来控制 PN 结耗尽层的宽窄,从而改变导电沟道的宽度,以控制漏极电流 i_D。而绝缘栅型场效应管则是利用 u_{GS} 来控制"感应电荷"的多少,以改变由这些"感应电荷"形成的导电沟道的状况,然后控制漏极电流 i_D。如果 $u_{GS} = 0$ 时漏源之间已经存在导电沟道,则称为耗尽型场效应管;如果 $u_{GS} = 0$ 时不存在导电沟道,则**称为增强型场效应管**。

对于 N 沟道增强型 MOS 场效应管,当 $u_{GS} = 0$ 时,在漏极和源极的两个 N 区之间是 P 型衬底,因此漏源之间相当于两个背靠背的 PN 结,所以,无论漏源之间加上何种极性的电压,总是不能导电。

假设场应管的 $u_{DS} = 0$,同时 $u_{GS} > 0$,如图 2.4.8 所示,此时栅极的金属极板(铝)与 P 型衬底之间构成一个平板电容,中间为二氧化硅绝缘层作为介质。

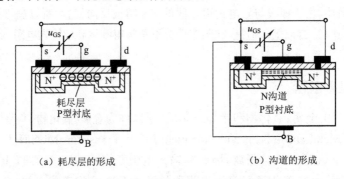

(a)耗尽层的形成   (b)沟道的形成

图 2.4.8 $u_{DS} = 0$ 时,u_{GS} 对导电沟道的影响

由于栅极的电压为正,它所产生的电场对 P 型衬底中的空穴(多子)起排斥作用,也就是说,把 P 型半导体电子(少子)吸引到衬底靠近二氧化硅的一侧,与空穴复合,于是产生了由负离子组成的耗

尽层。若增大 u_{GS}，则耗尽层变宽。当 u_{GS} 增大到一定值时，由于吸引了足够多的电子，便在耗尽层二氧化硅之间形成了可移动的表面电荷层，因为是在 P 型半导体中感应产生出 N 型电荷层，所以称之为反型层。于是，在漏极和源极之间有了 N 型的导电沟道。由于 P 型衬底中电子的浓度很低，因此这种表面负电荷主要从源极和漏极的 N 区得到。开始形成反型层所需的 u_{GS} 称为开启电压，用符号 $U_{GS(th)}$ 表示。以后，随着 u_{GS} 的升高，感应电荷增多，导电沟道变宽。但因 $u_{DS} = 0$，故 i_D 总是为零。

假设使 u_{GS} 为某一个大于 $U_{GS(th)}$ 的固定值，并在漏极和源极之间加上正电压 u_{DS}，且 $u_{DS} < u_{GS} - U_{GS(th)}$，即 $u_{GD} = u_{GS} - u_{DS} > U_{GS(th)}$，此时由于漏源之间存在导电沟道，所以将有一个电流 i_D。但是，因为 i_D 流过导电沟道时产生电压降落，使沟道上各点电位不同。沟道上靠近漏极处电位最高，故该处栅漏之间的电位差 $u_{GD} = u_{GS} - u_{DS}$ 最小，因而感应电荷产生的导电沟道最窄；而沟道上靠近源极处电位最低，栅源之间的电位差 u_{GS} 最大，所以导电沟道最宽，结果，导电沟道呈现一个楔形，如图 2.4.9(a)所示。

当 u_{DS} 增大时，i_D 将随之增大。但与此同时，导电沟道宽度的不均匀也愈益加剧。当 u_{DS} 增大到 $u_{DS} = u_{GS} - U_{GS(th)}$，即 $u_{GD} = u_{GS} - u_{DS} = U_{GS(th)}$ 时，靠近漏极处的沟道达到临界开启的程度，出现了**预夹断**的情况，如图 2.4.9(b)所示，如果继续增大 u_{DS}，则沟道的夹断区逐渐延长，如图 2.4.9(c)所示。在此过程中，由于夹断区的沟道电阻很大，所以当 u_{DS} 逐渐增大时，增加的 u_{DS} 几乎都降落在夹断区上，而导电沟道两端的电压几乎没有增大，即基本保持不变，因而漏极电流 i_D 也基本不变。

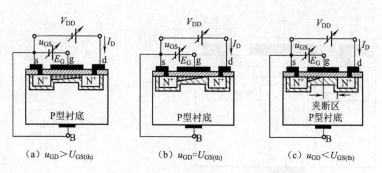

(a) $u_{GD} > U_{GS(th)}$　　　(b) $u_{GD} = U_{GS(th)}$　　　(c) $u_{GD} < U_{GS(th)}$

图 2.4.9　u_{DS} 对导电沟道的影响

（3）特性曲线

N 沟道增强型 MOS 场效应管的输出特性和转移特性如图 2.4.10(a)、(b)所示。

N 沟道增强型 MOS 场效应管的输出特性同样可以分为 3 个区域：可变电阻区、恒流区和截止区。可变电阻区与恒流区之间的虚线表示预夹断轨迹，该虚线与各条输出特性的交点满足关系 $u_{GD} = u_{GS} - u_{DS} = U_{GS(th)}$。

图 2.4.10(b)所示为 N 沟道增强型 MOS 场效应管的转移特性。由图可见，当 $u_{GS} < u_{GS(th)}$ 时，由于尚未形成导电沟道，因此 i_D 基本为零。当 $u_{GS} = U_{GS(th)}$ 时，开始形成导电沟通，产生 i_D。然后随着 u_{GS} 的增大，导电沟道变宽，沟道电阻减小，i_D 增大。

图 2.4.10(b)所示的转移特性可以近似用式（2.4.4）表示：

$$i_D = I_{DO} \left(\frac{u_{GS}}{U_{GS(th)}} - 1 \right)^2 \quad (u_{GS} \geqslant U_{GS(th)}) \tag{2.4.4}$$

式中，I_{DO} 为当 $u_{GS} = 2U_{GS(th)}$ 时的 i_D 值。

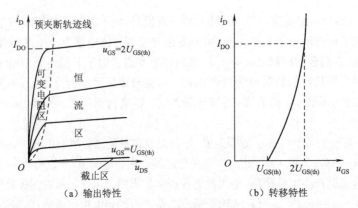

(a) 输出特性　　　　　　　　　　　(b) 转移特性

图 2.4.10　N 沟道增强型 MOS 场效应管的输出特性和转移特性

2. N 沟道耗尽型 MOS 场效应管

根据前面的分析可知,对于 N 沟道增强型 MOS 场效应管,只有当 $u_{GS} > u_{GS(th)}$ 时,漏极和源极之间才存在导电沟道。耗尽型的 MOS 场效应管则不然,由于在制造过程中预先在二氧化硅的绝缘层中掺入了大量的正离子,因此,即使 $u_{GS} = 0$,这些正离子产生的电场也能在 P 型衬底"感应"出足够的负电荷,形成"反型层",从而产生 N 型导电沟道,如图 2.4.11(a) 所示。所以当 $u_{DS} > 0$ 时,将有一个较大的漏极电流 i_D。N 沟道耗尽型 MOS 场效应管的图形符号如图 2.4.11(b) 所示。

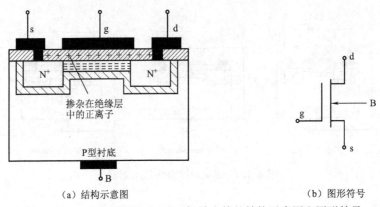

(a) 结构示意图　　　　　　　　　　　(b) 图形符号

图 2.4.11　N 沟道耗尽型 MOS 场效应管的结构示意图和图形符号

如果这种场效应管的 $u_{GS} < 0$,则由于栅极接到电源的负端,其电场将削弱原来二氧化硅绝缘层中预先注入的正离子的电场,使感应电荷减少,于是 N 型沟道变窄,从而使 i_D 减小。当 u_{GS} 更小,达到某一值时,感应电荷被"耗尽",导电沟道消失,于是 $i_D = 0$。因此这种场效应管称为耗尽型 MOS 场效应管。使 i_D 减为零时的 u_{GS} 称为夹断电压,用符号 $U_{GS(off)}$ 表示,与结型场效应管类似。

与 N 沟道结型场效应管不同之处在于,耗尽型 MOS 场效应管也允许在 $u_{GS} > 0$ 的情况下工作,此时,导电沟道比 $u_{GS} = 0$ 时更宽,因而 i_D 更大。

N 沟道耗尽型 MOS 场效应管的输出特性和转移特性分别示于图 2.4.12(a)、(b)。由图可见,当 $u_{GS} > 0$ 时,i_D 增大;当 $u_{GS} < 0$ 时,i_D 减小。

P 沟道 MOS 场效应管的工作原理与 N 沟道的类似,此处不再赘述。它们的图形符号也与 N 沟道 MOS 管相似,但衬底 B 上箭头的方向相反。为便于比较,现将各种场效应管的图形符号和特性曲线列于表 2.4.1 中。

表 2.4.1　各种场效应管的图形符号和特性曲线

类型	图形符号	U_{GS}极性	U_{DS}极性	转移特性 $i_D = f(u_{GS})$	输出特性 $i_D = f(u_{DS})$
NJFET		−	+		
PJFET		+	−		
NMOSFET 增强型		+	+		
NMOSFET 耗尽型		+−0	+		
PMOSFET 增强型		−	−		
PMOSFET 耗尽型		+−0	−		

2.4.3 场效应管的主要参数

1. 直流参数

(1)饱和漏极电流 I_{DSS}

这是耗尽型场效应管的一个重要参数。它的定义是当栅源之间的电压 u_{GS} 等于零,而漏源之间的电压 u_{DS} 大于夹断电压 $U_{GS(off)}$ 时对应的漏极电流。

(2)夹断电压 $U_{GS(off)}$

$U_{GS(off)}$ 也是耗尽型场效应管的一个重要参数,其定义是当 u_{DS} 一定时,使 i_D 减小到某一个微小电流时所需的 u_{GS} 值。

(3)开启电压 $U_{GS(th)}$

$U_{GS(th)}$ 是增强型场效应管的一个重要参数。它的定义是当 u_{DS} 一定时,使漏极电流达到某一数值时所需加的 u_{GS} 值。

(4)直流输入电阻 R_{GS}

即栅源之间所加电压与产生的栅极电流之比。由于场效应管的栅极几乎不取电流,因此其输入电阻很高。结型场效应管的 R_{GS} 一般在 10^7 Ω 以上,绝缘栅场效应管的输入电阻更高,一般大于 10^9 Ω。

2. 交流参数

(1)低频跨导 g_m

用以描述栅源之间的电压 u_{GS} 对漏极电流 i_D 的控制作用。它的定义是当 u_{DS} 一定时,i_D 与 u_{GS} 的变化量之比,即

$$g_m = \frac{\Delta i_D}{\Delta u_{GS}}\bigg|_{u_{GS}=常数} \tag{2.4.5}$$

若 i_D 的单位是 mA,u_{GS} 的单位是 V,则 g_m 的单位是毫西[门子](mS)。

(2)极间电容

这是场效应管 3 个电极之间的等效电容,包括 C_{gs}、C_{gd} 和 C_{ds}。极间电容愈小,则场效应管的高频性能愈好,一般分为几皮法。三极管的最高工作频率 f_M 是综合考虑了 3 个极间电容的影响而确定的工作频率的上限值。

3. 极限参数

(1)漏极最大允许耗散功率 P_{DM}

场效应管的漏极耗散功率等于漏极电流与漏极之间电压的乘积,即 $P_{DM} = i_D u_{DS}$。这部分功率将转化为热能,使场效应管的温度升高。漏极最大允许耗散功率决定于场效应管允许的温升。

(2)漏源击穿电压 $U_{(BR)DS}$

这是在场效应管的漏极特性曲线上,当漏极电流 i_D 急剧上升产生雪崩击穿时的 u_{DS}。工作时外加在漏源之间的电压不得超过此值。

(3)栅源击穿电压 $U_{(BR)GS}$

结型场效应管正常工作时,栅源之间的 PN 结处于反向偏置状态,若 u_{GS} 过高,PN 结将被击穿。MOS 场效应管的栅极与沟道之间有一层很薄的二氧化硅绝缘层,当 u_{GS} 过高时,可能将二氧化硅绝缘

层击穿,使栅极与衬底发生短路。这种击穿不同于一般的 PN 结击穿,而与电容器击穿的情况类似,属于破坏性击穿。栅源间发生击穿,MOS 管即被破坏。

 ## 2.5　二极管特性研究的 Multisim 仿真实例

1. 仿真内容

研究二极管的单向导电性和对交直流信号源响应的特点。

2. 仿真电路

①单向导电性实验仿真。仿真电路如图 2.5.1(a)、(b)所示。图 2.5.1(a)中仅加有效值为 1 V 的交流信号源,频率为 1 kHz,由波形图可见,输出只有半个波形,验证二极管的单向导电性。当加偏置电源 $V_2 = 2$ V,V_1 的有效值仍为 1 V,即 $V_1 < V_2$,由仿真电路图 2.5.2(b)可见,输出的是完整波形。

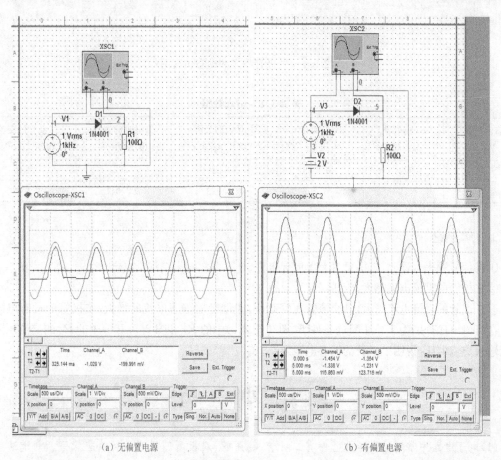

（a）无偏置电源　　　　　　　　　　　　　　（b）有偏置电源

图 2.5.1　二极管单向导电性仿真图

②在不同直流电流情况下,利用电压表和示波器分别测二极管的管压降和等效电阻,仿真电路如图 2.5.2(a)、(b)所示。由仿真图可得数据如表 2.5.1 所示,表中交流电压均为有效值。

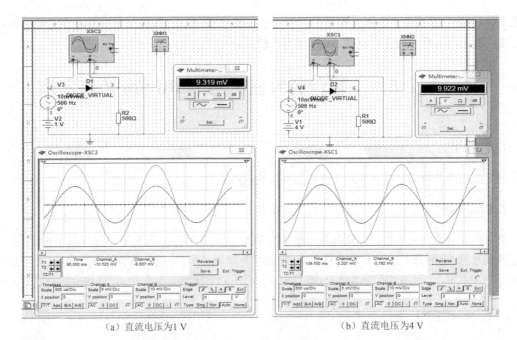

（a）直流电压为1 V　　　　　　　　　　（b）直流电压为4 V

图 2.5.2　二极管静态和动态仿真图

表 2.5.1　仿真数据

直流电源 V_1/V	交流信号 V_2/mV	R 上的直流电压 U_R/V	R 上的交流电压 u_R/mV	二极管的直流电压 U_D/V	二极管的交流电压 u_d/mV
1	10	353.852	9.319	0.65	0.681
4	10	3.296	9.922	0.704	0.078

3. 仿真结论

①在信号频率合适时，二极管具有单向导电性。

②二极管的直流电流越大，管压降越大。

③二极管的直流电流越大，其交流管压降越小，说明随着静态电流的增大，二极管的动态电阻变小。在直流电压分别为 1 V、4 V 的条件下，图 2.5.2(a) 中的 R_2 和图 2.5.2(b) 中的 R_1 的交流压降均接近输入交流电压，说明二极管的动态电阻很小。

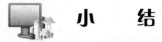 小　　结

（1）电子电路中常用的半导体器件有二极管、稳压管、双极型三极管和场效应管等。制造这些器件的主要材料是半导体，如硅和锗等。

半导体中存在两种载流子：电子和空穴。纯净的半导体称为本征半导体，它的导电能力很差。掺有少量其他元素的半导体称为杂质半导体。杂质半导体分为两种：N 型半导体——多数载流子是电子；P 型半导体——多数载流子是空穴。当把 P 型半导体和 N 型半导体结合在一起时，在二者的交界

处形成一个 PN 结,这是制造各种半导体器件的基础。

(2)二极管就是利用一个 PN 结加上外壳,引出两个电极而制成的。它的主要特点是具有单向导电性。在电路中可以起整流和检波等作用。

(3)二极管工作在反向击穿区时,即使流过二极管的电流变化很大,但二极管两端的电压变化很小,利用这种特性可以做成稳压管。

(4)双极型三极管有两种类型:NPN 型和 PNP 型。无论何种类型,内部均包括 2 个 PN 结,即发射结和集电结,并引出 3 个电极:发射极、基极和集电极。

利用三极管的电流控制作用可以实现放大。三极管实现放大作用的内部结构条件是:发射区掺杂浓度很高,基区做得很薄,且掺杂浓度很低。实现放大作用的外部条件是:外加电源的极性应保证发射结正向偏置;而集电结反向偏置。

描述三极管放大作用的重要参数是共射电流放大系数 $\beta = \dfrac{\Delta i_C}{\Delta i_B}$ 以及共基电流放大系数 $\alpha = \dfrac{\Delta i_C}{\Delta i_E}$。另外可以用输入、输出特性曲线来描述三极管的特性。三极管的共射输出特性可划分 3 个区:截止区、放大区和饱和区。为了对输入信号进行线性放大,避免发生严重的非线性失真,应使三极管工作在放大区内。

(5)场效应管利用栅源之间的电压的电场效应来控制漏极电流,是一种电压控制器件。场效应管分为结型和绝缘栅型两大类,后者又称 MOS 场效应管。无论结型或绝缘栅型场效应管,都有 N 沟道和 P 沟道之分。对于绝缘栅场效应管,又有增强型和耗尽型两种类型,但结型场效应管只有耗尽型。

表征场效应管放大作用的重要参数是跨导 $g_m = \dfrac{\Delta i_D}{\Delta u_{GS}}\bigg|_{u_{GS}=常数}$,也可用输出特性和转移特性来描述场效应管各极电流与电压之间的关系。

场效应管的主要特点是输入电阻高,而且易于大规模集成,近年来发展很快。

学完本章以后,应能达到以下教学要求:

(1)掌握普通二极管和稳压管的外特性和主要参数。正确理解它们的工作原理。

(2)掌握双极型三极管的外特征(包括输入特性和输出特性)以及双极型三极管的主要参数。正确理解双极型三极管的工作原理。

(3)掌握场效应管的外特征(包括输出特性和转移特性)以及场效应管的主要参数,正确理解场效应管的工作原理。

(4)了解本征半导体、杂质半导体和 PN 结的形成。

习题与思考题

一、填空题

1. 在杂质半导体中,多数载流子的浓度主要取决于掺入的_____,而少数载流子的浓度则与_____有很大关系。

2. 本征半导体中掺入_____价元素可以得到 N 型杂质半导体。其中,_____为多数载流子,_____为少数载流子。

3. 当 PN 结外加正向电压时,扩散电流_____漂移电流,耗尽层_____;当外加反向电压时,扩散电流_____漂移电流,耗尽层_____。其电流方程为_____。

4. 在常温下,硅二极管的门限电压约_____V,导通后在较大电流下的正向压降约_____V;

锗二极管的门限电压约_____V,导通后在较大电流下的正向压降约_____V。

5. 温度增加时,二极管的反向饱和电流将_____。

6. 处于放大状态的晶体管,集电极电流是_____漂移运动形成的。

7. 双极型三极管是指它内部参与导电的载流子有_____种。

8. 三极管的三个工作区域分别是_____、_____和_____。

9. 工作在放大区的某三极管,如果当 I_B 从 12 μA 增大到 22 μA 时,I_C 从 1 mA 变为 2 mA 时,那么它的 β 约为_____。

10. 三极管实现放大作用的内部条件是:_____;外部条件是:发射结要_____,集电结要_____。

11. 温度对三极管的参数影响较大,当温度升高时,I_{CBO} _____,β _____,正向发射结电压 U_{BE} _____,P_{CM} _____。

12. 当温度升高时,共发射极输入特性曲线将_____,输出特性曲线将_____,而且输出特性曲线之间的间隔将_____。

13. BJT 是_____控制器件,FET 是_____控制器件。

14. 跨导 g_m 反映了场效应管_____对_____控制能力,其单位为_____。

15. 对于耗尽型 MOS 管,U_{GS} 可以为_____。对于增强型 N 沟道 MOS 管,U_{GS} 只能为_____,并且只能当_____时,才能形成 I_d。

16. 一个结型场效应管的转移特性曲线如图 2. 题 .1 所示,则它是_____沟道的场效应管,它的夹断电压 U_p 是_____,饱和漏电流 I_{DSS} 是_____。

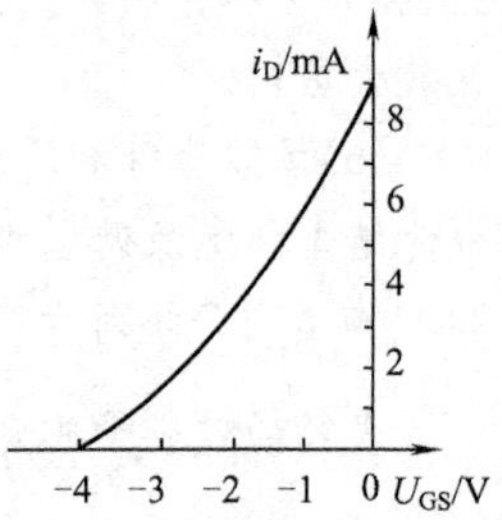

图 2.题.1

二、判断题

1. 由于 P 型半导体中含有大量空穴载流子,N 型半导体中含有大量电子载流子,所以 P 型半导体带正电,N 型半导体带负电。( )

2. 在 N 型半导体中,掺入高浓度三价元素杂质,可以改为 P 型半导体。( )

3. 扩散电流是由半导体的杂质浓度引起的,即杂质浓度大,扩散电流大;杂质浓度小,扩散电流小。( )

4. 本征激发过程中,当激发与复合处于动态平衡时,两种作用相互抵消,激发与复合停止。( )

5. PN 结在无光照、无外加电压时,结电流为零。( )

6. 温度升高时,PN 结的反向饱和电流将减小。( )

7. PN 结加正向电压时,空间电荷区将变宽。( )

8. 结型场效应管外加的栅源电压应使栅源间的耗尽层承受反向电压,才能保证其 R_{GS} 大的特点。( )

9. 若耗尽型 N 沟道 MOS 管的 $u_{GS}>0$,则其输入电阻会明显减小。( )

三、选择题

1. 二极管加正向电压时,其正向电流是由( )的。

 A. 多数载流子扩散形成　　　　　　 B. 多数载流子漂移形成

 C. 少数载流子漂移形成　　　　　　 D. 少数载流子扩散形成

2. PN 结反向偏置电压的数值增大，但小于击穿电压,(　　)。

    A. 其反向电流增大　　　　　　　　　　B. 其反向电流减小

    C. 其反向电流基本不变　　　　　　　　D. 其正向电流增大

3. 稳压二极管是利用 PN 结的(　　)。

    A. 单向导电性　　　　　　　　　　　　B. 反偏截止特性

    C. 电容特性　　　　　　　　　　　　　D. 反向击穿特性

4. 当温度升高时,二极管的正反向特性曲线将(　　)。

    A. 左移　　　　　B. 右移　　　　　　C. 不变　　　　　　D. 不确定

5. 场效应晶体管是用(　　)控制漏极电流的。

    A. 栅源电流　　　　　　　　　　　　　B. 栅源电压

    C. 漏源电流　　　　　　　　　　　　　D. 漏源电压

6. 结型场效应管发生预夹断后,场效应管(　　)。

    A. 关断　　　　　B. 进入恒流区　　　C. 进入饱和区　　　D. 进入可变电阻区

7. 场效应管靠(　　)导电。

    A. 一种载流子　　B. 两种载流子　　　C. 电子　　　　　　D. 空穴

8. 增强型 PMOS 管的开启电压(　　)。

    A. 大于零　　　　B. 小于零　　　　　C. 等于零　　　　　D. 或大于零或小于零

9. 增强型 NMOS 管的开启电压(　　)。

    A. 大于零　　　　B. 小于零　　　　　C. 等于零　　　　　D. 或大于零或小于零

10. 当 $u_{GS} = 0$ 时,能够工作在恒流区的场效应管是(　　)。

    A. 结型管　　　　B. 增强型 MOS 管　　C. 耗尽型 MOS 管　　D. 不确定

11. 测得晶体管 3 个电极的静态电流分别为 0.06 mA, 3.66 mA 和 3.6 mA,则该管的 β 为(　　)。

    A. 60　　　　　　B. 61　　　　　　　C. 0.98　　　　　　D. 无法确定

12. 只用万用表判别晶体管 3 个电极,最先判别出的应是(　　)。

    A. e 极　　　　　B. c 极　　　　　　C. b 极　　　　　　D. 无法确定

四、分析计算题

1. 写出图 2. 题 .2 所示各电路的输出电压值,设二极管均为恒压降模型,且导通电压 $U_D = 0.7$ V。

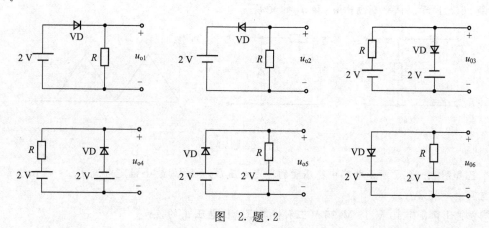

图 2.题.2

2. 电路如图 2. 题 . 3 所示,已知 $u_i=6\sin\omega t$ V,试分别使用二极管理想模型和恒压降模型($U_D=0.7$ V)画出 u_o 的波形,并标出幅值。

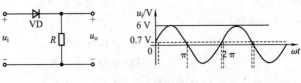

图 2. 题 . 3

3. 电路如图 2. 题 . 4 所示,已知 $u_i=6\sin\omega t$ V,二极管导通电压 $U_D=0.7$ V。试画出 u_i 与 u_o 的波形,并标出幅值。

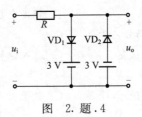

图 2. 题 . 4

4. 现有两只稳压管,它们的稳定电压分别为 5 V 和 8 V,正向导通电压为 0.7 V。试问:

①若将它们串联相接,则可得到几种稳压值? 各为多少?

②若将它们并联相接,则又可得到几种稳压值? 各为多少?

5. 已知稳压管的稳压值 $U_Z=6$ V,稳定电流的最小值 $I_{Zmin}=5$ mA。求图 2. 题 . 5 所示电路中 u_{o1} 和 u_{o2} 的数值。

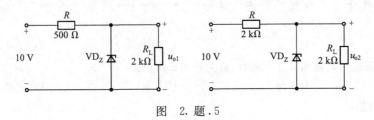

图 2. 题 . 5

6. 电路如图 2. 题 . 6(a)、(b)所示,稳压管的稳定电压 $U_Z=3$ V,R 的取值合适,u_i 的波形如图 2. 题 . 6(c)所示。试分别画出 u_{o1} 和 u_{o2} 的波形。

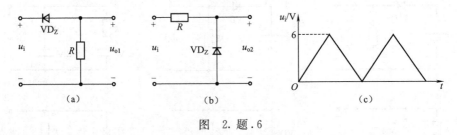

图 2. 题 . 6

7. 已知图 2. 题 . 7 所示电路中稳压管的稳定电压 $U_Z=6$ V,最小稳定电流 $I_{Zmin}=5$ mA,最大稳定电流 $I_{Zmax}=25$ mA。

①分别计算 u_i 为 10 V、15 V、35 V 三种情况下输出电压 u_o 的值;

②若 $u_i=35$ V 时负载开路,则会出现什么现象？为什么？

8. 在图2.题.8所示电路中,发光二极管导通电压 $U_D=1.5$ V,正向电流在 5～15 mA 时才能正常工作。试问:

①开关 S 在什么位置时发光二极管才能发光？

②R 的取值范围是多少？

9. 在某放大电路中,三极管三个电极的电流如图2.题.9所示,已测出 $I_1=-1.2$ mA, $I_2=0.03$ mA, $I_3=1.23$ mA,试判断 e、b、c 三个电极,三极管的类型(NPN型还是PNP型)以及三极管的电流放大系数 $\bar{\beta}$。

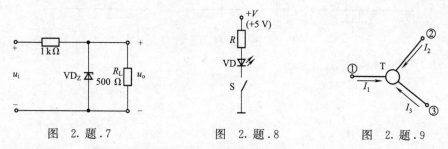

图 2.题.7   图 2.题.8   图 2.题.9

10. 用万用表直流电压挡测得电路中三极管各电极的对地电位,如图2.题.10所示,试判断这些三极管分别处于哪种工作状态(饱和、放大、截止或已损坏)?

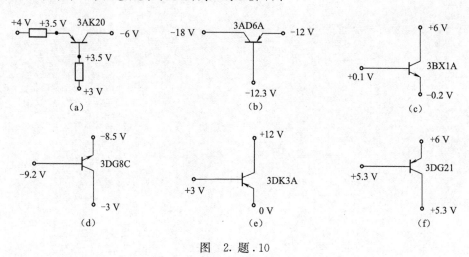

图 2.题.10

11. 根据图2.题.11所示的转移特性曲线,分别判断各相应的场效应管的类型(结型或绝缘栅型,P沟道或N沟道,增强型或耗尽型)。如为耗尽型,在特性曲线上标注出其夹断电压 $U_{GS(off)}$ 和饱和电流 I_{DSS};如为增强型,标出其开启电压 $U_{GS(th)}$。

图 2.题.11

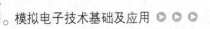

12. 试分析图 2. 题 .12 所示的各电路是否能够放大正弦交流信号,简述理由。设图中所有电容对交流信号均可视为短路。

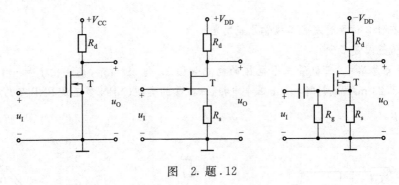

图　2. 题 .12

第3章　基本放大电路

　　本章从放大电路的基本概念和技术指标入手,介绍由双极型三极管和场效应管组成的各种基本放大电路,阐述了图解法和微变等效电路法的应用,并对放大电路的不同组态进行了静态和动态分析。

　　本章的重点是掌握放大电路的基本概念、基本原理和基本分析方法。

3.1　放大的概念

　　放大电路是模拟电子电路中最常用、最基本的一种典型电路。无论日常使用的收音机、电视机,或者精密的测量仪表和复杂的自动控制系统等,其中一般都有各种各样不同类型的放大电路。可见,放大电路是应用十分广泛的模拟电路,如模拟信号运算电路、信号处理电路以及波形发生电路等,实质上都是在放大电路的基础上发展、演变而得到的,因此说,放大电路是最基本的模拟电路。

　　既然放大电路如此重要,那么,究竟什么叫放大,也就是说,放大的概念是什么。

　　所谓"放大",从表面上看,似乎就是将信号的幅度由小变大。但是,在电子技术中,"放大"的本质首先是实现能量的控制。即用能量比较小的输入信号来控制另一个能源,使输出端的负载上得到能量比较大的信号。负载上信号的变化规律是由输入信号控制的,而负载上得到的较大能量是由另一个能源提供的。例如,从收音机天线上接收到的信号能量非常微弱,需要经过放大和处理,才能驱动扬声器发出声音。我们从扬声器听到什么样的声音,决定于从天线上接收到的信号,而功率很大的音量,其能量来源于另外一个直流电源。这种小能量对大能量的控制就是放大的实质。

　　另外,放大作用是针对变化量而言的。所谓放大,是指当输入信号有一个比较小的变换量时,在输出端的负载上得到一个比较大的变化量。而放大电路的放大倍数,也是指输出信号与输入信号的变化量之比。由此可见,所谓放大作用,其放大的对象是变化量。

　　为了进行能量的控制,实现放大的作用,必须采用具有放大作用的电子器件。已经知道,双极型三极管的基极电流 i_B 对集电极电流 i_C 有控制作用,而场效应管的栅源之间电压 u_{GS} 对漏极电流 i_D 也有控制作用,因此,这两种器件都可以实现放大作用,它们是组成放大电路的核心器件。

3.2　放大电路的主要技术指标

　　放大电路的技术指标用以定量地描述电路的有关技术性能。测试时通常在放大电路的输入端加上一个正弦测试电压,然后测量电路中的其他有关电量。放大电路的组成示意图如图 3.2.1 所示。

为了反映放大电路各方面的性能,引出如下主要技术指标。

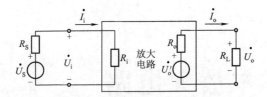

图 3.2.1　放大电路的组成示意图

1. 放大倍数

放大倍数是描述一个放大电路放大能力的指标,其中电压放大倍数定义为输出电压与输入电压的变化量之比。当输入一个正弦测试电压时,放大倍数也可用输出电压与输入电压的正弦相量之比来表示,即

$$\dot{A}_u = \frac{\dot{U}_o}{\dot{U}_i} \tag{3.2.1}$$

与此类似,电流放大倍数定义为输出电流与输入电流的变化量之比,同样也可用二者的正弦相量之比来表示,即

$$\dot{A}_i = \frac{\dot{I}_o}{\dot{I}_i} \tag{3.2.2}$$

必须注意,以上两个表达式只有在输出电压和输出电流基本上也是正弦波,即输出信号没有明显失真的情况下才有意义。下面各项有关指标也有同样的要求。

2. 输入电阻

从放大电路的输入端看进去的等效电阻称为放大电路的输入电阻,如图 3.2.1 所示。此处只考虑中频段的情况,故从放大电路输入端看,等效为一个纯电阻 R_i。输入电阻 R_i 的大小等于外加正弦输入电压与相应的输入电流之比,即

$$R_i = \frac{\dot{U}_i}{\dot{I}_i} \tag{3.2.3}$$

输入电阻这项技术指标描述放大电路对信号源索取电流的大小。通常希望放大电路的输入电阻越大越好,R_i 越大,说明放大电路对信号源索取的电流越小。

3. 输出电阻

输出电阻是从放大电路的输出端看进去的等效电阻,如图 3.2.1 所示。在中频段,从放大电路的输出端看,同样等效为一个纯电阻 R_o。输出电阻 R_o 的定义是当输入端信号短路(即 $\dot{U}_S = 0$,但保留信号源内阻 R_S),输出端负载开路(即 $R_L = \infty$)时,外加一个正弦输出电压 $\dot{U}_o$,得到相应的输出电流 $\dot{I}_o$,二者之比即输出电阻 R_o,即

$$R_o = \left. \frac{\dot{U}_o}{\dot{I}_o} \right|_{\substack{\dot{U}_S=0 \\ R_L=\infty}} \tag{3.2.4}$$

实际工作中测试输出电阻时,通常在输入端加上一个固定的正弦交流电压 $\dot{U}_\mathrm{i}$,首先使负载开路,测得输出电压 $\dot{U}'_\mathrm{o}$,然后接上阻值为 R_L 的负载电阻,测得此时的输出电压为 $\dot{U}_\mathrm{o}$,根据图 3.2.1 的输出回路可得到

$$R_\mathrm{o} = \left(\frac{\dot{U}'_\mathrm{o}}{\dot{U}_\mathrm{o}} - 1\right)R_\mathrm{L} \tag{3.2.5}$$

输出电阻是描述放大电路带负载能力的一项技术指标。通常希望放大电路的输出电阻越小越好。R_o 越小,说明放大电路的带负载能力越强。

4. 最大输出幅度

表示在输出波形没有明显失真的情况下,放大电路能够提供给负载的最大输出电压(或最大输出电流),一般指电压的有效值,以 U_om 表示。也可用峰-峰值表示,正弦信号的峰-峰值等于其有效值的 $2\sqrt{2}$ 倍。

5. 非线性失真系数

由于放大器件输入、输出特性的非线性,因此放大电路的输出波形不可避免地将产生或多或少的非线性失真。当输入单一频率的正弦波信号时,输出波形中除基波成分外,还将含有一定数量的谐波。所有的谐波总量与基波成分之比,定义为非线性失真系数,符号为 D,即

$$D = \frac{\sqrt{U_2^2 + U_3^2 + \cdots}}{U_1} \tag{3.2.6}$$

式中,U_1、U_2、U_3 等分别表示输出信号中基波、二次谐波、三次谐波等的幅值。

6. 通频带

由于放大器件本身存在极间电容,还有一些放大电路中接有电抗性元件,因此,放大电路的放大倍数将随着信号频率的变化而变化。一般情况下,当频率升高或降低时,放大倍数都将减小,而在中间一段频率范围内,因各种电抗性元件的作用可以忽略,故放大倍数基本不变,如图 3.2.2 所示。通常将放大倍数在高频和低频段分别下降至中频段放大倍数的 $\frac{1}{\sqrt{2}}$ 时所包括的频率范围,定义为放大电路的通频带,用符号 BW 表示。

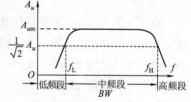

图 3.2.2　放大电路的通频带

显然,通频带愈宽,表明放大电路对信号频率的变化具有更强的适应能力。

7. 最大输出功率与效率

放大电路的输出功率,是指在输出信号不产生明显失真的前提下,能够向负载提供的最大输出功率,通常用符号 P_om 表示。

前已述及,放大的本质是能量的控制,负载上得到的输出功率,实际上是利用放大器件的控制作用将直流电源的功率转换成交流功率而得到的,因此就存在一个功率转换的效率问题。放大电路的效率 η 定义为最大输出功率 P_om 与直流电源消耗的功率 P_V 之比,即

$$\eta = \frac{P_{om}}{P_V} \tag{3.2.7}$$

以上介绍了放大电路的几个主要技术指标,此外针对不同的使用场合,还可能对放大电路提出其他一些指标,在此不再赘述。

3.3 单管共发射极放大电路

单管放大电路是构成各种复杂放大电路的基础。本节以单管共发射极放大电路为例,介绍放大电路的组成和放大的基本原理。

3.3.1 单管共发射极放大电路的组成

由 NPN 三极管组成的单管共发射极放大电路(通常简称单管共射放大电路)的原理电路图如图 3.3.1 所示。电路中只有一个三极管作为放大元件,而且,输入回路和输出回路的公共端是三极管的发射极,故称为单管共射放大电路。

放大电路各个元件的作用为,三极管 T 作为放大元件,是放大电路的核心。集电极电源 V_{CC} 是直流电源,输出端负载上得到的较大能量由 V_{CC} 提供。集电极负载电阻 R_c 的作用是,将集电极电流 i_C 的变化转换为集电极电压的变化,再传送到放大电路的输出端。基极电源 V_{BB} ,它的极性应使三极管的发射结正向偏置,而且,V_{BB} 与基极电阻 R_b 共同决定了当输入信号等于零时放大电路的基极电流,这

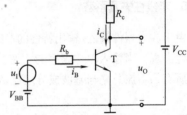

图 3.3.1 单管共射放大电路原理图

个电流称为静态基极电流。在以后的分析中将会看到,静态基极电流的大小对三极管能否工作在放大区,以及对放大电路的其他性能具有重要的影响。

3.3.2 单管共发射极放大电路的工作原理

假设在图 3.3.1 所示单管共射放大电路的输入端加上一个微小的输入电压的变化量 Δu_I ,则三极管基极与发射极之间的电压也将随之发生变化,产生 Δu_{BE} 。因三极管的发射结处于正向偏置状态,故当 u_{BE} 发生变化时,i_B 将产生相应的变化 Δi_B 。如果三极管工作在放大区,则 i_B 的变化将引起 i_C 产生更大的变化,即 $\Delta i_C = \beta \Delta i_B$,这个 Δi_C 流过集电极负载电阻 R_c ,使集电极电压 u_{CE} 也发生相应的变化。由图 3.3.1 可见,当 i_C 增大时,R_c 上的电压降也增大,于是 u_{CE} 将降低。由于 R_c 上的电压与 u_{CE} 之和等于 V_{CC} ,而 V_{CC} 是一个恒定不变的直流电源,因此 u_{CE} 的变化量与 R_c 上电压的变化量数值相等而极性相反,即 $\Delta u_{CE} = -\Delta i_C R_c$ 。在本电路中,集电极电压 u_{CE} 就是输出电压 u_O ,即 $\Delta u_O = \Delta u_{CE}$ 。

综上所述,当放大电路的输入电压有一个变化量 Δu_I 时,在电路中将产生以下一系列电压或电流的变化过程:

$$\Delta u_I \rightarrow \Delta u_{BE} \rightarrow \Delta i_B \rightarrow \Delta i_C \rightarrow \Delta u_{CE} \rightarrow \Delta u_O$$

当电路参数满足一定条件时,有可能使输出电压的变化量 Δu_O 比输入电压的变化量 Δu_I 大得多,也就是说,当放大电路的输入电压有一个微小的变化量 Δu_I 时,在输出端将得到一个放大了的变化量 Δu_O ,从而实现了放大作用。

从以上分析可知,组成放大电路时必须遵循以下几个原则:

首先,外加直流电源的极性必须使三极管的发射结正向偏置、集电结反向偏置,以保证三极管工作在放大区。此时,若基极电流有一个微小的变化量 Δi_B,将控制集电极电流产生一个较大的变化量 Δi_C,二者之间的关系为 $\Delta i_C = \beta \Delta i_B$。

其次,输入回路的接法应该使输入电压的变化量 Δu_I 能够传送到三极管的基极回路,并使基极电流产生相应的变化量 Δi_B。

第三,输出回路的接法应该使集电极电流的变化量 Δi_C 能够转化为集电极电压的变化量 Δu_{CE},并传送到放大电路的输出端。

只要符合上述几项原则,即使电路的形式有所变化,仍然能够实现放大作用。

但是,图 3.3.1 所示的单管共射放大电路只是一个原理性电路,若付诸实用主要存在两个缺点:其一,在这个只有一个放大元件的简单电路中需要两路直流电源 V_{CC} 和 V_{BB},既不方便也很不经济;其二,放大电路的输入电压 u_I 与输出电压 u_O 不共地,在实际应用时也不可取。为此,可以根据上述组成放大电路的几项原则,对原来的电路加以改进。

首先,省去基极直流电源 V_{BB},将基极电阻 R_b 改接到 V_{CC} 的正端。由图 3.3.2 可见,V_{CC} 的极性能够保证发射结正向偏置。其次,将输入电压 u_I 的一端接至公共端,以便与 u_O 共地,另一端通过电容 C_1 接到三极管的基极,如图 3.3.2 所示。在一定的信号频率时,输入电压中的交流成分能够基本上没有衰减地通过电容到达基极,但其中的直流成分则不能通过。这样的电容称为隔直电容或耦合电容。与输入回路的接法类似,三极管的集电极也通过一个隔直电容 C_2 接到输出端,R_L 是放大电路的负载电阻。第三,为了简化画图过程,通常不将直流电源 V_{CC} 画出,而只标出其正

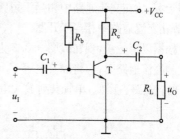

图 3.3.2　共射放大电路工程习惯画法

端。图 3.3.2 所示的电路通常称为阻容耦合单管共射放大电路的工程习惯画法。

图 3.3.2 所示电路克服了原来的缺点,比较实用,而且电路符合组成放大电路的三项原则,能够实现放大作用。

3.4　放大电路的基本分析方法

双极型三极管或场效应管是组成放大电路的主要器件,而它们的特性曲线都是非线性的,因此,对放大电路进行定量分析时,主要矛盾在于如何处理放大器件的非线性问题。对此问题,常用的解决办法有两个:第一是图解法,这是在承认放大器件特性曲线为非线性的前提下,在放大管的特性曲线上用作图的方法求解;第二是微变等效电路法,其实质是在一个比较小的变化范围内,近似认为双极型三极管和场效应管的特性曲线是线性的,由此导出放大器件的等效电路以及相应的微变等效参数,从而将非线性的问题转化为线性问题,于是就可以利用电路原理中介绍的适用于线性电路的各种定律、定理等来对放大电路进行求解。

随着电子技术和计算机应用的不断发展,电子电路的分析已经从传统的手工分析计算发展为借助于专用的计算机软件进行仿真、分析和设计。目前,对于模拟电子电路的分析,已经开发了许多优秀的计算机仿真软件,其中应用比较广泛的有 SPICE、Multisim 等。本书除了介绍图解法和微变等效电路法以外,还将在各章利用 Multisim 仿真软件对各种典型电路进行仿真和分析。

对一个放大电路进行定量分析时,首先要进行静态分析,即分析未加输入信号时的工作状态,估

算电路中各处的直流电压和直流电流。然后进行动态分析,即分析加上交流输入信号时的工作状态,估算放大电路的各项动态技术指标,如电压放大倍数、输入电阻、输出电阻、通频带、最大输出功率等。分析的过程一般是先静态后动态。

静态分析讨论的对象是直流成分,动态分析讨论的对象则是交流成分。由于放大电路中存在着电抗性元件,所以直流成分的通路和交流成分的通路是不一样的。为了分别进行静态分析和动态分析,首先来分析放大电路的直流通路和交流通路有何不同。

3.4.1 直流通路与交流通路

放大电路中的电抗性元件对直流信号和交流信号呈现的阻抗是不同的。例如,电容对直流信号的阻抗是无穷大,故相当于开路;但对交流信号而言,电容容抗的大小为 $\frac{1}{\omega C}$,当电容值足够大,交流信号在电容上的压降可以忽略时,可视为短路。电感对直流信号的阻抗为零,相当于短路;而对交流信号而言,感抗的大小为 ωL。此外,对于理想电压源,如 V_{CC} 等,由于其电压恒定不变,即电压的变化量等于零,故在交流通路中相当于短路。而理想电流源,由于其电流恒定不变,即电流的变化量等于零,故在交流通路中相当于开路。

根据以上分析,现在以图 3.3.2 为例,分析其直流通路和交流通路。

画直流通路时,应将隔直电容 C_1 和 C_2 开路;画交流通路时,应将 C_1 和 C_2 短路,集电极直流电源 V_{CC} 也应短路。因此,单管共射放大电路的直流通路和交流通路分别如图 3.4.1(a)、(b)所示。

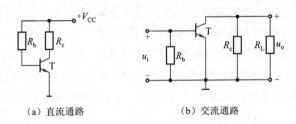

（a）直流通路   （b）交流通路

图 3.4.1　单管共射放大电路的直流通路和交流通路

根据放大电路的直流通路和交流通路,即可分别进行静态分析和动态分析。进行静态分析时,有时也采用一些简单实用的近似估算法。

3.4.2 静态工作点的近似估算

当外加输入信号为零时,在直流电源 V_{CC} 的作用下,三极管的基极回路和集电极回路存在着直流电流和直流电压,这些直流电流和电压在三极管的输入、输出特性上各自对应一个点,称为静态工作点。静态工作点处的基极电流、基极与发射极之间的电压分别用符号 I_{BQ}、U_{BEQ} 表示,集电极电流、集电极于发射极之间的电压则用 I_{CQ}、U_{CEQ} 表示。

由图 3.4.1(a)可求得单管共射放大电路的静态基极电流为

$$I_{BQ} = \frac{V_{CC} - U_{BEQ}}{R_b} \qquad (3.4.1)$$

由三极管的输入特性可知,U_{BEQ} 的变化范围很小,可近似认为

$$\text{硅管} \quad U_{BEQ} = (0.6 \sim 0.8)\text{ V} \qquad (3.4.2)$$
$$\text{锗管} \quad U_{BEQ} = (0.1 \sim 0.3)\text{ V}$$

根据以上近似值,若给定 V_{CC} 和 R_b,即可由式(3.4.1)估算 I_{BQ}。

已知三极管的集电极电流与基极电流之间存在关系 $I_C \approx \bar{\beta} I_B$，且 $\beta \approx \bar{\beta}$，因此可求得静态集电极电流为

$$I_{CQ} \approx \beta I_{BQ} \tag{3.4.3}$$

然后由图 3.4.1(a)的直流通路可得

$$U_{CEQ} = V_{CC} - I_{CQ} R_c \tag{3.4.4}$$

【例 3.4.1】 在图 3.4.2 所示单管共射放大电路中，已知三极管的 $\beta = 80$，试估算放大电路的静态工作点。

解 设三极管的 $U_{BEQ} = 0.7\ V$，根据式(3.4.1)、式(3.4.3)和式(3.4.4)可得

$$I_{BQ} = \frac{V_{CC} - U_{BEQ}}{R_b} = \frac{12 - 0.7}{510}\ mA \approx 0.022\ 2\ mA = 22.2\ \mu A$$

$$I_{CQ} \approx \beta I_{BQ} = (80 \times 0.022\ 2)\ mA = 1.78\ mA$$

$$U_{CEQ} = V_{CC} - I_{CQ} R_c = (12 - 1.78 \times 3)\ V = 6.66\ V$$

3.4.3 图解法

已经知道，三极管输入回路的电流与电压之间的关系可以用输入特性曲线来描述；输出回路的电流与电压之间的关系可以用输出特性曲线来描述。图解法就是在已知三极管的输入、输出特性曲线以及各元件参数的情况下，利用作图的方法对电路进行分析。本节首先讨论图解的基本方法，然后介绍图解法的应用。

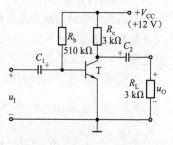

图 3.4.2 例 3.4.1 电路

1. 图解的基本方法

图解法既可分析放大电路的静态，也可分析动态。分析的过程仍是先静态后动态。

(1)静态工作点的图解分析

用作图的方法确定放大电路的静态工作点，求出 I_{BQ}、U_{BEQ}、I_{CQ} 和 U_{CEQ} 的值。

由于器件手册通常不给出三极管的输入特性曲线，而输入特性也不易准确地测出，因此，一般不在输入特性曲线上用图解法求 I_{BQ}、U_{BEQ}。利用前面介绍的近似估算法，根据式(3.4.1)和式(3.4.2)估算 I_{BQ}、U_{BEQ}，一般可以满足实际工作的要求。

为了用图解法分析 I_{CQ} 和 U_{CEQ}，将图 3.4.3(a)所示单管共射放大电路的直流通路的输出回路画在图 3.4.3(a)中，由图可知，对于某一确定的基极电流 I_{BQ}，从三极管本身看，I_{CQ} 和 U_{CEQ} 要满足三极管的输出特性；从外电路看，由负载电阻 R_c 和集电极直流电源 V_{CC} 串联而成，因二者皆为线性元件，故此处 i_C 和 u_{CE} 之间存在线性关系，可用以下直线方程表示，即

$$u_{CE} = V_{CC} - i_C R_c \tag{3.4.5}$$

根据此方程，在三极管的输出特性曲线上画出一条直线，这条直线画在图 3.4.3(b)中，直线上有两个特殊点：直线与横坐标的交点，$i_C = 0$，$u_{CE} = V_{CC}$；直线与纵坐标的交点，$u_{CE} = 0$，$i_C = \dfrac{V_{CC}}{R_c}$。这条直线是根据放大电路的直流通路得到的，表示外电路的伏安特性，所以称为直流负载线。直流负载线的斜率 $-\dfrac{1}{R_c}$。集电极负载电阻 R_c 越大，则直流负载线越平坦；反之，R_c 越小，则直流负载线越陡。

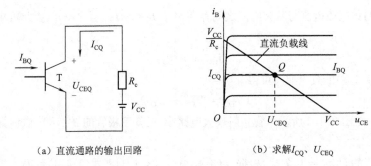

（a）直流通路的输出回路　　　　　　（b）求解I_{CQ}、U_{CEQ}

图 3.4.3　直流负载线和静态工作点的求解

最后根据估算得到的 I_{BQ} 值可以找到 $i_B = I_{BQ}$ 的一条输出特性曲线，该条特性曲线与直流负载线的交点就是静态工作点 Q，在 Q 点处即可求得静态集电极电流 I_{CQ} 和静态集电极电压 U_{CEQ}。

（2）图解分析动态

分析放大电路的动态工作情况应该根据它的交流电路，现将图 3.4.1(b)中单管共射放大电路的交流通路画在图 3.4.4(a)中。因为讨论动态工作情况，所以图中的集电极电流和集电极电压分别用变化量 Δi_C 和 Δu_{CE} 表示。

交流通路外电路的伏安特性称为交流负载线。交流通路的外电路包括两个电阻 R_c 和 R_L 的并联。现用 R'_L 表示 R_c 和 R_L 的并联，即 $R'_L = R_c /\!/ R_L$。因此，交流负载线的斜率为 $-\dfrac{1}{R'_L} = -\dfrac{1}{(R_c /\!/ R_L)}$，由于 $R'_L < R_L$，所以通常交流负载线比直流负载线更陡。通过分析还可以知道，交流负载线一定通过静态工作点 Q。因为在外加输入电压 u_1 的瞬时值等于零时，如果不考虑电容 C_1 和 C_2 的作用，可认为放大电路相当于静态时的情况，则此时放大电路的工作点既在交流负载线上，又在静态工作点 Q 上，即交流负载线必定经过 Q 点，因此，只要通过 Q 点画一条斜率为 $-\dfrac{1}{R'_L}$ 的直线，即可得到交流负载线，如图 3.4.4(b)所示。

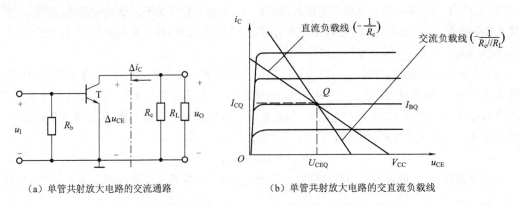

（a）单管共射放大电路的交流通路　　　　　　（b）单管共射放大电路的交直流负载线

图 3.4.4　单管共射放大电路的交流通路

当外加一个正弦输入电压 u_1 时，放大电路的工作点将沿着交流负载线运动。所以，只有交流负载线才能描述动态时 i_C 和 u_{CE} 的关系，而直流负载线的作用只能用以确定静态工作点，不能表示放大电路的动态工作情况。

如果在放大电路的输入端加上一个正弦电压 u_1，则在线性范围内，三极管的 u_{BE} 和 i_B 将在输入特性曲线上,围绕静态工作点 Q 基本上按正弦规律变化,如图 3.4.5(a)所示。此时,三极管的 i_C 和 u_{CE} 将在输出特性曲线上,沿着交流负载线,围绕着 Q 点也基本上按正弦规律变化,如图 3.4.5(b)所示。

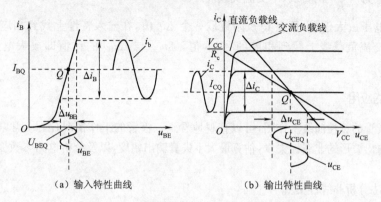

(a) 输入特性曲线　　　　　　　(b) 输出特性曲线

图 3.4.5　单管共射放大电路的动态图解分析

如果需要利用图解法求放大电路的电压放大倍数,可假设基极电流在静态值 I_{BQ} 附近有一个变化量 Δi_B,在输入特性曲线上找到相应的 Δu_{BE},如图 3.4.5(a)所示。然后再根据 Δi_B,在输出特性的交流负载线上找到相应的 Δu_{CE},如图 3.4.5(b)所示,则电压放大倍数为

$$A_u = \frac{\Delta u_O}{\Delta u_I} = \frac{\Delta u_{CE}}{\Delta u_{BE}}$$

但是,利用图解法定量计算放大电路的电压放大倍数时,由于作图误差等原因,不易得出准确的结果。

根据图 3.4.5,可以得到当放大电路的输入端加上正弦电压 u_I 时,电路中相应的 u_{BE}、i_B、i_C、u_{CE} 和 u_O 的波形,现将它们在同一个时间坐标下,集中地画在图 3.4.6 中。

仔细观察这些波形,可以得到以下几点重要结论:

首先,当输入一个正弦电压 u_I 时,在线性范围内,放大电路三极管的各极电压和电流均围绕各自的静态值,也基本上按正弦规律变化,即 u_{BE}、i_B、i_C 和 u_{CE} 的波形都是在原来静态直流量的基础上,再叠加一个正弦交流成分,成为交直流并存的状态。

其次,当输入电压有一个微小的变化量时,通过放大电路,在输出端可得到一个比较大的电压变化量,可见单管共射放大电路能够实现**电压放大作用**。

最后,当 u_I 的瞬时值增大时,u_{BE}、i_B 和 i_C 的瞬时值也随之增大,但因 i_C 在 R_c 上的压降增大,故 u_{CE} 和 u_O 的瞬时值将减小。换言之,当输入一个正弦电压 u_I 时,输出端的正弦电压信号 u_O 的相位与 u_I 相反,可见单管共射放大电路具有倒相作用。

根据前面的介绍,可以将利用图解法分析放大电路的基本方法归纳如下:

①由放大电路的直流通路画出输出回路的直流负载线。

②估算静态基极电流 I_{BQ}。直流负载线与 $i_B = I_{BQ}$ 的一条输出特性的交点即静态工作点 Q,由图可得到 I_{CQ} 和 U_{CEQ} 值。

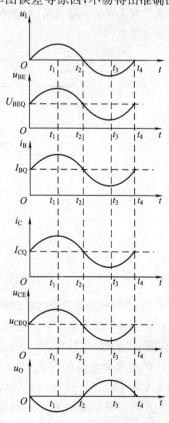

图 3.4.6　单管共射放大电路波形图

③由放大电路的交流通路计算等效的交流负载电阻 $R'_L = R_C \ /\!/ \ R_L$ 。在三极管的输出特性上,通过 Q 点画出斜率为 $-\dfrac{1}{R'_L}$ 的直线,即交流负载线。

④如欲求电压放大倍数,可在 Q 点附近取一个 Δi_B 值,在输入特性上找到相应的 Δu_{BE} 值,再在输出特性的交流负载线上找到相应的 Δu_{CE} 值,Δu_{CE} 与 Δu_{BE} 的比值即放大电路的电压放大倍数。

2. 图解法的应用

通过在三极管的特性曲线上作图,可以直观地看到三极管的工作情况,因此,常常利用图解法来分析放大电路输出波形的非线性失真,估算最大不失真输出幅度,以及分析电路参数变化对静态工作点的影响等。

(1)用图解法分析非线性失真

如果放大电路静态工作点的位置设置不当,则输出波形容易产生明显的非线性失真。利用图解法可以在输出特性上形象地观察到波形失真的情况。

在图 3.4.7(a)中,表示静态工作点 Q 设置过低,在输入信号正弦波的负半周,工作点进入截止区,使 i_B、i_C 等于零,从而引起 i_B、i_C 和 u_{CE} 的波形发生失真,这种失真称为截止失真。由图可见,对于 NPN 型三极管,当放大电路产生截至失真时,输出电压 u_{CE} 的波形产生顶部失真。

如果放大电路静态工作点 Q 的位置设置过高,如图 3.4.7(b)所示,则在输入信号的正半周,工作点进入饱和区。此时,当 i_B 增大时,i_C 不再随 i_B 增大,因此将引起 i_C 和 u_{CE} 的波形发生失真,这种失真称为饱和失真。由图可见,对于 NPN 型三极管,当放大电路产生饱和失真时,输出电压 u_{CE} 的波形产生底部失真。

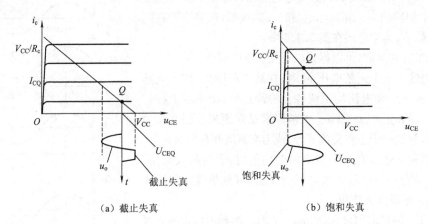

（a）截止失真　　　　　　　　　　（b）饱和失真

图 3.4.7　静态工作点对非线性失真的影响

(2)用图解法估算最大输出幅度

最大输出幅度是指输出波形没有明显失真的情况下,放大电路能够输出的最大电压(有效值)。利用图解法可以估算出最大不失真输出电压的范围。

如在放大电路的输入端加上交流正弦电压,则工作点将围绕 Q 点在交流负载线上移动。由图 3.4.8可见,当工作点向上移动超过 M 点时,将进入饱和区;当工作点向下移动超过 N 点时,将进入截止区。可见,输出波形不产生明显失真的动态工作范围,由交流负载线上 M、N 两点所限定的范围决定。

一般来说,集电极直流电源 V_{CC} 越大,则工作点的动态范围也越大。在 V_{CC} 值一定的情况下,应将静态工作点 Q 尽量设置在交流负载线上线段 MN 的中点,即 $MQ=QN$。若 MQ 和 QN 在横坐标上的投影分别为 AB 和 BC,则 $AB=BC$。由图 3.4.8 可见,此时最大不失真输出电压的幅度为

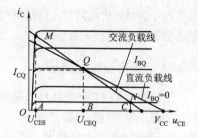

图 3.4.8 用图解法估算最大输出幅度

$$U_{om} = \frac{AB}{\sqrt{2}} = \frac{BC}{\sqrt{2}}$$

如果静态工作点设置过高或过低,则交流负载线上 MN 之间的动态工作范围不能充分利用,使最大输出幅度减小,此时,$AB \neq BC$,U_{om} 将由 AB 和 BC 二者中较小者决定。

(3)用图解法分析电路参数对静态工作点的影响

利用图解法还可以直观地看到,当放大电路的各种参数如 V_{CC}、R_b、R_c 和 β 等改变时,Q 点的位置如何变化。

假设电路原来的静态工作点为 Q_1,如图 3.4.9(a)所示。当电路中其他参数保持不变,增大基极电阻 R_b 时,I_{BQ} 将减小,使 Q 点沿直流负载线下移,靠近截止区,见图 3.4.9(a)中的 Q_2 点,则输出波形容易产生截止失真;反之,如果减小 R_b,则 I_{BQ} 增大,Q 点上移,靠近饱和区,此时输出波形易产生饱和失真。

当电路中其他参数不变,集电极直流电源升高为 V'_{CC} 时,直流负载线将平行右移,Q 点移向右上方,见图 3.4.9(a)中的 Q_3 点,则放大电路的动态工作范围增大,但同时三极管的静态功耗也增大。

当其他参数保持不变,增大集电极电阻 R_c 时,直流负载线与纵轴的交点坐标 $\left(\dfrac{V_{CC}}{R_{c1}}\right)$ 下降为 $\left(\dfrac{V_{CC}}{R_c}\right)$,但直流负载线与横轴的交点坐标 (V_{CC}) 不变,因此直流负载线比原来平坦,而 I_{BQ} 不变,故 Q 点移近饱和区,见图 3.4.9(a)中的 Q_4 点。

若其他参数不变,增大三极管的电流放大系数 β(例如,由于更换三极管或由于温度升高等原因而引起 β 增大),假设此时三极管的特性曲线如图 3.4.9(b)中的虚线所示。如果 I_{BQ} 不变,但由于同一 I_{BQ} 值对应的输出特性曲线上移,使 I_{CQ} 增大,U_{CEQ} 减小,则 Q 点移近饱和区,如图 3.4.9(b)中 Q_2 所示。

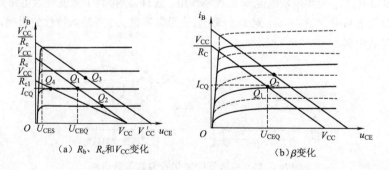

(a)R_b、R_c 和 V_{CC} 变化   (b)β 变化

图 3.4.9 电路参数变化对 Q 点位置的影响

以上分析表明,图解法不仅能够形象地显示静态工作点的位置与非线性失真的关系,方便地估算最大不失真输出电压幅度的数值,而且可以直观地表示出电路各种参数对静态工作点的影响。在实

际工作中调试放大电路时,这种分析方法对于检查被测电路的静态工作点是否合适,以及如何调整电路参数等,都将有很大帮助。

3.4.4 微变等效电路法

解决放大元件特性非线性问题的另一种常用的方法是微变等效电路法。这种方法的实质是在信号变化范围很小(微变)的情况下,可以认为三极管电压、电流之间的关系基本上是线性的。也就是说,在一个很小的变化范围内,可以将三极管的输入、输出特性曲线近似地视为直线,此时,可以用一个线性电路来等效非线性的三极管。这样的电路称为三极管的微变等效电路。

从实用的要求出发,本节主要介绍简化的 h 参数微变等效电路。

1. 简化的 h 参数微变等效电路

(1)三极管的等效电路

首先来观察三极管的共射输入、输出特性。假设三极管工作在线性区,由图 3.4.10 可见,在 Q 点附近,输入特性曲线基本是一段直线,即可认为是 Δu_{BE} 和 Δi_B 之比是一个常数,因而可以用一个等效电阻 r_{be} 来描述 Δu_{BE} 和 Δi_B 之间的关系,即

$$r_{be} = \frac{\Delta u_{BE}}{\Delta i_B}$$

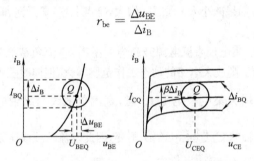

图 3.4.10 三极管特性曲线的局部变化

再从图 3.4.10 的输出特性看,假定在 Q 点附近特性曲线基本上是水平的,即 Δi_C 与 Δu_{CE} 无关,而只取决于 Δi_B;在数量关系上,Δi_C 比 Δi_B 大 β 倍,所以从三极管的输出端看进去,可以用一个大小为 $\beta \Delta i_B$ 的恒流源代替三极管。但是,这个电流源是一个受控电流源而不是独立电流源。受控源 $\beta \Delta i_B$ 实质上体现了基极电流 i_B 对集电极电流 i_C 的控制作用。这样,就得到了微变等效电路如图 3.4.11(b)所示。在这个等效电路中,忽略了 u_{CE} 对 i_C 的影响,也没有考虑 u_{CE} 对输入特性的影响,所以称为简化的 h 参数微变等效电路。

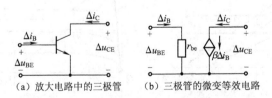

(a)放大电路中的三极管　　　　(b)三极管的微变等效电路

图 3.4.11 三极管的简化 h 参数等效电路

严格地说,从三极管的输出特性看,i_C 不仅与 i_B 有关,而且当 u_{CE} 增大时,i_C 也随之稍有增大;从输入特性看,当 u_{CE} 增大时,i_B 与 u_{BE} 之间的关系曲线将逐渐右移,互相之间略有不同。但是实际上在放大区内,三极管的输出特性近似为水平的直线,当 u_{CE} 变化时可以认为 i_C 基本不变;在输入特性上,

当 u_{CE} 大于某一值时,各条输入特性曲线实际上靠得很近,基本上重合在一起,因此,忽略 u_{CE} 对输入特性和输出特性的影响,带来的误差很小。在大多数情况下,简化的 h 参数微变等电路对于工程计算来说已经足够了。

(2)单管共射放大电路的微变等效电路

为了画出图 3.4.12(a)所示单管共射放大电路的微变等效电路,首先,画出图 3.4.12(a)的交流通路,如图 3.4.12(b)所示,然后用图 3.4.11(b)所示的等效电路代替图 3.4.12(b)中的三极管,最后连接好放大电路其余部分的交流通路。设 C_1、C_2 容量很大,可以看成交流短路,则单管共射放大电路的微变等效电路如图 3.4.12(c)所示。

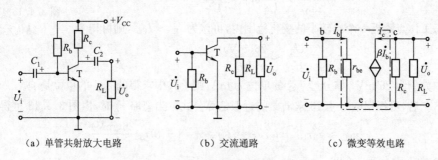

(a)单管共射放大电路　　　　　(b)交流通路　　　　　(c)微变等效电路

图 3.4.12　单管共射放大电路的微变

假设在放大电路中的输入端加上一个正弦电压,在图中用 $\dot{U}_i$、$\dot{U}_o$、$\dot{I}_b$ 和 $\dot{I}_c$ 分别表示输入电压、输出电压、基极电流和集电极电流的正弦相量。

由等效电路可得

$$\dot{U}_i = \dot{I}_b r_{be}$$

$$\dot{U}_o = -\dot{I}_c R'_L$$

式中,$\dot{I}_c = \beta \dot{I}_b$,$R'_L = R_C \mathbin{/\mkern-5mu/} R_L$。

由此可求得单管共射放大电路的电压放大倍数为

$$\dot{A}_u = \frac{\dot{U}_o}{\dot{U}_i} = -\frac{\beta R'_L}{r_{be}} \tag{3.4.6}$$

由图 3.4.12 的等效电路还可以求得放大电路的输入电阻和输出电阻分别为

$$R_i = r_{be} \mathbin{/\mkern-5mu/} R_b \tag{3.4.7}$$

$$R_o = R_c \tag{3.4.8}$$

(3)r_{be} 的近似估算公式

由式(3.4.6)和式(3.4.7)可知,电压放大倍数 $\dot{A}_u$ 和输入电阻 R_i 都与 r_{be} 有关,因此需要找出一个简单实用的估算 r_{be} 的公式。

图 3.4.13 是三极管的结构示意图。由图可见,三极管 b、e 之间的电阻由 3 部分组成:基区的体电阻 $r_{bb'}$、基射之间的结电阻 $r_{b'e}$ 和发射区的体电阻 r'_e。其中,对于不同类型的三极管的 $r_{bb'}$ 数值有所不同,一般低频小功率三极管的 $r_{bb'}$ 约为几百欧。由于发射区多子的浓度很高,因此其体电阻 r'_e 较小,约为几欧,与结电阻 $r_{b'e}$ 相比,一般可以忽略。所以主要应寻找基射之间结电阻的近似估算公式。

根据第 2 章介绍的二极管方程式(2.2.1)可知,流过 PN 结的电流 i_E 与 PN 结两端电压 u_{BE} 之间存在以下关系:

$$i_E = I_S(e^{\frac{u_{BE}}{U_T}} - 1)$$

式中，I_S 为流过二极管的反向饱和电流；U_T 为温度的电压当量，室温下，$U_T = 26\ \text{mV}$。三极管工作在放大区时，发射结正向偏置，u_{BE} 通常大于 0.1 V，则 $e^{\frac{u_{BE}}{U_T}} \gg 1$，于是上式可简化为

$$i_E \approx I_S e^{\frac{u_{BE}}{U_T}}$$

将此式对 u_{BE} 求导数，可得 $r_{b'e'}$ 的倒数为

$$\frac{1}{r_{b'e'}} = \frac{di_E}{du_{BE}} \approx \frac{I_S}{U_T} e^{\frac{u_{BE}}{U_T}} \approx \frac{i_E}{U_T}$$

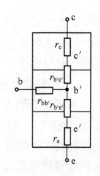

图 3.4.13 三极管的结构示意图

在静态工作点附近一个比较小的变化范围内，可认为 $i_E \approx I_{EQ}$，则可得

$$r_{b'e'} = \frac{U_T}{I_{EQ}} \approx \frac{26(\text{mV})}{I_{EQ}}$$

此式中分子为 26 mV，如分母 I_{EQ} 的单位为 mA，则上式中求得的 $r_{b'e'}$ 的单位是 Ω。

得到 $r_{b'e'}$ 后，可根据图 3.4.13 求 $r_{b'e'}$ 的近似估算公式。当忽略 r'_e 时，由图 3.4.13 可得

$$u_{BE} \approx i_B r_{bb'} + i_E r_{b'e'} = i_B r_{bb'} + (1+\beta)i_B \frac{26(\text{mV})}{I_{EQ}}$$

将此式对 i_B 求导数，可得

$$r_{be} = \frac{du_{BE}}{di_B} \approx r_{bb'} + (1+\beta)i_B \frac{26(\text{mV})}{I_{EQ}} \qquad (3.4.9)$$

这个表达式就是 r_{be} 的近似估算公式。以后，在利用微变等效电路法分析放大电路时，可以根据式(3.4.9)估算 r_{be}。对于低频、小功率三极管，如果没有特别说明，可以认为式中 $r_{bb'}$ 约为 300 Ω。

由式(3.4.9)可见，当 I_{EQ} 一定时，β 越大则 r_{be} 也越大，而单管共射放大电路的电压放大倍数 $\dot{A}_u = -\frac{\beta R'_L}{r_{be}}$，由此可知，选用 β 值大的三极管并不能按比例地提高电压放大倍数，因为在 I_{EQ} 相同的条件下，β 值大的三极管，其 r_{be} 值也相应地较大。但是，由式(3.4.9)可以看出，当 β 值一定时，I_{EQ} 越大则 r_{be} 越小，说明对同一个三极管来说，如果设法调整静态工作点的位置，适当提高 I_{EQ}，则由于 r_{be} 减小，可以得到较大的 $|\dot{A}_u|$。

综上所述，可以归纳出利用微变等效电路法分析放大电路的步骤如下：

①首先利用图解法或近似估算法确定放大电路的静态工作点 Q。

②求出静态工作点处的微变等效电路参数 β 和 r_{be}。

③画出放大电路的微变等效电路。可先画出三极管的等效电路，然后画出放大电路其余部分的交流通路。

④列出电路方程并求解。

【例 3.4.2】 在图 3.4.2 所示的单管共射放大电路中，已知三极管的 $\beta = 80$，

①试用微变等效电路法估算 $\dot{A}_u$、R_i、R_o；

②如欲提高 $|\dot{A}_u|$，可采用何种措施，应调整电路中哪些参数？

解 ①首先需估算三极管的 r_{be}。前面例 3.4.1 已解得此电路的 $I_{CQ} = 1.77\ \text{mA}$，可认为 $I_{EQ} \approx I_{CQ} = 1.78\ \text{mA}$，则

$$r_{be} = r_{bb'} + (1+\beta)i_B \frac{26(\text{mV})}{I_{EQ}} = \left(300 + 81 \times \frac{26}{1.78}\right)\ \Omega = 1.48\ \text{k}\Omega$$

$$R'_L = R_c \mathbin{/\!/} R_L = 1.5\ \text{k}\Omega$$

所以

$$\dot A_u = \frac{\dot U_o}{\dot U_i} = -\frac{\beta R'_L}{r_{be}} = -\frac{80 \times 1.5}{1.48} \approx -81$$

$$R_i = r_{be} \mathbin{/\!/} R_b \approx r_{be} = 1.48\ \Omega$$

$$R_o = R_c = 3\ \text{k}\Omega$$

②如欲提高 $|\dot A_u|$，可调整 Q 点使 I_{EQ} 增大，则 r_{be} 减小，$|\dot A_u|$ 增大。例如，将 I_{EQ} 增至 3 mA，则此时

$$r_{be} = r_{bb'} + (1+\beta)\frac{26(\text{mV})}{I_{EQ}} = \left(300 + 81 \times \frac{26}{3}\right)\Omega \approx 1\ \text{k}\Omega$$

$$\dot A_u = \frac{\dot U_o}{\dot U_i} = -\frac{\beta R'_L}{r_{be}} = -\frac{80 \times 1.5}{1} \approx -120$$

为了增大 I_{EQ}，在 V_{CC}、R_c 等电路参数不变的情况下，可减小基极电阻 R_b。但要注意，当 I_{EQ} 增大时，Q 点将沿着直流负载线向左上方移动，靠近饱和区，容易产生饱和失真。

2. 微变等效电路法的应用

有些放大电路无法用图解法直接求出电压放大倍数，例如图 3.4.14(a)所示的电路中，三极管的发射极不直接接地，而是通过一个电阻 R_e 接地，故不能用图解法求解。但是，可以利用微变等效电路法分析这种电路的电压放大倍数和输入、输出电阻。

假设电容 C_1、C_2 的容量足够大，可认为交流短路，即可得到图 3.4.14(b)所示的微变等效电路。

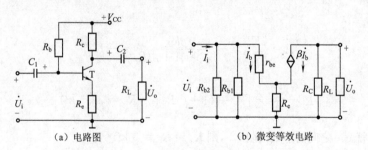

（a）电路图　　　　　　　　（b）微变等效电路

图 3.4.14　接有发射极电阻的单管放大电路

根据图 3.4.14(b)可得

$$\dot U_i = \dot I_b r_{be} + \dot I_e R_e = [r_{be} + (1+\beta)R_e]\dot I_b$$

$$\dot U_o = -\dot I_c R'_L = -\beta \dot I_b R'_L$$

则电压放大倍数为

$$\dot A_u = \frac{\dot U_o}{\dot U_i} = -\frac{\beta R'_L}{r_{be} + (1+\beta)R_e} \tag{3.4.10}$$

由式(3.4.10)可见，接入发射极电阻 R_e 后，放大电路的电压放大倍数 $|\dot A_u|$ 的值降低了。

由图 3.4.14(b)可求得放大电路的输入电阻为

$$R_i = \frac{\dot{U}_i}{\dot{I}_i} = [r_{be} + (1+\beta)R_e] \,/\!/\, R_b \tag{3.4.11}$$

由式(3.4.11)可见,接入 R_e 后,输入电阻提高了。

如果不考虑三极管 c、e 之间的等效内阻 r_{ce} ,则输出电阻 $R_o = R_c$ 。

【例 3.4.3】 在图 3.4.14(a)所示的放大电路中,设 $V_{CC} = 12$ V, $R_b = 240$ kΩ, $R_c = R_L = 3$ kΩ, $R_e = 820$ Ω,三极管的 $\beta = 50$ 。

①试估算放大电路的静态工作点;

②估算放大电路的 $\dot{A}_u$ 、R_i 和 R_o 。

解 根据图 3.4.14(a)所示电路,画出直流通路,如图 3.4.15 所示,由图中基极回路列写回路电压方程,可得

$$I_{BQ}R_b + U_{BEQ} + I_{EQ}R_e = V_{CC}$$

则

$$I_{BQ} = \frac{V_{CC} - U_{BEQ}}{R_b + (1+\beta)R_e} = \left[\frac{12-0.7}{240 + (1+50)\times 0.82}\right] \text{mA} = 0.04 \text{ mA}$$

$$I_{CQ} \approx \beta I_{BQ} = (50 \times 0.04) \text{ mA} = 2 \text{ mA} \approx I_{EQ}$$

$$r_{be} = r_{bb'} + (1+\beta)\frac{26(\text{mV})}{I_{EQ}}$$

$$= \left(300 + 51 \times \frac{26}{2}\right) \Omega = 963 \ \Omega$$

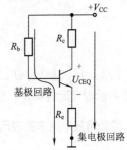

图 3.4.15 例 3.4.4 图的直流通路

由集电极回路列写回路电压方程,可得

$$U_{CEQ} = V_{CC} - I_{CQ}R_C = (12 - 2\times 3) \text{ V} = 6 \text{ V}$$

所以

$$\dot{A}_u = \frac{\dot{U}_o}{\dot{U}_i} = -\frac{\beta R'_L}{r_{be} + (1+\beta)R_e} = -1.75$$

$$R_i = \frac{\dot{U}_i}{\dot{I}_i} = [r_{be} + (1+\beta)R_e] \,/\!/\, R_b = 36.3 \text{ kΩ}$$

不考虑三极管 c、e 之间的等效内阻 r_{ce} ,则 $R_o = R_c = 3$ kΩ 。

3.5 静态工作点的稳定问题

放大电路的多项重要技术指标均与静态工作点的位置密切相关。如果静态工作点不稳定,则放大电路的某些性能也将发生波动。因此,如何使静态工作点保持稳定,是一个十分重要的问题。

3.5.1 温度对静态工作点的影响

有时,一些电子设备在常温下能够正常工作,但当温度升高时,性能就可能不稳定,甚至不能正常工作。产生这种现象的主要原因,是电子器件的参数受温度影响而发生变化。

三极管是一种对温度十分敏感的元件。温度变化对三极管参数的影响主要表现在以下三方面:

首先,从输入特性看,当温度升高时,为得到同样的 I_B 所需的 U_{BE} 值将较小。在单管共射放大电

路中,已知 $I_{BQ} = \dfrac{V_{CC} - U_{BEQ}}{R_b}$,因此,当 U_{BEQ} 减小时 I_{BQ} 将增大,但因一般情况下总是 $V_{CC} \gg U_{BEQ}$,所以,因 U_{BEQ} 减小时 I_{BQ} 的增大并不太明显。三极管 U_{BE} 的温度系数约为 $-2\,\text{mV}/℃$,即温度每升高 $1\,℃$, U_{BEQ} 约下降 $2\,\text{mV}$ 。

其次,温度升高时三极管的 β 值也将增大,使输出特性之间的间距增大。温度每升高 $1\,℃$, β 值增大 $0.5\% \sim 1\%$,但对不同的三极管, β 的温度系数分散性比较大。

最后,当温度升高时,三极管的反向饱和电流 I_{CBO} 将急剧增加。这是因为反向电流是由少数载流子形成的,因此受温度影响比较严重。温度每升高 $10\,℃$, I_{CBO} 大致将增加一倍,说明 I_{CBO} 将随温度按指数规律上升。

综上所述,温度升高对三极管各种参数的影响,最后将导致集电极电流 I_C 增大。例如, $20\,℃$ 时三极管的输出特性如图 3.5.1 中实线所示,而当温度上升至 $50\,℃$ 时,输出特性可能变为图中的虚线所示。静态工作点将由 Q 点上移至 Q' 点。由图可见,该放大电路在常温下能够正常工作,但当温度升高时,静态工作点移近饱和区,使输出波形产生严重的饱和失真。

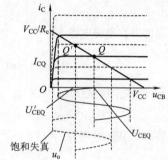

图 3.5.1　温度对 Q 点和输出波形的影响

为了抑制放大电路 Q 点的波动,以保持放大电路技术性能的稳定,需要从电路结构上采取适当的措施,使其在环境温度变化时,尽量减小静态工作点的波动。例如,分压式静态工作点稳定电路就是一种结构比较简单,成本比较低廉,并能比较有效地保持静态工作点稳定的电路。

3.5.2　分压式静态工作点稳定电路

1. 电路组成及工作原理

图 3.5.2 给出了常用的静态工作点稳定电路。不难看出,此电路与前面介绍的单管共射放大电路的差别,在于发射极接有电阻 R_e 和电容 C_e ,另外,直流电源 V_{CC} 经电阻 R_{b1} 、 R_{b2} 分压后接到三极管的基极,所以通常称为分压式工作点稳定电路。

在图 3.5.2 所示的电路中,三极管的静态基极电位 U_{BEQ} 由 V_{CC} 经电阻分压得到,可认为其基本上不受温度变化的影响,比较稳定。当温度升高时,集电极电流 I_{CQ} 增大,发射集电流 I_{EQ} 也相应地增大。 I_{EQ} 流过 R_e 使发射极电位 U_{EQ} 升高,则三极管的发射结电压 $U_{BEQ} = U_{BQ} - U_{EQ}$ 将降低,从而使静态基极电流 I_{BQ} 减小,于是 I_{CQ} 也随之减小,最终使静态工作点基本保持稳定。

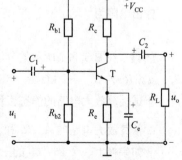

图 3.5.2　分压式工作点稳定电路

可见,本电路实际上是通过发射极电流的负反馈作用来牵制集电极电流的变化,使 Q 点保持稳定,所以也称为电流负反馈式工作点稳定电路。

前面已经看到,如果在电路中仅接入发射极电阻 R_e ,则电压放大倍数将降低很多。在本电路中, R_e 两端并联一个电容 C_e 。如果 C_e 的容量足够大,可以认为交流短路,此时 R_e 和 C_e 对电压放大倍数基本没有影响。通常将 C_e 称为旁路电容。

为了保证 U_{BQ} 基本稳定,要求流过分压电阻的电流 $I_R \gg I_{BQ}$,为此要求电阻 R_{b1}、R_{b2} 小一些,但若 R_{b1}、R_{b2} 太小,则电阻上消耗的功率将增大,而且放大电路的输入电阻将降低。在实际工作中通常选用适中的 R_{b1}、R_{b2} 值。一般取 $I_R = (5 \sim 10)I_{BQ}$,而且使 $U_{BQ} = (5 \sim 10)U_{BEQ}$ 。

2. 静态与动态分析

(1)静态分析

分析分压式工作点稳定电路的静态工作点时,可先从估算 U_{BQ} 入手。由于 $I_R \gg I_{BQ}$,可得

$$U_{BQ} \approx \frac{R_{b1}}{R_{b1} + R_{b2}} V_{CC} \tag{3.5.1}$$

然后可得静态发射极电流为

$$I_{EQ} = \frac{U_{EQ}}{R_e} = \frac{U_{BQ} - U_{BEQ}}{R_e} \approx I_{CQ} \tag{3.5.2}$$

则三极管 c、e 之间的静态电压为

$$U_{CEQ} = V_{CC} - I_{CQ}R_c - I_{EQ}R_e \approx V_{CC} - I_{CQ}(R_c + R_e) \tag{3.5.3}$$

最后可得静态基极电流为

$$I_{BQ} \approx \frac{I_{CQ}}{\beta} \tag{3.5.4}$$

(2)动态分析

当旁路电容 C_e 足够大时,在分压式工作点稳定电路的交流通路中可视为短路。此时这种工作点稳定电路实际上也是一个共射放大电路,故可利用图解法或微变等效电路法来分析其动态动作情况。经过分析可知,分压式工作点稳定电路的电压放大倍数与单管共射放大电路相同,即

$$\dot{A}_u = \frac{\dot{U}_o}{\dot{U}_i} = -\frac{\beta R'_L}{r_{be}} \tag{3.5.5}$$

式中,$R'_L = R_c \parallel R_L$。

输入电阻为

$$R_i = r_{be} \parallel R_{b1} \parallel R_{b2}$$

输出电阻为

$$R_o = R_c$$

【例】 在图 3.5.2 所示的分压式工作点稳定电路中,已知设 $V_{CC} = 12$ V, $R_{b1} = 2.5$ kΩ, $R_{b2} = 7.5$ kΩ, $R_c = R_L = 2$ kΩ, $R_e = 1$ kΩ,三极管的 $\beta = 30$ 。

①试估算放大电路的静态工作点;

②估算放大电路的 $\dot{A}_u$、R_i 和 R_o ;

③如果换上一个 $\beta = 60$ 的三极管,电路其他参数不变,则静态工作点有何变化?

解 ① $U_{BQ} \approx \frac{R_{b1}}{R_{b1} + R_{b2}} V_{CC} = \left(\frac{2.5}{2.5 + 7.5} \times 12\right)$ V $= 3$ V

$I_{EQ} = \frac{U_{EQ}}{R_e} = \frac{U_{BQ} - U_{BEQ}}{R_e} = \frac{3 - 0.7}{1}$ mA $= 2.3$ mA $\approx I_{CQ}$

$U_{CEQ} \approx V_{CC} - I_{CQ}(R_c + R_e) = [12 - 2.3 \times (2 + 1)]$ V $= 5.1$ V

$$I_{BQ} \approx \frac{I_{CQ}}{\beta} = \frac{2.3}{30} \text{ mA} = 0.077 \text{ mA} = 77 \text{ } \mu\text{A}$$

$$② \quad r_{be} = r_{bb'} + (1+\beta)\frac{26(\text{mV})}{I_{EQ}} = \left(300 + 31 \times \frac{26}{2.3}\right) \Omega = 650 \text{ } \Omega$$

$$R'_L = R_c \text{ // } R_L = 1 \text{ k}\Omega$$

所以

$$\dot{A}_u = \frac{\dot{U}_o}{\dot{U}_i} = -\frac{\beta R'_L}{r_{be}} = -\frac{30 \times 1}{0.65} = -46.2$$

$$R_i = r_{be} \text{ // } R_{b1} \text{ // } R_{b2} = \frac{1}{\dfrac{1}{0.65} + \dfrac{1}{2.5} + \dfrac{1}{7.5}} \text{ k}\Omega = 483 \text{ } \Omega$$

$$R_o = R_c = 2 \text{ k}\Omega$$

③如果换上一个 $\beta=60$ 的三极管,电路其他参数不变,则根据以上估算过程可知,U_{BQ}、I_{EQ}、I_{CQ} 和 U_{CEQ} 的值均基本保持不变,即仍然为

$$U_{BQ} \approx 3 \text{ V}$$

$$I_{EQ} = 2.3 \text{ mA} \approx I_{CQ}$$

$$U_{CEQ} \approx 5.1 \text{ V}$$

但 $I_{BQ} \approx \dfrac{I_{CQ}}{\beta} = \dfrac{2.3}{60} \text{ mA} = 0.038 \text{ mA} = 38 \text{ } \mu\text{A}$,即 I_{BQ} 减小了。

估算结果表明,当三极管的 β 由 30 增大至 60 时,分压式静态工作点稳定电路的 Q 点基本保持不变,这正是此种放大电路的优点。

 ## 3.6　双极型三极管放大电路的 3 种基本组态

根据输入信号与输出信号公共端的不同,双极型三极管放大电路有 3 种基本的接法,或称 3 种基本的组态,即共射组态(CE)、共集组态(CC)和共基组态(CB)。对于共射组态,本章前面几节已经进行了比较详尽的分析。在本节,将首先分别介绍共集和共基放大电路,然后对 3 种基本组态的特点和应用进行比较。

3.6.1　共集电极放大电路

图 3.6.1(a)是一个共集组态的单管放大电路,根据 3.4.1 节所述画出直流通路和交流通路如图 3.6.1(b)、(c)所示,图 3.6.1(d)是将图 3.6.1(c)中的三极管用微变等效模型替换后的等效电路,由等效电路可以看出,输入信号与输出信号的公共端是三极管的集电极,所以属于共集组态,又由于输出信号从发射极引出,因此这种电路又称射极输出器。

下面对共集电极放大电路进行静态和动态分析。

1. 静态分析

根据图 3.6.1(a)电路的直流通路可求得

$$I_{BQ} = \frac{V_{CC} - U_{BEQ}}{R_b + (1+\beta)R_e} \tag{3.6.1}$$

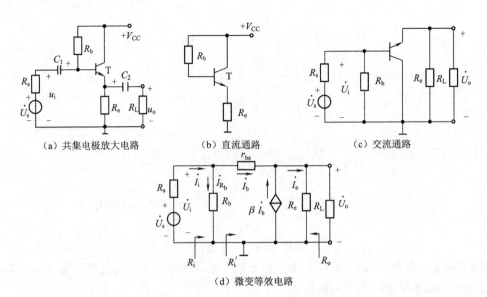

（a）共集电极放大电路　　　（b）直流通路　　　（c）交流通路

（d）微变等效电路

图 3.6.1　共集电极放大电路及其等效电路

$$I_{CQ} \approx \beta I_{BQ} \tag{3.6.2}$$

$$U_{CEQ} = V_{CC} - I_{EQ}R_e \tag{3.6.3}$$

2. 动态分析

（1）电压放大倍数

由图 3.6.1(d)可得

$$\dot{A}_u = \frac{\dot{U}_o}{\dot{U}_i} = \frac{\dot{I}_e R'_e}{\dot{I}_b[r_{be} + (1+\beta)R'_e]} = \frac{(1+\beta)R'_e}{r_{be} + (1+\beta)R'_e} \tag{3.6.4}$$

式中，$R'_e = R_e \parallel R_L$。

由式(3.6.4)可知，共集电极放大电路的电压放大倍数恒小于 1，而接近于 1，且输出电压与输入电压同相，所以又称**射极跟随器**。

若考虑信号源内阻，并求此时的电压放大倍数 $\dot{A}_{us}$，则

$$\dot{A}_{us} = \frac{\dot{U}_o}{\dot{U}_s} = \frac{\dot{U}_i}{\dot{U}_s} \cdot \frac{\dot{U}_o}{\dot{U}_i} = \frac{R_i}{R_i + R_s} \dot{A}_u$$

（2）输入电阻

由图 3.6.1(d)可得

$$R_i = \frac{\dot{U}_i}{\dot{I}_i} = \frac{\dot{I}_b[r_{be} + (1+\beta)R'_e]}{\dot{I}_b + \dot{I}_{R_b}} = \frac{\dot{I}_b[r_{be} + (1+\beta)R'_e]}{\dot{I}_b + \dfrac{\dot{I}_b[r_{be} + (1+\beta)R'_e]}{R_b}} = \frac{R_b[r_{be} + (1+\beta)R'_e]}{R_b + [r_{be} + (1+\beta)R'_e]}$$

$$\tag{3.6.5}$$

如暂不考虑 R_b 的作用，则输入电阻为

$$R'_i = \frac{\dot{U}_i}{\dot{I}_i} = \frac{\dot{I}_b[r_{be} + (1+\beta)R'_e]}{\dot{I}_b} = r_{be} + (1+\beta)R'_e$$

由上式可见,射极输出器的输入电阻等于 r_{be} 和 $(1+\beta)R'_e$ 相串联,因此输入电阻大大提高了。由上式可见,发射极回路中的电阻 R'_e 折合到基极回路,需乘 $(1+\beta)$。

(3)输出电阻

根据输出电阻的定义,去掉 $\dot{U}_s$,即 $\dot{U}_s = 0$,但保留其内阻;去掉 R_L,即 $R_L = \infty$,在图 3.6.1(d)中,在输出端外加电压 $\dot{U}_o$(此时原电路中的控制支路和受控支路的电流同时反向),求出在 $\dot{U}_o$ 作用下的电流 $\dot{I}_o$,如暂不考虑 R_e 的作用,可得等效电路如图 3.6.2 所示。由图 3.6.2 可得

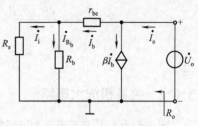

图 3.6.2 求解输出电阻等效电路

$$\dot{U}_o = \dot{I}_b r_{be} + \dot{I}_b (R_s /\!/ R_b)$$

$$\dot{I}_o = (1+\beta)\dot{I}_b$$

$$R'_o = \frac{\dot{U}_o}{\dot{I}_o} = \frac{\dot{I}_b r_{be} + \dot{I}_b (R_s /\!/ R_b)}{(1+\beta)\dot{I}_b} = \frac{r_{be} + (R_s /\!/ R_b)}{1+\beta} \tag{3.6.6}$$

由式(3.6.6)可知,射极输出器的输出电阻等于基极回路的总电阻 $[r_{be} + (R_s /\!/ R_b)]$ 除以 $(1+\beta)$,因此输出电阻很低,故带负载能力比较强。由式(3.6.6)也可见,基极回路的电阻折合到发射极,需除以 $(1+\beta)$。

如果考虑发射极电阻 R_e,则共集电极放大电路的输出电阻为

$$R_o = \frac{\dot{U}_o}{\dot{I}_o} = \frac{r_{be} + (R_s /\!/ R_b)}{1+\beta} /\!/ R_e \tag{3.6.7}$$

【例 3.6.1】 在图 3.6.1(a)所示的共集电极放大电路中,设 $V_{CC} = 12$ V,$R_b = 240$ kΩ,$R_s = 10$ kΩ,$R_e = R_L = 5.6$ kΩ,三极管的 $\beta = 40$。

①试估算放大电路的静态工作点;

②估算放大电路的 $\dot{A}_u$、R_i、R_o 和 $\dot{A}_{us}$。

解 ①根据式(3.6.1)~式(3.6.3)可得

$$I_{BQ} = \frac{V_{CC} - U_{BEQ}}{R_b + (1+\beta)R_e} = \frac{12 - 0.7}{240 + 41 \times 5.6} \text{ mA} = 0.024 \text{ mA} = 24 \text{ μA}$$

$$I_{CQ} \approx \beta I_{BQ} = (40 \times 0.024) \text{ mA} = 0.96 \text{ mA} \approx I_{EQ}$$

$$U_{CEQ} = V_{CC} - I_{EQ}R_e = (12 - 0.96 \times 5.6) \text{ V} \approx 5.38 \text{ V}$$

②根据式(3.6.4)、式(3.6.5)、式(3.6.7)可得

$$\dot{A}_u = \frac{(1+\beta)R'_e}{r_{be} + (1+\beta)R'_e}$$

其中

$$R'_e = R_e /\!/ R_L = \frac{5.6 \times 5.6}{5.6 + 5.6} \text{ kΩ} = 2.8 \text{ kΩ}$$

$$r_{be} = r_{bb'} + (1+\beta)\frac{26(\text{mV})}{I_{EQ}} = \left(300 + 41 \times \frac{26}{0.96}\right) \text{ Ω} \approx 1.41 \text{ kΩ}$$

所以

$$\dot{A}_u = \frac{41 \times 2.8}{1.41 + 41 \times 2.8} \approx 0.988$$

$$R_i = \frac{R_b[r_{be}+(1+\beta)R'_e]}{R_b+[r_{be}+(1+\beta)R'_e]} = \frac{240\times(1.41+41\times2.8)}{240+(1.41+41\times2.8)} \text{ k}\Omega \approx 78.3 \text{ k}\Omega$$

$$R'_o = \frac{r_{be}+(R_s /\!/ R_b)}{(1+\beta)} /\!/ R_e = \left(\frac{1.41+10 /\!/ 240}{41} /\!/ 5.6\right)\Omega \approx 257 \ \Omega$$

$$\dot{A}_{us} = \frac{R_i}{R_i+R_s}\dot{A}_u = \frac{78.3}{78.3+10}\times0.988 \approx 0.88$$

3.6.2 共基极放大电路

图 3.6.3(a)是共基极放大电路的原理图。由图可见,输入信号与输出信号的公共端是三极管的基极,因此属于共基组态。电路中发射极电源 V_{EE} 的极性保证发射结正向偏置,集电极电源 V_{CC} 的极性保证集电结反向偏置,所以可使三极管工作在放大区。

为了减少直流电源的种类,实际电路中一般不再另用一个发射极电源 V_{EE},而是采用如图 3.6.3(b)的形式,将 V_{CC} 在电阻 R_{b1}、R_{b2} 上分压得到的结果接到基极。当旁路电容 C_b 足够大时,可认为 R_{b1} 两端电压基本稳定。可以看出,此电压能够代替 V_{EE},保证发射结正向偏置。

下面对图 3.6.3(b)中的共基极放大电路进行静态和动态分析。

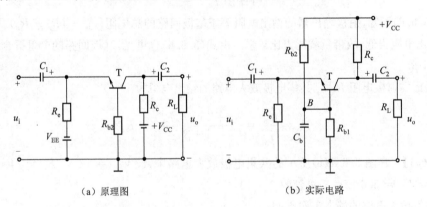

（a）原理图 （b）实际电路

图 3.6.3 共基极放大电路的原理图及实际电路

1. 静态分析

图 3.6.3(b)的直流通路如图 3.6.4 所示。如果静态基极电流很小,相对于 R_{b1}、R_{b2} 分压回路中的电流可以忽略不计,则由图 3.6.4 可得

$$U_{BQ} \approx \frac{R_{b1}}{R_{b1}+R_{b2}}V_{CC}$$

$$I_{EQ} = \frac{U_{BQ}-U_{BEQ}}{R_e} \approx I_{CQ} \qquad (3.6.8)$$

$$I_{BQ} \approx \frac{I_{EQ}}{1+\beta} \qquad (3.6.9)$$

图 3.6.4 直流通路

$$U_{CEQ} = V_{CC}-I_{CQ}R_c-I_{EQ}R_e \approx V_{CC}-I_{CQ}(R_c+R_e) \qquad (3.6.10)$$

2. 动态分析

为了进行动态分析,画出共基极放大电路的交流通路和微变等效电路如图 3.6.5 所示。下面分别估算共基极放大电路的电流放大倍数、电压放大倍数、输入电阻和输出电阻。

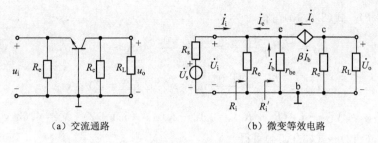

（a）交流通路　　　　　（b）微变等效电路

图 3.6.5　共基放大电路的交流通路和微变等效电路

（1）电压放大倍数

由图 3.6.5(b)可得

$$\dot{U}_i = -\dot{I}_b r_{be}$$

$$\dot{U}_o = -\beta \dot{I}_b R'_L \quad (其中 R'_L = R_c \ /\!/ \ R_L)$$

则电压放大倍数为

$$\dot{A}_u = \frac{\dot{U}_o}{\dot{U}_i} = \frac{\beta R'_L}{r_{be}} \tag{3.6.11}$$

由式(3.6.11)可知,共基极放大电路的电压放大倍数与共射放大电路的电压放大倍数在数值上相等,但是没有负号,表示共基极放大电路的输出电压与输入电压相位一致,即没有倒相作用。

（2）输入电阻

如暂不考虑电阻 R_e 的作用,由图 3.6.5(b)可得

$$R'_i = \frac{\dot{U}_i}{\dot{I}_i} = \frac{-\dot{I}_b r_{be}}{-(1+\beta)\dot{I}_b} = \frac{r_{be}}{1+\beta} \tag{3.6.12}$$

说明共基接法的输入电阻比共射接法低,是后者的 $\dfrac{1}{1+\beta}$。

如果考虑 R_e 则

$$R_i = \frac{r_{be}}{1+\beta} \ /\!/ \ R_e \tag{3.6.13}$$

（3）输出电阻

由图 3.6.5(b)可推导出共基极放大电路的输出电阻为

$$R_o \approx R_c \tag{3.6.14}$$

【例 3.6.2】　在图 3.6.3(b)所示的共基极放大电路中,已知 $V_{CC} = 12 \ \text{V}$, $R_c = 5.1 \ \text{k}\Omega$, $R_{b1} = 1.5 \ \text{k}\Omega$, $R_{b2} = 5 \ \text{k}\Omega$, $R_e = 2 \ \text{k}\Omega$, $R_L = 5.1 \ \text{k}\Omega$,三极管的 $\beta = 50$。

①试估算放大电路的静态工作点;

②估算放大电路的 $\dot{A}_u$、R_i、R_o。

解　①由图 3.6.3 可知

$$U_{BQ} \approx \left(\frac{1.5}{1.5+5} \times 12 \right) \text{V} \approx 2.77 \ \text{V}$$

根据式(3.6.8)～式(3.6.10)可得

$$I_{EQ} = \frac{U_{BQ} - U_{BEQ}}{R_e} = \frac{2.77 - 0.7}{2} \text{ mA} \approx 1.04 \text{ mA}$$

$$I_{BQ} \approx \frac{I_{EQ}}{1 + \beta} = \frac{1.04}{51} \text{ mA} \approx 0.02 \text{ mA} = 20 \text{ μA}$$

$$U_{CEQ} \approx V_{CC} - I_{CQ}(R_c + R_e) = [12 - 1.04 \times (5.1 + 2)] \text{ V} = 4.62 \text{ V}$$

②根据式(3.6.12)～式(3.6.14)可得

$$\dot{A}_u = \frac{\dot{U}_o}{\dot{U}_i} = \frac{\beta R'_L}{r_{be}}$$

其中

$$R'_L = R_c \text{ // } R_L = \frac{5.1 \times 5.1}{5.1 + 5.1} \text{ kΩ} = 2.55 \text{ kΩ}$$

$$r_{be} = r_{bb'} + (1 + \beta)\frac{26(\text{mV})}{I_{EQ}} = \left(300 + 51 \times \frac{26}{1.04}\right) \text{ Ω} \approx 1.58 \text{ kΩ}$$

所以

$$\dot{A}_u = \frac{50 \times 2.55}{1.58} \approx 80.7$$

$$R_i = \frac{r_{be}}{1 + \beta} \text{ // } R_e = \frac{\frac{1.58}{51} \times 2}{\frac{1.58}{51} + 2} \text{ kΩ} \approx 30.5 \text{ Ω}$$

$$R_o \approx R_c = 5.1 \text{ kΩ}$$

3.6.3　3种基本组态的比较

根据前面的分析,现将共射、共集和共基3种基本组态的性能特点归纳如下:

①共射电路同时具有较大的电压放大倍数和电流放大倍数,输入电阻和输出电阻值比较适中,所以,一般只要对输入电阻、输出电阻和频率响应没有特殊要求的地方,均常采用。因此,共射电路被广泛地用作低频电压放大电路的输入级、中间级和输出级。

②共集电路的特点是电压跟随,这就是电压放大倍数接近于1而小于1,而且输入电阻很高、输出电阻很低,由于具有这些特点,常被用作多级放大电路的输入级、输出级或作为隔离用的中间级。

首先,可以利用它作为测量放大器的输入级,以减少对被测电路的影响,提高测量精度。

其次,如果放大电路输出端是一个变化的负载,那么为了在负载变化时保证放大电路的输出电压比较稳定,要求放大电路具有很低的输出电阻,此时,可以采用射极输出器作为放大电路的输出级,以提高带负载能力。

最后,共集电路也可以作为中间级,以减小前后两级之间的相互影响,起隔离作用。

③共基电路的突出特点在于它具有很低的输入电阻,使晶体管结电容的影响不显著,因而频率响应得到很大改善,所以这种接法常常用于宽频带放大器中。另外,由于输出电阻高,共集电路还可以作为恒流源。

三种基本组态的比较见表3.6.1。

表 3.6.1　三种基本组态的比较

性能＼组态	共射组态	共集组态	共基组态
电路			
$\dot{A}_i$	大（几十至一百以上），β	大（几十至一百以上），$-(1+\beta)$	小，$-\alpha$
$\dot{A}_u$	大（十几至几百），$-\dfrac{\beta R'_L}{r_{be}}$	小（小于、近于 1），$\dfrac{(1+\beta)R'_e}{r_{be}+(1+\beta)R'_e}$	大（数值同共射电路，但同相），$\dfrac{\beta R'_L}{r_{be}}$
R_i	中（几百欧至几千欧），r_{be}	小（几十千欧以上），$r_{be}+(1+\beta)R'_e$	大（几百千欧至几兆欧），$(1+\beta)r_{ce}$
R_o	中（几十千欧至几百千欧），r_{ce}	大（几欧至几十欧），$\dfrac{r_{be}+R'_s}{1+\beta}$	大（几百千欧至几兆欧），$(1+\beta)r_{ce}$
频率响应	差	较好	好

3.7　场效应管放大电路

　　场效应管（FET）和双极型三极管（BJT）都是组成模拟电子电路常用的放大元件。这两种元件有许多共同之处，同时又有若干不同的特点。如果对两种放大元件的异同了解得比较清楚，那么，在前面学习双极型三极管放大电路的基础上，再来学习场效应管放大电路的组成、工作原理和分析方法等，就比较容易理解了。

　　两种元件最主要的共同点是它们都具有放大作用，因此都能作为放大电路中的核心元件。其次，FET 和 BJT 都有三个电极，而且两种放大元件的电极之间具有明确的对应关系，即 FET 的栅极 g、源极 s 和漏极 d 分别与 BJT 的基极 b、发射极 e 和集电极 c 一一对应。最后，FET 和 BJT 都是非线性元件，前面介绍的用于分析 BJT 放大电路的图解法和微变等效电路法等，在分析 FET 放大电路时通常也可以采用。也就是说，两种放大元件组成的放大电路，所采用的分析方法也是基本上一致的。

　　但是，这两种放大元件之间存在以下主要的不同点，首先，通常认为 BJT 是一种电流控制器件，利用基极电流 i_B 的变化控制集电极电流 i_C，通过共射电流放大系数 $\beta = \dfrac{\Delta i_C}{\Delta i_B}\bigg|_{u_{CE}=常数}$ 来描述其放大作用，在 BJT 放大电路中，为了防止输出波形产生明显的非线性失真，必须设置一个合适的静态偏置电流 I_{BQ}。而 FET 则是一种电压控制器件，利用栅源之间电压 u_{GS} 的变化控制漏极电流 i_D，通过跨导 $g_m = \dfrac{\Delta i_D}{\Delta u_{GS}}\bigg|_{u_{DS}=常数}$ 来描述其放大作用，在 FET 放大电路中，要求设置一个合适的静态偏置电压 U_{GSQ}。两种放大元件之间另一个不同点是，BJT 的共射输入电阻比较低。约为 1 kΩ 的数量级，而 FET 的共源输入电阻很高，结型场效应管一般高于10^7 Ω，MOS 场效应管则高达10^{10} Ω 以上。还有，FET 的跨导相对比较小，在组成放大电路时，在相同的负载电阻下，电压放大倍数一般比 BJT 低。此外，由于

FET 利用一种极性的多数载流子导电,是单极型器件,因此,与双极型三极管相比,具有噪声小,受外界温度及辐射等影响小的特点,等等。

从实用的要求出发,本节主要介绍 N 沟道增强型 MOS 场效应管组成的放大电路。

3.7.1 共源极放大电路

根据场效应管的以上特点,利用 BJT 和 FET 的电极对应关系,即可在单管共射放大电路的基础上,组成共源极放大电路。

图 3.7.1 为单管共源极放大电路的原理图。其中,VT 是 N 沟道增强型 MOS 场效应管,V_{DD} 为漏极电源,V_{GG} 为栅极电源,R_d 为漏极负载电阻,R_g 为栅极电阻。

为了保证场效应管工作在恒流区,以实现放大作用,电路中 V_{DD} 和 V_{GG} 的值应使放大电路工作时,场效应管的 u_{GS} 和 u_{DS} 满足以下条件:

$$u_{GS} > U_{GS(th)}$$
$$u_{DS} > u_{GS} - U_{GS(th)}$$

式中,$U_{GS(th)}$ 是 N 沟道增强型 MOS 场效应管的开启电压。

下列利用本章前面介绍的基本分析方法对共源极放大电路进行静态和动态分析。

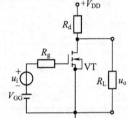

图 3.7.1　单管共源极放大电路的原理图

1. 静态分析

可以采用近似估算法或图解法分析共源极放大电路的静态工作点。下面采用近似估算法进行分析。

在图 3.7.1 中,由于 MOS 场效应管的栅极电流几乎为零,因此可以认为电阻 R_g 上没有电压降,则当输入电压等于零时,MOS 场效应管栅源之间的静态偏置电压为

$$U_{GSQ} = V_{GG} \tag{3.7.1}$$

由本书第 2 章式(2.4.4)可知,N 沟道增强型 MOS 场效应管的漏极电流 i_D 与栅源电压 u_{GS} 之间近似满足以下关系:

$$i_D = I_{DO} \left(\frac{u_{GS}}{U_{GS(th)}} - 1 \right)^2 \quad (u_{GS} \geqslant U_{GS(th)})$$

式中,I_{DO} 为当 $u_{GS} = 2U_{GS(th)}$ 时的 i_D 值。因此静态漏极电流 I_{DQ} 为

$$I_{DQ} = I_{DO} \left(\frac{U_{GSQ}}{U_{GS(th)}} - 1 \right)^2 \tag{3.7.2}$$

由图 3.7.1 可求得静态漏极电压为

$$U_{DSQ} = V_{DD} - I_{DQ} R_d \tag{3.7.3}$$

当然也可采用图解法分析共源极放大电路的静态工作点,首先根据放大电路的漏极回路列出直流负载线方程,然后在场效应管的输出特性曲线上画出直流负载线,直流负载线与 $u_{GS} = u_{GSQ} = V_{GG}$ 的一条输出特性的交点即静态工作点 Q。具体做法与双极型三极管放大电路图解求 Q 点的过程类似,此处不再重复。

2. 动态分析

可以利用微变等效电路法对场效应管放大电路进行动态分析。

首先讨论场效应管的微变等效电路。已经知道漏极电流 i_D 是栅源电压 u_{GS} 和漏极电压 u_{DS} 的函数,故可表示为

$$i_D = f(u_{GS}, u_{DS})$$

由此式求 i_D 的全微分,可得

$$\mathrm{d}i_D = \left.\frac{\partial i_D}{\partial u_{GS}}\right|_{U_{DS}} \mathrm{d}u_{GS} + \left.\frac{\partial i_D}{\partial u_{DS}}\right|_{U_{GS}} \mathrm{d}u_{DS} \tag{3.7.4}$$

式(3.7.4)中,定义

$$g_m = \left.\frac{\partial i_D}{\partial u_{GS}}\right|_{U_{DS}}$$

$$\frac{1}{r_{ds}} = \left.\frac{\partial i_D}{\partial u_{DS}}\right|_{U_{GS}}$$

式中,g_m 称为场效应管的跨导;r_{ds} 是场效应管漏源之间的等效电阻。

如果输入正弦波信号,则可用 $\dot{I}_d$、$\dot{U}_{gs}$ 和 $\dot{U}_{ds}$ 分别代替式(3.7.4)中的变化量 $\mathrm{d}i_D$、$\mathrm{d}u_{GS}$ 和 $\mathrm{d}u_{DS}$,则式(3.7.4)成为

$$\dot{I}_d = g_m \dot{U}_{gs} + \frac{1}{r_{ds}} \dot{U}_{ds} \tag{3.7.5}$$

根据式(3.7.5)可画出场效应管的微变等效电路,如图 3.7.2(a)所示。图中栅极与源极之间虽然有一个电压 $\dot{U}_{gs}$,但是没有栅极电流,所以栅极是悬空的,d、s 之间的受控电流源 $g_m \dot{U}_{gs}$ 体现了 $\dot{U}_{gs}$ 对 $\dot{I}_d$ 的控制作用。

等效电路中有两个微变参数:g_m 和 r_{ds},它们的数值可以根据定义,在场效应管的特性曲线上通过作图的方法求得。其中 g_m 的数值也可根据式(2.4.4)对 u_{GS} 求导数而得,即

$$g_m = \frac{\mathrm{d}i_D}{\mathrm{d}u_{GS}} = \frac{2I_{DO}}{U_{GS(th)}}\left(\frac{u_{GS}}{U_{GS(th)}} - 1\right) = \frac{2}{U_{GS(th)}}\sqrt{I_{DO}i_D}$$

在 Q 点附近,可用 I_{DQ} 表示上式中的 i_D,则可得

$$g_m = \frac{2}{U_{GS(th)}}\sqrt{I_{DO}I_{DQ}} \tag{3.7.6}$$

由上式可见,跨导 g_m 的数值与静态漏极电流 I_{DQ} 有关,因此,对于同一个场效应管,其跨导 g_m 的值将随 Q 点的位置而变化,通常 Q 点越高,即 I_{DQ} 值越大,则 g_m 值也越大。一般 g_m 的数值约为 0.1~20 mS。r_{ds} 的数值通常为几百千欧的数量级。当放大电路中的漏极负载电阻 R_d 比 r_{ds} 小得多时,可认为等效电路中的 r_{ds} 开路。

现在利用微变等效电路法分析图 3.7.1 中的共源极放大电路。可画出该共源极放大电路的微变等效电路如图 3.7.2(b)所示,图中的 r_{ds} 已开路。

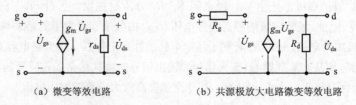

(a) 微变等效电路　　　　　　(b) 共源极放大电路微变等效电路

图 3.7.2　场效应管微变等效模型

因栅极电流为 0,电阻 R_g 上没有电压降,因此

$$\dot{U}_{\mathrm{i}} = \dot{U}_{\mathrm{gs}}$$

而 $$\dot{U}_{\mathrm{o}} = -\dot{I}_{\mathrm{d}}R_{\mathrm{d}} = -g_{\mathrm{m}}\dot{U}_{\mathrm{gs}}R_{\mathrm{d}}$$

所以,共源极放大电路的电压放大倍数为

$$\dot{A}_u = \frac{\dot{U}_{\mathrm{o}}}{\dot{U}_{\mathrm{i}}} = -g_{\mathrm{m}}R_{\mathrm{d}} \tag{3.7.7}$$

如认为 r_{ds} 开路,则共源极放大电路的输出电阻为

$$R_{\mathrm{o}} = R_{\mathrm{d}} \tag{3.7.8}$$

图 3.7.1 中共源极放大电路的输入电阻近似等于场效应管栅源间的电阻,对于 MOS 场效应管,输入电阻高达 10^{10} Ω 以上。

【例 3.7.1】 在图 3.7.1 所示的共源极放大电路中,已知场效应管的转移特性如图 3.7.3 所示,$V_{\mathrm{DD}} = 15$ V,$V_{\mathrm{GG}} = 3.5$ V,$R_{\mathrm{d}} = 7.5$ kΩ,$R_{\mathrm{g}} = 1$ MΩ。

①试估算静态工作点 Q;

②估算放大电路的 $\dot{A}_u$ 和 R_{o}。

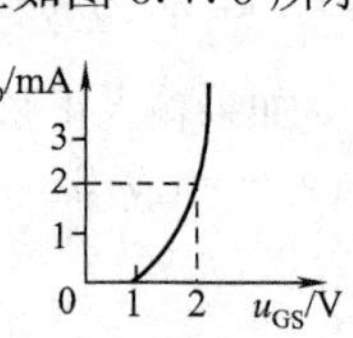

解 ①由图 3.7.3 的转移特性可得,场效应管的开启电压 $U_{\mathrm{GS(th)}} = 2$ V,当 $u_{\mathrm{GS}} = 2U_{\mathrm{GS(th)}} = 4$ V 时,$i_{\mathrm{D}} = 2$ mA $= I_{\mathrm{DO}}$,则根据式(3.7.1)~式(3.7.3)可得

图 3.7.3 场效应管的转移特性

$$U_{\mathrm{GSQ}} = V_{\mathrm{GG}} = 3.5 \text{ V}$$

$$I_{\mathrm{DQ}} = I_{\mathrm{DO}}\left(\frac{U_{\mathrm{GSQ}}}{U_{\mathrm{GS(th)}}} - 1\right)^2 = 2 \times \left(\frac{3.5}{2} - 1\right)^2 \text{ mA} = 1.13 \text{ mA}$$

$$U_{\mathrm{DSQ}} = V_{\mathrm{DD}} - I_{\mathrm{DQ}}R_{\mathrm{d}} = (15 - 1.13 \times 7.5) \text{ V} = 6.5 \text{ V}$$

②为了估算 $\dot{A}_u$,需要先求出场效应管的跨导 g_{m},由式(3.7.6)可得

$$g_{\mathrm{m}} = \frac{2}{U_{\mathrm{GS(th)}}}\sqrt{I_{\mathrm{DO}}I_{\mathrm{DQ}}} = \frac{2}{2}\sqrt{2 \times 1.13} \text{ mS} = 1.5 \text{ mS}$$

然后根据式(3.7.7)、式(3.7.8)可得

$$\dot{A}_u = -g_{\mathrm{m}}R_{\mathrm{d}} = -1.5 \times 7.5 = -11.3$$

$$R_{\mathrm{o}} = R_{\mathrm{d}} = 7.5 \text{ kΩ}$$

3.7.2 分压-自偏压式共源极放大电路

图 3.7.4 实质上也是一个共源极放大电路,与图 3.7.1 中的原理电路相比,只需一路直流电源 V_{DD},同时解决了输入电压与输出电压的共地问题,因此比较实用。

静态时,场效应管的栅极电压由 V_{DD} 经电阻 R_1、R_2 分压后提供。另外,静态漏极电流流过电阻 R_{s} 产生一个自偏压,因此,场效应管的静态偏置电压 U_{GSQ} 由分压和自偏压的结果共同决定,故称为**分压-自偏压式共源极放大电路**,引入 R_{s} 有利于稳定电路的静态工作点。当旁路电容 C_{s} 足够大时,可认为 R_{s} 两端交流短路,则从交流通路看,输入信号和输出信号的公共端是场效应管的源极,所以是共源极放大电路。栅极回路接入一个大电阻 R_{g},其作用是提高放大电路的输入电阻。

1. 静态分析

也可采用近似估算法或图解法来分析分压-自偏压式共源极放大电路的静态工作点。

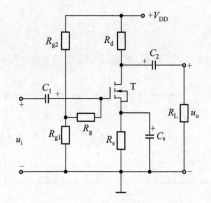

图 3.7.4　分压式偏置电路

（1）近似估算法

根据图 3.7.4 的输入回路可列出以下第一个方程，再由第 2 章式（2.4.4）得到第二个方程

$$\begin{cases} U_{GSQ} = \dfrac{R_1}{R_1 + R_2} V_{DD} - I_{DQ} R_s \\ I_{DQ} = I_{DO} \left(\dfrac{U_{GSQ}}{U_{GS(th)}} - 1 \right)^2 \end{cases} \tag{3.7.9}$$

解以上两个联立方程，即可得到 U_{GSQ}、I_{DQ}，然后根据图 3.7.4 的输出回路可求得

$$U_{DSQ} = V_{DD} - I_{DQ}(R_d + R_s) \tag{3.7.10}$$

（2）图解法

现在利用作图的方法在场效应管的转移特性和输出特性上求解静态工作点。首先由图 3.7.4 所示放大电路的栅极回路可知，静态时 u_{GS}、i_D 满足以下关系

$$u_{GS} = U_{GQ} - i_D R_s = \frac{R_1}{R_1 + R_2} V_{DD} - i_D R_s$$

上式说明，i_D 与 u_{GS} 成线性关系，可以用一条直线表示，如图 3.7.5(a) 所示。同时，i_D 与 u_{GS} 之间又必须符合转移特性曲线的规律，因此，二者的交点即静态工作点 Q，如图 3.7.5(a) 所示。根据转移特性上 Q 点的位置可求得静态时的 U_{GSQ} 和 I_{DQ} 的值。

然后，根据图 3.7.4 电路的输出回路列出直流负载线方程：

$$u_{DS} = V_{DD} - i_D(R_d + R_s)$$

由此可在输出特性曲线上画出直流负载线，如图 3.7.5(b) 所示。直流负载线与 $u_{GS} = U_{GSQ}$ 的一条输出特性的交点确定了输出特性上 Q 点的位置，由此可得到静态时 U_{DSQ} 和 I_{DQ} 的值，如图 3.7.5(b) 所示。

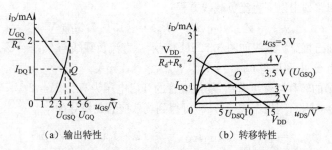

（a）输出特性　　　　　　（b）转移特性

图 3.7.5　N 沟道增强型 MOS 场效应管的输出特性和转移特性

2. 动态分析

假设图 3.7.4 所示电路中的 C_1、C_2 和 C_s 足够大,可画出其微变等效电路,如图 3.7.6 所示。

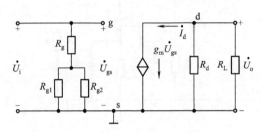

图 3.7.6 微变等效电路

由图可知

$$\dot{U}_i = \dot{U}_{gs}$$

$$\dot{U}_o = -\dot{I}_d R'_d = -g_m \dot{U}_{gs} R'_d \quad 其中 R'_d = R_d /\!/ R_L$$

则电压放大倍数为

$$\dot{A}_u = \frac{\dot{U}_o}{\dot{U}_i} = -g_m R'_d \tag{3.7.11}$$

输入、输出电阻分别为

$$R_i = R_g + (R_{g1} /\!/ R_{g2}) \tag{3.7.12}$$
$$R_o = R_d \tag{3.7.13}$$

【例 3.7.2】 在图 3.7.4 所示的分压-自偏压式共源极放大电路中,已知 $V_{DD} = 15 \text{ V}$,$R_d = 5 \text{ k}\Omega$,$R_s = 2.5 \text{ k}\Omega$,$R_{g1} = 200 \text{ k}\Omega$,$R_{g2} = 300 \text{ k}\Omega$,$R_g = 10 \text{ M}\Omega$,负载电阻 $R_L = 5 \text{ k}\Omega$。设电容 C_1、C_2 和 C_s 足够大。已知场效应管的特性曲线如图 3.7.5 所示。

①试用图解法分析静态工作点 Q;

②用微变等效电路法估算放大电路的 $\dot{A}_u$、R_i 和 R_o。

解 ①根据栅极回路可列出以下表达式:

$$u_{GS} = \frac{R_1}{R_1 + R_2} V_{DD} - i_D R_S = \left(\frac{200}{200+300} \times 15 - 2.5 i_D\right) \text{ V} = (6 - 2.5 i_D) \text{ V}$$

由此表达式可在转移特性上画一条直线,如图 3.7.5(a)所示。此直线与转移特性的交点就是 Q。由作图可得 $U_{GSQ} = 3.5 \text{ V}$,$I_{DQ} = 1 \text{ mA}$。

然后根据漏极回路列出以下直流负载线方程:

$$u_{DS} = V_{DD} - i_D (R_d + R_s) = (15 - 7.5 i_D) \text{ V}$$

在输出特性上画出直流负载线如图 3.7.5(b)所示。直流负载线与 $U_{GS} = U_{GSQ} = 3.5 \text{ V}$ 时的一条输出特性的交点为 Q,由图可得 $U_{DSQ} = 7.5 \text{ V}$,$I_{DQ} = 1 \text{ mA}$。

②由图 3.7.5(a)的转移特性可看出,场效应管的开启电压为 $U_{GS(th)} = 2 \text{ V}$,当 $U_{GS} = 2U_{GS(th)} = 4 \text{ V}$ 时,$i_D = 2 \text{ mA} = I_{DO}$,则根据式(3.7.6)可得到场效应管的跨导为

$$g_m = \frac{2}{U_{GS(th)}} \sqrt{I_{DO} I_{DQ}} = \frac{2}{2}\sqrt{2 \times 1} \text{ mS} \approx 1.4 \text{ mS}$$

则电压放大倍数为

$$\dot{A}_u = \frac{\dot{U}_o}{\dot{U}_i} = -g_m R'_d = -1.4 \frac{5 \times 5}{5 + 5} = -3.5$$

输入电阻和输出电阻分别为

$$R_i = R_g + (R_{g1} \mathbin{/\mkern-5mu/} R_{g2}) = \left(10 + \frac{0.2 \times 0.3}{0.2 + 0.3}\right) \text{M}\Omega \approx 10.1 \text{ M}\Omega$$

$$R_o = R_d = 5 \text{ k}\Omega$$

3.7.3　共漏极放大电路

共漏极放大电路又称源极输出器或源极跟随器,它与双极型三极管组成的射极输出器具有类似的特点,如输入电阻高,输出电阻低,电压放大倍数小于 1 而接近于 1 等,所以应用比较广泛。

图 3.7.7(a)为源极输出器的典型电路图。从交流通路看,输入信号和输出信号的公共端是场效应管的漏极,因此称为共漏极放大电路。由图可见,本电路栅极回路的接法与前面图 3.7.4 一样。

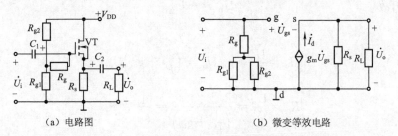

（a）电路图　　　　　　　　　　　（b）微变等效电路

图 3.7.7　共漏极放大电路及其微变等效电路

1. 静态分析

可以采用近似估算法或图解法分析共漏极放大电路的静态工作点。具体做法与分压-自偏压式共源放大电路的静态分析方法类似,请参阅本章 3.7.2 节中的静态分析部分,此处不再重复。

2. 动态分析

图 3.7.7(a)共漏极放大电路的微变等效电路如图 3.7.7(b)所示。由图可得

$$\dot{U}_o = \dot{I}_d R'_s = g_m \dot{U}_{gs} R'_s \quad \text{其中 } R'_s = R_s \mathbin{/\mkern-5mu/} R_L$$

而

$$\dot{U}_i = \dot{U}_{gs} + \dot{U}_o = (1 + g_m R'_s) \dot{U}_{gs}$$

则电压放大倍数为

$$\dot{A}_u = \frac{\dot{U}_o}{\dot{U}_i} = \frac{g_m R'_s}{1 + g_m R'_s} \tag{3.7.14}$$

由式(3.7.14)可见,共漏极放大电路的电压放大倍数小于 1。当 $g_m R'_s \gg 1$ 时,$\dot{A}_u \approx 1$。

由图 3.7.7(b)可得,共漏极放大电路的输入电阻为

$$R_i = R_g + (R_{g1} \mathbin{/\mkern-5mu/} R_{g2}) \tag{3.7.15}$$

为了求得输出电阻,根据输出电阻的定义,令 $\dot{U}_i = 0$,去掉 R_L,即 $R_L = \infty$,在输出端外加电源

$\dot{U}_o$,如图 3.7.8 所示。

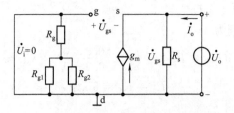

图 3.7.8　求共漏极放大电路输出电阻的等效电路

由图可得

$$\dot{I}_o = \frac{\dot{U}_o}{R_s} - g_m \dot{U}_{gs}$$

因输入端短路,故

$$\dot{U}_{gs} = -\dot{U}_o$$

则

$$\dot{I}_o = \frac{\dot{U}_o}{R_s} + g_m \dot{U}_o = \left(\frac{1}{R_s} + g_m\right)\dot{U}_o$$

所以

$$R_o = \frac{\dot{U}_o}{\dot{I}_o} = \frac{1}{\left(\frac{1}{R_s} + g_m\right)} = \frac{1}{g_m} \,/\!/\, R_s \tag{3.7.16}$$

【例 3.7.3】 在图 3.7.7(a)所示的共漏极放大电路中,假设 $V_{DD} = 24$ V,$R_s = 10$ kΩ,$R_g = 100$ MΩ,$R_{g1} = 5$ MΩ,$R_{g2} = 3$ MΩ,负载电阻 $R_L = 10$ kΩ。已知场效应管在 Q 点处的跨导 $g_m = 1.8$ mS。试估算放大电路的 $\dot{A}_u$,R_i 和 R_o。

解　由式(3.7.14)～式(3.7.16)可得

$$\dot{A}_u = \frac{g_m R'_s}{1 + g_m R'_s} = \frac{1.8 \times \frac{10 \times 10}{10 + 10}}{1 + 1.8 \times \frac{10 \times 10}{10 + 10}} = 0.9$$

$$R_i = R_g + (R_{g1} \,/\!/\, R_{g2}) = \left(100 + \frac{5 \times 3}{5 + 3}\right) \text{M}\Omega \approx 102 \text{ M}\Omega$$

$$R_o = \frac{1}{g_m} \,/\!/\, R_s = \frac{\frac{1}{1.8} \times 10}{\frac{1}{1.8} + 10} \text{ k}\Omega \approx 530 \text{ k}\Omega$$

从理论上说,用场效应管组成的放大电路也应有 3 种基本组态,即共源、共漏和共栅组态,但由于共栅电路在实际工作中不常使用,故此处不做介绍。

 ## 3.8　多级放大电路

一般情况下,单管放大电路的电压放大倍数只能达到几十倍,放大电路的其他技术指标也难以达到实际工作中提出的要求,因此,在实际的电子设备中,大都采用各种各样的多级放大电路。

本节主要介绍多级放大电路的耦合方式,以及多级放大电路的电压放大倍数和输入、输出电阻的分析方法。

3.8.1 多级放大电路的耦合方式

多级放大电路内部各级之间的连接方式称为耦合方式,常用的耦合方式有 3 种,即阻容耦合,变压器耦合和直接耦合。

1. 阻容耦合

图 3.8.1 画出一个两级放大电路。由图可见,电路的第一级和第二级之间通过电阻和电容元件相连接,故称为阻容耦合放大电路。

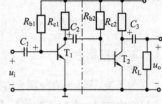

阻容耦合方式的主要优点是,由于前后级之间通过电容连接,故级与级之间的直流通路是断开的,因此,各级的静态工作点各自独立,互不影响。这样给分析、设计和调试工作带来很大的方便。而且,如果耦合电容的容值足够大,就可以做到在一定的频率范围内,前一级的输出信号几乎不衰减地传送到后一级输入端,使信号得到充分的利用。

图 3.8.1 阻容耦合放大电路

但是,阻容耦合方式也有明显的缺点。首先,不适合传送缓慢变化的信号,当缓慢变化信号通过电容时,将被严重地衰减。由于电容有"隔直"作用,因此直流成分的变化不能通过电容。更重要的是,由于集成电路工艺很难制造大容量的电容,因此,阻容耦合方式在集成放大电路中无法采用。

2. 变压器耦合

因为变压器能够通过磁路的耦合将一次[侧]的交流信号传送到二次[侧],所以也可以作为多级放大电路的耦合元件。图 3.8.2(a)所示为变压器耦合共射放大电路,R_L 既可以是实际的负载电阻,也可以代表后级放大电路,图 3.8.2(b)是它的交流等效电路。变压器耦合的一个优点是前后级的直流通路互相隔离,因此各级静态工作点互相独立,便于分析、设计和调试。但它的低频特性差,不能放大变化缓慢的信号且笨重,更不能集成化。与其他耦合方式相比,其最大特点是可以实现阻抗变换,因而在分立功率放大电路中得到广泛应用。

在实际系统中,负载电阻的数值往往很小,例如扬声器,其电阻一般有 $3\ \Omega$、$4\ \Omega$、$8\ \Omega$ 和 $16\ \Omega$ 等几种,把它们接到放大电路的输出端,都将使其电压放大倍数变得很小,从而使负载上无法获得大功率。

若采用变压器耦合,可选择适当的变化,使接在三极管集电极回路的等效电阻 R'_L 的阻值比较合适,以便在负载上得到尽可能大的输出功率。

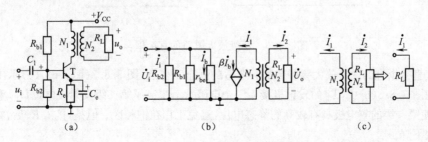

图 3.8.2 变压器耦合放大电路

在图 3.8.2(b)中,设变压器一次线圈的电流为 $\dot{I}_1$,二次线圈的电流为 $\dot{I}_2$,在输出电路中,将负载电阻 R_L 折合到一次[侧]的等效电阻为 R'_L,如图 3.8.2(c)所示。若忽略变压器本身的损耗,则一次[侧]消耗的功率 $P_1 = \dot{I}_1^2 R'_L$ 等于二次[侧]消耗的功率 $P_2 = \dot{I}_2^2 R_L$,即 $\dot{I}_1^2 R'_L = \dot{I}_2^2 R_L$。由此可得:

$$R'_L = (\dot{I}_2 / \dot{I}_1)^2 R_L$$

又根据变压器一、二次[侧]中的电流与匝数的关系 $\dot{I}_2 / \dot{I}_1 = N_1/N_2$ 可知,

$$R'_L = (N_2/N_1)^2 R_L \tag{3.8.1}$$

对于图 3.8.2 所示的变压器耦合放大电路,其电压放大倍数为

$$\dot{A}_u = -\frac{\beta R'_L}{r_{be}} \tag{3.8.2}$$

目前,随着集成功率放大电路的出现,功率放大电路也较少采用变压器耦合方式。

3. 直接耦合

为了克服前面两种耦合方式无法实现集成化,以及不能传送缓慢变化信号的缺点,可以考虑采用直接耦合方式,将前级输出端直接或通过电阻接到后一级的输入端。

直接耦合放大电路既能放大交流信号,又能放大缓慢变化信号和直流信号。更重要的是,直接耦合方式便于实现集成化,因此,实际的集成运算放大电路,通常都是直接耦合多级放大电路。所以直接耦合放大电路是本书讨论的重点。

但是,所谓直接耦合,是否可以简单地将两个单管放大电路直接连在一起? 这种接法有可能使放大电路不能正常工作。例如在图 3.8.3(a)中,由于三极管 T_1 的集电极电位与 T_2 的基极电位相等,约为 $0.7\ V$,因此 T_1 的静态工作点接近饱和区,无法正常进行放大。

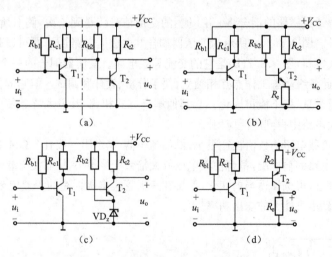

图 3.8.3 两级放大电路的直接耦合

为了使直接耦合的两个放大级各自都有合适的静态工作点,图 3.8.3(b)、(c)、(d)示出了几种解决途径。在图 3.8.3(b)中,T_2 的发射极接入一个电阻 R_e,提高了第二级发射极电位 U_{E2} 和基极电位 U_{B2},从而使第一级的集电极具有较高的静态电位,避免工作在饱和区。但是,接入 R_e 后,将使第二级的放大倍数下降。

在图 3.8.3(c)中,用稳压管 VD_z 代替图 3.8.3(b)中的 R_e,因为稳压管的动态内阻通常很小,一

一般在几十欧的数量级,因此,第二级的放大倍数不致下降很多。但是,接入稳压管相当于接入一个固定电压,将使T_2集电极的有效电压变化范围减小。

图3.8.3(b)、(c)所示电路还存在一个共同的问题,那就是当耦合的级数更多时,集电极的电位将越来越高。这是由于为了保证三极管工作在放大区,必须使发射结正向偏置,集电结反向偏置,对于NPN型三极管,要求$U_{BE} > 0$,$U_{BC} < 0$。而$U_{BC} < 0$表示集电极电位U_C高于基极电位U_B,假设$U_{BE} = 0.7\ \text{V}$,$U_{CE} = 5\ \text{V}$,则集电极电位比基极电位高4.3 V,而本级的U_B又等于前级的U_C,所以每增加一级,集电极电位就升高4.3 V,如为三级放大,则各级集电极电位为

$$U_{C1} = 5\ \text{V}$$
$$U_{C2} = (5 + 4.3) = 9.3\ \text{V}$$
$$U_{C3} = (9.3 + 4.3) = 13.6\ \text{V}$$

以此类推,如果级数更多,由于集电极电位逐渐上升,最终将因电源电压V_{CC}的限制而无法实现。

解决这个问题的办法是采取措施实现电平移动。例如图3.8.3(d)所示的电路给出了实现电平移动的一种方法。这个电路的后级采用PNP型三极管,由于PNP型三极管的集电极电位比基极电位低,因此,即使耦合的级数比较多,也可以使各级获得合适的工作点,而不至于造成电位逐级上升。所以,这种NPN-PNP的耦合方式无论在分立元件或者集成的直接耦合电路中都经常被采用。

在某些情况下,要求当输入电压等于零时,输出电压也为零,此时除了电平移动以外,还需用正负两路直流电源。

直接耦合方式带来的主要问题是存在零点漂移现象。这是直接耦合放大电路最突出的缺点。假设将一个直接耦合放大电路的输入端对地短路,并调整电路使输出电压也等于零,如图3.8.4(a)所示,从理论上说,输出电压应一直为零保持不变,但实际上,输出电压将离开零点,缓慢地发生不规则的变化,如图3.8.4(b)所示,这种现象称为零点漂移。

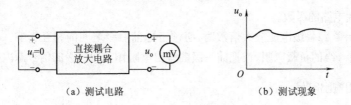

（a）测试电路　　　　　　　　　　（b）测试现象

图3.8.4　零点漂移现象

产生零点漂移的主要原因是放大器件的参数受温度的影响而发生波动,导致放大电路的静态工作点不稳定,而放大级之间又采用直接耦合方式,使静态工作点的缓慢变化逐级传递和放大。因此,一般来说,直接耦合放大电路的级数越多,放大倍数越高,则零点漂移问题越严重,而且控制多级直接耦合放大电路中第一级的漂移是至关重要的问题。

零点漂移的技术指标通常用折合到放大电路输入端的零漂来衡量,即将输出端的漂移电压除以电压放大倍数得到的结果。对于一个高质量的直接耦合放大电路,要求它既有很高的电压放大倍数,而零点漂移又比较低。

为了抑制零点漂移,常用的措施有以下几种:

第一,引入直流负反馈以稳定Q点来减小零点漂移。分压式工作点稳定电路就是基于这种思想而引出的电路。

第二,利用热敏元件补偿放大管的零漂,例如,在放大电路中接入另一个对温度敏感的元件,如热

敏电阻、半导体二极管等,使该元件在温度变化时产生的零漂,能够抵消放大三极管产生的零漂。例如在图 3.8.5 中,放大管 T_1 的基极引入另一个接成二极管的三极管 T_2。当温度升高时,放大管的集电极电流 I_{C1} 将增大,但与此同时,T_2 的发射结电压 U_{BE2} 将减小,使 T_1 的基极电位 U_{B1} 降低,导致 I_{C1} 减小,从而补偿了输出端的零点漂移。在集成运算放大电路中常采用这种措施以抑制零漂。

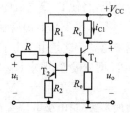

图 3.8.5　利用热敏元件补偿放大管的零漂

第三,将两个参数对称的单管放大电路接成差分放大电路的结构形式,使输出端的零漂互相抵消。这种措施十分有效而且比较容易实现,实际上,集成运算放大的电路的输入级基本上都采用差分放大的结构。关于差分放大电路,将在本书第 5 章进行详尽的讨论。

直接耦合方式的另一个缺点是,由于前后级之间存在直流通路,导致各级静态工作点互相影响,不能独立,使直接耦合多级放大电路的分析、设计和调试工作比较麻烦。直接耦合放大电路静态工作点的估算过程比阻容耦合和变压器耦合放大电路复杂。由于各放大级不能独立进行估算,针对各个不同的具体电路,为了简化估算过程,常常需要寻找最容易确定的环节,然后估算电路中其他各处的静态电位和电流。有时只能通过解联立方程求解。

3.8.2　多级放大电路的电压放大倍数和输入、输出电阻

1. 电压放大倍数

在多级放大电路中,由于各级是互相串联起来的,前一级的输出就是后一级的输入,所以多级放大电路总的电压放大倍数等于各级电压放大倍数的乘积,即

$$\dot{A}_u = \frac{\dot{U}_{o1}}{\dot{U}_i} \cdot \frac{\dot{U}_{o2}}{\dot{U}_{i2}} n \cdot \cdots \cdot \frac{\dot{U}_{on}}{\dot{U}_{in}} = \dot{A}_{u1} \cdot \dot{A}_{u2} \cdot \cdots \cdot \dot{A}_{un} = \prod_{j=1}^{n} \dot{A}_{uj} \qquad (3.8.3)$$

式中,n 为多级放大电路的级数。

但是,在分别计算每一级电压放大倍数时,必须考虑前后级之间的相互影响。例如,可把后一级的输入电阻看作前一级的负载电阻,或把前一级的输出电阻作为后一级的信号源内阻。

2. 输入电阻和输出电阻

一般来说,多级放大电路的输入电阻就是输入级的输入电阻;而多级放大电路的输出电阻就是输出级的输出电阻。

在具体计算输入电阻或输出电阻时,有时它们不仅仅决定于本级的参数,也与后级或前级的参数有关。例如,射极输出器作为输入级时,它的输入电阻与本级的负载电阻(即后一级的输入电阻)有关,而射极输出器作为输出级时,它的输出电阻又与信号源内阻(即前一级输出电阻)有关。

【例】　电路如图 3.8.6 所示,已知 $R_1 = 15$ kΩ,$R_2 = R_3 = 5$ kΩ,$R_4 = 2.3$ kΩ,$R_5 = 100$ kΩ,$R_6 = R_L = 5$ kΩ;$V_{CC} = 12$ V;$\beta = 50$,$r_{be1} = 1.2$ kΩ,$r_{be2} = 1$ kΩ,$U_{BEQ1} = U_{BEQ2} = 0.7$ V。试估算放大电路的静态工作点和 $\dot{A}_u$、R_i 和 R_o。

解　①求静态工作点 Q

$$U_{BQ1} \approx \frac{R_2}{R_1 + R_2} \cdot V_{CC} = 3 \text{ V}$$

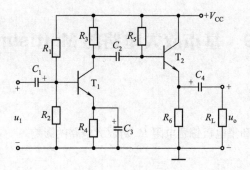

图 3.8.6 例题电路图

$$I_{EQ1} = \frac{U_{BQ1} - U_{BEQ1}}{R_4} = 1 \text{ mA}$$

$$I_{BQ1} = \frac{I_{EQ1}}{1+\beta} = 0.02 \text{ mA}$$

$$U_{CEQ1} = V_{CC} - I_{EQ1}(R_3 + R_4) = 4.7 \text{ V}$$

$$I_{BQ2} = \frac{V_{CC} - U_{BEQ2}}{R_5 + (1+\beta)R_6} = 0.032 \text{ mA}$$

$$I_{EQ2} = (1+\beta)I_{BQ2} = 1.6 \text{ mA}$$

$$U_{CEQ2} = V_{CC} - I_{EQ2}R_6 = 4 \text{ V}$$

②求 $\dot{A}_u$、R_i 和 R_o。画出电路的微变等效电路如图 3.8.7 所示,为求出第一级的电压放大倍数,首先求出第一级的负载电阻,即第二级的输入电阻:

$$R_{i2} = R_5 \mathbin{/\mkern-5mu/} [r_{be2} + (1+\beta)(R_6 \mathbin{/\mkern-5mu/} R_L)] \approx 56 \text{ k}\Omega$$

$$\dot{A}_{u1} = -\frac{\beta_1(R_3 \mathbin{/\mkern-5mu/} R_{i2})}{r_{be1}} \approx -191$$

$$\dot{A}_{u2} = \frac{(1+\beta_2)(R_6 \mathbin{/\mkern-5mu/} R_L)}{r_{be2} + (1+\beta_2)(R_6 \mathbin{/\mkern-5mu/} R_L)} \approx 0.992$$

$$\dot{A}_u = \dot{A}_{u1} \cdot \dot{A}_{u2} \approx -189$$

$$R_i = R_{i1} = R_1 \mathbin{/\mkern-5mu/} R_2 \mathbin{/\mkern-5mu/} r_{be1} \approx 1.1 \text{ k}\Omega$$

$$R_o = R_{o2} = R_6 \mathbin{/\mkern-5mu/} \frac{r_{be2} + R_3 \mathbin{/\mkern-5mu/} R_5}{1+\beta_2} \approx 118 \ \Omega$$

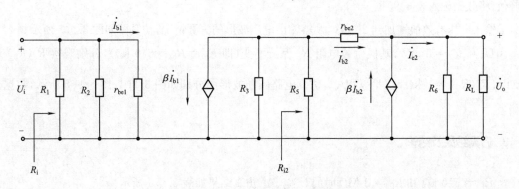

图 3.8.7 电路的微变等效电路

3.9　基本放大电路的 Multisim 仿真实例

1. 仿真内容

研究基极偏置电阻 R_b 和集电极偏置电阻 R_c 对放大电路的影响。

2. 仿真电路

阻容耦合共射放大电路连线图如图 3.9.1 所示,图中晶体管采用 FMMT5179,其参数 BF＝133(β),$R_b = 5\ \Omega$。

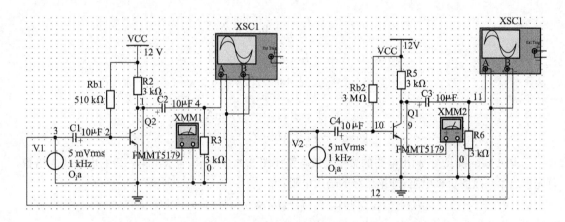

图 3.9.1　阻容耦合共射放大电路连线图

①集电极偏置电阻 R_c 不变(即 $R_2 = R_5$),分别测量 $R_{b1} = 510\ k\Omega$ 和 $R_{b2} = 3\ M\Omega$ 时的 U_{CEQ} 和 $\dot{A}_u$。由于信号幅度小,$U_i = u_1 = 5\ mV$,输出电压不失真,故可以从万用表直流电压挡读出静态管压降 U_{CEQ}。图 3.9.2 左边万用表显示 $R_b = 510\ k\Omega$ 时的 U_{CEQ},图 3.9.2 右边万用表显示 $R_b = 3\ M\Omega$ 时的 U_{CEQ},将数据记入表 3.9.1;从示波器可以看两种条件下的输出波形,如图 3.9.2 所示,读出输出电压的峰值,将数据记入表 3.9.1。

②输入电压有效值增加到 20 mV,观察输出电压波形的失真情况,仿真图如图 3.9.3 所示。

③$U_i = u_1 = 5\ mV$,基极偏置电阻 R_b 保持不变(即 $R_{b1} = R_{b2} = 510\ k\Omega$),分别观察 $R_c(R_2) = 1\ k\Omega$ 和 $R_c(R_5) = 3\ k\Omega$ 时 U_{CEQ} 和 $\dot{A}_u$,仿真电路图和波形图分别如图 3.9.4、图 3.9.5 所示,数据分析略。

3. 仿真结果及结论

当 $R_b = 510\ k\Omega$ 和 $R_b = 3\ M\Omega$ 时的 U_{CEQ}、$\dot{A}_u$ 仿真结果如表 3.9.1 所示。

①R_b 增加时,I_{CQ} 减小,U_{CEQ} 增大,电压放大倍数的绝对值减小。

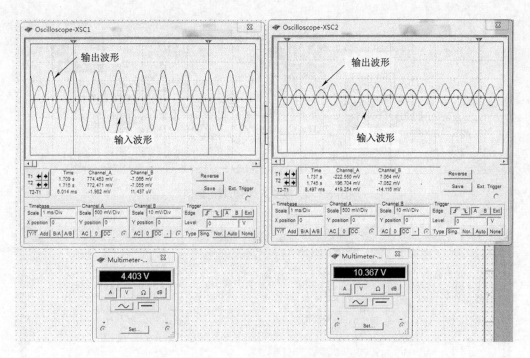

图 3.9.2　R_b 的变化对放大电路性能的影响

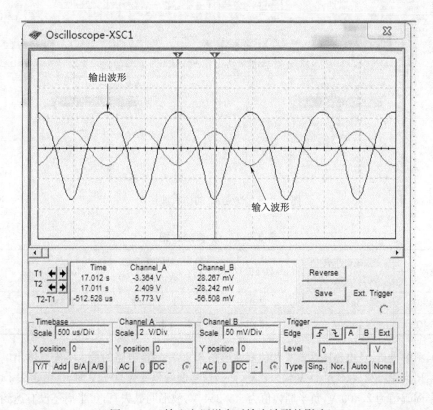

图 3.9.3　输入电压增大对输出波形的影响

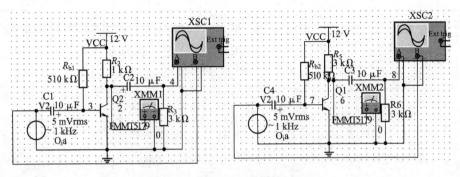

图 3.9.4　改变 R_c 的仿真电路图

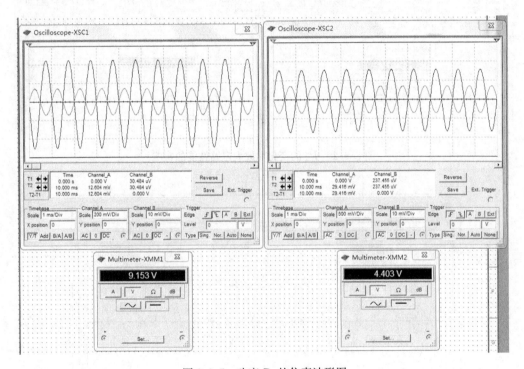

图 3.9.5　改变 R_c 的仿真波形图

表 3.9.1　仿　真　数　据

基极偏置电阻 R_b	直流电压表读数 U_{CEQ}/V	信号源峰值 U_i/mV	示波器显示波形峰值 U_o/mV	I_{CQ}/mA	$\lvert \dot{A}_u \rvert$
$R_b = 510\ \text{k}\Omega$	4.403	7.066	774.453	2.532	109.6
$R_b = 3\ \text{M}\Omega$	10.367	7.064	222.550	0.544	31.5

②根据图解分析，从电路图 3.9.1 和仿真波形图 3.9.2 来看，电路的最大不失真输出电压的峰值 $U_{omax} = I_{CQ}R'_L \approx 2.532 \times (3 /\!/ 3)$ V ≈ 3.8 V，而当信号源峰值变为 20 mV 时，从图 3.9.3 可见，输出电压的正半周幅值为 2.409 V，负半周幅值为 −3.364 V，波形明显失真，负半周还没有达到理论计算的最大不失真输出电压峰值 3.8 V。因此，可得如下结论：

a. 实际的最大不失真输出电压值小于理论计算值，产生这种误差的主要原因在于晶体管的输入/

输出特性总是存在非线性,而理论计算是将晶体管特性做了线性化处理。

b. 对于实际电路,失真后的波形并不是顶部成平顶(见图 3.4.7)或底部成平底,而是圆滑的曲线。测试放大电路时,可以通过观察输出电压波形的正负半周幅值是否相等来判断电路是否产生失真。

小　结

本章介绍放大电路的基本原理和基本分析方法,其内容是本书随后各章的基础。

(1)电子电路中,放大的对象是变化量,常用的测试信号是正弦波。放大的本质是在输入信号的作用下,通过有源元件(晶体管或场效应管)对直流电源的能量进行控制或转换,使负载从电源中获得的输出信号能量比信号源向放大电路提供的能量大得多,因此放大的特征是功率放大,表现为输出电压大于输入电压,或者输出电流大于输入电流,或者二者兼而有之。放大的前提是不失真。

(2)放大电路的基本组成原则:外加电源的极性应使三极管的发射结正向偏置,集电结反向偏置,以保证三极管工作在放大区;输入信号应能传送进去;放大了的信号应能传送出来。

(3)放大电路的基本分析方法主要是图解法和微变等效电路法。以上分析方法要解决的主要问题是三极管的非线性问题。定量分析的主要任务是:第一,静态分析,确定放大电路的静态工作点;第二,动态分析,求出电压放大倍数、输入电阻和输出电阻等。

图解法就是在已知三极管的特性曲线和放大电路的具体参数的情况下,根据放大电路的直流通路画出的直流负载线与特性曲线的交点来确定静态工作点;然后,根据交流通路画出交流负载线,以分析动态工作情况和估算电压放大倍数。利用图解法还可以直观、形象地分析静态工作点的位置与非线性失真的关系,估算最大不失真输出幅度,以及分析电路参数对静态工作点的影响等。

微变等效电路法只能用于分析放大电路的动态情况,不能确定静态工作点。在画出放大电路的交流通路的情况下,用三极管的微变等效模型替换原来的三极管,将非线性电路转变为线性电路,然后可以用我们熟悉的线性电路的定理、定律列出方程求解。

(4)三极管是一种温度敏感元件,当温度变化时,三极管的各种参数将随之发生变化,使放大电路的工作点不稳定,甚至不能正常工作。常用的分压式工作点稳定电路实际上是采用负反馈的原理,使 I_C 的变化影响输入回路中 U_{BE} 的变化,从而保持静态工作点的稳定。

(5)基本放大电路的组态有 3 种,即共射(CE)组态、共集(CC)组态和共基(CB)组态。它们的特点见表 3.6.1。

(6)构成放大电路的另一种常用器件是场效应管,三极管是利用基极电流来控制集电极电流的,而场效应管是利用栅源电压来控制导电沟道的变化来控制电流的。利用场效应管与三极管电极的对应关系(b→g;c→d;e→s),可方便地组成基本放大电路,它们的工作原理和分析方法类似。

(7)多级放大电路常用的耦合方式有阻容耦合、直接耦合和变压器耦合。多级放大电路的电压放大倍数是各级放大倍数的乘积,在计算时要考虑前后级的影响。

(8)除了图解法和微变等效电路法以外,还可以利用计算机仿真软件进行仿真和分析。

学完本章以后,应能达到以下教学要求:

(1)正确理解放大电路先静态后动态的分析思路。

(2)掌握利用微变等效电路法分析放大电路的动态参数 $\dot{A}_u$、R_i 和 R_o 的方法。

(3)掌握图解法在放大电路的静态、动态分析中的应用,尤其是在静态工作点设置是否合理、放大

电路非线性失真等方面的应用

(4)正确理解多级放大电路的耦合方式及参数的分析与计算。

 # 习题与思考题

一、填空题

1. BJT 三极管放大电路有_____、_____、_____3 种组态。当三极管工作在_____区时,关系式 $I_C = \beta I_B$ 才成立;当三极管工作在_____区时,$I_C = 0$;当三极管工作在_____区时,$U_{CE} \approx 0$。

2. 三极管放大电路的 3 种组态中,既有较大的电压放大作用,又有较大的电流放大作用的是_____组态;只有电压放大作用的是_____组态;只有较大电流放大作用的是_____组态。

3. NPN 型三极管处于放大状态时,3 个电极中电位最高的是_____,_____电位最低。

4. 三极管反向饱和电流 I_{CBO} 随温度升高而_____,穿透电流 I_{CEO} 随温度升高而_____,β 值随温度升高而_____。

5. 输入电压为 20 mV,输出电压为 2 V,放大电路的电压放大倍数为_____。

6. 某放大电路在负载开路时的输出电压为 5 V,接入 12 kΩ 的负载电阻后,输出电压降为 2.5 V,这说明放大电路的输出电阻为_____ kΩ。

7. 为了保证不失真放大,放大电路必须设置静态工作点。对 NPN 型管组成的基本共射放大电路,如果静态工作点太低,将会产生_____失真,应调 R_b,使其_____,则 I_B_____,这样可克服失真。

8. 某三极管 3 个电极电位分别为 $U_E = 1$ V,$U_B = 1.7$ V,$U_C = 1.2$ V。可判定该三极管是工作于_____区的_____材料的三极管。

9. 多级放大器常用的耦合方式有_____耦合、_____耦合、_____耦合 3 种形式。在 3 种耦合方式中,_____耦合的多级放大器级与级间的静态工作点相互影响;_____耦合与_____耦合的放大器只能放大交流信号。

10. 多级放大器的放大倍数等于各组成单级放大器放大倍数的_____。

二、选择题

1. 三极管的主要特点是具有( )。

    A. 单向导电性   B. 电流放大作用

    C. 稳压作用

2. 在基本放大电路中,集电极电阻 R_c 的作用是( )。

    A. 放大电流

    B. 调节 I_{BQ}

    C. 调节 I_{CQ}

    D. 防止输出信号交流对地短路,把放大了的电流转换成电压

3. 某放大电路在负载开路时的输出电压为 4 V,接入 3 kΩ 的负载电阻后输出电压降为 3 V,这说明放大电路的输出电阻为( )。

    A. 10 kΩ   B. 2 kΩ

    C. 1 kΩ   D. 0.5 kΩ

4. 一个由 NPN 型硅管组成的共发射极基本放大电路,若输入电压 u_i 的波形为正弦波,而用示波器观察到输出电压的波形如图 3.题.1 所示,那是因为( )造成的。

A. Q 点偏高出现的饱和失真　　　　B. Q 点偏低出现的截止失真

C. Q 点合适,u_i 过大　　　　　　　D. Q 点偏高出现的截止失真

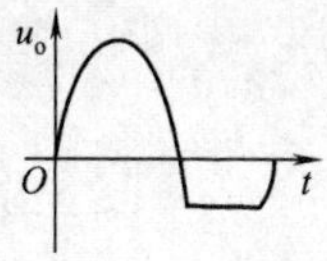

图 3.题.1

5. 带射极电阻 R_e 的共射放大电路,在并联交流旁路电容 C_e 后,其电压放大倍数( )。

A. 减小

B. 增大

C. 不变

D. 变为零

6. 只有( )场效应管才能采取自偏压电路。

A. 增强型

B. 耗尽型

C. 结型

D. 增强型和耗尽型

7. 分压式电路中的栅极电阻 R_G 一般阻值很大,目的是( )。

A. 设置合适的静态工作点　　　　　　B. 减小栅极电流

C. 提高电路的电压放大倍数　　　　　D. 提高电路的输入电阻

8. 源极跟随器(共漏极放大器)的输出电阻与( )有关。

A. 跨导 g_m

B. 源极电阻 R_S

C. 跨导 g_m 和源极电阻 R_S

D. 不确定

9. 电路如图 3.题.2 所示,由于接线错误而不能正常工作,请指出该电路错误之处是( )。

A. 集电极电阻 R_c 接错　　　　　　B. 基极电阻 R_b 接错

C. 电容 C_1、C_2 极性接反　　　　　D. 电源错误

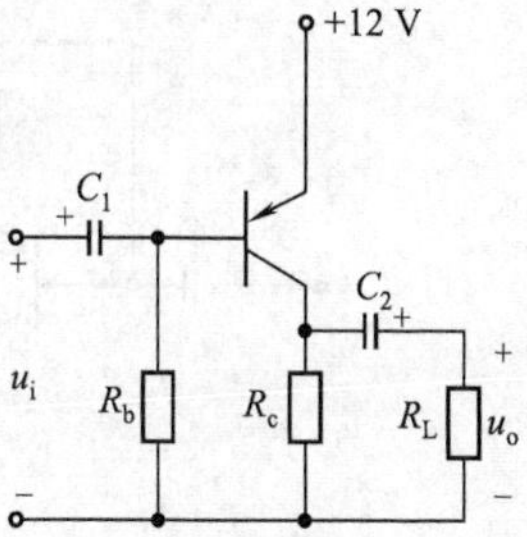

图 3.题.2

三、判断题

1. 只有电路既放大电流又放大电压,才称其有放大作用。　　　　　　　　　　( )

2. 可以说任何放大电路都有功率放大作用。　　　　　　　　　　　　　　　( )

3. 放大电路中输出的电流和电压都是由有源元件提供的。　　　　　　　　　( )

4. 电路中各电量的交流成分是交流信号源提供的。　　　　　　　　　　　　( )

5. 放大电路必须加上合适的直流电源才能正常工作。　　　　　　　　　　　( )

6. 由于放大的对象是变化量,所以当输入信号为直流信号时,任何放大电路的输出都毫无变化。

( )

7. 只要是共射放大电路,输出电压的底部失真都是饱和失真。　　　　　　　( )

四、分析计算题

1. 图 3.题.3 所示电路中,分别画出其直流通路和交流通路,试说明哪些能实现正常放大? 哪些不能? 为什么?(图中电容的容抗可忽略不计)。

2. 在图 3.题.4 所示图形中,由于电路参数不同,在信号源电压为正弦波时,测得输出波形如图 3.题.4(a)、(b)、(c)所示,试说明电路分别产生了什么失真,如何消除。

3. 放大电路及三极管输出特性曲线如图 3.题.5(a)、(b)所示,U_{BE} 忽略不计,要求:

①欲使 $I_C = 2$ mA,则 R_b 应调至多大?

②若 $i_b = 0.02\sin\omega t$ mA,试画出 i_C、u_{CE} 和 u_o 随时间 t 变化的波形图。

4. 电路如图 3.题.6(a)所示,图 3.题.6(b)是三极管的输出特性,静态时 $U_{BEQ} = 0.7$ V。利用图解法分别求出 $R_L = \infty$ 和 $R_L = 3$ kΩ 时的静态工作点和最大不失真输出电压 U_{om}(有效值)。

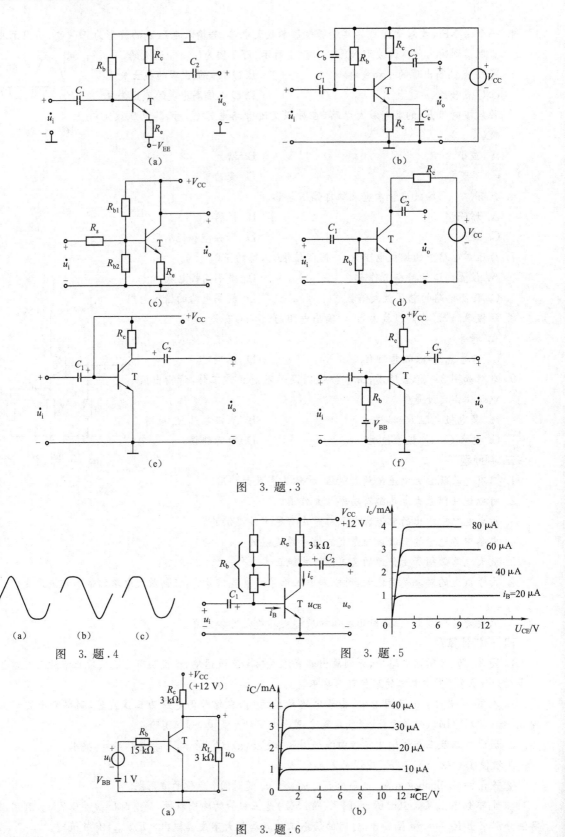

图 3. 题 .3

图 3. 题 .4

图 3. 题 .5

图 3. 题 .6

5. 图3.题.7所示的图解,画出了某放大电路中三极管的输出特性和直流、交流负载线。由此可以得出:

①电源电压 $V_{CC} = $ _____。

②静态集电极电流 $I_{CQ} = $ _____;集电极电压 $U_{CEQ} = $ _____。

③集电极电阻 $R_c = $ _____;负载电阻 $R_L = $ _____。

④晶体管的电流放大系数 $\beta = $ _____,进一步计算可得电压放大倍数 $A_u = $ _____;($r_{bb'}$ 取 $200\ \Omega$)。

⑤放大电路最大不失真输出正弦电压有效值约为 _____。

⑥要使放大电路不失真,基极正弦电流的振幅应小于 _____。

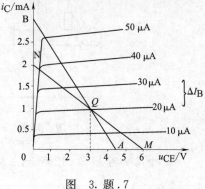

图 3.题.7

6. 试分析图3.题.8所示各电路能否正常放大,并说明理由(图中电容的容抗可忽略不计)。

7. 共射放大电路如图3.题.9所示,已知 $V_{CC} = 12\ V$,三极管的电流放大系数 $\beta = 40$,$r_{be} = 1\ k\Omega$,$R_b = 300\ k\Omega$,$R_c = 4\ k\Omega$,$R_L = 4\ k\Omega$。试求:①静态工作点;②接入负载电阻 R_L 前、后的电压放大倍数;③输入电阻 R_i 及输出电阻 R_o。

8. 放大电路如图3.题.10所示,晶体管 $\beta = 50$,$U_{BEQ} = 0.6\ V$,调节 R_B,在静态下使集电极电位 $U_C = 0\ V$。试求:① R_b 的数值;②静态工作点 I_{CQ} 和 U_{CEQ}。

9. 电路如图3.题.11所示,已知 $R_b = 100\ k\Omega$,$\beta = 80$,$V_{CC} = 10\ V$,$U_{BEQ} = 0.7\ V$,若要求电路静态值 $U_{CEQ} = 5.7\ V$,试求集电极电阻 R_c 的值。

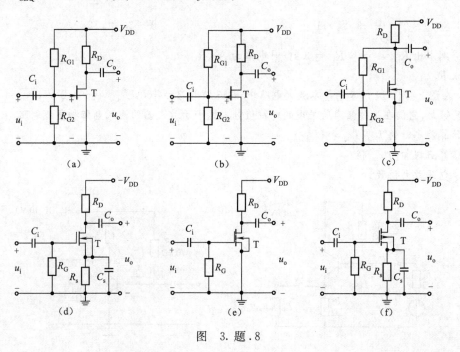

(a)   (b)   (c)

(d)   (e)   (f)

图 3.题.8

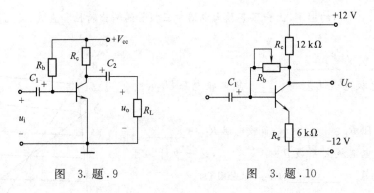

图 3. 题.9   图 3. 题.10

10. 电路如图3. 题. 12所示,三极管的 $\beta = 60$, $r_{bb'} = 100\ \Omega$。

①求 Q 点、$\dot{A}_u$、R_i 和 R_o。

②设 $U_s = 10\ mV$（有效值），则 U_i、U_o 分别为多少？若 C_3 开路,则 U_i、U_o 分别为多少？

11. 电路如图3. 题. 13所示,三极管的 $\beta = 80$, $r_{be} = 1\ k\Omega$。

①求 Q 点;

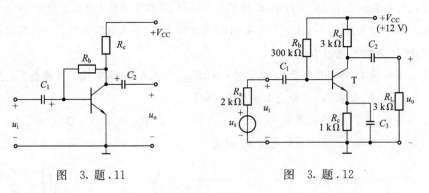

图 3. 题.11   图 3. 题.12

②分别求出 $R_L = \infty$ 和 $R_L = 3\ k\Omega$ 时电路的 $\dot{A}_u$、R_i;

③求 R_o。

12. 在图3. 题. 14所示的基本放大电路中,设三极管 $\beta = 100$, $U_{BEQ} = -0.2\ V$, $r_{bb'} = 200\ \Omega$, C_1、C_2 足够大,它们在工作频率所呈现的电抗值分别远小于放大器的输入电阻和负载电阻。

①估算静态时的 I_{BQ}, I_{CQ} 和 U_{CEQ};

②估算三极管的 r_{be} 值;

③求电压放大倍数。

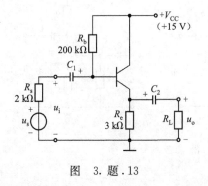

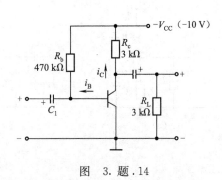

图 3. 题.13   图 3. 题.14

13. 放大电路如图3.题.15所示。已知 $R_{b1} = 10\ k\Omega$，$R_{b2} = 2.5\ k\Omega$，$R_c = 2\ k\Omega$，$R_e = 750\ \Omega$，$R_L = 1.5\ k\Omega$，$R_s = 10\ k\Omega$，$V_{CC} = 15\ V$，$\beta = 150$。设 C_1、C_2、C_3 都可视为交流短路，试用微变等效电路法计算电路的电压放大倍数 A_u，电源电压放大倍数 A_{us}，输入电阻 R_i，输出电阻 R_o。

14. 已知图3.题.16所示共基放大电路的三极管为硅管，$\beta = 100$，试求该电路的静态工作点 Q、电压放大倍数 A_u，输入电阻 R_i 和输出电阻 R_o。

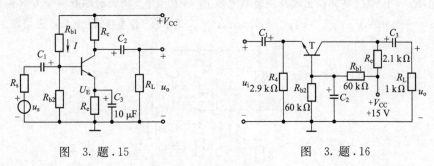

图 3. 题 .15　　　　　　图 3. 题 .16

15. 组合放大电路如图3.题.17所示。已知三极管 $\beta = 100$，$r_{be1} = 3\ k\Omega$，$r_{be2} = 2\ k\Omega$，$r_{be3} = 1.5\ k\Omega$，试求放大电路的输入电阻、输出电阻及电源电压放大倍数。[电路为共集、共射和共集三级直接耦合放大电路，亦可看作共集-共射-共集(CC-CE-CC)组合放大电路。为了保证输入和输出端的直流电位为零，电路采用了正、负电源，并且用稳压管 VD_Z 和二极管 VD_1 分别垫高 T_2、T_3 管的射极电位。而在交流分析时，因其动态电阻很小，可视为短路。]

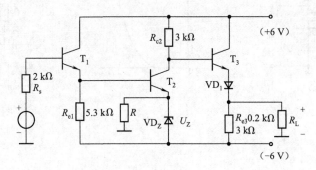

图 3. 题 .17

16. 已知图3.题.18(a)所示电路中场效应管的转移特性和输出特性分别如图3.题.18(b)、(c)所示。①利用图解法求解 Q 点；②利用等效电路法求解 $\dot{A}_u$、R_i 和 R_o。

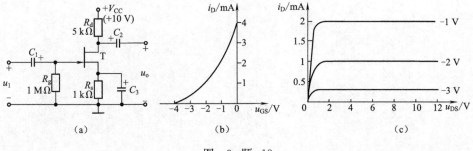

(a)　　　　　　(b)　　　　　　(c)

图 3. 题 .18

17. 电路如图 3. 题.19 所示,已知场效应管的低频跨导为 g_m,试写出 $\dot{A}_u$、R_i 和 R_o 的表达式。

18. 已知图 3. 题.20(a)所示电路中场效应管的转移特性如图 3. 题.20(b)所示。试求电路的 Q 点和 $\dot{A}_u$。

19. 在图 3. 题.21 所示的放大电路中,已知 $V_{DD} = 20$ V,$R_D = 10$ kΩ,$R_S = 10$ kΩ,$R_1 = 200$ kΩ,$R_2 = 51$ kΩ,$R_g = 1$ MΩ,将其输出端接一负载电阻 $R_L = 10$ kΩ。所用的场效应管为 N 沟道耗尽型,其参数 $I_{DSS} = 0.9$ mA,$V_P = -4$ V,$g_m = 1.5$ mA/V。试求:①静态值;②电压放大倍数。

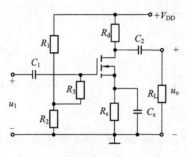

图 3. 题.19

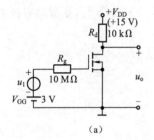

（a） （b）

图 3. 题.20

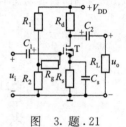

图 3. 题.21

第4章　放大电路的频率响应

本章首先介绍了频率特性的基本概念。在分析 RC 低通和高通电路的基础上,引出了晶体管混合 π 参数高频小信号电路模型,以分段的方法对单管共射放大电路进行了分析。最后,讨论了多级放大电路的频率特性。

本章的重点是讨论影响放大电路频率特性的因素、研究频率特性的必要性、求解单管放大电路下限截止频率和上限截止频率的方法、波特图的画法、多级放大电路的频率参数与各级放大电路频率参数的关系。

4.1　频率响应的一般概念

任何放大电路的放大倍数都是频率的函数,即放大电路仅适应于一定频率范围内信号的放大。频率过高或过低都会引起失真。而实际中的电子设备要求"原音重现",比如高保真音响放大器,要求失真度很低;另外,要求增益的稳定性和准确度要高,如测量仪器的精确测量等。所以,理解和掌握放大器的频率特性很有必要。

4.1.1　幅频特性和相频特性

在放大电路的通频带中提到过频率特性的概念——幅频特性和相频特性。

由于电抗性元件的作用,在正弦波信号通过放大电路时,不仅信号的幅度得到放大,而且还将产生一个相位移。此时,电压放大倍数 $\dot{A}_u$ 可表示为

$$\dot{A}_u = |\dot{A}_u|(f)\angle\varphi(f) \tag{4.1.1}$$

式(4.1.1)表示,电压放大倍数的幅值 $|\dot{A}_u|$ 和相角 φ 都是频率的函数。其中 $|\dot{A}_u|(f) = |\dot{U}_o/\dot{U}_i|$ 称为幅频特性,描绘输出信号幅度与输入信号幅度的比值随频率变化而变化的规律。$\varphi(f)$ 称为相频特性,描绘输出信号与输入信号之间相位差随信号频率变化而变化的规律。幅频特性和相频特性统称放大电路的频率特性,又称频率响应。

一个典型的单管共射放大电路的幅频特性如图 4.1.1 所示。

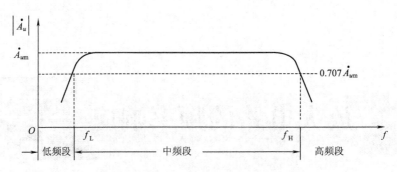

图 4.1.1 单管共射放大电路的幅频特性

4.1.2 下限频率、上限频率和通频带

由图 4.1.1 可见,放大电路在中频段的电压放大倍数通常称为中频电压放大倍数 A_{um},而将电压放大倍数下降为 $0.707\,A_{um}$ [即 $\frac{1}{\sqrt{2}}A_{um}$,如用分贝(dB)表示,则为 -3 dB]时相应的低频频率和高频频率分别称为放大电路的下限频率 f_L 和上限频率 f_H,二者之间的频率范围称为通频带 BW,即

$$BW = f_H - f_L \tag{4.1.2}$$

通频带的宽度表征放大电路对不同频率输入信号的响应能力,是放大电路的重要技术指标之一。

4.1.3 频率失真

由于放大电路中存在电抗元件(如三极管的极间电容,电路的负载电容、分布电容、耦合电容、射极旁路电容等),使得放大器可能对不同频率信号分量的放大倍数和相移不同。

如放大电路对不同频率信号的幅值放大不同,就会引起幅度失真;如放大电路对不同频率信号产生的相移不同,就会引起相位失真。幅度失真和相位失真总称为频率失真,由于此失真是由电路的线性电抗元件(电阻、电容、电感等)引起的,故称为线性失真。

频率失真和非线性同样都会使输出信号产生畸变,但两者在实质上是不同的。

具体体现以下两点:

①起因不同:频率失真是由电路中的线性电抗元件对不同信号频率的响应不同而引起的;非线性失真由电路的非线性元件(如 BJT、FET 的特性曲线性等)引起的。

②结果不同:频率失真只会使各频率分量信号的比例关系和时间关系发生变化,或滤掉某些频率分量信号;但非线性失真,会将正弦波变为非正弦波,它不仅包含输入信号的频率成分(基波),而且还会产生许多新的谐波成分。

4.1.4 波特图

1. 用分贝(dB)表示的放大倍数

放大倍数用分贝的表达式为

$$L_A = 20\lg |\dot{A}_u| \ \ (\text{dB}) \tag{4.1.3}$$

例如,对于放大倍数 $\dot{A}_u = 10^5$,用分贝表示则为 $L_A = 20\lg 10^5 = 100$ dB。又如,对应上、下限频率

的放大倍数是中频的 0.707 倍,用分贝表示则为 $L_A = 20\lg 0.707 = -3$ dB。所以,下限频率 f_L 和上限频率 f_H 又分别称为上、下端的 -3 dB 频率。

2. 波特图简介

在研究放大电路的频率响应时,输入信号(即加在放大电路输入端的测试信号)的频率范围常常设置在几赫到上百兆赫,甚至更宽;而放大电路的放大倍数可从几倍到上百万倍;为了在同一坐标系中表示如此宽的变化范围,在画频率特性曲线时常采用对数坐标,称为波特图。波特图由对数幅频特性和对数相频特性两部分组成,它们的横轴采用对数刻度 $\lg f$,幅频特性的纵轴采用 $20\lg |\dot{A}_u|$ 表示,单位是分贝(dB);相频特性的纵轴仍用 φ 表示。这样不但开阔了视野,而且将放大倍数的乘除运算转换成加减运算。

今后绘制对数幅频特性曲线时,常常需要根据 $|\dot{A}_u|$ 的值来求出 $20\lg|\dot{A}_u|$。为了说明 $|\dot{A}_u|$ 与 $20\lg|\dot{A}_u|$ 之间的对应关系,表 4.1.1 中列出了一组具体数据。

表 4.1.1　$|\dot{A}_u|$ 与 $20\lg|\dot{A}_u|$ 之间的对应的关系

$|\dot{A}_u|$	0.01	0.1	0.707	1	$\sqrt{2}$	2	10	100
$20\lg|\dot{A}_u|$ /dB	-40	-20	-3	0	3	6	20	40

由表 4.1.1 可见,每当 $|\dot{A}_u|$ 增大为原来的 10 倍时,相应的 $20\lg|\dot{A}_u|$ 将增加 20 dB。若 $|\dot{A}_u|$ 增大 1 倍,则相应的 $20\lg|\dot{A}_u|$ 增加 6 dB。当 $|\dot{A}_u| = 1$ 时,$20\lg|\dot{A}_u| = 0$;当 $|\dot{A}_u| > 1$ 时,$20\lg|\dot{A}_u| > 0$;而 $|\dot{A}_u| < 1$ 时,$20\lg|\dot{A}_u| < 0$。

一个典型的单管共射放大电路的频率响应的波特图如图 4.1.2 所示。

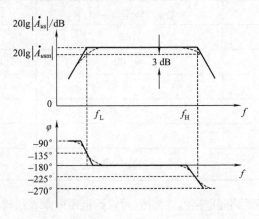

图 4.1.2　典型的单管共射放大电路的频率响应的波特图

4.1.5　高通电路和低通电路

在电子电路中,经常会用到由 RC 构成的高通电路和低通电路。下面讨论什么是高通电路,什么是低通电路。

1. 高通电路

图 4.1.3 所示电路为 RC 高通电路，由图可得

$$\dot{A}_u = \frac{\dot{U}_o}{\dot{U}_i} = \frac{R}{R + \frac{1}{j\omega C}} = \frac{1}{1 + \frac{1}{j\omega RC}} \qquad (4.1.4)$$

式中，ω 为输入信号的角频率；RC 为回路的时间常数 τ，令 $\omega_L = \frac{1}{RC} = \frac{1}{\tau}$，则

$$f_L = \frac{\omega_L}{2\pi} = \frac{1}{2\pi\tau} = \frac{1}{2\pi RC} \qquad (4.1.5)$$

因此

$$\dot{A}_u = \frac{1}{1 + \frac{\omega_L}{j\omega}} = \frac{1}{1 + \frac{f_L}{jf}} = \frac{1}{1 - j\frac{f_L}{f}} \qquad (4.1.6)$$

以上 $\dot{A}_u$ 的表达式可分别用 $\dot{A}_u$ 的模和相角表示如下：

$$|\dot{A}_u| = \frac{1}{\sqrt{1 + \left(\frac{f_L}{f}\right)^2}} \qquad (4.1.7)$$

$$\varphi = \arctan\left(\frac{f_L}{f}\right) \qquad (4.1.8)$$

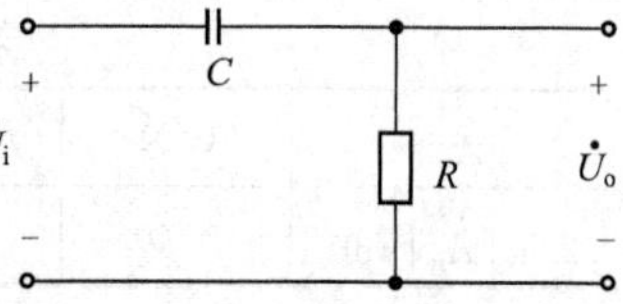

图 4.1.3　RC 高通电路

在实际应用过程中，在满足工程精度要求的前提下，通常采用工程近似的方法。由式(4.1.7)和式(4.1.8)可以得到表 4.1.2。

表 4.1.2　RC 高通电路的对数幅频特性、相位和频率的关系

信号频率 f	对数幅频特性 $20\lg|\dot{A}_u|$	相位 φ
$\gg f_L$	0 dB	0°
$10f_L$	≈0 dB	5.71°
f_L	≈−3 dB	45°
$0.1f_L$	≈−20 dB	84.29°
$0.01f_L$	≈−40 dB	90°
$\ll f_L$	$-20\lg\frac{f}{f_H}$ dB	90°

根据表 4.1.2 可绘出 RC 高通电路的波特图，可以近似用两条直线构成的折线表示：当 $f > f_L$ 时，用零分贝线即横坐标表示；当 $f < f_L$ 时，用一条斜率等于 20 dB/十倍频的直线表示，即每当频率增加十倍，$20\lg|\dot{A}_u|$ 增加 20 dB。上述两条直线交于横坐标上 $f = f_L$ 的一点，如图 4.1.4(a) 中的虚线所示。与图中实际的实线[由式(4.1.7)求出]比较，虚线与实线很接近，二者之间的最大误差为 3 dB，发生在 $f = f_L$ 处。

由式(4.1.8)可以画出 RC 高通电路的对数相频特性，如图 4.1.4(b) 中的实线所示。同样，相频

特性也可以采取近似表达方法,用 3 条直线构成的折线来近似。当 $f > 10f_L$ 时,用 $\varphi = 0°$ 的直线即横坐标表示;当 $f < 0.1f_L$ 时,用 $\varphi = 90°$ 的直线表示;当 $0.1f_L < f < 10f_L$ 时,用一条斜率为 $-45°$/十倍频的直线表示,在此直线上,当 $f = f_L$ 时,$\varphi = 45°$,如图 4.1.4(b)中的虚线所示。虚线与实线很接近,可以证明,二者之间的最大误差为 $\pm 5.71°$,分别发生在 $f = 0.1f_L$ 和 $f = 10f_L$ 处。

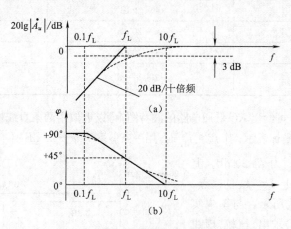

图 4.1.4　高通电路的波特图

2. 低通电路

将 RC 高通电路中的 R 与 C 的位置互换,即可得到 RC 低通电路,图 4.1.5 所示电路为 RC 低通电路,由图可得:

$$\dot{A}_u = \frac{\dot{U}_o}{\dot{U}_i} = \frac{\frac{1}{j\omega C}}{R + \frac{1}{j\omega C}} = \frac{1}{1 + j\omega RC} \tag{4.1.9}$$

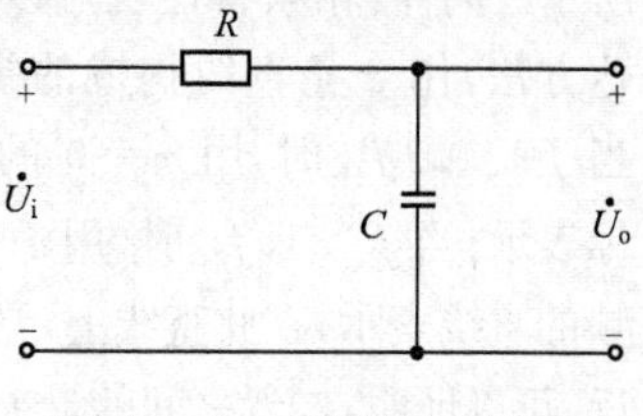

图 4.1.5　RC 低通电路

式中,ω 为输入信号的角频率;RC 为回路的时间常数 τ,令 $\omega_H = \frac{1}{RC} = \frac{1}{\tau}$,则

$$f_H = \frac{\omega_H}{2\pi} = \frac{1}{2\pi\tau} = \frac{1}{2\pi RC} \tag{4.1.10}$$

因此

$$\dot{A}_u = \frac{1}{1 + \frac{\omega}{j\omega_H}} = \frac{1}{1 + \frac{f}{jf_H}} \tag{4.1.11}$$

以上 $\dot{A}_u$ 的表达式可分别用 $\dot{A}_u$ 的模和相角表示如下:

$$|\dot{A}_u| = \frac{1}{\sqrt{1 + \left(\frac{f}{f_H}\right)^2}} \tag{4.1.12}$$

$$\varphi = -\arctan\left(\frac{f}{f_H}\right) \tag{4.1.13}$$

表 4.1.3 所示为 RC 低通电路的对数幅频特性、相位和频率的关系。

表 4.1.3 **RC 低通电路的对数幅频特性、相位和频率的关系**

信号频率 f	对数幅频特性 $20\lg|\dot{A}_u|$	相位 φ
$\ll f_H$	0 dB	0°
$0.1f_H$	≈ 0 dB	$-5.71°$
f_H	≈ -3 dB	$-45°$
$10f_H$	≈ -20 dB	$-84.29°$
$100f_H$	≈ -40 dB	$-90°$
$\gg f_H$	$-20\lg\dfrac{f}{f_H}$ dB	$-90°$

同样,根据表 4.1.3 可绘出 RC 低通电路的波特图,可以近似用两条直线构成的折线表示;当 $f <$ f_H 时,用零分贝线即横坐标表示;当 $f > f_H$ 时,用一条斜率等于 -20 dB/十倍频的直线表示,即每当频率增加十倍,$20\lg|\dot{A}_u|$ 下降 20 dB。上述两条直线交于横坐标上 $f = f_H$ 的一点,如图 4.1.6(a)中的虚线所示。与图中实际的实线[由式(4.1.12)求出]比较,虚线与实线很接近,二者之间的最大误差为 3 dB,发生在 $f = f_H$ 处。

由式(4.1.13)可以画出 RC 低通电路的对数相频特性,如图 4.1.6(b)中的实线所示。同样,相频特性也可以采取近似表达方法,用 3 条直线构成的折线来近似。当 $f < 0.1f_H$ 时,用 $\varphi = 0°$ 的直线即横坐

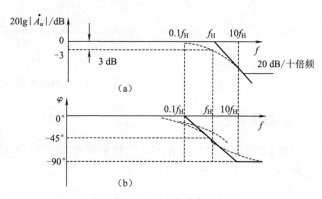

图 4.1.6 低通电路的波特图

标表示;当 $f > 10f_H$ 时,用 $\varphi = -90°$ 的直线表示;当 $0.1f_H < f < 10f_H$ 时,用一条斜率为 $-45°$/十倍频的直线表示,在此直线上,当 $f = f_H$ 时,$\varphi = -45°$,如图 4.1.6(b)中的虚线所示。虚线与实线很接近,可以证明,二者之间的最大误差为 $\pm 5.71°$,分别发生在 $f = 0.1f_H$ 和 $f = 10f_H$ 处。

4.2 三极管的频率参数

三极管的频率参数描述三极管的电流放大系数对高频信号的适应能力,也是三极管的重要参数。

在中频时,一般认为三极管的共射电流放大系数基本上是一个常数,不随频率而变化。但当频率升高时,由于存在极间电容,因此三极管的电流放大作用将被削弱,所以电流放大系数是频率的函数,可以表示为

$$\dot{\beta} = \frac{\beta_0}{1 + \mathrm{j}\dfrac{f}{f_\beta}} \tag{4.2.1}$$

式中,β_0 是三极管低频时的共射电流放大系数;f_β 为三极管的 $|\dot{\beta}|$ 值下降至 $0.707\beta_0$ 时的频率,也可说 f_β 是 $\dot{\beta}$ 的共射截止频率,称为三极管共射电流放大系数 $\dot{\beta}$ 的"上限截止频率"。

式(4.2.1)也可分别用 $\dot{\beta}$ 的模和相角表示,即

$$|\dot{\beta}| = \frac{\beta_0}{\sqrt{1 + \left(\dfrac{f}{f_\beta}\right)^2}} \tag{4.2.2}$$

$$\varphi_\beta = -\arctan\left(\frac{f}{f_\beta}\right) \tag{4.2.3}$$

将式(4.2.2)取对数,可得

$$20\lg|\dot{\beta}| = 20\lg\beta_0 - 20\lg\sqrt{1 + \left(\frac{f}{f_\beta}\right)^2} \tag{4.2.4}$$

根据式(4.2.3)、式(4.2.4)可以画出 $\dot{\beta}$ 的波特图,如图 4.2.1 所示。由图可见,在低频和中频段, $|\dot{\beta}| = \beta_0$,当频率升高时, $\dot{\beta}$ 值随之下降。

观察图 4.2.1 中的波特图,可以帮助理解三极管频率参数的含义。

4.2.1 共射截止频率

通常将 $|\dot{\beta}|$ 值下降到 $0.707\beta_0$ 时的频率定义为三极管的共射截止频率,用符号 f_β 表示。

由式(4.2.4)可得,当 $f=f_\beta$ 时,

$$20\lg|\dot{\beta}| = 20\lg\beta_0 - 20\lg\sqrt{2} = 20\lg\beta_0 - 3 \text{ (dB)}$$

在图 4.2.1 中 $\dot{\beta}$ 的对数幅频特性上,一条高度为 $20\lg\beta_0$ 的水平直线与另一条斜率为 -20 dB/十倍频的直线有一交点,该交点处的频率即 f_β 。

根据 f_β 的定义可以知道,所谓共射截止频率,并非说明此时三极管已经完全失去作用,而只是表示此时 $|\dot{\beta}|$ 值已下降到中频时的 70% 左右,或 $\dot{\beta}$ 的对数幅频特性下降了 3 dB。

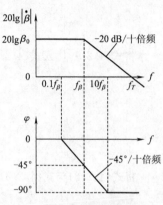

图 4.2.1 电流放大系数 $\dot{\beta}$ 的波特图

4.2.2 特征频率

通常将 $|\dot{\beta}|$ 值降为 1 时的频率定义为三极管的特征频率,用符号 f_T 表示。

根据定义,当 $f = f_T$ 时,则 $|\dot{\beta}| = 1$,则 $20\lg|\dot{\beta}| = 0$,在图 4.2.1 中, $\dot{\beta}$ 的对数幅频特性与横坐标交点处的频率即为 f_T 。

特征频率是三极管的一个重要参数。当 $f > f_T$ 时, $|\dot{\beta}|$ 值将小于 1,表示此时三极管已失去放大作用,所以不允许三极管工作在如此高的频率范围。

将 $f = f_T$ 和 $|\dot{\beta}| = 1$ 代入式(4.2.2),可得

$$1 = \frac{\beta_0}{\sqrt{1 + \left(\dfrac{f_T}{f_\beta}\right)^2}}$$

由于通常 $\dfrac{f_T}{f_\beta} \gg 1$,所以可将上式分母根号中的 1 忽略,则由该式可得

$$f_T \approx \beta_0 f_\beta \tag{4.2.5}$$

式(4.2.5)表明,一个三极管的特征频率 f_T 与其共射截止频率 f_β 二者之间是互相有关的,而且 f_T 比 f_β 高得多,大约是 f_β 的 β_0 倍。

4.2.3 共基截止频率

显然,考虑三极管的极间电容后,其共基电流放大系数也将是频率的函数,此时可表示为

$$\dot{\alpha} = \frac{\alpha_0}{1 + j\dfrac{f}{f_\alpha}} \tag{4.2.6}$$

通常将 $|\dot{\alpha}|$ 值下降为低频时 α_0 的 0.707 倍时的频率定义为共基截止频率,用符号 f_α 表示。

现在来研究一下,f_α 与 f_β、f_T 之间有什么关系。已经知道共基电流放大系数 $\dot{\alpha}$ 与共射电流放大系数 $\dot{\beta}$ 之间存在以下关系:

$$\dot{\alpha} == \frac{\dot{\beta}}{1 + \dot{\beta}} \tag{4.2.7}$$

将式(4.2.1)代入式(4.2.7),可得

$$\dot{\alpha} = \frac{\dfrac{\beta_0}{1 + j\dfrac{f}{f_\beta}}}{1 + \dfrac{\beta_0}{1 + j\dfrac{f}{f_\beta}}} = \frac{\dfrac{\beta_0}{1 + \beta_0}}{1 + j\dfrac{f}{(1 + \beta_0)f_\beta}} \tag{4.2.8}$$

将式(4.2.8)与式(4.2.6)比较,可知

$$\alpha_0 = \frac{\beta_0}{1 + \beta_0} \tag{4.2.9}$$

$$f_\alpha = (1 + \beta_0)f_\beta \tag{4.2.10}$$

可见,f_α 比 f_β 高得多,等于 f_β 的 $(1 + \beta_0)$ 倍。由此可以理解,与共射组态相比,共基组态的频率响应比较好。

综上所述,可知三极管得 3 个频率参数不是独立的,是互相有关的,三者数值大小符合以下关系:

$$f_\beta < f_T < f_\alpha$$

三极管的频率参数也是选用三极管的重要依据之一。通常,在要求通频带比较宽的放大电路中,应该选用高频管,即频率参数值较高的三极管。如对通频带没有特殊要求,则可选用低频管。一般低频小功率三极管的 f_α 值约为几十至几百千赫,高频小功率三极管的 f_T 约为几十至几百兆赫。

4.3 单管共射放大电路的频率响应

在进行定量分析之前,首先从物理概念上来理解单管共射放大电路的频率响应。先来讨论一下,当输入不同频率的正弦信号时,放大倍数将如何变化。

如果考虑三极管的极间电容,而且电路中接有电抗性元件,如隔直电容等,则单管共射放大电路可画成如图 4.3.1 所示。

在中频段,各种容抗的影响可以忽略不计,所以电压放大倍数基本上不随频率而变化。在低频段,由于隔直电容的容抗增大,信号在电容上的压降也增大,所以电压放大倍数将降低。同时,隔直电容与放大电路的输入电阻构成一个 RC 高通电路,因此将产生 0~90°之间的超前的附加相位移。在高频段,由于容抗减小,故隔直电容的作用

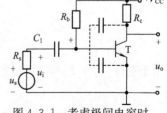

图 4.3.1 考虑极间电容时的单管共射放大电路

可以忽略,但是,三极管的极间电容并联在电路中,将使电压放大倍数降低,而且,构成一个 RC 低通电路,产生 $0 \sim -90°$ 之间的滞后的附加相位移。

4.3.1 三极管的混合 π 型等效电路

前面章节介绍了三极管的 h 参数微变等效电路,它适合低频工作时使用。当在高频工作时,三极管极间电容的作用不可忽略,这时等效电路中的参数将成为随频率而变化的复数(例如 $\dot{\beta}$),直接分析计算很麻烦。为了对放大电路的频率响应进行定量分析,需要引入一种考虑三极管极间电容的等效电路。

1. 混合 π 型等效电路的引出

考虑了极间电容后,三极管的结构示意图如图 4.3.2(a)所示,其中 C_{π} 为发射结等效电容,为 C_{μ} 集电结等效电容。根据三极管的结构示意图可以得到三极管的混合 π 型等效电路,如图 4.3.2(b)所示。

等效电路中的 $\dot{U}_{b'e}$ 代表加在发射结上的电压,受控电流源 $g_m \dot{U}_{b'e}$ 体现了发射结电压对集电极电流的控制作用。其中 g_m 称为跨导,表示当 $\dot{U}_{b'e}$ 为单位电压时,在集电极回路引起的 $\dot{I}_c$ 大小。$r_{b'c}$ 为集电结电阻,因为集电结反向偏置,故 $r_{b'c}$ 很大,同样,r_{ce} 的阻值也很大,在电路分析时常将上述两个电阻视为开路,得到简化的混合 π 型等效电路如图 4.3.2(c)所示。

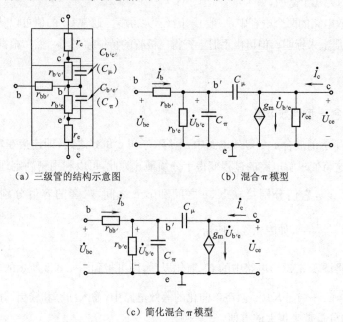

（a）三级管的结构示意图　　（b）混合 π 模型

（c）简化混合 π 模型

图 4.3.2　三极管的混合 π 型等效电路

2. 混合 π 型等效电路的参数

实际上,混合 π 型等效电路的参数与 h 参数之间有密切的关系。当低频时,可以不考虑极间电容的作用,此时,混合 π 型等效电路与 h 参数等效电路几乎相似,只是表现形式有差异,如图 4.3.3 所示。

观察图 4.3.3,可得

$$r_{bb'} + r_{b'e} = r_{be}$$

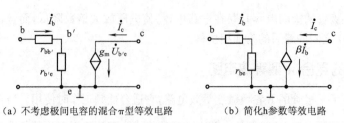

（a）不考虑极间电容的混合π型等效电路　　　　（b）简化h参数等效电路

图 4.3.3　混合 π 参数与 h 参数的关系

$$g_{\mathrm{m}}\dot{U}_{\mathrm{b'e}} = g_{\mathrm{m}}\dot{I}_{\mathrm{b}}r_{\mathrm{b'e}} = \beta\dot{I}_{\mathrm{b}}$$

由上可得混合 π 型等效电路中的各个参数如下：

$$r_{\mathrm{b'e}} = r_{\mathrm{be}} - r_{\mathrm{bb'}} = (1+\beta)\frac{26(\mathrm{mV})}{I_{\mathrm{EQ}}} \tag{4.3.1}$$

$$g_{\mathrm{m}} = \frac{\beta}{r_{\mathrm{b'e}}} = \frac{\beta}{(1+\beta)\dfrac{26(\mathrm{mV})}{I_{\mathrm{EQ}}}} \approx \frac{I_{\mathrm{EQ}}}{26(\mathrm{mV})} \tag{4.3.2}$$

式(4.3.1)、式(4.3.2)表示出混合 π 参数和 h 参数之间的联系，同时混合 π 参数的值与静态发射极电流 I_{EQ} 有关，I_{EQ} 越大，则 $r_{\mathrm{b'e}}$ 越小，而 g_{m} 越大。对于一般功率三极管，$r_{\mathrm{bb'}}$ 约为几十至几百欧，$r_{\mathrm{b'e}}$ 为 1 kΩ 左右，g_{m} 约为几十毫西。

在混合 π 型等效电路的两个电容中，一般 C_{π} 比 C_{μ} 大得多。通常 C_{μ} 的值可以从器件手册上查到，而 C_{π} 的值在一般手册上未标明。但可由手册上查得三极管的特征频率 f_{T}，然后根据式(4.3.3)估算 C_{π}

$$C_{\pi} \approx \frac{g_{\mathrm{m}}}{2\pi f_{\mathrm{T}}} \tag{4.3.3}$$

3. 单向化的混合 π 型等效电路

在图 4.3.2(c)所示的混合 π 型等效电路中，电容 C_{μ} 在 c 和 b′ 之间，即连接在输入回路和输出回路中，形成了反馈，这将使求解电路的过程变得十分烦琐。为此，可以利用密勒定理将问题简化，用两个电容来等效代替 C_{μ}，它们分别接在 b′、e 之间和 c、e 之间，二者的容值分别为 $(1-\dot{K})C_{\mu}$ 和 $\dfrac{(1-\dot{K})}{\dot{K}}C_{\mu}$，其中 $\dot{K} = \dfrac{\dot{U}_{\mathrm{ce}}}{\dot{U}_{\mathrm{b'e}}}$，如图 4.3.4 所示。

利用密勒定理将图 4.3.2(c)电路中的 C_{μ} 简化以后，即可得到图 4.3.5 所示的单向化的混合 π 型等效电路，图中 $C' = C_{\pi} + (1-\dot{K})C_{\mu}$。在单向化的等效电路中，输入回路和输出回路之间不存在反馈通路，为频率响应的分析带来很大的方便。

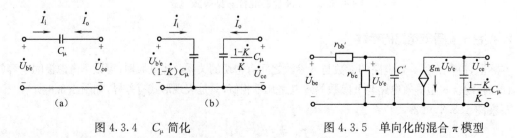

图 4.3.4　C_{μ} 简化　　　　　　　　图 4.3.5　单向化的混合 π 模型

4.3.2 阻容耦合单管共射放大电路的频率响应

以下利用单向化的混合 π 型等效电路来分析单管共射放大电路的频率响应。

图 4.3.6(a)所示电路为的阻容耦合单管共射放大电路,4.3.6(b)为其单向化的混合 π 型等效电路。为了简化分析过程,先分别讨论中频、低频和高频时的频率响应,然后再综合得到放大电路在全部频率范围内的频率响应。

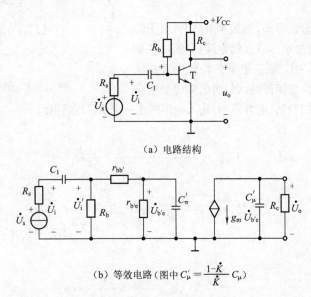

（a）电路结构

（b）等效电路（图中 $C'_\mu = \dfrac{1-\dot{K}}{\dot{K}} C_\mu$）

图 4.3.6 阻容耦合单管共射放大电路及其混合 π 等效电路

1. 中频段

在中频段,一方面,隔直电容 C_1 的容抗比串联回路中的其他电阻值小得多,可以认为交流短路;另一方面,三极管极间电容的容抗又比其并联支路中的其他电阻值大得多,可以视为交流开路。总之,在中频段可将各种容抗的影响忽略不计,因此,将图 4.3.6(b)中各种电容的作用忽略,即可得到阻容耦合单管共射放大电路的中频等效电路,如图 4.3.7 所示。

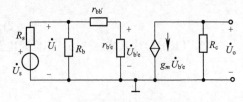

图 4.3.7 中频等效电路

由图 4.3.7 可得

$$\dot{U}_{b'e} = \frac{R_i}{R_s + R_i} \cdot \frac{r_{b'e}}{r_{be}} \dot{U}_s$$

式中,$R_i = R_b // r_{be}$ 。

而

$$\dot{U}_o = -g_m \dot{U}_{b'e} R_c = -\frac{R_i}{R_s + R_i} \cdot \frac{r_{b'e}}{r_{be}} g_m R_c \dot{U}_s$$

则中频电压放大倍数为

$$\dot{A}_{usm} = \frac{\dot{U}_o}{\dot{U}_s} = -\frac{R_i}{R_s + R_i} \cdot \frac{r_{b'e}}{r_{be}} g_m R_c \tag{4.3.4}$$

由前面得到的式(4.3.2)已知，$g_m = \dfrac{\beta}{r_{b'e}}$，代入式(4.3.4)后可得

$$\dot{A}_{usm} = -\frac{R_i}{R_s + R_i} \cdot \frac{\beta R_c}{r_{be}} \tag{4.3.5}$$

可见，以上中频电压放大倍数的表达式，与利用简化 h 参数等效电路的分析结果是一致的。

2. 低频段

通过前面的定性分析可知，当频率下降时，由于隔直电容的容抗增大，将使电压放大倍数降低，所以在低频段必须考虑 C_1 的作用。而三极管的极间电容并联在电路中，此时，可认为交流开路，因此，低频等效电路如图 4.3.8 所示。由图可见，电容 C_1 与输入电阻构成一个 RC 高通电路。

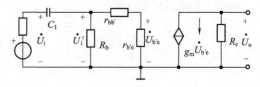

图 4.3.8　低频等效电路

由图 4.3.8 可得

$$\dot{U}_{b'e} = \frac{R_i}{R_s + R_i + \dfrac{1}{j\omega C_1}} \cdot \frac{r_{b'e}}{r_{be}} \dot{U}_s$$

$$\dot{U}_o = -g_m \dot{U}_{b'e} R_c = -\frac{R_i}{R_s + R_i} \cdot \frac{r_{b'e}}{r_{be}} g_m R_c \frac{1}{1 + \dfrac{1}{j\omega(R_s + R_i)C_1}} \dot{U}_s$$

则低频电压放大倍数为

$$\dot{A}_{usL} = \frac{\dot{U}_o}{\dot{U}_s} = \dot{A}_{usm} \frac{1}{1 + \dfrac{1}{j\omega(R_s + R_i)C_1}} \tag{4.3.6}$$

将式(4.3.6)与 RC 高通电路 $\dot{A}_u$ 的表达式即式(4.1.4)比较，可知低频等效电路的时间常数为

$$\tau_L = (R_s + R_i)C_1 \tag{4.3.7}$$

低频段的下限($-3\ \text{dB}$)频率为

$$f_L = \frac{1}{2\pi\tau_L} = \frac{1}{2\pi(R_s + R_i)C_1} \tag{4.3.8}$$

将式(4.3.8)代入式(4.3.6)，则低频电压放大倍数可以表示为

$$\dot{A}_{usL} = \frac{\dot{U}_o}{\dot{U}_s} = \dot{A}_{usm} \frac{1}{1 - j\dfrac{f_L}{f}} \tag{4.3.9}$$

由式(4.3.8)可知，阻容耦合单管共射放大电路的下限频率 f_L 主要决定于低频时间常数 τ_L，τ_L 越大，则 f_L 越小，即放大电路的低频响应越好。

3. 高频段

当频率升高时，电容的容抗变小，则隔直电容 C_1 上的压降可以忽略不计，但此时并联在电路中的极间电容的影响必须予以考虑。利用前面讨论的单向化的混合 π 参数进行电路分析，此时 C_μ 用两个电容来等效代替，它们分别接在 b′、e 之间和 c、e 之间，二者的容值分别为 $(1-\dot{K})C_\mu$ 和 $\dfrac{(1-\dot{K})}{\dot{K}}C_\mu$，一般情况下，后者比前者电容要小得多，因此输出回路的时间常数要比输入回路的时间常数小得多，可以将输出

回路的电容忽略,再利用戴维宁定理将输入回路简化,可以得到高频等效电路如图 4.3.9 所示。

图 4.3.9 中

$$C' = C_{b'e} + (1 - \dot{K})C_{b'c} = C_{b'e} + (1 + g_m R_c)C_{b'c}$$

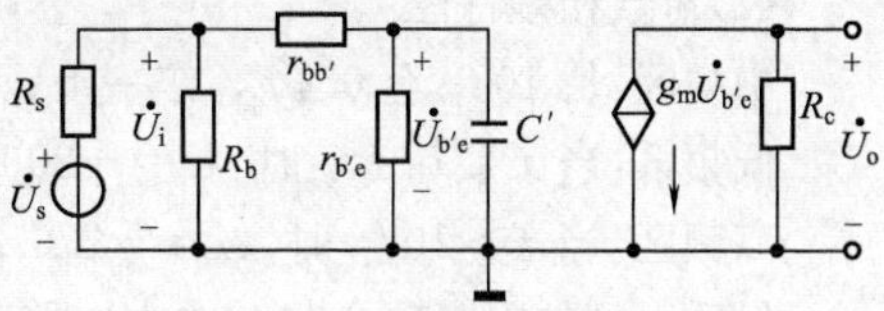

图 4.3.9　高频等效电路

由图 4.3.9 可以看出,电容 C' 与输入电阻构成一个 RC 低通电路。

由图 4.3.9 可得

$$\dot{U}_{b'e} = \frac{\dfrac{1}{j\omega C'}}{R' + \dfrac{1}{j\omega C'}} \cdot \frac{R_i}{R_s + R_i} \cdot \frac{r_{b'e}}{r_{be}}\dot{U}_s$$

式中,$R' = r_{b'e} \mathbin{/\mkern-5mu/} [r_{bb'} + (R_s \mathbin{/\mkern-5mu/} R_b)]$。

$$\dot{U}_o = -g_m \dot{U}_{b'e} R_c = -\frac{R_i}{R_s + R_i} \cdot \frac{r_{b'e}}{r_{be}} g_m R_c \frac{1}{1 + j\omega R' C'}\dot{U}_s$$

则高频电压放大倍数为

$$\dot{A}_{usH} = \frac{\dot{U}_o}{\dot{U}_s} = \dot{A}_{usm} \frac{1}{1 + j\omega R' C'} \tag{4.3.10}$$

由此可见,高频等效电路的时间常数为

$$\tau_H = R'C' \tag{4.3.11}$$

高频段的上限频率($-3\,\text{dB}$)为

$$f_H = \frac{1}{2\pi\tau_H} = \frac{1}{2\pi R'C'} \tag{4.3.12}$$

将式(4.3.12)代入式(4.3.10),则高频电压放大倍数可表示为

$$\dot{A}_{usH} = \dot{A}_{usm} \frac{1}{1 + j\dfrac{f}{f_H}} \tag{4.3.13}$$

由式(4.3.12)可知,单管共射放大电路的上限频率 f_H 主要决定于高频时间常数 τ_H,R' 与 C' 的乘积越小,则 f_H 越大,即放大电路的高频响应越好。而其中的 C' 主要与三极管的极间电容有关,因此,为了得到良好的高频响应,应该选用极间电容比较小的三极管。

4. 完整的波特图

根据以上在中频、低频和高频时分别得到的电压放大倍数的表达式,综合起来,即可得到阻容耦合单管共射放大电路在全部频率范围内电压放大倍数的近似表达式,即

$$\dot{A}_{us} \approx \frac{\dot{A}_{usm}}{\left(1 - j\dfrac{f_L}{f}\right)\left(1 + j\dfrac{f}{f_H}\right)} \tag{4.3.14}$$

同时,根据以上在中频、低频和高频时的分析结果,并利用本章前面介绍的高通和低通电路的波特图的画法,即可简捷地画出阻容耦合单管共射放大电路完整的折线化的波特图。具体做法如下:

(1)对数幅频特性

中频区:从 f_L 至 f_H,作一条高度为 $20\lg|\dot{A}_{usm}|$ 的水平直线。

低频区:从 f_L 开始,向左下方作一条斜率为 $20\,\text{dB}/$十倍频的直线。

高频区:从 f_H 开始,向右下方作一条斜率为 -20 dB/十倍频的直线。

(2)对数相频特性

中频区:从 $10f_L$ 至 $0.1f_H$,作一条 $\varphi = -180°$ 的水平直线。

低频区:当 $f < 0.1f_L$ 时,$\varphi = -90°$;在 $0.1f_L$ 至 $10f_L$ 之间,作一条斜率为 $-45°$/十倍频的直线。

高频区:当 $f > 10f_H$ 时,$\varphi = -270°$;在 $0.1f_H$ 至 $10f_H$ 之间,作一条斜率为 $-45°$/十倍频的直线。

最后得到的阻容耦合共射放大电路的完整波特图如图 4.3.10 所示。

5. 增益带宽积

通常情况下,希望一个放大电路既有较高的中频电压放大倍数,同时又有较宽的通频带。因此,常常用增益带宽积作为评价一个放大电路综合性能的参数。

所谓增益带宽积是指中频电压放大倍数与通频带的乘积。由于一般放大电路中 $f_H \gg f_L$,因此可以认为 $BW = f_H - f_L \approx f_H$,故增益带宽积可表示为

$$|\dot{A}_{usm} \cdot BW| \approx |\dot{A}_{usm} \cdot f_H|$$

问题是如何提高放大电路的增益带宽积。由式(4.3.4)和式(4.3.12)可知,阻容耦合单管共射放大电路的 $\dot{A}_{usm}$ 和 f_H 可分别表示为

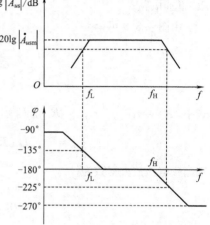

图 4.3.10 阻容耦合共射放大电路的完整波特图

$$\dot{A}_{usm} = \frac{\dot{U}_o}{\dot{U}_s} = -\frac{R_i}{R_s + R_i} \cdot \frac{r_{b'e}}{r_{be}} g_m R_c$$

$$f_H = \frac{1}{2\pi\tau_H} = \frac{1}{2\pi R'C'}$$

式中,$C' = C_{b'e} + (1 - \dot{K})C_{b'c} = C_{b'e} + (1 + g_m R_c)C_{b'c}$;$R' = r_{b'e} /\!/ [r_{bb'} + (R_s /\!/ R_b)]$;$R_i = R_b /\!/ r_{be}$。

由以上两个表达式可知,如欲提高 $\dot{A}_{usm}$,应增大 $g_m R_c$;而如欲提高 f_H,则应减小高频等效电路的电容 C',为此要求减小 $g_m R_c$。可见,提高中频电压放大倍数与扩宽通频带的要求是互相矛盾的。

假设电路参数满足以下条件:$R_b \gg R_s$,$R_b \gg r_{be}$,$g_m R_c \gg 1$ 且 $(1 + g_m R_c)C_{b'c} \gg C_{b'e}$,则增益带宽积可表示为

$$|\dot{A}_{usm} \cdot f_H| \approx \frac{1}{2\pi(r_{bb'} + R_s)C_{b'c}} \tag{4.3.15}$$

虽然这个公式不是很严格,但是公式说明一个问题,那就是说,选定放大三极管以后,$r_{bb'}$ 和 $C_{b'c}$ 的值即被确定,于是增益带宽积也就基本上确定了。此时,如果将电压放大倍数提高若干倍,则通频带也将相应地变窄差不多同样的倍数。

由式(4.3.15)也可看出,如欲得到一个电压放大倍数较高,同时通频带也宽的放大电路,首要的问题是选用 $r_{bb'}$ 和 $C_{b'c}$ 均比较小的高频三极管。

4.3.3 直接耦合单管共射放大电路的频率响应

在集成电路中,级与级之间基本上都是直接耦合方式。

由于电路中不采用耦合电容,因此,直接耦合放大电路在低频段不会因电容上的压降增大而使电压放大倍数降低,同时,在低频段也不产生附加的相位移。所以直接耦合放大电路能够放大缓慢变化的直流信号。从频率响应看,直接耦合放大电路的主要特点是低频段的频率响应好,它的下限频率 $f_L = 0$。

在高频段,由于三极管极间电容的影响,直接耦合放大电路的高频电压放大倍数同样也要下降,同时产生 $0° \sim -90°$ 之间滞后的附加相位移。

直接耦合单管共射放大电路电压放大倍数的表达式为

$$\dot{A}_{us} \approx \frac{\dot{A}_{usm}}{1 + j\dfrac{f}{f_H}} \tag{4.3.16}$$

式中,$\dot{A}_{usm}$ 为中频电压放大倍数;f_H 为上限频率。

【**例 4.3.1**】 画出下面频率特性函数的波特图

$$\dot{A}_u = \frac{10^3}{\left(1 - j\dfrac{f_L}{f}\right)\left(1 + j\dfrac{f}{f_H}\right)}$$

解　这是一个有两级 RC 电路的频率特性表达式,$\dot{A}_u$ 由 3 部分因子相乘,它的频率特性和幅频特性分别为

$$20\lg|\dot{A}_u| = 20\lg 10^3 + 20\lg\left|\frac{1}{\left(1 - j\dfrac{f_L}{f}\right)}\right| + 20\lg\left|\frac{1}{\left(1 + j\dfrac{f}{f_H}\right)}\right|$$

$$= 60 - 20\lg\sqrt{1 + \left(\frac{f_L}{f}\right)^2} - 20\lg\sqrt{1 + \left(\frac{f}{f_H}\right)^2}$$

$$\varphi = \arctan\left(\frac{f_L}{f}\right) - \arctan\left(\frac{f}{f_H}\right)$$

幅频特性曲线由一条直线和两条折线组成,可以先画出 60 dB 的直线、RC 低通电路的幅频特性和 RC 高通电路的幅频特性曲线,它们的转折点分别是 f_H 和 f_L。然后,分段进行叠加,得到总的幅频特性曲线。

相频特性曲线也是两部分之和:一条是 RC 低通电路的相频特性曲线,另一条是 RC 高通电路的相频特性曲线。先画出这两条折线,然后分段进行叠加,得到总的相频特性曲线,如图 4.3.11 所示。

【**例 4.3.2**】 已知某电路的波特图如图 4.3.12 所示,试写出 $\dot{A}_u$ 的表达式。

解　由中频段的相位可知,其相位移范围为 $-90° \sim -270°$,一定为负值,而且中频电压增益为 40 dB,即放大倍数为 $A_{um} = 10^2 = 100$,由图 4.3.12 可以看出

$$f_L = 10 \text{ Hz}, \quad f_H = 10^5 \text{ Hz}$$

设电路为基本共射放大电路,电压放大倍数为

$$\dot{A}_u \approx \frac{-A_{um}}{\left(1 - \dfrac{f_L}{jf}\right)\left(1 + j\dfrac{f}{f_H}\right)} = \frac{-100}{\left(1 - \dfrac{10}{jf}\right)\left(1 + j\dfrac{f}{10^5}\right)}$$

【**例 4.3.3**】 在图 4.3.6(a) 所示的阻容耦合单管共射放大电路中,已知三极管的 $r_{bb'} = 100\ \Omega$,$r_{be} = 1\ k\Omega$,静态电流 $I_{EQ} = 2\ mA$,$C'_\pi = 800\ pF$,$R_s = 2\ k\Omega$,$R_b = 500\ k\Omega$,$R_c = 3.3\ k\Omega$,$C = 10\ \mu F$。试分别求出电路的 f_H、f_L、BW 和中频电压放大倍数,并画出波特图。

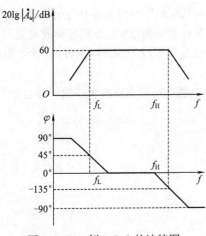

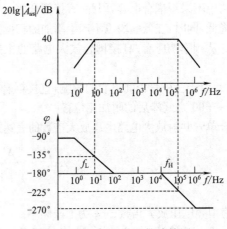

图 4.3.11 例 4.3.1 的波特图   图 4.3.12 例 4.3.2 的波特图

解 ①求解 f_L：

$$f_L = \frac{1}{2\pi(R_s + R_i)} \approx \frac{1}{2\pi(R_s + r_{be})} \approx 5.3 \text{ Hz}$$

②求解 f_H 和中频电压放大倍数：

$$r_{b'e} = r_{be} - r_{b'b} = 0.9 \text{ k}\Omega$$

$$f_H = \frac{1}{2\pi[r_{b'e}//(r_{b'b} + R_b//R_s)]C'_\pi} \approx \frac{1}{2\pi[r_{b'e}//(r_{b'b} + R_s)]C'_\pi} \approx 316 \text{ kHz}$$

$$BW = f_H - f_L \approx f_H = 316 \text{ kHz}$$

$$g_m \approx \frac{I_{EQ}}{26} \approx 77 \text{ mS}$$

$$\dot{A}_{usm} = \frac{R_i}{R_s + R_i} \cdot \frac{r_{b'e}}{r_{be}} \cdot (-g_m R'_L) \approx \frac{r_{b'e}}{R_s + r_{be}} \cdot (-g_m R'_L) \approx -76$$

$$20\lg|\dot{A}_{usm}| \approx 37.6 \text{ dB}$$

相频特性和幅频特性波特图如图 4.3.13 所示。

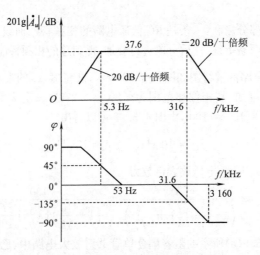

图 4.3.13 相频特性和幅频特性波特图

4.4 多级放大电路的频率响应

4.4.1 多级放大电路的幅频特性和相频特性

多级放大电路是由若干个单级放大电路级联而成的。常见的有两级放大电路和三级放大电路。通过前面第 2 章的学习可知,多级放大电路总的电压放大倍数是各个单级放大电路电压放大倍数的乘积。设一个 n 级放大电路各级的电压增益分别为 $\dot{A}_{u1}$,$\dot{A}_{u2}$,$\cdots$,$\dot{A}_{un}$,则总电压增益为

$$\dot{A}_u = \dot{A}_{u1} \cdot \dot{A}_{u2} \cdot \cdots \cdot \dot{A}_{un}$$

则它的对数幅频特性和对数相频特性分别为

$$20\lg|\dot{A}_u| = 20\lg|\dot{A}_{u1}| + 20\lg|\dot{A}_{u2}| + \cdots + 20\lg|\dot{A}_{un}| \tag{4.4.1}$$

$$\varphi = \varphi_1 + \varphi_2 + \cdots + \varphi_n \tag{4.4.2}$$

式(4.4.1)和式(4.4.2)说明,多级放大电路的对数增益等于各级对数增益的代数和;而多级放大电路总的相位移也等于各级相位移的代数和。因此,绘制多级放大电路总的对数幅频特性和相频特性时,只要把各放大级在同一横坐标下的对数增益和相位移分别叠加起来就可以了。

4.4.2 多级放大电路的上限频率和下限频率

在频率响应表达式中,有多个转折频率时,可以采取类似单级放大电路分析中的方法来进行。例如,设单级放大电路的下限截止频率满足 $f_{L1} > f_{L2} > \cdots > f_{Ln}$ 且 $f_{L1} > (4 \sim 5)f_{L2}$ 时,总放大电路的下限频率 $f_L = f_{L1}$。同样,对上限截止频率也可以做类似的处理。

当各个单级放大电路的截止频率很接近时,可用式(4.4.3)和式(4.4.4)来近似计算总放大电路的截止频率(证明从略)。

$$f_L \approx 1.1\sqrt{f_{L1}^2 + f_{L2}^2 + \cdots + f_{Ln}^2} \tag{4.4.3}$$

$$\frac{1}{f_H} \approx 1.1\sqrt{\frac{1}{f_{H1}^2} + \frac{1}{f_{H2}^2} + \cdots + \frac{1}{f_{Hn}^2}} \tag{4.4.4}$$

如果将 2 个频率特性相同的放大级组成两级放大电路,其中每一级的上限频率为 f_{H1},下限频率为 f_{L1},则两级放大电路总的上限频率和下限频率分别为

$$f_H \approx 0.64 f_{H1}$$

$$f_L \approx 1.56 f_{L1}$$

如果将 3 个频率特性相同的放大级组成三级放大电路,其中每一级的上限频率为 f_{H1},下限频率为 f_{L1},则三级放大电路总的上限频率和下限频率分别为

$$f_H \approx 0.5 f_{H1}$$

$$f_L \approx 2 f_{L1}$$

当然,实际工作中很少用频率特性完全相同的放大级组成多级放大电路。

4.5 放大电路的频率响应 Multisim 仿真实例

4.5.1 RC 低通电路 Multisim 仿真

1. 仿真内容

RC 低通电路的幅频特性和相频特性仿真。

2. 仿真电路

构建 RC 低通电路及测试连接如图 4.5.1(a)所示。

3. 仿真结果及结论

使用波特图仪测试 RC 低通电路的幅频特性和相频特性。幅频特性的仿真参数设置和结果如图 4.5.1(b)所示,相频特性的仿真参数设置和结果如图 4.5.1(c)所示。

仿真结果分析:RC 低通电路的中频对数增益为 0 dB,即放大倍数为 1。将游标移到−3 dB 处,可知上限截止频率为 16.075 kHz,对应到相频特性上,产生的相位移约为−45°

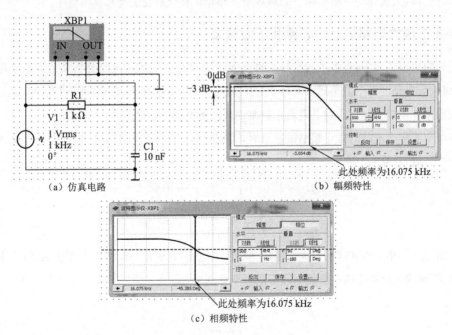

(a) 仿真电路 (b) 幅频特性

此处频率为16.075 kHz

(c) 相频特性

图 4.5.1 RC 低通电路

4.5.2 RC 阻容耦合单管共射放大电路 Multisim 仿真

1. 仿真内容

RC 阻容耦合单管共射放大电路的直流工作点、小信号分析、幅频特性和相频特性仿真。

2. 仿真电路

构建 RC 阻容耦合单管共射放大电路及测试连接如图 4.5.2(a)所示。

3. 仿真结果及结论

①测试直流工作点。利用 Multisim 的直流工作点分析功能测量放大电路的静态工作点,如图 4.5.2(b)所示。$U_{BEQ} = 624.90 \text{ mV}$,$U_{CEQ} = 3.165 \text{ V}$。

②加入小信号,使用示波器观察放大电路的输入/输出波形,可以看到无明显失真,且输入/输出信号反相。

③利用电压表测试输入/输出电压信号,$u_i = 10 \text{ mV}$,$u_o = 0.424 \text{ V}$,则

$$A_{us} = \frac{u_o}{u_i} = -\frac{0.424}{0.001} = -42.4$$

④使用波特图仪测试电路的幅频特性和相频特性。幅频特性的仿真参数设置和结果如图 4.5.2(c)所示,相频特性的仿真参数设置和结果如图 4.5.2(d)所示。

RC 阻容耦合单管共射放大电路的中频对数增益为 32.675 dB,即中频电压放大倍数 $|A_{us}|$ 为 42.4。在低频段,-3 dB 下限频率 $f_L = 197.226 \text{ Hz}$;在高频段,-3dB 下限频率 $f_H = 324.184 \text{ kHz}$。

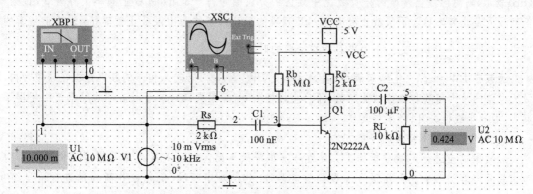

（a）仿真电路

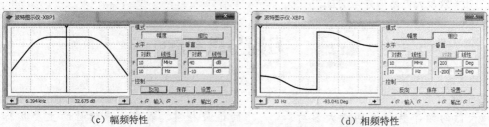

（b）直流工作点

（c）幅频特性　　　　　　　　　　　　　（d）相频特性

图 4.5.2　RC 阻容耦合单管共射放大电路

小 结

1. 基本概念

由于三极管存在极间电容,以及放大电路中存在电抗性元件(如耦合电容、旁路电容),因而对不同频率的信号所呈现的阻抗不同。放大电路对不同频率成分的放大倍数和相位移不同,电压放大倍数与频率的关系称为幅频特性,相位与频率的关系称为相频特性,放大电路的幅频特性和相频特性总称为频率响应。

2. 响应频率特性的因素

(1)低频段:主要受耦合电容和旁路电容的影响。

(2)高频段:主要受三极管的极间电容和电路分布电容的影响。

3. 上限截止频率 f_H 和下限截止频率 f_L、通频带 BW

通常,定义放大倍数下降到中频区放大倍数的 0.707 倍时所对应的频率为截止频率,如用分贝(dB)表示,则对应截止频率的分贝数比中频区的分贝数下降 -3 dB,故截止频率又称为 3 dB 频率。低频段的截止频率称为下限截止频率 f_L,高频段的截止频率称为上限截止频率 f_H。截止频率的确定方法:$f = \dfrac{1}{2\pi\tau} = \dfrac{1}{2\pi RC}$,$\tau$ 为电容所在回路的时间常数。

通频带 $BW = f_H - f_L$,若满足 $f_H \gg f_L$,则 $BW \approx f_H$。若输入信号的频率范围在通频带内,则放大电路的放大倍数和相位移为常数,不产生线性失真(频率失真);若输入信号的频率范围超出了通频带,则产生线性失真(频率失真)。

4. 放大电路频率特性的分析方法

对频率响应进行定量分析的工具是混合 π 型等效电路。这种等效电路是根据三极管的结构并考虑极间电容得到的。利用混合 π 型等效电路,并分别对中频段、低频段和高频段进行适当简化,即可分析得到 $\dot{A}_{usm}$、f_L 和 f_H 的表达式,并画出波特图。多级放大电路总的对数增益等于其各级对数增益之和,总的相位移也等于其各级相位移之和。多级放大电路的波特图可以通过将各级对数幅频特性和相频特性分别进行叠加而得到。分析表明,多级放大电路的通频带总是比组成它的每一级的通频带窄。

学完本章以后,应能达到以下教学要求:

(1)掌握频率响应的基本概念。

(2)正确理解单管共射放大电路 f_H 和 f_L 的估算方法,以及波特图的意义和画法。

(3)了解三极管频率参数的含义。

(4)了解多级放大电路的频率响应。

习题与思考题

一、填空题

1. 放大器的频率特性表明放大器对_____的适应程度。表征频率特性的主要指标是_____、_____和_____。

2. 放大器有两种不同性质的失真,分别是_____失真和_____失真。

3. 放大器的频率特性包括_____和_____两方面,产生频率失真的原因是_____。

4. 频率响应是指在输入正弦信号的情况下,_____。

5. 单级阻容耦合放大电路加入频率为 f_H 和 f_L 的输入信号时,电压增益的幅值比中频时下降了_____ dB,高、低频输出电压与中频时相比有附加相移,分别为_____和_____。

6. 幅频响应的通带和阻带的界限频率称为_____。

7. 阻容耦合放大电路加入不同频率的输入信号时,低频区电压增益下降的原因是由于存在_____;高频区电压增益下降的原因是由于存在_____。

8. 多级放大电路与组成它的各个单级放大电路相比,其通频带变_____,电压增益_____,高频区附加相移_____。

9. 一个单级放大器的下限频率为 $f_L = 100$ Hz,上限频率为 $f_H = 30$ kHz,$\dot{A}_{uM} = 40$ dB,如果输入一个 $15\sin(100\,000\pi t)$ mV 的正弦波信号,该输入信号频率为_____,该电路_____产生波形失真。

10. 在单级阻容耦合放大电路的波特图中,幅频响应高频区的斜率为_____,幅频响应低频区的斜率为_____;附加相移高频区的斜率为_____,附加相移低频区的斜率为_____。

二、选择题

1. 测试放大电路输出电压幅值与相位的变化,可以得到它的频率响应,条件是( )。

    A. 输入电压幅值不变,改变频率

    B. 输入电压频率不变,改变幅值

    C. 输入电压的幅值与频率同时变化

2. 放大电路在高频信号作用时放大倍数数值下降的原因是( ),而低频信号作用时放大倍数数值下降的原因是( )。

    A. 耦合电容和旁路电容的存在

    B. 半导体管极间电容和分布电容的存在

    C. 半导体管的非线性特性

    D. 放大电路的静态工作点不合适

3. 当信号频率等于放大电路的 f_L 或 f_H 时,放大倍数的值约下降到中频时的( )。

    A. 0.5   B. 0.7   C. 0.9

    即增益下降( )。

    A. 3 dB   B. 4 dB   C. 5 dB

4. 对于单管共射放大电路,当 $f = f_L$ 时,u_o 与 u_i 相位关系是。( )

    A. $+45°$ B. $-90°$ C. $-135°$

    当 $f = f_H$ 时,u_o 与 u_i 的相位关系是( )。

    A. $-45°$ B. $-135°$ C. $-225°$

三、分析计算题

1. 已知某电路的波特图如图4.题.1所示,试写出 $\dot{A}_u$ 的表达式。

2. 已知某电路的幅频特性如图4.题.2所示,试问:

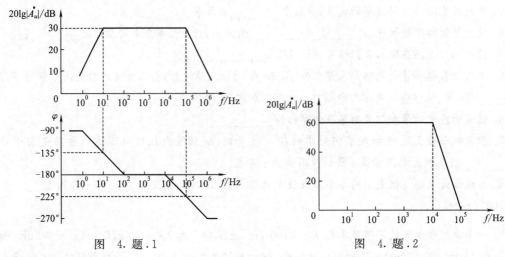

图 4. 题 .1

图 4. 题 .2

①该电路的耦合方式；

②该电路由几级放大电路组成；

③当 $f=10^4$ Hz 时,附加相移为多少? 当 $f=10^5$ Hz 时,附加相移又为多少?

3. 已知单级共射放大电路的电压放大倍数为

$$\dot{A}_u = \frac{200 \cdot \mathrm{j}f}{\left(1+\mathrm{j}\dfrac{f}{5}\right)\left(1+\mathrm{j}\dfrac{f}{10^4}\right)}$$

①$\dot{A}_{um}$ =? f_L=? f_H =?

②画出波特图。

4. 两级 RC 耦合放大器中,第一级和第二级对数幅频特性 A_{u1}(dB) 和 A_{u2}(dB) 如图 4. 题 .3 所示,试画出该放大器总对数幅频特性 A_u(dB) ,并说明该放大器中频的 A_u 是多少? 在什么频率下该放大器的电压放大倍数下降为 A_u 的 $\dfrac{1}{\sqrt{2}}$?

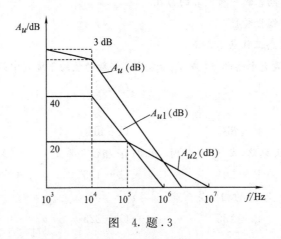

图 4. 题 .3

5. 由两个完全相同的单级所组成的 RC 放大器,其总上限截止频率 $f_H = 20$ kHz ,总下限截止频率 $f_L = 20$ Hz ,试求各级的上限截止频率 f_{H1} 和下限截止频率 f_{L1} 。

第5章　集成运算放大电路及其应用电路

前面学习的放大电路主要是由分立元件构成的。集成运算放大电路是分立元件放大电路"瘦身革命"的产物。运算放大器最早应用于模拟信号的运算电路,故此得名。至今,模拟信号的运算仍是集成运放一个重要而基本的应用领域。

本章介绍集成运算放大电路(以下简称运放)的基础知识。首先介绍了运放的特点、主要技术指标及基本组成部分;电流源电路、差分输入放大电路,在此基础上介绍了两种集成运放的典型电路;运放的性能特点以及集成运放使用中的问题;其次介绍了理想运放的概念和特点,并由集成运放组成的比例运算电路、求和电路、积分电路和微分电路,分别介绍上述各种运算电路的组成以及输出与输入之间的运算关系;最后介绍了由运放和电阻、电容构成的有源滤波电路。

 ## 5.1　集成放大电路的特点

电子技术发展的一个重要方向和趋势就是实现集成化,因此,集成放大电路的应用是本课程的重点内容之一。

集成电路简称 IC(Integrated Circuit),是 20 世纪 60 年代初期发展起来的一种半导体器件,它是在半导体制造工艺的基础上,将各种元器件和连线等集成在一片硅片上而制成的,因此密度高,引线短,外部接线大为减少,从而提高了电子设备的可行靠性和灵活性,同时降低了成本,将电子技术的应用开辟了一个新的时代。

人们经常以电子器件的每一次重大变革作为衡量电子技术发展的标志。随着集成工艺的发展,电子技术已经日益广泛地应用于人类社会的各个方面。

集成电路按其功能的不同,可以分为数字集成电路(输入量和输出量为高、低两种电平且具有一定逻辑关系的电路)和模拟集成电路(数字集成电路以外的集成电路统称为模拟集成电路)。按模拟集成电路的类型来分,则又有集成运算放大器、集成功率放大器、集成高频放大器及集成锁相环等。按构成源器件的类型来分,则有双极型和单极型(场效应管)等。

制造集成电路时,要在硅片上经过氧化、光刻、扩散、外延、蒸铝等工艺过程,把晶体管、电阻及电容等电路元器件和它们之间的连线,全部集成在同一块半导体基片上,最后再进行封装,做成一个完整的电路。集成电路的外形通常有 4 种:圆壳式、单列直插式、双列直插式和扁平式,如图 5.1.1 所示。

（a）圆壳式　　　　（b）单列直插式　　　（c）双列直插式　　　　（d）扁平式

图 5.1.1　集成电路外形

本章主要介绍集成运放电路。与分立元件组成的放大电路相比，集成放大电路主要有以下几方面的特点：

①由集成电路工艺制造的元器件，虽然参数的绝对精度不是很高，受温度的影响也比较大，但由于各有关元器件同处在一个硅片上，距离又非常接近，因此，参数的对称性较好。例如，电阻的阻值误差可为 $\pm20\%$，但相邻电阻的阻值差别只有 $\pm3\%$；三极管的 U_{BE} 差别为只有 ±2 mV，β 值的误差可为 $\pm30\%$，但相邻三极管的 β 值差别只有 $\pm10\%$。正是由于相邻元器件的参数对称性好，故适于构成差分放大电路。

②由集成电路工艺制造出来的电阻，其阻值范围有一定的局限性，一般在几十欧至几十千欧之间，因此在需要很高阻值的电阻时，就要在电路上另想办法。

③在集成电路中，制造三极管，特别是 NPN 型三极管往往比制造电阻、电容等无源器件更加方便，占用更少的芯片面积，因而成本更低廉，所以在集成放大电路中，常常用三极管代替电阻，尤其是大电阻。

④集成电路工艺不适用于制造几十皮法以上的电容，至于电感就更困难。因此放大级之间通常都采用直接耦合方式，而不采用阻容耦合方式。

⑤直接耦合放大电路中，经常遇到既有 NPN 型管又有 PNP 型管的情况，但在单片集成电路中，一般情况下 PNP 型管只能做成横向的，此时它的 β 值比较小（$\leqslant10$），而不能像分立器件那样，使 NPN 型管和 PNP 型管的特性匹配得比较接近。在分析时，横向 PNP 型管的 $\beta+1$ 和 β 值之间差别比较大。

总体来说，集成运放和分立器件的直接耦合放大电路虽然在工作原理上基本相同，但由于上述原因，在电路的结构形式上二者存在较大的差别。

5.2　集成运放的主要技术指标

为了描述集成运放的性能，提出了许多项技术指标，本节将介绍集成运放几项常用的、主要的技术指标。

运算放大器的图形符号如图 5.2.1 所示，由于集成运放的输入级通常由差分放大电路组成，因此一般具有两个输入端和一个输出端。两个输入端中，一个与输出端为反相关系，另一个为同相关系，分别称为反相输入端和同相输入端，在图中分别用符号—和＋标明。

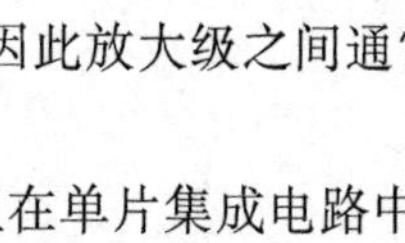

现将集成运放的主要技术指标分别介绍如下：

1. 差模电压增益 A_{od}

A_{od} 是指运放在无外加反馈情况下的直流差模增益，一般用对数表示，单位为 dB，它的定义是

图 5.2.1　运算放大器的图形符号

$$A_{\text{od}} = 20\lg\left|\frac{\Delta U_{\text{O}}}{\Delta U_{\text{N}} - \Delta U_{\text{P}}}\right| \tag{5.2.1}$$

A_{od} 是决定运放精度的重要因素,理想情况下希望 A_{od} 为无穷大,实际集成运放一般 A_{od} 为100 dB 左右,高质量的集成运放 A_{od} 可达 140 dB 以上。

2. 输入失调电压 U_{IO}

它的定义是,为了使输出电压为零,在输入端所需要加的补偿电压。其数值表征了输入级差分对管 U_{BE}(或场效应管 U_{GS})失配的程度,在一定程度上也反映温漂的大小。一般运放的 U_{IO} 值为 $1\sim 10$ mV,高质量的在 1 mV 以下。

3. 输入失调电压温漂 $\alpha_{U\text{IO}}$

它的定义是

$$\alpha_{U\text{IO}} = \frac{\text{d}U_{\text{IO}}}{\text{d}T} \tag{5.2.2}$$

表示失调电压在规定工作范围内的温度系数,是衡量运放温漂的重要指标。一般运放为每度 $10\sim 20$ μV,高质量的低于每度 0.5 μV。这个指标往往比失调电压更为重要,因为可以通过调整电阻的阻值人为地使失调电压等于零,但却无法将失调电压的温漂调到零,甚至不一定能使其降低。

4. 输入失调电流 I_{IO}

输入失调电流的定义是当输出电压等于零时,两个输入端偏置电流之差,即

$$I_{\text{IO}} = |I_{\text{B1}} - I_{\text{B2}}| \tag{5.2.3}$$

用以描述差分对管输入电流的不对称情况,一般运放为几十至一百纳安,高质量的低于 1 nA。

5. 输入失调电流温漂 $\alpha_{I\text{IO}}$

它的定义是

$$\alpha_{I\text{IO}} = \frac{\text{d}I_{\text{IO}}}{\text{d}T} \tag{5.2.4}$$

代表输入失调电流的温度系数。一般为每度几纳安,高质量的只有每度几十皮安。

6. 输入偏置电流 I_{IB}

I_{IB} 的定义是当输出电压等于零时,两个输入端偏置电流的平均值,即

$$I_{\text{IB}} = \frac{1}{2}(I_{\text{B1}} + I_{\text{B2}}) \tag{5.2.5}$$

这是衡量差分对管输入电流绝对值大小的指标,它的值主要决定于集成运放输入级的静态集电极电流及输入级放大管的 β 值。一般集成运放的输入偏置电流越大,其失调电流也越大。双极型三极管输入级的集成运放,其输入偏置电流约为几十纳安至 1 μA,场效应管输入级的集成运放,输入偏置电流在 1 nA 以下。

7. 差模输入电阻 r_{id}

它的定义是差模输入电压 U_{Id} 与相应的输入电流 I_{Id} 的变化量之比,即

$$r_{id} = \frac{\Delta U_{Id}}{\Delta I_{Id}} \tag{5.2.6}$$

用以衡量集成运放向信号源索取电流的大小。一般集成运放的差模输入电阻为几兆欧,以场效应管作为输入级的集成运放,R_{id} 可达 $10^6 \ M\Omega$。

8. 共模抑制比 K_{CMR}

集成运放的共模抑制比的定义是开环差模电压增益与开环共模电压增益之比,一般也用对数表示,即

$$K_{CMR} = 20lg \frac{A_{od}}{A_{oc}} \tag{5.2.7}$$

这个指标用以衡量集成运放抑制温漂的能力。多数集成运放的共模抑制比在 80 dB 以上,高质量的可达 160 dB。

9. 最大共模输入电压 U_{Icm}

表示集成运放输入端所能承受的最大共模电压。如果超过此值,集成运放的共模抑制性能将显著恶化。

10. 最大差模输入电压 U_{Idm}

这是集成运放反相输入端与同相输入之间能承受的最大电压。若超过这个限度,输入级差分对管的一个三极管的发射结可能被反向击穿。

11. −3 dB 带宽 f_H

表示 A_{od} 下降至 3 dB 时的频率。一般集成运放的 f_H 值较低,只有几赫至几千赫。

12. 单位增益带宽 BW_G

表示 A_{od} 降至 0 dB 时的频率,即此时开环差模电压放大倍数等于 1。BW_G 衡量集成运放的一项重要因素——增益带宽积的大小。

13. 转换速率 S_R

转换速率是指在额定负载条件下,输入一个大幅度的阶跃信号时,输出电压的最大变化率,单位为 V/μs。这个指标描述集成运放对大幅度信号的适应能力。在实际工作中,输入信号的变化率一般不要大于集成运放的 S_R 值。

除了以上介绍的几项主要技术指标外,还有很多项其他指标,如最大输出电压、静态功耗及输出电阻等。由于它们的含义比较明显,故此处不再赘述。

5.3 集成运放的基本组成部分

从原理上说,集成运算放大电路的内部实质上是一个具有高放大倍数的多级直接耦合放大电路。集成运放通常包含 4 个基本组成部分,即偏置电路、输入级、中间级和输出级,如图 5.3.1 所示,下面对各个基本组成部分的作用和特点分别进行介绍。

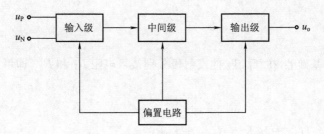

图 5.3.1　集成运放电路组成方框图

5.3.1　偏置电路

偏置电路的作用是向各放大级提供合适的偏置电流,确定各级静态工作点。各个放大级对偏置电流的要求各不相同,对于输入级,通常要求提供一个比较小(一般为微安级)的偏置电流,而且应该非常稳定,以便提高集成运放的输入电阻,降低输入偏置电流、输入失调电流及其温漂等。

在集成运放中,常用的偏置电路有以下几种:

1. 镜像电流源

镜像电流源又称电流镜,在集成运放中应用十分广泛,它的电路如图 5.3.2 所示。

电源 V_{CC} 通过电阻 R 和 T_1 产生一个基准电流 I_{REF} ,由图 5.3.2 可知

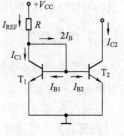

$$I_{REF} = \frac{V_{CC} - U_{BE1}}{R}$$

然后通过镜像电流源在 T_2 的集电极得到相应的 I_{C2} ,作为提供给某个放大级的偏置电流。由于 $U_{BE1} = U_{BE2}$,而 T_1 和 T_2 是做在同一硅片上的两个相邻的三极管,它们的工艺、结构和参数都比较一致,因此可以认为

图 5.3.2　镜像电流源

$$I_{B1} = I_{B2} = I_B$$
$$I_{C1} = I_{C2} = I_C$$

则

$$I_{C1} = I_{C2} = I_{REF} - 2I_B = I_{REF} - 2\frac{I_{C2}}{\beta}$$

所以

$$I_{C2} = I_{REF}\frac{1}{1 + \dfrac{2}{\beta}} \tag{5.3.1}$$

当满足条件 $\beta \gg 2$ 时,式(5.3.1)可以简化为

$$I_{C2} \approx I_{REF} = \frac{V_{CC} - U_{BE1}}{R} \tag{5.3.2}$$

由于输出恒流 I_{C2} 和基准电流 I_{REF} 基本相等,它们之间如同是镜像的关系,所以这种恒流源电路称为镜像电流源。

镜像电流源的优点是结构简单,而且具有一定的温度补偿作用,假设由于温度升高使两个三极管的集电极电流 I_{C1}、I_{C2} 增大,则基准电流 $I_{REF} = I_{C1} + 2I_B$ 将随之增大,于是 I_{REF} 在电阻 R 上的压降 U_R 也增大,因三极管的发射结电压 $U_{BE} = V_{CC} - U_R$,故在 V_{CC} 一定的情况下 U_{BE} 将减小,从而使 I_{C1}、I_{C2} 减小,因此,在温度升高时限制了 I_{C1}、I_{C2} 的增大,说明有一定的温度补偿作用。

2. 比例电流源

在镜像电流源的基础上,在 T_1、T_2 的发射极分别接入电阻 R_1 和 R_2,即可组成比例电流源,如图 5.3.3 所示。

由图可得

$$U_{BE1} + I_{E1}R_1 = U_{BE2} + I_{E2}R_2$$

由于 T_1、T_2 是做在同一硅片上的两个相邻的三极管,因此可以认为 $U_{BE1} = U_{BE2}$,则

$$I_{E1}R_1 = I_{E2}R_2$$

如果两管的基极电流可以忽略,由上式可得

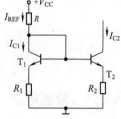

图 5.3.3 比例电流源

$$I_{C2} = \frac{R_1}{R_2}I_{C1} \approx \frac{R_1}{R_2}I_{REF} \tag{5.3.3}$$

可见两个三极管的集电极电流之比近似与发射极电阻的阻值成反比,故称为比例电流源。

与镜像电流源一样,比例电流源也有结构较简单的优点,而且由于接入电阻 R_1 和 R_2,故温度补偿作用更好。但是,这两种电流源有着共同的缺点,就是当直流电源 V_{CC} 变化时,输出电流 I_{C2} 几乎按同样的规律波动,因此不适用于直流电源在大范围内变化的集成运放。此外,若输入级要求提供微安级的偏置电流,则所用电阻将达到兆欧级,在集成电路中无法实现。

3. 微电流源

为了得到微安级的输出电流,同时又希望电阻值不太大,可以在镜像电流源的基础上,在 T_2 的发射极接入一个电阻 R_e,如图 5.3.4 所示,这种电路称为微电流源。

引入 R_e 后,将使 $U_{BE2} < U_{BE1}$,此时 I_{C1} 比较大,有可能使 $I_{C2} \ll I_{C1}$,即在 R_e 阻值不太大的情况下,得到一个比较小的输出电流 I_{C2}。

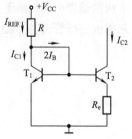

图 5.3.4 微电流源

与镜像电流源相比,微电流源具有以下特点:

①当电源电压 V_{CC} 变化时,虽然 I_{REF} 和 I_{C1} 也要做同样的变化,但由于 R_e 的负反馈作用,I_{C2} 的变化将要小得多,因此提高了恒流源对电源变化的稳定性。

②当温度上升时,I_{C2} 将要增加,但 U_{BE1} 将下降,此时 $U_{BE2} = U_{BE1} - I_{C2}R_e$ 将下降更多,所以对 I_{C2} 的增加有抑制作用,从而提高了恒流源对温度变化的稳定性。

③由于 R_e 引入了电流负反馈,因此微电流源的输出电阻比 T_2 本身的输出电阻(r_{ce})要高得多。

【例 5.3.1】 图 5.3.5 是集成运放 F007 偏置电路的一部分,假设 $V_{CC} = V_{EE} = 15\ \text{V}$,所有三极管的 $U_{BE} = 0.7\ \text{V}$,其中 NPN 型三极管的 $\beta \gg 2$,横向 PNP 型三极管的 $\beta = 2$,电阻 $R_5 = 39\ \text{k}\Omega$。

①估算基准电流 I_{REF}。

②分析电路中各三极管组成何种电流源。

③估算 T_{13} 的集电极电流 I_{C13}。

④若要求 $I_{C10} = 28\ \mu\text{A}$,试估算电阻 R_4 的阻值。

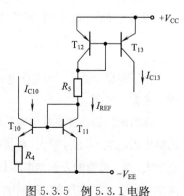

图 5.3.5 例 5.3.1 电路

解 ①偏置电路向各级提供偏置电流。流过 R_5 上的电流为

$$I_{REF} = \frac{V_{CC} - (-V_{EE}) - 2U_{BE}}{R_5} = \frac{30 - 1.4}{39} \text{ mA} \approx 0.73 \text{ mA}$$

②T_{12}、T_{13} 形成镜像电流源，T_{10}、T_{11} 与 R_4 形成微电流源。

③因横向 PNP 型三极管 T_{12}、T_{13} 不满足 $\beta \gg 2$，故不能简单地认为 $I_{C13} \approx I_{REF}$。已知 $\beta = 2$，由式(5.3.1)可求得

$$I_{C13} = I_{REF} \frac{1}{1 + \frac{2}{\beta}} = (0.73 \times 0.5) \text{ mA} = 0.365 \text{ mA}$$

④因 NPN 型三极管 T_{10}、T_{11} 的 $\beta \gg 2$，故可以认为 $I_{C11} \approx I_{REF}$，

由于
$$U_{BE11} - U_{BE10} = I_{C10}R_4 \approx U_T \left(\ln \frac{I_{C10}}{I_{S10}} - \ln \frac{I_{C11}}{I_{S11}} \right)$$

设 $I_{S10} \approx I_{S11}$，则得 $R_4 \approx \dfrac{U_T}{I_{C10}} \ln \dfrac{I_R}{I_{C10}} = \dfrac{26 \times 10^{-3}}{28 \times 10^{-6}} \ln \dfrac{0.73 \times 10^{-3}}{28 \times 10^{-6}} \text{ }\Omega = 3 \text{ k}\Omega$

可见，在 T_{10} 的发射极接入一个 $3 \text{ k}\Omega$ 的电阻后，可以得到一个比基准电流小($20 \sim 30$)倍的微电流源。

5.3.2 差分放大输入级

集成运放的输入级对于它的许多指标诸如输入电阻、共模输入电压、差模输入电压和共模抑制比等，起着决定性的作用，因此是提高集成运放质量的关键。

为了充分利用集成电路内部元件参数匹配较好、易于补偿的优点，输入级大都采用差分放大电路的形式。

差分放大电路常见的形式有 3 种：基本形式、长尾式和恒流源式。

1. 基本形式差分放大电路

(1)电路组成

将两个电路结构、参数均相同的单管放大电路组合在一起，就成为差分放大电路的基本形式，如图 5.3.6 所示，输入电压 u_{I1} 和 u_{I2} 分别加在两管的基极，输出电压等于两管的集电极电压之差。

在理想情况下，电路中左右两部分三极管的特性和电阻的参数均完全相同，则当输入电压等于零时，$U_{CQ1} = U_{CQ2}$，故输出电压 $U_O = 0$。如果温度升高使 I_{CQ1} 增大，U_{CQ1} 减小，则 I_{CQ2} 也将增大，U_{CQ2} 也将减小，而且两管变化的幅度相等，结果 T_1 和 T_2 输出端的零点漂移将互相抵消。

下面分析加上输入信号以后的情况。

(2)差模输入电压和共模输入电压

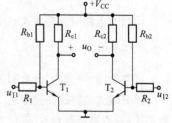

图 5.3.6 差分放大电路的基本形式

差分放大电路有两个输入端，可以分别加上输入电压 u_{I1} 和 u_{I2}。如果两个输入电压大小相等，而且极性相反，这样的输入电压称为差模输入电压，如图 5.3.7(a)所示。差模输入电压用符号 u_{Id} 表示，如果两个输入信号不仅大小相等，而且极性也相同，这样的输入电压称为共模输入电压，如图 5.3.7(b)所示。共模输入电压用符号 u_{Ic} 表示。

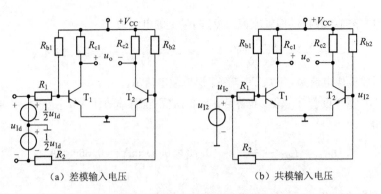

（a）差模输入电压   （b）共模输入电压

图 5.3.7　差模输入电压和共模输入电压

实际上,在差分放大电路的两个输入端加上任意大小、任意极性的输入电压 u_{I1} 和 u_{I2} ,我们都可以将它们认为是某个差模输入电压与某个共模输入电压的组合,其中差模输入电压 u_{Id} 和共模输入电压 u_{Ic} 的值分别为

$$u_{Id} = u_{I1} - u_{I2}$$

$$u_{Ic} = \frac{1}{2}(u_{I1} + u_{I2})$$

例如, $u_{I1} = 5\ \text{mV}$, $u_{I2} = 1\ \text{mV}$,则此时

$$u_{Id} = (5-1)\ \text{mV} = 4\ \text{mV}$$

$$u_{Ic} = \frac{1}{2}(5+1)\ \text{mV} = 3\ \text{mV}$$

因此,只要分析清楚差分放大电路对差模输入信号和共模输入信号的响应,利用叠加定理即可完整地描述差分放大电路对所有各种输入信号的响应。

通常情况下,认为差模输入电压反映了有效的信号,而共模输入电压可能反映由于温度变化而产生的漂移信号,或者是随着有效信号一起进入放大电路的某种干扰信号。

（3）差模电压放大倍数、共模电压放大倍数和共模抑制比

放大电路对差模输入电压的放大倍数称为差模电压放大倍数,用 A_d 表示,即

$$A_d = \frac{\Delta u_O}{\Delta u_{Id}} \tag{5.3.4}$$

而放大电路对共模输入电压的放大倍数称为共模电压放大倍数,用 A_c 表示,即

$$A_c = \frac{\Delta u_O}{\Delta u_{Ic}} \tag{5.3.5}$$

通常希望差分放大电路的差模电压放大倍数越大越好,而共模电压放大倍数越小越好。

差分放大电路的共模抑制比用符号 K_{CMR} 表示,它的定义为差模电压放大倍数与共模电压放大倍数之比,一般用对数表示,单位为 dB,即

$$K_{CMR} = 20\lg\left|\frac{A_d}{A_c}\right| \tag{5.3.6}$$

共模抑制比能够描述差分放大电路对零漂的抑制能力。K_{CMR} 越大,说明抑制零漂的能力越强。

现在分析基本形式差分放大电路的差模电压放大倍数。在图 5.3.7(a)中,假设每一边单管放大电路的电压放大倍数为 A_{u1} ,则 T_1、T_2 的集电极输出电压的变化量分别为

$$\Delta u_{C1} = \frac{1}{2}A_{u1}\Delta u_{Id}$$

$$\Delta u_{C2} = -\frac{1}{2} A_{u1} \Delta u_{Id}$$

则放大电路输出电压的变化量为

$$\Delta u_O = \Delta u_{C1} - \Delta u_{C2} = A_{u1} \Delta u_{Id}$$

所以差分放大电路的差模电压放大倍数为

$$A_d = \frac{\Delta u_O}{\Delta u_{Id}} = A_{u1} \tag{5.3.7}$$

式(5.3.7)表明,差分放大电路的差模电压放大倍数和单管放大电路的电压放大倍数相同。可以看出,差分放大电路的特点是,多用一个放大管后,虽然电压放大倍数没有增加,但是换来了对零漂的抑制。

在图 5.3.7(b)中,如为理想情况,即差分放大电路左右两部分的参数完全对称,则加上共模输入信号时,T_1 和 T_2 的集电极电压完全相等,输出电压等于 0,则共模电压放大倍数 $A_c = 0$,共模抑制比 $K_{CMR} = \infty$。

实际上,由于电路内部参数不可能绝对匹配,因此加上共模输入电压时,存在一定的输出电压,共模电压放大倍数 $A_c \neq 0$,共模抑制比较低。而且,对于这种基本形式的差分放大电路来说,从每个三极管的集电极对地电压来看,其温度漂移与单管放大电路相同,丝毫没有改善。因此,在实际工作中一般不采用这种基本形式的差分放大电路。

2. 长尾式差分放大电路

为了减小每个三极管输出端的温漂,引出了长尾式差分放大电路。

(1)电路组成

在图 5.3.6 的基础上,在两个放大管的发射极接入一个发射极电阻 R_e,如图 5.3.8 所示。这个电阻一般称为"长尾",所以这种电路称为长尾式差分放大电路。

长尾电阻 R_e 的作用是引入一个共模负反馈,也就是说,R_e 对共模信号有负反馈作用,而对差模信号没有负反馈作用。假设在电路输入端加上正的共模信号,则两个三极管的集电极电流 i_{C1}、i_{C2} 同时增加,使流过发射极电阻 R_e 的电流 i_E 增加,于是发射极电位 u_E 升高,反馈到两管的基极回路中,使 u_{BE1}、u_{BE2} 降低,从而限制了 i_{C1}、i_{C2} 的增加。

但是对于差模输入信号,由于两管的输入信号幅度相等而极性相反,所以 i_{C1} 增加多少,i_{C2} 就减少同样的数量,因而流过 R_e 的电流总量保持不变,则 $\Delta u_E = 0$,所以对于差模信号没有反馈作用。

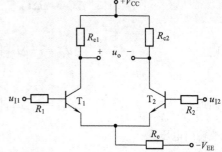

图 5.3.8　长尾式差分放大电路

R_e 引入的共模负反馈使共模放大倍数 A_c 减小,降低了每个三极管的零点漂移。但对差模放大倍数 A_d 没有影响,因此提高了电路的共模抑制比。

R_e 越大,共模负反馈越强,则抑制零漂的效果越好。但是,随着 R_e 的增大,R_e 上的直流压降将越来越大。为此,在电路中引入一个负电源 V_{EE} 来补偿 R_e 上的直流压降,以免输出电压变化范围太小。引入 V_{EE} 以后,静态基极电流可由 V_{EE} 提供,因此可以不接基极电阻 R_b,如图 5.3.8 所示。

(2)静态分析

当输入电压等于零时,由于电路结构对称,即 $\beta_1 = \beta_2 = \beta$,$r_{be1} = r_{be2} = r_{be}$,$R_{c1} = R_{c2} = R_c$,

$R_1 = R_2 = R$，故可以认为 $I_{BQ1} = I_{BQ2} = I_{BQ}$，$I_{CQ1} = I_{CQ2} = I_{CQ}$，$U_{BEQ1} = U_{BEQ2} = U_{BEQ}$，$U_{CQ1} = U_{CQ2} = U_{CQ}$，由三极管的基极回路可得

$$I_{BQ}R + U_{BEQ} + 2I_{EQ}R_e = V_{EE}$$

则静态基极电流为

$$I_{BQ} = \frac{V_{EE} - U_{BEQ}}{R + 2(1+\beta)R_e} \tag{5.3.8}$$

静态集电极电流和电位为

$$I_{CQ} \approx \beta I_{BQ} \tag{5.3.9}$$

$$U_{CQ} = V_{CC} - I_{CQ}R_e \text{（对地）} \tag{5.3.10}$$

静态基极电位为

$$U_{BQ} = -I_{BQ}R \text{（对地）} \tag{5.3.11}$$

（3）动态分析

由于接入长尾电阻 R_e 后，当输入差模信号时流过 R_e 的电流不变，U_E 相当于一个固定电位，在交流通路中可将 R_e 视为短路，因此长尾式差分放大电路的交流通路如图 5.3.9 所示。图中 R_L 为接在两个三极管集电极之间的负载电阻。当输入差模信号时，一管集电极电位降低，另一管集电极电位升高，可以认为 R_L 中点处的电位保持不变，也就是说，在 $R_L/2$ 处相当于交流接地。

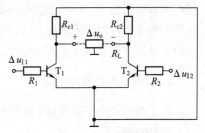

图 5.3.9 长尾式差分放大电路的交流通路

根据交流通路可得

$$\Delta i_{B1} = \frac{\Delta u_{I1}}{R + r_e}$$

$$\Delta i_{C1} = \beta \Delta i_{B1}$$

则

$$\Delta u_{C1} = -\Delta i_{C1}\left(R_c \mathbin{/\!/} \frac{R_L}{2}\right) = -\frac{\beta\left(R_c \mathbin{/\!/} \frac{R_L}{2}\right)}{R + r_{be}}\Delta u_{I1}$$

同理

$$\Delta u_{C2} = -\Delta i_{C2}\left(R_c \mathbin{/\!/} \frac{R_L}{2}\right) = -\frac{\beta\left(R_c \mathbin{/\!/} \frac{R_L}{2}\right)}{R + r_{be}}\Delta u_{I2}$$

故输出电压为

$$\Delta u_O = \Delta u_{C1} - \Delta u_{C2} = -\frac{\beta\left(R_c \mathbin{/\!/} \frac{R_L}{2}\right)}{R + r_{be}}(\Delta u_{I1} - \Delta u_{I2})$$

则差模电压放大倍数为

$$A_d = \frac{\Delta u_O}{(\Delta u_{I1} - \Delta u_{I2})} = -\frac{\beta\left(R_c \mathbin{/\!/} \frac{R_L}{2}\right)}{R + r_{be}} \tag{5.3.12}$$

从两管输入端向里看，差模输入电阻为

$$R_{id} = 2(R + r_{be}) \tag{5.3.13}$$

两管集电极之间的输出电阻为

$$R_o = 2R_c \tag{5.3.14}$$

在长尾式差分放大电路中,为了在两侧参数不完全对称的情况下能使静态时 U_O 为零,常常接入调零电位器 R_W ,如图 5.3.10 所示。

【例 5.3.2】　在图 5.3.10 所示的放大电路中,已知 $V_{CC} = V_{EE} = 12$ V,三极管的 $\beta_1 = \beta_2 = \beta = 50$, $R_{c1} = R_{c2} = R_c = 30$ kΩ, $R_e = 27$ kΩ , $R_1 = R_2 = R = 10$ kΩ , $R_W = 500$ Ω ,且设 R_W 的滑动端调在中间位置,负载电阻 $R_L = 200$ Ω 。

①试估算放大电路的静态工作点 Q 。

②估算差模电压放大倍数 A_d 。

③估算差模输入电阻 R_{id} 和输出电阻 R_o 。

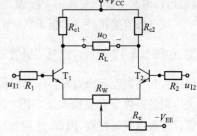

图 5.3.10　接有调零电位器的
长尾式差分放大电路

解　①由三极管的基极回路可得

$$I_{BQ} = \frac{V_{EE} - U_{BEQ}}{R + (1+\beta)(2R_e + 0.5R_W)} = \frac{12 - 0.7}{10 + 51 \times (2 \times 27 + 0.5 \times 0.5)} \text{ mA} \approx 0.004 \text{ mA}$$

则

$$I_{CQ} \approx \beta I_{BQ} = (50 \times 0.004) \text{ mA} = 0.2 \text{ mA}$$

$$U_{CQ} = V_{CC} - I_{CQ} R_c = (12 - 0.2 \times 30) \text{ V} = 6 \text{ V}$$

$$U_{BQ} = -I_{BQ} R = (-0.004 \times 10) \text{ V} = -0.04 \text{ V}$$

②为了估算 A_d ,需先画出放大电路的交流通路。长尾电阻 R_e 引入一个共模负反馈,故对差模电压放大倍数 A_d 没有影响。但调零电位器 R_W 中只流过一个三极管的电流,因此将使差模电压放大倍数降低。放大电路的交流通路如图 5.3.11所示。

由图可求得差模电压放大倍数为

$$A_d = -\frac{\beta R'_L}{R + r_{be} + (1+\beta)\dfrac{R_W}{2}}$$

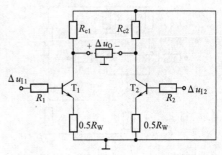

图 5.3.11　放大电路的交流通路

式中

$$R'_L = R_c \text{ // } \frac{R_L}{2} = \frac{30 \times \dfrac{20}{2}}{30 + \dfrac{20}{2}} \text{ kΩ} = 7.5 \text{ kΩ}$$

$$r_{be} = r_{bb'} + (1+\beta)\frac{26(\text{mV})}{I_{EQ}} = \left(300 + 51 \times \frac{26}{0.2}\right) \text{ Ω} = 6.93 \text{ kΩ}$$

则

$$A_d = -\frac{50 \times 7.5}{10 + 6.93 + 51 \times 0.5 \times 0.5} = -12.6$$

③

$$R_{id} = 2\left[R + r_{be} + (1+\beta)\frac{R_W}{2}\right] \approx 59.4 \text{ kΩ}$$

$$R_{id} = 2R_c = 60 \text{ kΩ}$$

3. 恒流源式差分放大电路

在长尾式差分放大电路中,长尾电阻 R_e 越大,则共模负反馈作用越强,抑制零漂的效果越好。但是，R_e 越大，为了得到同样的工作电流所需的负电源 V_{EE} 的值也越高。希望既要抑制零漂的效果比较好，同时又不要求过高的 V_{EE} 值。为此，可以考虑采用一个三极管代替原来的长尾电阻 R_e。

在三极管输出特性的恒流区，当集电极电压有一个较大的变化量 Δu_{CE} 时，集电极电流 i_C 基本不变，如图 5.3.12 所示。此时三极管 c、e 之间的等效电阻 $r_{ce} = \dfrac{\Delta u_{CE}}{\Delta i_C}$ 的值很大。用恒流三极管充当一个阻值很大的长尾电阻 R_e，既可在不用大电阻的条件下有效地抑制零漂，又适合集成电路制造工艺中用三极管代替大电阻的特点，因此，这种方法在集成运放中被广泛应用。

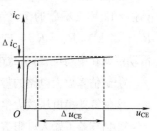

图 5.3.12　三极管输出特性的恒流区

(1)电路组成

恒流源式差分放大电路如图 5.3.13 所示。由图可见，恒流管 T_3 的基极电位由电阻 R_{b1}、R_{b2} 分压后得到，可认为基本不受温度变化的影响，则当温度变化时，T_3 的发射极电位和发射极电流也基本保持稳定，而两个放大管的集电极电流 i_{C1} 和 i_{C2} 之和近似等于 i_{C3}，所以 i_{C1} 和 i_{C2} 将不会因温度的变化而同时增大或减小，可见，接入恒流三极管后，抑制了共模信号的变化。

有时，为了简化起见，常常不把恒流源式差分放大电路中恒流管 T_3 的具体电路画出，而采用一个简化的恒流源符号来表示，如图 5.3.14 所示。

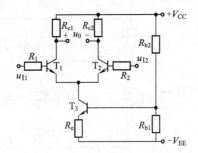

图 5.3.13　恒流源式差分放大电路

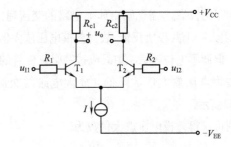

图 5.3.14　恒流源式差分放大电路的简化表示法

(2)静态分析

估算恒流源式差分放大电路的静态工作点时，通常可从确定恒流三极管的电流开始。由图 5.3.13可知，当忽略 T_3 的基流时，R_{b1} 上的电压为

$$U_{R_{b1}} = \frac{R_{b1}}{R_{b1}+R_{b1}}(V_{CC}+V_{EE}) \tag{5.3.15}$$

则恒流管 T_3 的静态电流为

$$I_{CQ3} \approx I_{EQ3} = \frac{(U_{R_{b1}}-U_{BEQ3})}{R_e} \tag{5.3.16}$$

于是可得到两个放大管的静态电流和电压为

$$I_{CQ1} = I_{CQ2} \approx \frac{1}{2}I_{CQ3} \tag{5.3.17}$$

$$U_{CQ1} = U_{CQ2} = V_{CC} - I_{CQ1}R_e \text{ (对地)} \tag{5.3.18}$$

$$I_{BQ1} = I_{BQ2} \approx \frac{I_{CQ1}}{\beta_1} \tag{5.3.19}$$

$$U_{BQ1} = U_{BQ2} = -I_{BQ1}R \text{ (对地)} \tag{5.3.20}$$

(3)动态分析

由于恒流三极管相当于一个阻值很大的长尾电阻,它的作用也是引入一个共模负反馈,对差模电压放大倍数没有影响,所以恒流源式差分放大电路的交流通路与长尾式差分放大电路的交流通路相同,见图 5.3.9。因而,二者的差模电压放大倍数 A_d、差模输入电阻 R_{id} 和输出电阻 R_o 均相同,见式(5.3.12)~式(5.3.14)。

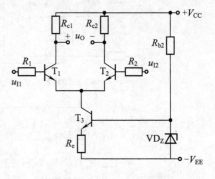

图 5.3.15 例 5.3.3 电路

【例 5.3.3】 在图 5.3.15 所示的恒流源式差分放大电路中,设 $V_{CC} = V_{EE} = 12$ V,三极管的 $\beta_1 = \beta_2 = \beta = 50$,$R_{c1} = R_{c2} = R_c = 100$ kΩ,$R_e = 33$ kΩ,$R_1 = R_2 = R = 10$ kΩ,$R_W = 200$ Ω,且设 R_W 的滑动端调在中间位置,稳压管的 $U_Z = 6$ V,$R_3 = 3$ kΩ。

①试估算放大电路的静态工作点 Q;

②估算差模电压放大倍数 A_d。

解 ①由图可见

$$I_{CQ3} = I_{EQ3} = \frac{U_Z - U_{BEQ3}}{R_e} = \frac{6 - 0.7}{33} \text{ mA} = 0.16 \text{ mA} = 160 \text{ μA}$$

则

$$I_{CQ1} = I_{CQ2} \approx \frac{1}{2} I_{CQ3} = 80 \text{ μA}$$

$$U_{CQ1} = U_{CQ2} = V_{CC} - I_{CQ1} R_{c1} = (12 - 0.08 \times 100) \text{ V} = 4 \text{ V}$$

$$I_{BQ1} = I_{BQ2} \approx \frac{I_{CQ1}}{\beta_1} = \frac{80}{50} \text{ μA} = 1.6 \text{ μA}$$

$$U_{BQ1} = U_{BQ2} = -I_{BQ1} R_1 = -(1.6 \times 10) \text{ mV} = -16 \text{ mV}$$

②为了估算 A_d,需先求出 r_{be}。

$$r_{be} = r_{bb'} + (1+\beta) \frac{26(\text{mV})}{I_{EQ}} = \left(300 + \frac{51 \times 26}{0.08}\right) \text{ Ω} = 16\,875 \text{ Ω} \approx 16.9 \text{ kΩ}$$

所以

$$A_d = -\frac{\beta R_L'}{R + r_{be} + (1+\beta) \frac{R_W}{2}} = -\frac{50 \times 100}{10 + 16.9 + 51 \times 0.5 \times 0.2} \approx -156$$

4. 差分放大电路的输入、输出接法

差分放大电路有两个三极管,它们的基极和集电极可以分别成为放大电路的两个输入端和两个输出端。差分放大电路的输入、输出端可以有 4 种不同的接法,即双端输入、双端输出,双端输入、单端输出,单端输入、双端输出和单端输入、单端输出,如图 5.3.16 所示。当输入、输出端的接法不同时,放大电路的某些性能指标和电路的特点也有差别,下面分别进行介绍。

(1)双端输入、双端输出

电路如图 5.3.16(a)所示。根据前面的分析,由式(5.3.12)~式(5.3.14)可知,放大电路的差模电压放大倍数、差模输入电阻和输出电阻分别为

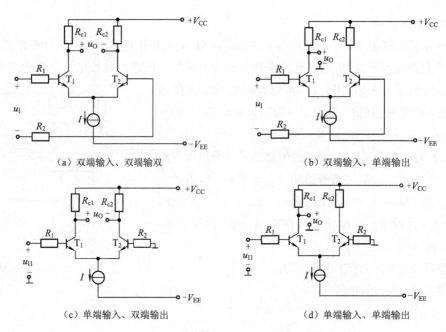

（a）双端输入、双端输双   （b）双端输入、单端输出

（c）单端输入、双端输出   （d）单端输入、单端输出

图 5.3.16　差分放大电路的四种接法

$$A_\text{d} = -\frac{\beta\left(R_\text{c} \mathbin{/\mkern-5mu/} \dfrac{R_\text{L}}{2}\right)}{R + r_\text{be}}$$

$$R_\text{id} = 2(R + r_\text{be})$$

$$R_\text{o} = 2R_\text{c}$$

由前面的分析还可知，由于差分放大电路中两个三极管的集电极电压的温度漂移互相抵消，因此抑制温漂的能力很强，理想情况下共模抑制比 K_CMR 为无穷大。

（2）双端输入、单端输出

电路如图 5.3.16(b)所示。由于只从一个三极管的集电极输出，而另一个三极管的集电极电压变化没有输出，因此 Δu_o 约为双端输出时的一半，所以差模电压放大倍数为

$$A_\text{d} = -\frac{1}{2}\frac{\beta(R_\text{c} \mathbin{/\mkern-5mu/} R_\text{L})}{R + r_\text{be}}$$

如改从 T_2 集电极输出，则输出电压将与输入电压同相，即 A_d 的表法式中没有负号。

差模输入电阻和输出电阻为

$$R_\text{id} = 2(R + r_\text{be})$$

$$R_\text{o} = R_\text{c}$$

这种接法常用于将差分信号转换为单端信号，以便与后面的放大级实现共地。

（3）单端输入、双端输出

在单端输入的情况下，输入电压只加在某一个三极管的基极与公共端之间，另一管的基极接地，如图 5.3.16(c)所示。现在来分析一下单端输入时两个三极管的工作情况。

在图 5.3.16(c)中，设某个瞬时输入电压极性为正，则 T_1 的集电极电流 i_C1 将增大，流过长尾电阻 R_e 或恒流管的电流也随之增大，于是发射极电位 u_E 升高，但 T_2 基极回路的电压 $u_\text{BE2} = u_\text{B2} - u_\text{E}$ 将降

低,使 T_2 的集电极电流 i_{C2} 减小。可见,在单端输入时,仍然是一个三极管的电流增大,另一个三极管的电流减小。

因长尾电阻或恒流管引入的共模负反馈将阻止 i_{C1} 和 i_{C2} 同时增大或减小,故当共模负反馈足够强时,可认为 i_{C1} 与 i_{C2} 之和基本上不变,即 $\Delta i_{C1} + \Delta i_{C2} \approx 0$ 或 $\Delta i_{C1} \approx -\Delta i_{C2}$。说明在单端输入时,$i_{C1}$ 增大的量与 i_{C2} 减小的量基本上相等,所以,此时两个三极管输出电压的变化情况将与差分输入时基本相同。在单端输入时,发射极电压 u_E 将随输入电压 u_I 而变化,当共模负反馈足够强时,可认为 $\Delta u_E \approx \frac{1}{2}\Delta u_I$,则 T_1 的输入电压 $\Delta u_{BE1} = \Delta u_I - \Delta u_E \approx \frac{1}{2}\Delta u_I$,$T_2$ 的输入电压 $\Delta u_{BE2} = 0 - \Delta u_E \approx -\frac{1}{2}\Delta u_I$,由此可知,$\Delta u_{BE1}$ 和 Δu_{BE2} 大小近似相等而极性相反,即两个三极管仍然基本上工作在差分状态。所以,单端输入、双端输出时的差模电压放大倍数为

$$A_d = -\frac{\beta\left(R_c \ /\!/ \ \dfrac{R_L}{2}\right)}{R + r_{be}}$$

差模输入电阻和输出电阻为

$$R_{id} = 2(R + r_{be})$$
$$R_o = 2R_c$$

这种接法主要用于将单端信号转换为双端输出,以便作为下一级的差分输入信号。

(4) 单端输入、单端输出

电路如图 5.3.16(d) 所示。由于从单端输出,所以其差模电压放大倍数约为双端输出时的一半。

$$A_d = -\frac{1}{2}\frac{\beta(R_c \ /\!/ \ R_L)}{R + r_{be}}$$

如果改从 T_2 的集电极输出,则以上 A_d 的表达式中没有负号,即输出电压与输入电压同相。

差模输入电阻和输出电阻为

$$R_{id} \approx 2(R + r_{be})$$
$$R_o = R_c$$

这种接法的特点是在单端输入和单端输出的情况下,比一般的单管放大电路具有较强的抑制零漂的能力。另外,通过从不同的三极管集电极输出,可使输出电压与输入电压成为反相或同相关系。

总之,根据以上对差分放大电路输入、输出端 4 种不同接法的分析,可以得出以下几点结论:

① 双端输出时,差模电压放大倍数基本上与单管放大电路的电压放大倍数相同;单端输出时,A_d 约为双端输出时的一半。

② 双端输出时,输出电阻 $R_o = 2R_c$;单端输出时,输出电阻 $R_o = R_c$。

③ 双端输出时,因为两管集电极电压的温漂互相抵消,所以在理想情况下共模抑制比 $K_{CMR} = \infty$;单端输出时,由于通过长尾电阻或恒流三极管引入了很强的共模负反馈,因此仍能得到较高的共模抑制比,当然不如双端输出时高。

④ 单端输出时,可以选择从不同的三极管输出,而使输出电压与输入电压反相或者同相。

⑤ 单端输入时,由于引入了很强的共模负反馈,两个三极管仍基本上工作在差分状态。

⑥ 单端输入时,从一个三极管到公共端之间的差模输入电阻 $R_{id} \approx 2(R + r_{be})$。

现将 4 种不同接法时差分放大电路的主要性能和特点列于表 5.3.1 中,以便对照比较。

表 5.3.1　差分放大电路 4 种接法性能比较

接法 性能	双端输入 双端输出	双端输入 单端输出	单端输入 双端输出	单端输入 单端输出
A_d	$-\dfrac{\beta(R_\mathrm{c}\ /\!/\ \dfrac{R_\mathrm{L}}{2})}{R+r_\mathrm{be}}$	$-\dfrac{1}{2}\dfrac{\beta(R_\mathrm{c}\ /\!/\ R_\mathrm{L})}{R+r_\mathrm{be}}$	$-\dfrac{\beta(R_\mathrm{c}\ /\!/\ \dfrac{R_\mathrm{L}}{2})}{R+r_\mathrm{be}}$	$-\dfrac{1}{2}\dfrac{\beta(R_\mathrm{c}\ /\!/\ R_\mathrm{L})}{R+r_\mathrm{be}}$
R_id	$2(R+r_\mathrm{be})$	$2(R+r_\mathrm{be})$	$\approx 2(R+r_\mathrm{be})$	$\approx 2(R+r_\mathrm{be})$
R_o	$2R_\mathrm{c}$	R_c	$2R_\mathrm{c}$	R_c
K_CMR	很高	较高	很高	较高
特点	A_d 与单管放大电路的 A_u 基本相同； 理想情况下，$K_\mathrm{CMR}\to\infty$； 适用于输入信号和负载的两端均不接地的情况	A_d 约为双端输出时的一半； 由于引入共模负反馈，K_CMR 较高； 适用于将双端输出转换为单端输出	A_d 与单管放大电路的 A_u 基本相同； 理想情况下，$K_\mathrm{CMR}\to\infty$； 适用于将单端输出转换为双端输出	A_d 约为双端输出时的一半； 由于引入共模负反馈，K_CMR 较高； 适用于输入信号和输出信号均要求接地的情况

5.3.3　中间级

中间级的主要任务是提供足够大的电压放大倍数，从这个目标出发，不仅要求中间级本身具有较高的电压增益，同时为了减小对前级的影响，还应具有较高的输入电阻。尤其当输入级采用有源负载时，输入电阻问题更为重要，否则将使输入级的电压增益大为下降，失去了有源负载的优点。另外，中间级还应向输出级提供较大的推动电流，并能根据需要实现单端输入至双端输出，或双端输入至单端输出的转换。

为了提高电压放大倍数，集成运放的中间级经常利用三极管作为有源负载。另外，中间级的放大管有时采用复合管的结构形式。

1. 有源负载

所谓有源负载就是利用双极型三极管或场效应管（均为有源器件）充当负载电阻。本书第 2 章已经阐明，共射放大电路和共基放大电路的电压放大倍数的值 $|\dot{A}_u|$ 与集电极负载电阻 R_c 的大小有关，通常 R_c 越大，则 $|\dot{A}_u|$ 也越大。但是，集成电路的工艺不便于制造大电阻。而当三极管工作在恒流区时，集电极与发射极之间的等效电阻 r_ce 的值很大。所以，在集成运放中，常常用三极管代替负载电阻 R_c，组成有源负载，以便利用三极管等效电阻 r_ce 比较大的特点，获得较高的电压放大倍数。

2. 复合管

集成运放的中间级采用复合管时，不仅可以得到很高的电流放大系数 β，以便提高本级的电压放大倍数，而且能够大大提高本级的输入电阻，以免对前级放大倍数产生不良影响，特别是在前级采用有源负载时，其效果是提高了集成运放总的电压放大倍数。

当然，复合管不仅在集成运放的中间级被采用，还更经常地用于集成运放的输出级。关于复合管的连接方法及其 β 和 r_be 的分析估算，请参阅本书第 4 章 4.3.1 节。

图 5.3.17 所示为一个利用复合管作为放大三极管，同时采用有源负载的共射放大电路。其中，

T_1 与 T_2 组成的复合管是放大三极管，T_3 为有源负载。T_3 与 T_4 组成镜像电流源，作为偏置电路。基准电流 I_{REF} 由 V_{CC}、T_3 和 R 支路产生，由图可得

$$I_{REF} = \frac{V_{CC} - U_{BE4}}{R}$$

根据基准电流 I_{REF}，即可确定放大管的工作电流。

图 5.3.18 是采用有源负载的差分放大电路。其中 NPN 型三极管 T_1、T_2 为放大三极管，PNP 型三极管 T_3、T_4 组成镜像电流源，分别作为 T_1、T_2 的有源负载。由图可见，此放大电路采用双端输入、单端输出接法。T_1、T_2 发射极的恒流源决定放大管的工作电流。

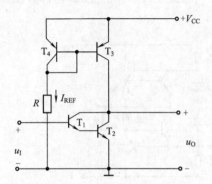

图 5.3.17　采用复合管和有源负载的共射放大电路

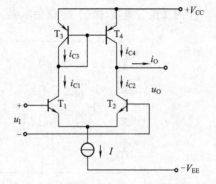

图 5.3.18　采用有源负载的差分放大电路

当输入电压为零时，可认为两个放大管的静态电流相等，如果加上差模输入电压，设极性为正，则 i_{C1} 将增大，i_{C2} 将减小，而且可认为 $\Delta i_{C1} = -\Delta i_{C2}$。当 T_3、T_4 的 β 足够大时，可忽略 T_3、T_4 的基极电流，认为 $\Delta i_{C1} = \Delta i_{C3}$。而 T_3、T_4 又组成镜像电流源，则 $\Delta i_{C3} \approx \Delta i_{C4}$，于是可得 $\Delta i_{C2} \approx -\Delta i_{C4}$，而输出电流 i_O 等于 i_{C4} 与 i_{C2} 之差，所以

$$i_O = \Delta i_{C4} - \Delta i_{C2} = 2\Delta i_{C4}$$

可见，电路虽然采用单端输出接法，却可以得到相当于双端输出时的输出电流变化量。这种采用有源负载的差分放大电路，在集成运放中的应用十分广泛。

5.3.4　输出级

集成运放输出级的主要作用是提供足够的输出功率以满足负载的需要，同时还应具有较低的输出电阻以增强带负载能力。另外，也希望输出级有较高的输出电阻，以免影响前级的电压放大倍数。一般不要求输出级提供很高的电压放大倍数。由于输出级工作在大信号状态，应设法尽可能减小输出波形的失真。此外，输出级应有过载保护措施，以防止在输出端意外短路或负载电流过大时烧毁功率三极管。

1. 互补对称输出级

集成运放的输出级基本上都采用各种形式的互补对称电路。为了避免产生交越失真，实际上通常采用甲乙类的 OCL 或 OTL 互补对称电路。当集成运放的输出功率比较大时，常常采用由两个或两个以上三极管组成的复合管所构成的互补对称电路或准互补对称电路，以免要求前级放大级提供的推动电流太大。

2. 过载保护电路

在集成运放的输出级,通常应有适当的过载保护电路,它的作用是当负载电流超过规定值时,保护输出级的功率管,以保证安全。常用的过载保护电路有二极管保护电路和三极管保护电路等。

图 5.3.19 所示为两个具有过载保护措施的甲乙类 OCL 互补对称输出级电路。在图 5.3.19(a)中,T_1 和 T_2 是功率三极管,二极管 VD_3、VD_4 和电阻 R_{e1}、R_{e2} 组成过载保护电路。当输出电流正常时,VD_3、VD_4 截止,不起作用。若流过功率管 T_1 的正向电流过大,则 R_{e1} 上压降升高,使 VD_3 导通,T_1 原来的基极电流中将有一部分被分流到 VD_1、VD_3 支路,由于基流减小,使 T_1 的输出电流无法增大,从而保护了功率三极管 T_1。同理,如果流过 T_2 的反向电流过大,则 R_{e2} 上压降升高,使 VD_4 导通,将 T_2 的基流分流,以保护 T_2 避免电流过大。

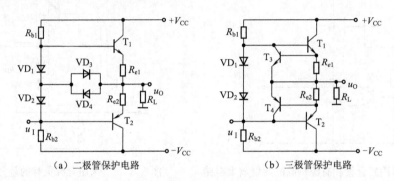

（a）二极管保护电路　　　　　　　（b）三极管保护电路

图 5.3.19　过载保护电路

在图 5.3.19(b)中,三极管 T_3、T_4 和电阻 R_{e1}、R_{e2} 起过载保护作用,其工作原理与图 5.3.19(a)类似,读者可自行分析,此处不再赘述。

假设二极管导通时的 U_D 以及三极管导通时的 U_{BE} 均为 0.7 V,则采用以上过载保护电路时允许功率三极管 T_1、T_2 输出的最大电流为

$$I_{Em} \approx \frac{0.7 \text{ V}}{R_e}$$

由上式可见,R_e 越大,则 I_{Em} 越小。如果温度升高,则二极管或三极管导通时的 U_D 或 U_{BE} 将降低,由上式可见,此时允许功率三极管输出的最大电流 I_{Em} 也将随之减小,说明以上过载保护电路在高温时将在较小的输出电流时就开始工作,更有利于保护在高温条件下工作的集成运放。

5.4　集成运放的典型电路

在了解集成运放基本组成部分的基础上,本节将简要地介绍两种典型的集成运放电路:一种是目前国产较为通用的双极型集成运放 F007,另一种是 CMOS 集成运放 C14573。

5.4.1　双极型集成运放 F007

双极型集成运放 F007 的电路原理图如图 5.4.1 所示。

从图中看出 F007 包括偏置电路、输入级、中间级、输出级 4 部分。下面分别对这 4 个部分进行分析。

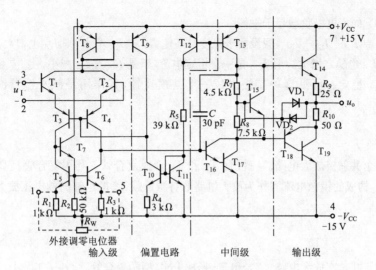

图 5.4.1　F007 的电路原理图

1. 偏置电路

偏置电路向各级提供偏置电流。电路由 T_8、T_9 及 T_{12}、T_{13} 形成的镜像电流源和 T_{10}、T_{11} 形成的微电流源构成,如图 5.4.1 所示。流过 R_5 上的电流为

$$I_{R5} = \frac{V_{CC} - (-V_{CC}) - 2U_{BE}}{R_5} = \frac{30 - 1.4}{39} \text{ mA} \approx 0.73 \text{ mA}$$

由于 T_{10} 和 T_{11} 构成微电流源,于是

$$I_{C10} = \frac{U_T}{R_4} \ln \frac{I_R}{I_{C10}}$$

用逼近法求得

$$I_{C10} \approx 19 \text{ μA} , \ I_{C10} = I_{C9} + 2I_{B3}$$

T_8、T_9 和 T_{12}、T_{13} 分别构成镜像电流源,于是

$$2I_{C1} \approx I_{C9} , \ I_{C13} = I_R$$

因为 I_{C10} 恒定,当 I_{C9} 增大时,I_{B3} 要减小,随着 I_{B3} 减小,将使得 I_{C1} 减小,从而 I_{C9} 减小,故能保持输入级的偏置电流稳定。与此同时,偏置电路也由 I_{C13} 向中间级和输出级提供静态偏置电流。

2. 输入级

输入级由 T_1、T_2 和 T_3、T_4 组成共集-共基差分放大电路,T_5 和 T_6 构成有源负载。差分输入信号由 T_1、T_2 的基极送入,从 T_4 的集电极输出至中间级。图 5.4.1 中下端用虚线连接的是调零电位器 R_W。

共集-共基差分放大电路是一种复合组态,兼有共集电极组态和共基极组态的优点。其中 T_1 和 T_2 是共集电极组态,具有较高的差模输入电阻和差模输入电压。T_3 和 T_4 为共基极组态,有电压放大作用,又因 T_5 和 T_6 充当有源负载,所以可得到很高的电压放大倍数。而且共基极接法还使频率响应得到改善,使输入端承受高电压的能力也大为增强。

三极管 T_7 与电阻 R_2 组成射极输出器,一方面向恒流管 T_5 和 T_6 提供偏流,同时将 T_3 集电极的电压变化传递到 T_6 的基极,使在单端输出条件下仍能得到相当于双端输出的电压放大倍数。接入

T_7，还使 T_3 和 T_4 的集电极负载趋于平衡。

恒流源 $I_{C10} = I_{C9} + I_{B3} + I_{B4}$，假设由于温度升高使 I_{C1} 和 I_{C2} 增大，则 I_{C8} 也增大，而 I_{C9} 和 I_{C8} 是镜像关系，因此 I_{C9} 也随之增大。但 I_{C10} 是一个恒定电流，于是 I_{B3} 与 I_{B4} 减小，使 I_{C3} 和 I_{C4} 也减小，从而保持 I_{C1} 和 I_{C2} 稳定。可见这种接法组成一个共模反馈，其作用是减小温漂，提高共模抑制比 K_{CMR}。

3. 中间级

中间级是一个共射极放大电路。三极管 T_{16} 和 T_{17} 形成复合管。利用复合管提高电路的输入电阻。以 T_{12} 和 T_{13} 构成的镜像电流源作为放大电路的有源负载，获得足够高的电压放大倍数。电压增益大约为 60 dB。

4. 输出级

输出级是准互补功率放大电路。T_{18} 和 T_{19} 形成 PNP 型的复合管，弥补了工艺上可能带来的不对称性，R_7、R_8 和 T_{15} 形成 U_{BE} 电压倍增电路，有利于为输出级设置合理的静态工作点。使电路工作在甲乙类状态，以减小交越失真。R_9、R_{10} 用作输出电流（即发射极电流）的采样电阻，与 VD_1、VD_2 共同形成过电流保护电路。因为

$$u_{R7} + u_{D1} = u_{BE14} + i_O R_9$$

i_O 不超过输出电流额定值，$U_{D1} < U_{on}$，VD_1 截止，一旦超过额定电流，VD_1 导通，T_{14} 基极电流分流，从而使其发射极电流减小。VD_2 对 T_{18} 和 T_{19} 起到保护作用。图 5.4.1 中电容 C 的作用是进行相位补偿，防止产生自激振荡。外接电位器 R_W 用于调零。

F007 集成运放的引脚和连接方法：图 5.4.2 所示为 F007 集成运放的双列直插式封装和连接方法。F007 集成运放共有 8 个引脚，其中引脚 2 和引脚 3 分别为反相输入端和同相输入端，引脚 6 为输出端，引脚 7、4 分别接正、负电源，引脚 1、5 之间接调零电位器，引脚 8 为空。

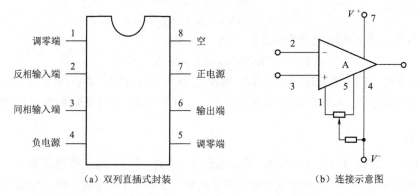

（a）双列直插式封装   （b）连接示意图

图 5.4.2   F007 集成运放的双列直接式封装和连接示意图

5.4.2   CMOS 集成运放 C14573

过去很长一段时期内，由于 MOS 管的跨导较小，导致 MOS 集成运放增益较低；MOS 工艺匹配性差，使运放的失调电压较高；又因 MOS 管的低频噪声较大等原因，所以，在模拟集成电路的生产方面，双极型工艺一直占有主导的地位。后来，随着 MOS 工艺的改进，上述缺点逐步得到克服。现在已经能够制造出性能与双极型产品相当的 MOS 集成运放。而且，这种产品在高输入阻抗、低功率、低价格

等方面具有突出的优点,有利于集成运放的推广使用。CMOS 运放由 NMOS 和 PMOS 互补器件组成,更具有线性度好、温度特性较好、电路结构简单等优点,而且可以把双极型电路直接转换为相应的 CMOS 电路。

C14573 由 CMOS 工艺制成,每个芯片内集成了 4 个结构相同的运算放大器。

C14573 中每一个运放单元的电路原理图如图 5.4.3 所示。由图可见,每一个运放单元内部由两级放大电路构成。第一级为 PMOS 管 T_3、T_4 组成的共源极差分放大输入级;NMOS 管 T_5、T_6 为其有源负载;T_2 为恒流管,它和 T_1 构成一对镜像电流源;外接偏置电阻 R 用以设置工作电流;差放输入级采用双端输入、单端输出的形式。

第二级由 NMOS 管 T_8 组成共源极放大电路;PMOS 管 T_7 为有源负载;电容 C 是已经制作在电路内部的校正电容,跨接在 T_8 的漏、栅之间,用以防止产生自激振荡。

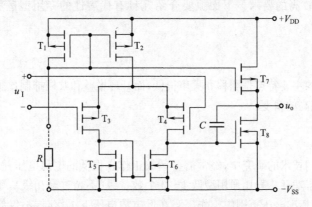

图 5.4.3　C14573 中每一个运放单元的电路原理图

这种 CMOS 的运放电路具有以下几个明显特点:
①成本低廉、功耗小,适用于大量应用运放的场合。
②输入电阻高,通常大于 10^9 Ω。
③通过外接偏置电阻,允许灵活地设定偏置电流。
④单电源或双电源工作均可。
⑤与 CMOS、TTL 电路兼容,在既有模拟电路,又有数字逻辑电路的混合系统中使用十分方便。
⑥工作电压低,输出驱动能力比双极型运放低得多。

 # 5.5　各类集成运放的性能特点及使用中的几个问题

5.5.1　各类集成运放的性能特点

集成运放自 20 世纪 60 年代问世以来,发展十分迅速。通用型集成运放已经经历了 4 代的更替,各项技术指标不断得到改进。同时,发展了适应特殊需要的各种专用型集成运放。为了在工作中能够根据实际要求正确地选用,首先必须了解各类集成运放的特点以及它们的主要技术指标。

第一代集成运放以 μA709(我国的 FC3)为代表,基本上沿袭了数字集成电路的制造工艺,但也开始少量采用例如横向 PNP 管等特殊元件,采用了微电流的恒流源、共模负反馈等电路,它们大致能够达到中等精度的要求。

第二代以 μA741(我国的 F007 或 5G24)为代表,它的特点是普遍采用了有源负载,因而在不增加放大级的情况下可获得很高的开环增益。由于放大级由三级减为两级,使防止自激的校正措施比较简单。电路中还有短路保护措施,防止过电流造成损坏。

第三代以 AD508(我国的 4E325)为代表,其特点是输入级采用了超 β 管,使 I_{IB}、I_{IO} 和 $α_{ПO}$ 等项参数值大大下降。在版图设计方面,输入级采用热对称设计,使超 β 管产生的温漂得以抵消,因此在失调电压、失调电流、开环增益、共模抑制比和温漂等方面的指标都得到改善。

第四代以 HA2900 为代表,它的特点是制造工艺达到大规模集成电路的水平。输入级采用 MOS 场效应管,输入电阻达 100 MΩ 以上,而且采取调制和解调措施,成为自稳零运算放大器,使失调电压和温漂进一步降低,一般无须调零即可使用。

除了通用型集成运放以外,还有专门为适应某些特殊需要而设计的专用型运放,它们往往在某些单项指标方面达到比较高的要求。下面扼要介绍几种有代表性的专用型运放的性能特点和应用场合。

1. 高精度型

高精度集成运放的主要特点是漂移和噪声很低,而开环增益和共模抑制比很高,从而大大减小集成运放的误差,达到很高的精度。

2. 低功耗型

在生物科学和空间技术的研究中,经常需要运放工作在很低的电源电压并只取微弱的电流。低功耗型集成运放的静态功耗一般比通用型低 1～2 个数量级(不超过毫瓦级),要求的电源电压很低,可用电池供电,也可在标准电压范围内工作。当在低电源电压下工作时,不仅静态功耗低,而且仍能保持良好的技术性能,例如仍能获得较高的开环差模增益和共模抑制比等。

3. 高阻型

在测量放大器、采样-保持电路、带通滤波器、模拟调节器以及某些信号源内阻很高的电路中,需要使用高输入电阻或低输入电流的运算放大器,以便减小对被测电路的影响。

高阻型集成运放通常利用场效应管组成差分输入级,有的集成运放则全部用 MOS 工艺制成。高阻型集成运放的输入电阻高达 10^{12} Ω。

4. 高速型

在 A/D 和 D/A 转换器、有源滤波器、高速采样-保持电路、模拟乘法器和精密比较器等电路中,要求集成运放具有较快的转换速率以获得较短的过滤时间来保证电路的精度。

高速型集成运放的主要特点是在大信号工作状态下具有优良的频率特性。它们的转换速率可达每微秒几十至几百伏,甚至高达 1 000 V/μs。单位增益带宽可达 10 MHz,甚至几百兆赫。

5. 高压型

某些应用场合需要集成运放能输出更高的电压,此时应选用高压型集成运放。这种集成运放的特点是输出电压动态范围大,电源电压高,因而集成运放的功耗也高。

6. 大功率型

大功率型集成运放在提供较高的输出电压的同时,还能给出较大的输出电流,最后在负载上可以得到较大的输出功率。例如有些单片音频放大器可以输出十几瓦的功率。

5.5.2　集成运放使用中的几个问题

在使用集成运放组成各种应用电路时,为了使电路能正常、安全地工作,尚需解决几个具体问题,如集成运放参数的测试,使用中可能出现的异常现象的分析和排除,以及集成运放的保护等。

1. 集成运放参数的测试

当选定集成运放的产品型号后,通常只要查阅有关器件手册即可得到各项参数值,而不必逐个测试。但是手册里给出的往往只是典型值,由于材料和制造工艺的分散性,每个集成运放的实际参数与手册上给定的典型值之间可能存在差异,因此,有时仍需对参数进行测试。

参数测试可以采用一些简易的电路和方法手工进行。在成批生产或其他需要大量使用集成运放的场合,也可以考虑利用专门的参数测试仪器进行自动测试。集成运放各项参数的具体测试方法请参阅有关文献,此处不再赘述。

2. 使用中可能出现的异常现象

将集成运放与外电路接好并加上电源后,有时可能出现一些异常现象。此时应对异常现象进行分析,找出原因,采取适当措施,使电路正常工作。常见的异常现象有以下几种:

(1)不能调零

有时当输入电压为零时,集成运放的输出电压调不到零,可能输出电压处于两个极限状态,等于正的或负的最大输出电压值。

出现这种异常现象的原因可能是:调零电位器不起作用,应用电路接线有误或有虚焊点;反馈极性接错或负反馈开环;集成运放内部已损坏等,如果关断电源后重新接通即可调零,则可能是由于运放输入端信号幅度过大而造成的"堵塞"现象。为了预防"堵塞",可在集成运放输入端加上保护措施。

(2)漂移现象严重

如果集成运放的温漂过于严重,大大超过手册规定的数值,则属于不正常现象。

造成漂移过于严重的原因可能是:存在虚焊点;运放产生自激振荡或受到强电磁场的干扰;集成运放靠近发热元件;输入回路的保护二极管受到光的照射;调零电位器滑动端接触不良;集成运放本身已损坏或质量不合格等。

(3)产生自激振荡

自激振荡是经常出现的异常现象,表现为当输入信号等于零时,利用示波器可观察到集成运放的输出端存在一个频率较高,近似为正弦波的输出信号,但是这个信号不稳定,当人体或金属物体靠近时,输出波形将产生显著的变化。

3. 集成运放的保护

使用集成运放时,为了防止损坏器件,保证安全,除了应选用具有保护环节,质量合格的器件以外,还常在电路中采取一定的保护措施。常用的有以下几种:

(1)输入保护

若集成运放输入端的共模电压或差模电压过高,可能使输入级某一个三极管的发射结被反向击穿而损坏,即使没有造成永久性损坏,也可能使差分对管不平衡,从而使集成运放的技术指标恶化。输入信号幅度过大还可能使集成运放发生"堵塞"现象,使放大电路不能正常工作。

常用的保护措施如图 5.5.1 所示。图 5.5.1(a)是反相输入保护,限制集成运放两个输入端之间的差模输入电压不超过二极管 VD_1、VD_2 的正向导通电压。图 5.5.1(b)是同相输入保护,限制集成运放的共模输入电压不超过 $+V$ 至 $-V$ 的范围。

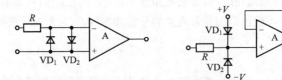

(a)防止输入差模信号幅值过大　　　　(b)防止输入共模信号幅值过大

图 5.5.1　输入保护措施

(2)电源极性错接保护

为了防止正、负两路电源的极性接反而引入的保护电路如图 5.5.2 所示。由图可见,若电源极性错接,则二极管 VD_1、VD_2 不能导通,使电源被断开。

(3)输出端错接保护

若将集成运放的输出端错接到外部电压,可能引起过电流或击穿而造成器件损坏。为此,可采取图 5.5.3 所示的保护措施。若放大电路输出端的电压过高时,双向稳压管 VD_Z 将被击穿,使集成运放的输出电压被限制在 VD_Z 的稳压值,从而避免了损坏。

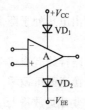　　　　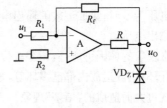

图 5.5.2　电源极性错接保护电路　　　图 5.5.3　输出端错接保护电路

5.6　理想运放的概念

本节介绍集成运放的各种应用,包括模拟信号运算电路、信号处理电路和波形发生电路等。在分析集成运放的各种应用电路时,常常将其中的集成运放看成是理想运算放大器(简称理想运放)。理想运放是一个重要的概念,也是分析运放应用电路的一个有力工具。

5.6.1　什么是理想运放

所谓理想运放就是将集成运放的各项技术指标理想化,即认为集成运放的各项主要技术指标为:

①开环差模电压增益 $A_{od} = \infty$ 。

②差模输入电阻 $r_{id} = \infty$ 。

③输出电阻 $r_o = 0$ 。

④共模抑制比 $K_{CMR} = \infty$ 。

⑤输入失调电压 U_{IO}、失调电流 I_{IO} 以及它们的温漂 α_{UIO}、α_{IO} 均为零。

⑥输入偏置电流 $I_{IB} = 0$ 。

⑦ $-3\,\mathrm{dB}$ 带宽 $f_\mathrm{H} = \infty$。

实际的集成运算放大器当然不可能达到上述理想化的技术指标。但是,由于制造集成运放工艺水平的不断提高,集成运放产品的各项性能指标日益改善。

因此,一般情况下,在分析集成运放的应用电路时,将实际的集成运放视为理想运放所带来的误差,在工程上是允许的。以后将会看到,在分析运放应用电路的工作原理和输入输出关系时,运用理想运放的概念,有利于抓住事物的本质,忽略次要因素,简化分析的过程。在本章及随后几章对各种运放应用电路的分析中,如无特别说明,均将集成运放作为理想运放来考虑。

在各种不同的应用电路中,集成运放的工作范围可能有两种情况:工作在线性区或工作在非线性区。当工作在线性区时,集成运放的输出电压与其两个输入端的电压之间存在着线性放大关系,即

$$u_\mathrm{O} = A_\mathrm{od}(u_\mathrm{P} - u_\mathrm{N}) \tag{5.6.1}$$

式中,u_O 是集成运放的输出端电压;u_P、u_N 分别是其同相输入端和反相输入端电压;A_od 是其开环差模电压增益,如图 5.6.1 所示。

如果输入端电压的幅度比较大,则集成运放的工作范围将超出线性放大区域而到达非线性区,此时集成运放的输出、输入信号之间将不满足式(5.6.1)所示的关系。

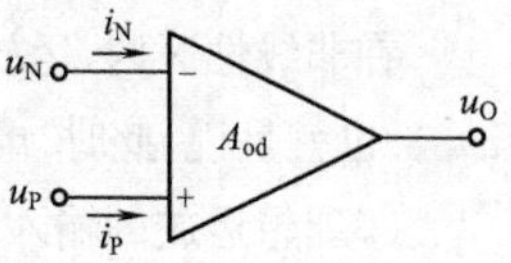

当集成运放分别工作在线性区或非线性区时,各自有若干重要的特点,下面分别进行讨论。

图 5.6.1　集成运放的电压和电流

5.6.2　理想运放工作在线性区时的特点

理想运放工作在线性区时有两个重要的特点:

1. 理想运放的差模输入电压等于零

由于运放工作在线性区,故输出、输入之间符合式(5.6.1)所示的关系式。而且,因理想运放的 $A_\mathrm{od} = \infty$,所以由式(5.6.1)可得

$$u_\mathrm{P} - u_\mathrm{N} = \frac{u_\mathrm{O}}{A_\mathrm{od}} = 0$$

$$u_\mathrm{P} = u_\mathrm{N} \tag{5.6.2}$$

即式(5.6.2)表示运放同相输入端与反相输入端两点的电压相等,如同将该两点短路一样。但是该两点实际上并未真正被短路,只是表面上似乎短路,因而是虚假的短路,所以将这种现象称为“虚短”。

实际的集成运放 $A_\mathrm{od} \neq \infty$,因此 u_P、u_N 不可能完全相等,但是当 A_od 足够大时,集成运放的差模输入电压($u_\mathrm{P} - u_\mathrm{N}$)的值很小,与电路中其他电压相比,可以忽略不计。例如,在线性区内,当 $u_\mathrm{O} = 10\,\mathrm{V}$ 时,若 $A_\mathrm{od} = 10^5$,则 $u_\mathrm{P} - u_\mathrm{N} = 0.1\,\mathrm{mV}$;若 $A_\mathrm{od} = 10^7$,则 $u_\mathrm{P} - u_\mathrm{N} = 1\,\mu\mathrm{V}$。可见在一定的 u_O 值之下,集成运放的 A_od 越大,则 u_P 与 u_N 差值越小,将两点视为“虚短”所带来的误差也越小。

2. 理想运放的输入电流等于零

由于理想运放的差模输入电阻 $r_\mathrm{id} = \infty$,因此在其两个输入端均没有电流,即在图 5.6.1 中

$$i_\mathrm{P} = i_\mathrm{N} = 0 \tag{5.6.3}$$

此时,运放的同相输入端和反相输入端的电流都等于零,如同该两点被断开一样,这种现象称为“虚断”。

"虚短"和"虚断"是理想运放工作在线性区时的两点重要结论。这两点重要结论常常作为今后分析许多运放应用电路的出发点,因此必须牢牢掌握。

5.6.3 理想运放工作在非线性区时的特点

如果运放的工作信号超出了线性放大的范围,则输出电压不再随着输入电压线性增长,而将达到饱和,集成运放的传输特性如图 5.6.2 所示。

理想运放工作在非线性区时,也有两个重要的特点:

①理想运放的输出电压 u_O 的值只有两种可能,或等于运放的正向最大输出电压 $+U_{OPP}$,或等于其负向最大输出电压 $-U_{OPP}$,如图 5.6.2 中的实线所示。

当 $u_P > u_N$ 时,$u_O = +U_{OPP}$;

当 $u_P < u_N$ 时,$u_O = -U_{OPP}$。

在非线性区内,运放的差模输入电压($u_P - u_N$)可能很大,即 $u_P \neq u_N$。也就是说,此时"虚短"现象不复存在。

②理想运放的输入电流等于零。在非线性区,虽然运放两个输入端的电压不等,即 $u_P \neq u_N$,但因为理想运放的 $r_{id} = \infty$,故仍认为此时的输入电流等于零,即

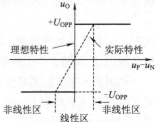

图 5.6.2 集成运放的传输特性

$$i_P = i_N = 0$$

实际的集成运放 $r_{id} \neq \infty$,因此当 u_P 和 u_N 差值比较小,能够满足关系 $A_{od}(u_P - u_N) < U_{OPP}$ 时,运放应该仍工作在线性范围内。实际运放的传输特性如图 5.6.2 中的虚线所示。但因集成运放的 A_{od} 值通常很高,所以线性放大的范围很小。例如,集成运放 LM741 的 $U_{OPP} = \pm 14\ V$,$A_{od} \approx 2 \times 10^5$,则在线性区内,差模输入电压的范围只有:

$$u_P - u_N = \frac{U_{OPP}}{A_{od}} = \frac{\pm 14\ V}{2 \times 10^5} = \pm 70\ \mu V$$

如上所述,理想运放工作在线性区或非线性区时,各有不同的特点。因此,在分析各种应用电路的工作原理时,首先必须判断其中的集成运放究竟工作在哪个区域。

集成运放的开环差模电压增益 A_{od} 通常很大,如不采取适当措施,即使在输入端加上一个很小的电压,仍有可能使集成运放超出线性工作范围。为了保证集成运放工作在线性区,一般情况下,必须在电路中引入深度负反馈,以减小直接施加在集成运放两个输入端的净输入电压。

在下面将要介绍的各种运算电路中,要求输出与输入的模拟信号之间实现一定的数学运算关系,因此,运算电路中的集成运放必须工作在线性区。在分析各种运算电路的输出与输入关系时,始终将理想运放工作在线性区时的两个特点,即"虚短"和"虚断"作为基本的出发点。

5.7 比例运算电路及求和电路

比例运算电路的输出电压与输入电压之间存在比例关系,即可以实现比例运算。

根据输入信号接法的不同,比例运算电路有 3 种基本形式:反相比例运算电路、同相比例运算电路和差分比例运算电路。

5.7.1　反相比例运算电路

反相比例运算电路如图 5.7.1 所示，输入电压 u_1 经电阻 R_1 接到集成运放的反相输入端，集成运放的同相输入端经电阻 R_2 接地。输出电压 u_O 经反馈 R_F 引回到反相输入端。

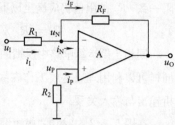

图 5.7.1　反向比例运算电路

集成运放的反相输入端和同相输入端，实际上是运放内部输入级两个差分对管的基极。为使差分放大电路的参数保持对称，应使两个差分对管基极对地的电阻尽量一致，以免静态基流流过这两个电阻时，在运放输入端产生附加的偏差电压。因此，通常选择 R_2 的阻值为

$$R_2 = R_1 \mathbin{/\mkern-5mu/} R_F \qquad (5.7.1)$$

经过分析可知，反相比例运算电路中反馈的组态是电压关联负反馈。由于集成运放的开环差模增益很高，因此容易满足深度负反馈的条件，故可以认为集成运放工作在线性区。所以，可以利用理想运放工作在线性区时"虚短"和"虚断"的特点来分析反相比例运算电路的输出与输入关系。

在图 5.7.1 中，由于"虚断"，故 $i_P = 0$，即 R_2 上没有压降，则 $u_P = 0$。又因"虚短"，可得

$$u_P = u_N = 0$$

上式说明在反相比例运算电路中，集成运放的反相输入端与同相输入端两点的电位不仅相等，而且均等于零，如同该两点接地一样，这种现象称为"虚地"。"虚地"是反相比例运算电路的一个重要特点。

由于 $i_N = 0$，则由图可见

$$i_I = i_F = 0$$

即

$$\frac{u_1 - u_N}{R_1} = \frac{u_N - u_O}{R_F}$$

式中，$u_N = 0$，由此可求得反相比例运算电路的输出电压与输入电压的关系为

$$u_O = -\frac{R_F}{R_1} u_1 \qquad (5.7.2)$$

下面分析反相比例运算电路的输入电阻。因为反相输入端"虚地"，显而易见，电路的输入电阻为

$$R_i = R_1 \qquad (5.7.3)$$

综合以上分析，对反相比例运算电路可以归纳得出以下几点结论：

①反相比例运算电路实际上是深度的电压并联负反馈电路。在理想情况下，反相输入端的电位等于零，称为"虚地"。因此加在集成运放输入端的共模输入电压很小。

②输出电压与输入电压之间的比例系数为 $-\dfrac{R_F}{R_1}$，即输出电压与输入电压的幅值成正比，但相位相反，因此，电路实现了反相比例运算。比例系数的数值决定于电阻 R_F 与 R_1 之比，而与集成运放内部各项参数无关。只要 R_F 和 R_1 的阻值比较准确和稳定，即可得到准确的比例运算关系。比例系数的数值可以大于或等于 1，也可以小于 1。

③由于引入了深度电压并联负反馈，因此电路的输入电阻不高，而输出电阻很低。

5.7.2　同相比例运算电路

同相比例运算电路如图 5.7.2 所示。输入电压 u_1 通过 R_2 接至同相输入端，但是，为保证引入的

是负反馈,输出电压 u_O 通过 R_F 仍接到反相输入端,同时,反相输入端通过 R_1 接地。

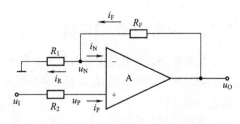

为了使集成运放反相输入端与同相输入端对地的电阻一致,R_2 的阻值仍应满足以下关系:

$$R_2 = R_1 \mathbin{/\!/} R_F$$

图 5.7.2　同相比例运算电路

同相比例运算电路中反馈的组态为电压串联负反馈,同样可以利用理想运放工作在线性区时的两个特点来分析输出与输入关系。

在图 5.7.2 中,根据"虚短"和"虚断"的特点,可知 $i_P = i_N = 0$,故

$$u_N = \frac{R_1}{R_1 + R_F} u_O$$

而且

$$u_P = u_N = u_I$$

由以上两式得到

$$\frac{R_1}{R_1 + R_F} u_O = u_I$$

则同相比例运算电路的输出与输入关系为

$$u_O = u_I \left(1 + \frac{R_F}{R_1} \right) \tag{5.7.4}$$

由于引入了电压串联负反馈,因此能够提高输入电阻,而且提高的程度与反馈深度有关。在理想运放条件下,可认为同相比例运算电路的输入电阻 $R_i \to \infty$ 。

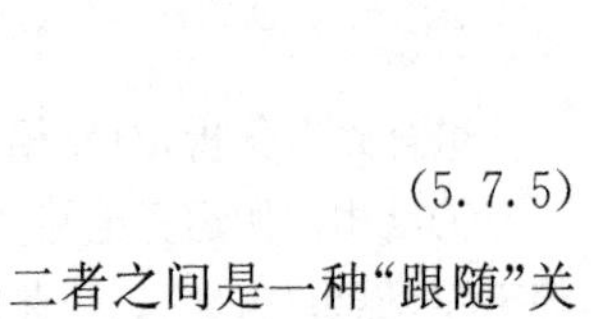

由式(5.7.4)可知,同相比例运算电路的比例系数总是大于或等于 1。当 $R_F = 0$ 或 $R_1 = \infty$ 时,比例系数等于 1,此时电路如图 5.7.3 所示。由图可得

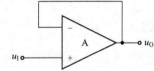

$$u_P = u_I$$

$$u_N = u_O$$

图 5.7.3　电压跟随器

由于"虚短",即 $u_P = u_N$,故

$$u_I = u_O \tag{5.7.5}$$

由于这种电路的输出电压与输入电压不仅幅值相等,而且相位相同,二者之间是一种"跟随"关系,所以又称电压跟随器。

综上所述,对于同相比例运算电路可以得出以下结论:

①同相比例运算电路是深度的电压串联负反馈电路。因为 $u_P = u_N = u_I$,所以不存在"虚地"现象。在选用集成运放产品时要考虑其输入端可能承受较高的共模输入电压。

②输出电压与输入电压之间的比例系数为 $1 + \frac{R_F}{R_1}$,即输出电压与输入电压的幅值成正比,且相位相同,因此,电路实现了同相比例运算。比例系数也只取决于电阻 R_F 和 R_1 之比,而与集成运放的内部参数无关,所以 R_F 和 R_1 阻值的精确度和稳定性决定了比例运算的精度。一般情况下,比例系数的

值恒大于 1。当 $R_F = 0$ 或 $R_1 = \infty$ 时,这种电路称为电压跟随器。

③由于引入了深度电压串联负反馈,因此电路的输入电阻很高,输出电阻很低。

5.7.3　差分比例运算电路

差分比例运算电路如图 5.7.4 所示,两个输入电压 u_{I1} 和 u_{I2} 各自通过电阻 R_1 和 R_2 分别加在集成运放的反相输入端和同相输入端。另外,从输出端通过反馈

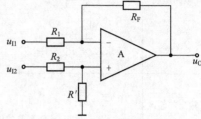

电阻 R_F 接回到反相输入端。为了保证运放两个输入端对地的电阻平衡,同时为了避免降低共模抑制比,通常要求

$$R_1 = R_2$$

$$R_F = R'$$

图 5.7.4　差分比例运算电路

在理想条件下,由于"虚断", $i_P = i_N = 0$,利用叠加定理可求得反相输入端的电位为

$$u_N = \frac{R_F}{R_1 + R_F} u_{I1} + \frac{R_1}{R_1 + R_F} u_O$$

而同相输入端的电位为

$$u_P = \frac{R'}{R_2 + R'} u_{I2}$$

因为"虚短",即 $u_P = u_N$,所以

$$\frac{R_F}{R_1 + R_F} u_{I1} + \frac{R_1}{R_1 + R_F} u_O = \frac{R'}{R_2 + R'} u_{I2}$$

当满足条件 $R_1 = R_2$, $R_F = R'$ 时,整理上式,可求得差分比例运算电路的输出与输入关系为

$$u_O = -\frac{R_F}{R_1}(u_{I1} - u_{I2}) \tag{5.7.6}$$

在电路元件参数对称的条件下,差分比例运算电路的差模输入电阻为

$$R_i = 2R_1 \tag{5.7.7}$$

由式(5.7.6)可知,电路的输出电压与两个输入电压之差成正比,实现了差分比例运算,或者说实现了减法运算。输出电压与差分输入电压之间的比例系数为 $-\dfrac{R_F}{R_1}$,该比例系数同样取决于电阻 R_F 与 R_1 之比,而与集成运放内部参数无关。由以上分析可知,差分比例运算电路中集成运放的反相输入端和同相输入端可能存在较高的共模输入电压,电路中不存在"虚地"现象。

差分比例运算电路对元件的对称性要求比较高,如果元件失配,不仅给计算结果带来附加误差,而且将产生共模电压输出,降低共模抑制比。

以上介绍了反相输入、同相输入和差分输入 3 种基本形式的比例运算电路。这些比例电路是最基本的运算电路,是其他各种运算电路的基础。下面将要介绍的求和电路、积分和微分电路、对数和指数电路等,都是在这些比例电路的基础上,加以扩展或演变以后得到的。

最后,将 3 种基本形式的比例运算电路的组成、输出与输入关系、输入电阻和输出电阻,以及性能特点列在表 5.7.1 中,以便进行比较。

表 5.7.1　比例运算电路的 3 种基本形式

项　目	反相输入	同相输入	差分输入
电路组成	要求 $R_2 = R_1 // R_F$	要求 $R_2 = R_1 // R_F$	要求 $R_2 = R_1$，$R_F = R'$
输出与输入关系	$u_O = -\dfrac{R_F}{R_1}u_I$ u_O 与 u_I 反相，比例系数的值可大于 1，等于 1 或小于 1	$u_O = \left(1 + \dfrac{R_F}{R_1}\right)u_I$ u_O 与 u_I 同相，比例系数的值大于或等于 1	$u_O = -\dfrac{R_F}{R_1}(u_{I1} - u_{I2})$
R_i	$R_i = R_1$ 不高	$R_i \to \infty$ 高	$R_i = 2R_1$ 不高
R_o	低	低	低
性能特点	实现反相比例运算； 引入电压并联负反馈； "虚地"，共模输入电压低； 输入电阻不高； 输出电阻低	实现同相比例运算； 引入电压串联负反馈； "虚短"，共模输入电压高； 输入电阻高； 输出电阻低	实现差分比例运算； 引入电压并联负反馈； "虚短"，共模输入电压高； 输入电阻不高； 输出电阻低； 元件对称性要求高

5.8　求　和　电　路

　　求和电路的输出电压决定于多个输入电压相加的结果。利用集成运放实现求和运算时,常常采用反相输入方式,当然,也可以采用同相输入方式。

5.8.1　反相输入求和电路

　　图 5.8.1 所示为具有 3 个输入端的反相求和电路。可以看出,这个求和电路实际上是在反相比例运算电路的基础上加以扩展得到的。

　　为了保证集成运放两个输入端对地的电阻平衡,同相输入端电阻 R' 的阻值应为

$$R' = R_1 // R_2 // R_3 // R_F \qquad (5.8.1)$$

由于"虚断", $i_N = 0$,因此

$$i_1 + i_2 + i_3 = i_F$$

又因集成运放的反相输入端"虚地",故上式可写为

$$\frac{u_{I1}}{R_1} + \frac{u_{I2}}{R_2} + \frac{u_{I3}}{R_3} = -\frac{u_O}{R_F}$$

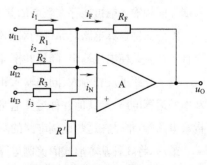

图 5.8.1　反相输入求和电路

则输出电压为

$$u_O = -\left(\frac{R_F}{R_1}u_{I1} + \frac{R_F}{R_2}u_{I2} + \frac{R_F}{R_3}u_{I3}\right) \tag{5.8.2}$$

可见,电路的输出电压 u_O 反映了输入电压 u_{I1}、u_{I2} 和 u_{I3} 相加所得的结果,即电路能够实现求和运算。如果电路中电阻的阻值满足关系 $R_1 = R_2 = R_3 = R$,则式(5.8.2)可写为

$$u_O = -\frac{R_F}{R}(u_{I1} + u_{I2} + u_{I3}) \tag{5.8.3}$$

通过上面的分析可以看出,反相输入求和电路的实质是利用"虚地"和"虚断"的特点,通过各路输入电流相加的方法来实现输入电压的相加。

这种反相输入求和电路的优点是,当改变某一输入回路的电阻时,仅仅改变输出电压与该路输入电压之间的比例关系,对其他各路没有影响,因此调节比较灵活方便。另外,由于"虚地",因此,加在集成运放输入端的共模电压很小。在实际工作中,反相输入方式的求和电路应用比较广泛。

【**例 5.8.1**】　假设一个控制系统中的温度、压力和速度等物理量经传感器后分别转换成为模拟电压量 u_{I1}、u_{I2} 和 u_{I3} ,要求该系统的输出电压与上述各物理量之间的关系为

$$u_O = -3u_{I1} - 10u_{I2} - 0.53u_{I3}$$

现采用图 5.8.1 所示的求和电路,试选择电路中的参数以满足以上关系。

解　将以上给定的关系式与式(5.8.2)比较,可得 $\frac{R_F}{R_1} = 3$, $\frac{R_F}{R_2} = 10$, $\frac{R_F}{R_3} = 0.53$ 。为了避免电路中的电阻值过大或过小,可先选 $R_F = 100$ kΩ ,则

$$R_1 = \frac{R_F}{3} = \frac{100}{3} \text{ kΩ} \approx 33.3 \text{ kΩ}$$

$$R_2 = \frac{R_F}{10} = \frac{100}{10} \text{ kΩ} = 10 \text{ kΩ}$$

$$R_3 = \frac{R_F}{0.53} = \frac{100}{0.53} \text{ kΩ} = 188.7 \text{ kΩ}$$

$$R' = R_1 \,/\!/\, R_2 \,/\!/\, R_3 \,/\!/\, R_F = 6.87 \text{ kΩ}$$

为了保证精度,以上电阻均应选用精密电阻。

5.8.2　同相输入求和电路

为了实现同相求和,可将各输入电压加在集成运放的同相输入端,但为了引入一个深度负反馈,反馈电阻 R_F 仍需接到反相输入端,如图 5.8.2 所示。

由于"虚断", $i_P = 0$,故对运放的同相输入端可列出以下节点电流方程:

$$\frac{u_{I1} - u_P}{R_1} + \frac{u_{I2} - u_P}{R_2} + \frac{u_{I3} - u_P}{R_3} = \frac{u_P}{R'}$$

由上式可解得

$$u_P = \frac{R_+}{R_1}u_{I1} + \frac{R_+}{R_2}u_{I2} + \frac{R_+}{R_3}u_{I3}$$

式中, $R_+ = R_1 \,/\!/\, R_2 \,/\!/\, R_3 \,/\!/\, R'$ 。

又由于"虚短",即 $u_P = u_N$,则输出电压为

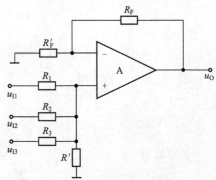

图 5.8.2　同相输入求和电路

$$u_O = \left(1 + \frac{R_F}{R_1}\right)u_N = \left(1 + \frac{R_F}{R_1}\right)u_P = \left(1 + \frac{R_F}{R_1}\right)\left(\frac{R_+}{R_1}u_{I1} + \frac{R_+}{R_2}u_{I2} + \frac{R_+}{R_3}u_{I3}\right) \tag{5.8.4}$$

此式与式(5.8.2)形式上相似,但前面没有负号,可见能够实现同相求和运算。但是,式(5.8.4)中的 R_+ 与各输入回路的电阻都有关,因此,当调节某一回路的电阻以达到给定的关系时,其他各路输入电压与输出电压之间的比值也将随之变化,常常需要反复调节才能将参数值最后确定,估算和调试的过程比较麻烦。此外,由于不存在"虚地"现象,集成运放承受的共模输入电压也比较高。在实际工作中,同相求和电路的应用不如反相求和电路广泛。

从原理上说,求和电路也可采用双端输入方式,此时,电路的多个输入信号之间同时可以实现加法和减法运算,但是这种电路参数的调整十分烦琐,因此实际上很少采用。如果需要同时实现加法和减法运算,可以考虑采用两级反相求和电路。

【例 5.8.2】 试用集成运放实现以下运算关系:

$$u_O = 0.2u_{I1} - 10u_{I2} + 1.3u_{I3}$$

解 给定的运算关系中既有加法,又有减法,可以利用两个集成运放达到以上要求,例如可采用图 5.8.3 所示的原理图,首先将 u_{I1} 与 u_{I3} 通过集成运放 A_1 进行反相求和,使

$$u_{O1} = -(0.2u_{I1} + 1.3u_{I3})$$

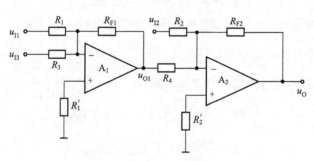

图 5.8.3 例 5.2 电路

然后将 A_1 的输出再与 u_{I2} 通过 A_2 进行反相求和,使

$$u_O = -(u_{O1} + 10u_{I2}) = 0.2u_{I1} - 10u_{I2} + 1.3u_{I3}$$

将以上两个表达式分别与式(5.8.2)对比,可得

$$\frac{R_{F1}}{R_1} = 0.2, \frac{R_{F1}}{R_3} = 1.3, \frac{R_{F2}}{R_4} = 1, \frac{R_{F2}}{R_2} = 10$$

可选 $R_{F1} = 20\ \text{k}\Omega$,则可算得

$$R_1 = \frac{R_{F1}}{0.2} = \frac{20}{0.2}\ \text{k}\Omega = 100\ \text{k}\Omega$$

$$R_3 = \frac{R_{F1}}{1.3} = \frac{20}{1.3}\ \text{k}\Omega = 15.4\ \text{k}\Omega$$

若 $R_{F2} = 100\ \text{k}\Omega$,则

$$R_4 = R_{F2} = 100\ \text{k}\Omega$$

$$R_2 = \frac{R_{F2}}{10} = 10\ \text{k}\Omega$$

还可算得

$$R_1' = R_1 /\!/ R_3 /\!/ R_{F1} = 8\ \text{k}\Omega$$
$$R_2' = R_2 /\!/ R_4 /\!/ R_{F2} = 8.3\ \text{k}\Omega$$

5.9　积分和微分电路

5.9.1　积分电路

积分电路是一种应该比较广泛的模拟信号运算电路。它是组成模拟计算机的基本单元,用以实现对微分方程的模拟。同时,积分电路也是控制和测量系统中常用的重要单元,利用其充放电过程可以实现延时、定时及各种波形的产生。

1. 电路形成

电容两端的电压 u_C 与流过电容的电流 i_C 之间存在着积分关系,即

$$u_C = \frac{1}{C}\int i_C \mathrm{d}t$$

如能使电路的输出电压 u_O 与电容两端的电压 u_C 成正比,而电路的输入电压 u_1 与流过电容的电流 i_C 成正比,则 u_O 与 u_1 之间即可成为积分运算关系。利用理想运放工作在线性区时"虚短"和"虚断"的特点可以实现以上要求。

在图 5.9.1 中,输入电压通过电阻 R 加在集成运放的反相输入端,并在输出端和反相输入端之间通过电容 C 引回一个深度负反馈,即可组成基本积分电路,为使集成运放两个输入端对地的电阻平衡,通常使同相输入端的电阻为

$$R' = R$$

可以看出,这种反相输入基本积分电路实际上是在反相比例电路的基础上将反馈电路中的电阻 R_F 改为电容 C 而得到的。

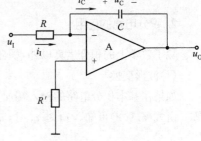

由于集成运放的反相输入端"虚地",故

$$u_O = - u_C$$

可见输出电压与电容两端电压成正比。又由于"虚断",运放反相输入端的电流为零,则 $i_I = i_C$,故

图 5.9.1　基本积分电路

$$u_I = i_I R = i_C R$$

即输入电压与流过电容的电流成正比。由以上几个表达式可得

$$u_O = - u_C = - \frac{1}{C}\int i_C \mathrm{d}t = - \frac{1}{RC}\int u_1 \mathrm{d}t \qquad (5.9.1)$$

式中,电阻与电容的乘积为积分时间常数,通常用符号 τ 表示,即

$$\tau = RC$$

如果在开始积分之前,电容两端已经存在一个初始电压,则积分电路将有一个初始的输出电压 $U_O(0)$,此时

$$u_O = - \frac{1}{RC}\int u_1 \mathrm{d}t + U_O(0) \qquad (5.9.2)$$

【例 5.9.1】　试用集成运放组成的运算电路实现以下运算关系:

$$u_O = -\left(10\int u_{I1}\,dt + 5\int u_{I2}\,dt\right)$$

要求选择电路的结构形式,并确定电路的参数值。

解 本题要求实现的运算关系中包括加法运算和积分运算,因此可以考虑选择如图 5.9.1 所示的电路结构。

在图 5.9.1 中,根据"虚断"和"虚地",可得

$$u_O = -u_C = -\frac{1}{C}\int i_C\,dt = -\frac{1}{C}\int(i_1+i_2)\,dt = -\left(\frac{1}{R_1 C}\int u_{I1}\,dt + \frac{1}{R_2 C}\int u_{I2}\,dt\right)$$

可见电路能够实现加法-积分运算。

为了确定电路参数值,将以上表达式与本题给定的运算关系对比,可得

$$\frac{1}{R_1 C} = 10 \ , \ \frac{1}{R_2 C} = 10\times 0.5 = 5$$

选电容 $C = 1 \ \mu F$,则

$$R_1 = \frac{1}{10C} = \frac{1}{10\times 10^{-6}}\ \Omega = 100\ k\Omega$$

$$R_2 = \frac{1}{5C} = \frac{1}{5\times 10^{-6}}\ \Omega = 20\ k\Omega$$

还可算出

$$R' = R_1 \,/\!/\, R_2 = \frac{100\times 20}{100+20}\ k\Omega \approx 16.67\ k\Omega$$

可取 $R' = 16\ k\Omega$。

2. 积分电路的应用

除了数学上的积分运算以外,积分电路还有许多其他方面的应用,下面举几个例子。

(1)波形变换

如果在基本积分电路的输入端加上一个矩形波电压,如图 5.9.2 所示,并设电容上的初始电压为零。由式(5.9.2)可知,当 $t \leqslant t_0$ 时,$u_1 = 0$,故 $u_O = 0$。当 $t_0 < t \leqslant t_1$ 时,$u_1 = U_I =$ 常数,则

$$u_O = -\frac{1}{RC}\int_{t_0}^{t} u_1\,dt + U_O(0) = -\frac{U_I}{RC}(t-t_0)$$

此时,u_O 将随着时间向负方向直线增长,如图 5.9.2 所示。增长的速度与输入电压的幅度 U_I 成正比,与积分时间常数 RC 成反比。

当 $t \geqslant t_1$ 时,$u_1 = 0$,由式(5.9.2)可知,此时 u_O 将保持 $t = t_1$ 时的输出电压值不变,如图 5.9.2 所示。

由图可见,积分电路将输入的矩形波电压变成为斜坡电压,起着波形变换的作用。

(2)移相

如果在基本积分电路的输入端加上一个正弦波电压,且 $u_1 = U_m \sin\omega t$,如图 5.9.3 所示,则由式(5.9.2)可得

$$u_O = -\frac{1}{RC}\int U_m \sin\omega t\,dt = \frac{U_m}{\omega RC}\cos\omega t$$

此时积分电路的输出电压是一个余弦波。由图 5.9.3 可见,u_O 的相位比 u_1 领先 90°,可见积分电路起着移相的作用。

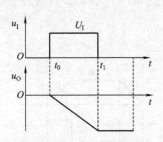

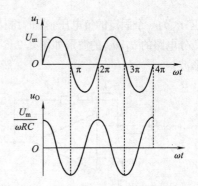

图 5.9.2　u_I 为矩形波时积分电路的 u_I 和 u_O 波形　　图 5.9.3　u_I 为正弦波波时积分电路的 u_I 和 u_O 波形

【例 5.9.2】　假设基本积分电路的输入电压是幅度为 ± 10 V,重复周期为 40 ms 的矩形波,如图 5.9.4 所示,积分电路的参数为 $R = 50$ kΩ, $C = 0.5$ μF,已知 $t = 0$ 时电容上的初始电压等于零,试画出相应的输出电压波形。

解　在 $t = 0 \sim 10$ ms 期间, $u_I = +10$ V, $t_0 = 0$,输出电压的初始值 $U_O(0) = 0$,则由式(5.9.2)可得

$$u_O = -\frac{u_I}{RC}(t - t_0) + U_O(0) = \left(-\frac{10}{50 \times 10^3 \times 0.5 \times 10^{-6}}t\right) \text{V} = (-400t) \text{V}$$

即 u_O 以 400 V/s 的速度,从零开始往负方向增长。

当 $t = 10$ ms 时, $u_O = (-400 \times 0.01)$ V $= -4$ V。

在 $t = 10 \sim 30$ ms 期间, $u_I = -10$ V, $t_0 = 10$ ms, $U_O(0) = -4$ V

则 $u_O = \left[-\frac{-10}{50 \times 10^3 \times 0.5 \times 10^{-6}}(t - 0.01) - 4\right]$ V $= [400(t - 0.01) - 4]$ V

即 u_O 以 400 V/s 的速度,从 -4 V 开始往正方向增长。

当 $t = 20$ ms 时, $u_O = [400(0.02 - 0.01) - 4]$ V $= 0$ V。

当 $t = 30$ ms 时, $u_O = [400(0.03 - 0.01) - 4]$ V $= 4$ V。

在 $t = 30 \sim 50$ ms 期间, $u_I = +10$ V, u_O 从 $+4$ V 开始,又以 400 V/s 的速度往负方向增长。以后重复上述过程。u_O 的波形如图 5.9.4 所示。

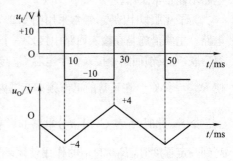

图 5.9.4　u_O 的波形图

5.9.2　微分电路

微分是积分的逆运算。将积分电路中的 R 和 C 的位置互换,即可组成基本微分电路,如图 5.9.5 所示。

由于"虚断",流入运放反相输入端的电流为零,则

$$i_C = i_R$$

又因反相输入端"虚地",可得

$$u_O = -i_R R = -i_C R = -RC \frac{\mathrm{d}u_C}{\mathrm{d}t} = -RC \frac{\mathrm{d}u_I}{\mathrm{d}t} \tag{5.9.3}$$

可见,输出电压正比于输入电压对时间的微分。

如果在微分电路的输入端加上一个梯形波电压,如图 5.9.6 所示,当 u_I 直线上升时,微分电路的

输出电压 u_O 为一个固定的负电压;当 u_1 维持不变时, $u_O = 0$;当 u_1 直线下降时, u_O 为一个固定的正电压。微分电路的 u_1、u_O 的波形如图5.9.6所示。可见,微分电路将一个梯形波转换为一负一正的两个矩形波。

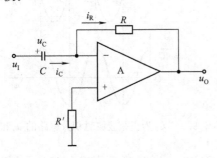

图5.9.5 基本微分电路

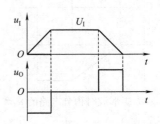

图5.9.6 微分电路的 u_1、u_O 波形

微分电路也可以起移相作用。当输入电压为正弦波时,设 $u_1 = U_m \sin\omega t$,则微分电路的输出电压为

$$u_O = -RC \frac{\mathrm{d}u_1}{\mathrm{d}t} = -U_m \omega RC \cos\omega t$$

u_O 成为余弦波, u_O 的波形将比 u_1 滞后90°。

图5.9.5所示的基本微分电路的主要缺点是,当输入信号频率升高时,电容的容抗减小,则放大倍数增大,造成电路对输入信号中的高频信号噪声非常敏感,因而输出信号中的噪声成分严重增加,信噪比大大下降。另一个缺点是微分电路中的 RC 元件形成一个滞后的移相环节,它和集成运放中原有的滞后环节共同作用,很容易产生自激振荡,使电路的稳定性变差。最后,输入电压发生突变时有可能超过集成运放允许的共模电压,以致使运放"堵塞",使电路不能正常工作。

为了克服以上缺点,常常采用图5.9.7所示的实用微分电路。主要措施是在输入回路中接入一个电阻 R_1 与微分电容串联,在反馈回路中接入一个电容 C_1 与微分电阻并联,并使 $RC_1 \approx R_1 C$ 。在正常的工作频率范围内,使 $R_1 \ll \frac{1}{\omega C}$,而 $\frac{1}{\omega C_1} \gg R$,此时 R_1 和 C_1 对微分电路的影响很小。但当频率高到一定程度时, R_1 和 C_1 的作用使闭环放大倍数降低,从而抑制了高频噪声。同时 RC_1 形成一个超前环节,对相位

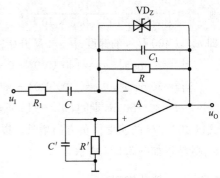

图5.9.7 实用微分电路

进行补偿,提高了电路的稳定性。此外,在反馈回路中加接双向稳压管 VD_Z ,用以限制输出幅度。最后,在 R' 的两端也并联一个电容 C' ,以便进一步进行相位补偿。

 # 5.10 有源滤波器

5.10.1 滤波电路的作用和分类

滤波电路的作用实质上是"选频",即允许某一部分频率的信号顺利通过,而将另一部分频率的信

号滤掉。在无线电通信、自动测量和控制系统中,常常利用滤波电路进行模拟信号的处理,如用于数据传送、抑制干扰等。

根据工作信号的频率范围,滤波器主要分为四大类,即低通滤波器(LPF)、高通滤波器(HPF)、带通滤波器(BPF)和带阻滤波器(BEF)。

低通滤波器指低频信号能够通过而高频信号不能通过的滤波器;高通滤波器则相反,即高频信号能通过而低频信号不能通过;带通滤波器是指频率在某一个频带范围内的信号能通过,而在此频带范围之外的信号均不能通过;带阻滤波器的性能与之相反,即某个频带范围内的信号被阻断,但允许在此频带范围之外的信号通过。上述各种滤波器的理想特性如图 5.10.1 所示。

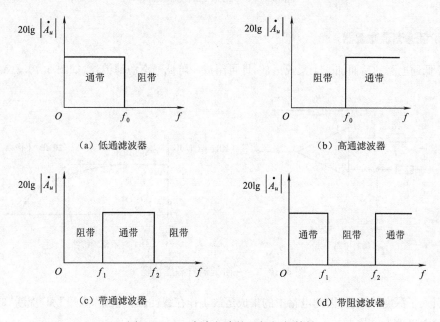

图 5.10.1　滤波电路的理想幅频特性

5.10.2　低通滤波器(LPF)

1. 无源低通滤波器

图 5.10.2(a)所示的 RC 低通电路是最简单的低通滤波器,一般称为无源低通滤波器,本书 4.1.5 节中已经分析得到这种 RC 低通电路的电压放大倍数为

$$\dot{A}_u = \frac{\dot{U}_o}{\dot{U}_i} = \frac{1}{1 + j\dfrac{f}{f_0}}$$

式中, $f_0 = \dfrac{1}{2\pi RC}$ 。

电路的对数幅频特性如图 5.10.2(b)所示。由图可见,当频率高于 f_0 后,随着频率的升高,电压放大倍数降低,可见电路具有“低通”的特性。

这种无源低通滤波器的主要缺点是电压放大倍数低,由 $\dot{A}_u$ 的表达式可知,即使在 $f \ll f_0$ 的频率范围内,放大倍数也只有 1。另一个主要缺点是带负载能力差,如果在输出端并联一个负载电阻,除了使电压放大倍数更低以外,还将改变频率 f_0 的值。

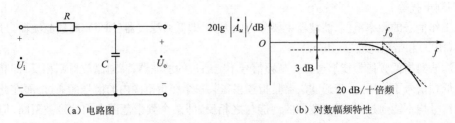

（a）电路图　　　　　　（b）对数幅频特性

图 5.10.2　无源低通滤波器

2. 一阶低通有源滤波器

在 RC 低通电路的后面加一个集成运放,即可组成一阶低通有源滤波器,如图 5.10.3(a)所示。

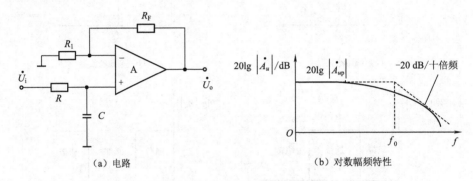

（a）电路　　　　　　（b）对数幅频特性

图 5.10.3　一阶低通有源滤波器

由于引入了深度负反馈,因此电路中的集成运放工作在线性区。根据"虚短"和"虚断"的特点,可求得电路的电压放大倍数为

$$\dot{A}_u = \frac{\dot{U}_o}{\dot{U}_i} = \frac{1+\dfrac{R_F}{R_1}}{1+\mathrm{j}\dfrac{f}{f_0}} = \frac{A_{up}}{1+\mathrm{j}\dfrac{f}{f_0}} \tag{5.10.1}$$

式中

$$A_{up} = 1+\frac{R_F}{R_1} \tag{5.10.2}$$

$$f_0 = \frac{1}{2\pi RC} \tag{5.10.3}$$

A_{up} 和 f_0 分别称为通带电压放大倍数和通带截止频率。根据式(5.10.1)可画出一阶低通滤波电路的对数幅频特性如图 5.10.3(b)所示。通过与无源低通滤波器对比可以知道,一阶低通有源滤波器的通带截止频率 f_0 与无源低通滤波器相同,均与 RC 的乘积成反比,但引入集成运放以后,通带电压放大倍数和带负载能力得到提高。

由图 5.10.3(b)可见,一阶低通滤波器的幅频特性与理想的低通滤波特性相比,差距很大。在理想情况下, $f > f_0$ 时,电压放大倍数立即降为零,但一阶低通滤波器的对数幅频特性只是以 -20 dB/十倍频的缓慢速度下降。

3. 二阶低通有源滤波器

在图 5.10.4 所示的二阶低通有源滤波器中,输入电压 $\dot{U}_\text{i}$ 经过两级 RC 低通电路以后,再接到集成运放的同相输入端,因此,在高频段,对数幅频特性将以 $-40\ \text{dB/}$ 十倍频的速度下降,与一阶低通有源滤波器相比,下降的速度提高一倍,使滤波特性比较接近于理想情况。

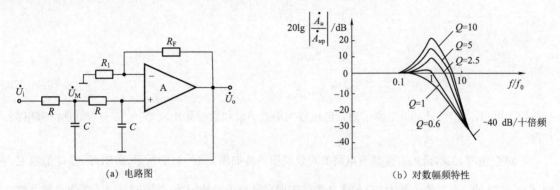

(a) 电路图　　　　　　　　　　(b) 对数幅频特性

图 5.10.4　二阶低通有源滤波器

在一般的二阶低通有源滤波器中,可以将两个电容的下端都接地。但是,在图 5.10.4(a) 中,第一级 RC 电路的电容不接地而改变到输出端,这种接法相当于在二阶有源滤波电路中引入了一个反馈。这样接的目的是为了使输出电压在高频段迅速下降,但在接近于通带截止频率 f_0 的范围内又不要下降太多,从而有利于改善滤波特性。

已经知道,当 $f = f_0$ 时,每级 RC 低通电路的相位移为 $-45°$,则两级 RC 电路的总相位移为 $-90°$,因此,在频率接近于 f_0 但又低于 f_0 的范围内,$\dot{U}_\text{o}$ 与 $\dot{U}_\text{i}$ 之间的相位移小于 $90°$,则此时通过电容 C 引回到同相输入端的反馈基本上属于正反馈,此反馈将使电压放大倍数增大,因此,在接近于 f_0 的频段,幅频特性将得到补偿而不会下降很快。当 $f \gg f_0$ 时,每级 RC 电路的相位移接近于 $-90°$,则两级 RC 电路的总相位移趋近于 $-180°$。但是,由于 $f \gg f_0$ 时 $|\dot{A}\dot{F}|$ 的值已经很小,故反馈的作用很弱,所以,此时的幅频特性与无源二阶 RC 低通电路基本一致,仍为 $-40\ \text{dB/}$ 十倍频。由此可见,引入这样的反馈以后,将改善滤波电路的幅频特性,得到更佳的滤波效果。

在图 5.10.4(a) 中,根据"虚短"和"虚断"的特点可得

$$U_\text{N} = U_\text{P} = \frac{R_1}{R_1 + R_\text{F}}U_\text{o} = \frac{U_\text{o}}{A_{up}}$$

式中,$A_{up} = \dfrac{R_1 + R_\text{F}}{R_1} = 1 + \dfrac{R_\text{F}}{R_1}$。

设两级 RC 电路的电阻、电容值相等,并设两个电阻 R 之间一点的电位为 $\dot{U}_\text{M}$,对于该点以及集成运放的同相输入端,可分别列出以下两个节点电流方程:

$$\frac{\dot{U}_\text{i} - \dot{U}_\text{M}}{R} + \frac{\dot{U}_\text{P} - \dot{U}_\text{M}}{R} + (\dot{U}_\text{o} - \dot{U}_\text{M})\mathrm{j}\omega C = 0$$

$$\frac{\dot{U}_\text{M} - \dot{U}_\text{P}}{R} - \mathrm{j}\omega C\dot{U}_\text{P} = 0$$

根据以上各式可解得

$$\dot{A}_u = \frac{\dot{U}_o}{\dot{U}_i} = \frac{A_{up}}{1 + (3 - A_{up})\mathrm{j}\omega RC + (\mathrm{j}\omega RC)^2} = \frac{A_{up}}{1 - \left(\frac{f}{f_0}\right)^2 + \mathrm{j}\frac{1}{Q} \cdot \frac{f}{f_0}} \qquad (5.10.4)$$

式中

$$A_{up} = 1 + \frac{R_F}{R_1}$$

$$f_0 = \frac{1}{2\pi RC}$$

$$Q = \frac{1}{3 - A_{up}} \qquad (5.10.5)$$

由上可知,二阶低通滤波电路的通带电压放大倍数 A_{up} 和通带截止频率 f_0 与一阶低通滤波电路相同。

不同 Q 值时,二阶低通有源滤波电路的对数幅频特性如图 5.10.4(b) 所示,由图可见,Q 值越大,则 $f = f_0$ 时的 $|\dot{A}_u|$ 值也越大。Q 的含义类似于谐振回路的品质因数,故有时称之为等效品质因数,而将 $\frac{1}{Q}$ 称为阻尼系数。由式(5.10.4)可知,若 $Q = 1$,$f = f_0$ 时的 $|\dot{A}_u| = A_{up}$,由图 5.10.4(b) 可看出,当 $Q = 1$ 时,既可保持通频带的增益,而高频段幅频特性又能很快衰减,同时还避免了在 $f = f_0$ 处幅频特性产生一个较大的凸峰,因此滤波效果较好。

由式(5.10.5)可见,当 $A_{up} = 3$ 时,Q 将趋于无穷大,表示电路将产生自激振荡。为了避免发生此种情况,根据 A_{up} 的表达式可知,选择电路元件参数时应使 $R_F < 2R_1$。

一阶与二阶低通有源滤波器的对数幅频特性比较如图 5.10.5 所示,由图可知,后者比前者更接近于理想特性。

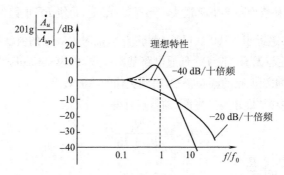

图 5.10.5　一阶与二阶低通有源滤波器的对数幅频特性比较

如欲进一步改善滤波特性,可将若干个二阶滤波电路串联起来,构成更高阶的滤波电路。

【例】　要求图 5.10.4(a) 所示二阶低通滤波电路的通带截止频率 $f_0 = 100\ \text{kHz}$,等效品质因数 $Q = 1$,试确定电路中电阻和电容元件的参数值。

解　已知二阶低通滤波电路的通带截止频率为

$$f_0 = \frac{1}{2\pi RC}$$

可首先选定电容 $C=1\,000$ pF,则

$$R=\frac{1}{2\pi f_0 C}=\frac{1}{2\pi \times 100 \times 10^3 \times 1\,000 \times 10^{-12}}\Omega=1\,592\ \Omega\approx1.59\ \text{k}\Omega$$

选 $R=1.6$ kΩ。

因
$$Q=\frac{1}{3-A_{up}}$$

则
$$A_{up}=3-\frac{1}{Q}=3-1=2$$

即
$$1+\frac{R_F}{R_1}=2$$

则
$$R_F=R_1$$

在图 5.10.4(a)中,为使集成运放两个输入端对地的电阻平衡,应使
$$R_1 /\!/ R_F=2R=(2\times1.6)\ \text{k}\Omega=3.2\ \text{k}\Omega$$

则
$$R_1=R_F=(2\times3.2)\ \text{k}\Omega=6.4\ \text{k}\Omega$$

选 $R_1=R_F=6.2$ kΩ。

5.10.3 高通滤波器(HPF)

1. 无源高通滤波器

如将无源低通滤波器中电阻和电容的位置互换,即可得到无源高通滤波器,如图 5.10.6(a)所示。它的对数幅频特性见图 5.10.6(b),此高通滤波器的通带截止频率为

$$f_0=\frac{1}{2\pi RC}$$

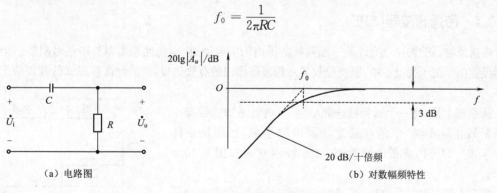

(a) 电路图 　　　　　　(b) 对数幅频特性

图 5.10.6　无源高通滤波器

2. 二阶高通滤波器

为了克服无源滤波器电压放大倍数低以及带负载能力差的缺点,同样可以利用集成运放与 RC 电路结合,组成有源高通滤波器。

图 5.10.7(a)所示为二阶有源高通滤波器的电路图。通过对比可以看出,这个电路是在图 5.10.4(a)所示的二阶低通有源滤波器的基础上,将滤波电阻和电容的位置互换以后得到的。

利用与二阶低通有源滤波器类似的分析方法,可以得到二阶高通滤波器的电压放大倍数为

$$\dot{A}_u = \frac{\dot{U}_o}{\dot{U}_i} = \frac{(j\omega RC)^2 A_{up}}{1 + (3 - A_{up})j\omega RC + (j\omega RC)^2} = \frac{A_{up}}{1 - \left(\frac{f_0}{f}\right)^2 - j\frac{1}{Q}\cdot\frac{f_0}{f}} \qquad (5.10.6)$$

式中 A_{up}、f_0 和 Q 分别表示二阶高通滤波电路的通带电压放大倍数、通带截止频率和等效品质因数。它们的表达式与二阶低通滤波器的 A_{up}、f_0 和 Q 的表达式相同,分别见式(5.10.2)、式(5.10.3)、式(5.10.5)。

如果将表示高通滤波器电压放大倍数的式(5.10.6)与表示低通滤波器电压放大倍数的式(5.10.4)进行对比,可以看出,只需将式(5.10.4)中的 $j\omega RC$ 换为 $\frac{1}{j\omega RC}$,即可得到式(5.10.6),由此可见,高通滤波电路与低通滤波电路的对数幅频特性互为"镜像"关系,如图5.10.7(b)所示。

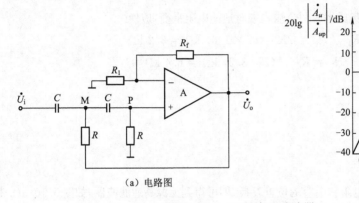

（a）电路图　　　　　　（b）对数幅频特性

图 5.10.7　二阶高通滤波器

5.10.4　带通滤波器(BPF)

带通滤波器的作用是允许某一段频带范围内的信号通过,而将此频带以外的信号阻断。带通滤波器经常用于抗干扰设备中,以便接收某一频带范围内的有效信号,而消除高频段和低频段的干扰和噪声。

从原理上说,将一个通带截止频率为 f_2 的低通滤波器与一个通带截止频率为 f_1 的高通滤波器串联起来,当满足条件 $f_1 > f_2$ 时,即可构成带通滤波器,其原理示意图如图5.10.8所示。

当输入信号通过电路时,低通滤波器将 $f > f_2$ 的高频信号阻断,而高通滤波器将 $f < f_1$ 的低频信号阻断,最后,只有频率范围在 $f_1 < f < f_2$ 的信号才能通过电路,于是电路成为一个带通滤波器,其通频带等于 $f_2 - f_1$,如图5.10.8所示。

根据以上原理组成的带通滤波器的典型电路如图5.10.9(a)所示,输入端的电阻 R 和电容 C 组成低通电路,另一个电容 C 和电阻 R_2 组成高通电路,二者串联起来接在集成运放的同相输入端。输出端通过电阻 R_3 引回一个反馈,它的作用在前面介绍的二阶低通有源滤波器时已经详细论述过。

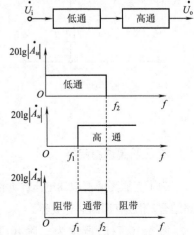

图 5.10.8　带通滤波器原理示意图

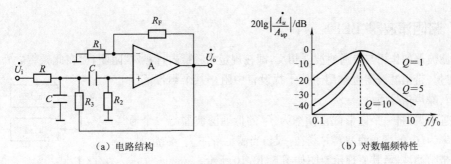

（a）电路结构　　　　　　　　（b）对数幅频特性

图 5.10.9　二阶有源带通滤波电路及其对数幅频特性

当 $R_2 = 2R$，$R_3 = R$ 时,可求得带通滤波器的电压放大倍数为

$$\dot{A}_u = \frac{A_{uo}}{(3 + A_{uo}) + j\left(\dfrac{f}{f_0} - \dfrac{f_0}{f}\right)} = \frac{A_{up}}{1 + jQ\left(\dfrac{f}{f_0} - \dfrac{f_0}{f}\right)} \tag{5.10.7}$$

式中

$$f_0 = \frac{1}{2\pi RC}$$

$$A_{up} = \frac{A_{uo}}{3 - A_{uo}} = QA_{uo} \tag{5.10.8}$$

$$A_{uo} = 1 + \frac{R_F}{R_1} \tag{5.10.9}$$

$$Q = \frac{1}{3 - A_{uo}} \tag{5.10.10}$$

由式（5.10.7）可知,当 $f = f_0$ 时,$|\dot{A}_u| = A_{up}$,电压放大倍数达到最大值,而当频率 f 减小或增大时,$|\dot{A}_u|$ 都将降低,当 $f = 0$ 时或 $f \to \infty$ 时,$|\dot{A}_u|$ 都趋近于零,可见本电路具有"带通"的特性。通常 f_0 称为带通滤波器的中心频率,A_{up} 称为通带电压放大倍数。

根据式（5.10.7）可画出不同 Q 值的对数幅频特性,如图 5.10.9（b）所示,由图可见,Q 值越大,则通频带越窄,即选择性越好,一般将 $|\dot{A}_u|$ 下降至 $\dfrac{A_{up}}{\sqrt{2}}$ 时,所包括的频率范围定义为带通滤波器的通带宽度,用符号 B 表示。将 $|\dot{A}_u| = \dfrac{A_{up}}{\sqrt{2}}$ 代入式（5.10.7）,可解得带通滤波器的两个通带截止频率 f_2 和 f_1,从而得到通带宽度为

$$B = f_2 - f_1 = (3 - A_{uo})f_0 = \frac{f_0}{Q} \tag{5.10.11}$$

可见 Q 越大,通带宽度 B 越小。

将式（5.10.9）代入式（5.10.11）还可得

$$B = (3 - A_{uo})f_0 = \left(2 - \frac{R_F}{R_1}\right)f_0 \tag{5.10.12}$$

由式（5.10.12）可知,改变电阻 R_F 或 R_1 的阻值可以调节通带宽度,但中心频率 f_0 不受影响,由式（5.10.12）还可知,若 $A_{uo} = 3$,则 A_{up} 将趋于无穷大,表示电路将产生自激振荡。为了避免发生此种情况,选择电阻 R_F 和 R_1 阻值时,应保证 $R_F < 2R_1$。

5.10.5 带阻滤波器（BEF）

带阻滤波器的作用与带通滤波器相反，即在规定的频带内，信号被阻断，而在此频带之外，信号能够顺利通过。带阻滤波器也常用于抗干扰设备中阻止某个频带范围内的干扰及噪声信号通过。

从原理上说，将一个通带截止频率为 f_1 的低通滤波器与一个通带截止频率为 f_2 的高通滤波器并联在一起，当满足条件 $f_1 < f_2$ 时，即可组成带阻滤波器，其原理示意图如图 5.10.10 所示。

当输入信号通过电路时，凡是 $f < f_1$ 的信号均可从低通滤波器通过，凡是 $f > f_2$ 的信号均可从高通滤波器通过，唯有频率范围在 $f_1 < f < f_2$ 的信号被阻断，于是电路成为一个带阻滤波器，其阻带宽度为 $f_2 - f_1$。

常用的带阻滤波器的电路如图 5.10.11(a)所示。输入信号经过一个由 RC 元件组成的双 T 形选频网络，然后接至集成运放的同相输入端。当输入信号的频率比较高时，由于电容的容抗 $\frac{1}{\omega C}$ 很小，可以认为短路，因此高频信号可以从上面由两个电容和一个电阻构成的 T 形支路通过；当频率比较低时，因 $\frac{1}{\omega C}$ 很大，可将电容视为开路，故低频信号可以从下面由两个电阻和一个电容构成的 T 形支路通过。只有频率处于低频和高频中间某一个范围的信号被阻断，所以双 T 形网络具有"带阻"的特性。

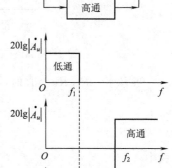

图 5.10.10 带阻滤波电路原理示意图

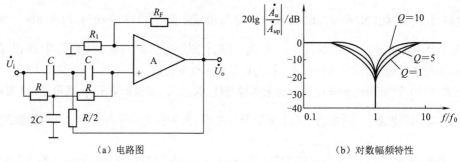

（a）电路图　　　　（b）对数幅频特性

图 5.10.11 带阻滤波器电路及其对数幅频特性

设双 T 形网络中上面支路中两个电容的容值相等，均为 C，二者之间的电阻的阻值为 $R/2$；下面支路中两个电阻的阻值均为 R，二者之间的电容的容值为 $2C$，如图 5.10.11(a)所示，通过分析可得到此带阻滤波器的电压放大倍数为

$$\dot{A}_u = \frac{1-\left(\frac{f}{f_0}\right)^2}{1-\left(\frac{f}{f_0}\right)^2+\mathrm{j}2(2-A_{up})\frac{f}{f_0}}A_{up} = \frac{A_{up}}{1+\mathrm{j}\frac{1}{Q}\cdot\frac{ff_0}{f_0^2-f^2}} \tag{5.10.13}$$

式中

$$f_0 = \frac{1}{2\pi RC}$$

$$A_{up} = 1 + \frac{R_F}{R_1}$$

$$Q = \frac{1}{2(2 - A_{up})} \qquad\qquad (5.10.14)$$

由式(5.10.13)可知,当 $f = f_0$ 时, $|\dot{A}_u| = 0$。当 $f = 0$ 或 $f \to \infty$ 时, $|\dot{A}_u|$ 均趋于 A_{up},可见本电路具有"带阻"的特性。以上 f_0 和 A_{up} 分别称为带阻滤波器的中心频率和通带电压放大倍数。

根据式(5.10.13)可画出不同 Q 值时带阻滤波器的对数幅频特性如图 5.10.11(b)所示。由图可见, Q 值越大,则阻带越窄,即选频特性越好,利用与前面类似的方法,可求得带阻滤波器的阻带宽度为

$$B = f_2 - f_1 = 2(2 - A_{up})f_0 = \frac{f_0}{Q} \qquad\qquad (5.10.15)$$

可见, Q 值越大,则阻带宽度 B 越小。

5.11　集成运算放大电路及其应用电路 Multisim 仿真实例

5.11.1　长尾式差分放大电路的 Multisim 仿真

1. 仿真内容

测量图 5.11.1 所示电路的静态工作点、输出波形及 A_d、R_i。

2. 仿真电路

构建一个接有调零电位器的长尾式差分放大电路如图 5.11.1 所示,其中两个三极管采用通用型运放 2N2222A,调零电位器的滑动端调在中点。

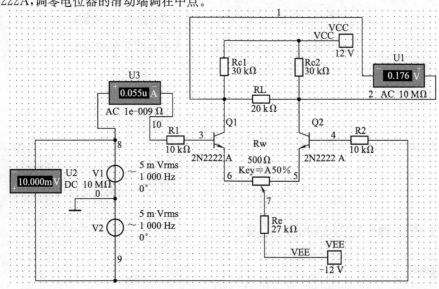

图 5.11.1　长尾式差分放大电路仿真电路

3. 仿真结果及结论

①利用直流工作点分析方法测试电路的静态工作点,测试结果如图 5.11.2 所示。

	长尾式差分放大电路直流工作点分析		
	直流工作点分析		
1	V(7)	-648.07996 m	
2	V(1)	5.72309	
3	V(6)	-595.52477 m	
4	V(5)	-595.52477 m	
5	V(3)	-9.90477 m	
6	V(4)	-9.90477 m	
7	V(2)	5.72309	

图 5.11.2　测试结果

分析如下:

$$U_{CQ1} = U_{CQ2} = 5.723\ 09\ V(对地)$$
$$U_{BQ1} = U_{BQ2} = -9.904\ 77\ mV(对地)$$

则

$$I_{CQ1} = I_{CQ2} = \frac{V_{CC} - U_{CQ1}}{R_{c1}} = \frac{12 - 5.72}{30}\ mA = 0.209\ mA$$

②加上正弦波电压,使用示波器观察波形,u_{C1} 与 u_i 反相,而 u_{C2} 与 u_i 同相。

③当 $u_i = 10\ mV$,由电压表测得 $u_o = 0.176\ V$,$i_i = 0.055\ \mu A$,

则

$$A_d = -\frac{u_o}{u_i} = -\frac{176}{10} = -17.6$$

$$R_i = -\frac{u_i}{i_i} = -\frac{10}{0.055}\ k\Omega = 181.81\ k\Omega$$

将负载电阻 R_L 开路,测得 $u_o' = 0.69\ V$

则

$$R_o = \left(\frac{u_o'}{u_o} - 1\right)R_L = \left(\frac{0.69}{0.176} - 1\right) \times 20\ k\Omega = 58.4\ k\Omega$$

④将图 5.11.1 中的负载电阻 R_L 右端接地,使差分放大电路改为单端输出。

此时可测得,当 $u_i = 10\ mV$,由电压表测得 $u_o = 0.139\ V$

则

$$A_d = -\frac{u_o}{u_i} = -\frac{139}{10} = -13.9$$

在单端输出的情况下,将 R_L 开路,可测得此时 $u_o' = 0.346\ V$

则

$$R_o = \left(\frac{u_o'}{u_o} - 1\right)R_L = \left(\frac{0.346}{0.139} - 1\right) \times 20\ k\Omega = 29.78\ k\Omega$$

5.11.2　比例运算电路的 Multisim 仿真

1. 仿真内容

测量反相输入、同相输入和差分输入比例运算电路的输入输出比例关系。

2. 仿真电路

分别构建反相输入、同相输入和差分输入比例运算电路如图 5.11.3 所示。

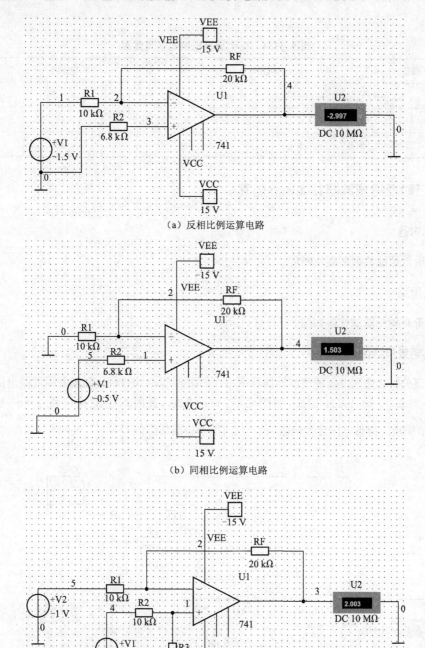

（a）反相比例运算电路

（b）同相比例运算电路

（c）差分比例运算电路

图 5.11.3　比例运算电路仿真电路

3. 仿真结果及结论

分别在 3 种比例运算电路的输入端加上直流电压,利用电压表测量输出电压,结果如表 5.11.1 所示。

表 5.11.1　比例运算电路的仿真结果

反相输入		同相输入		差分输入		
u_1/V	u_O/V	u_1/V	u_O/V	u_{I1}/V	u_{I2}/V	u_O/V
0.5	−0.997	0.5	1.503	0.5	1	−0.997
1.5	−2.997	1.5	4.503	2	1	2.003

5.11.3　二阶低通滤波器 Multisim 仿真

1. 仿真内容

测量二阶低通滤波器的频率响应。

2. 仿真电路

构建二阶有源低通滤波器如图 5.11.4(a)所示。

3. 仿真结果及结论

利用交流分析功能测得低通滤波器的频率特性如图 5.11.4(b)所示,利用游标可测出低通滤波器的通带截止频率 $f_0 = 108.4$ kHz,如图 5.11.4(c)所示,此时产生的相位移 $\varphi = -131.29$,如图 5.11.4(d)所示。通带电压放大倍数 $A_{up} = 2$,则等效品质因数 $Q = \dfrac{1}{3 - A_{up}} = 1$。

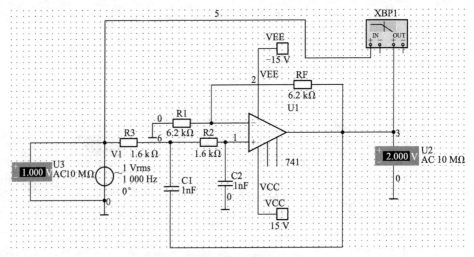

（a）仿真电路

图 5.11.4　二阶低通滤波器

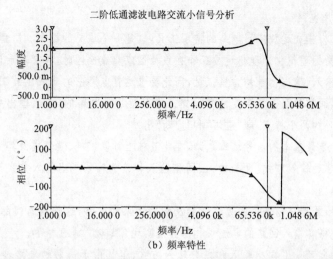

（b）频率特性

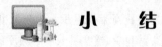

（c）游标1结果
（y2表示放大倍数，x2为对应的频率）

（d）游标2结果
（y1表示相位移，x1为对应的频率）

图 5.11.4　二阶低通滤波器（续）

小　结

1. 集成运算放大电路

（1）集成运放实际上是一种高性能的直接耦合放大电路，从外部看，可等效成双端输入、单端输出的差分放大电路。通常由输入级、中间级、输出级和偏置电路等 4 部分组成。对于由双极型管组成的集成运放，输入级多用差分放大电路，中间级为共射电路，输出级多用互补输出级，偏置电路是多路电流源电路。

（2）在集成运放中，充分利用元件参数一致性好的特点，构成高质量的差分放大电路和各种电流源电路。电流源电路既可为各级放大电路提供合适的静态电流，又作为有源负载，从而大大提高了集成运放的增益。

（3）集成运放的主要性能指标有 A_{od}、r_{id}、U_{IO}、dU_{IO}/dT、I_{IO}、dI_{IO}/dT、-3 dB 带宽 f_H、单位增益带宽 BW_G 和转换速率 S_R。通用型运放各方面参数均衡，适合一般应用；特殊型运放在某方面的性能指标特别优秀，因而适合特殊要求的场合。

2. 集成运放的应用电路

(1)理想运放是分析集成运放应用电路的常用工具,也是一个重要的概念。所谓理想运放就是将集成运放的各项技术指标理想化。理想运放工作在线性区或非线性区时,各有若干重要的特点。

由于运算电路的输入、输出信号均为模拟量,因此要求运算电路中的集成运放工作在线性区。从电路结构看,运算电路通常都引入了深度的负反馈。在分析运算电路的输入、输出关系时,总是从理想运放工作在线性区时的两个特点,即"虚短"和"虚断"出发。

(2)比例运算电路是最基本的信号运算电路,在此基础上可以扩展、演变成为其他运算电路。

比例运算电路有3种输入方式:反相输入、同相输入和差分输入。当输入方式不同时,电路的性能和特点各有不同。

(3)在求和电路中,着重介绍应用比较广泛的反相输入求和电路,这种电路实际上是利用"虚地"和"虚断"的特点,通过将各输入回路的电流求和的方法实现各路输入电压求和。

原则上,求和电路也可采用同相输入和差分输入方式,但是由于这两种电路参数的调整比较烦琐,因此实际上应用较少。

(4)积分和微分互为逆运算,这两种电路是在比例电路的基础上分别将反馈回路或输入回路中的电阻换为电容而构成的。其原理主要是利用电容两端的电压与流过电容的电流之间存在着积分关系。

积分电路应用比较广泛,例如,用于模拟计算机、控制和测量系统、延时和定时以及各种波形的产生和变换等。微分电路由于其对高频噪声十分敏感等缺点,应用不如积分电路广泛。

3. 有源滤波器

(1)滤波电路的作用实质上是"选频",在无线电通信以及自动测量和控制系统中,常常被用于数据传送及抑制干扰等。根据其工作信号的频率范围,可分为低通、高通、带通、带阻滤波器。

(2)最简单的滤波器可由电阻和电容元件组成,称为无源滤波器。将无源滤波器与集成运放结合起来,即可组成有源滤波器。其中,滤波电路中的 RC 元件的参数值决定着低通或高通滤波器的通带截止频率 f_0,这些频率的表达式均为 $f_0 = \dfrac{1}{2\pi RC}$。

在有源滤波器中,集成运放的作用是提高带通电压放大倍数和带负载能力。由于要求它起放大作用,因此必须工作在线性区。从电路结构看,通常引入一个深度的负反馈。

(3)为了改善滤波特性,可将两级或更多级的 RC 电路串联起来,组成二阶或更高阶的滤波器。将一个 RC 低通电路与一个 RC 高通电路串联或并联在一起,在满足一定的条件时,可以分别组成带通滤波器或带阻滤波器。

学完本章以后,应能达到以下教学要求:

(1)掌握集成运放主要技术指标的含义;理解各种电流源电路的工作原理;掌握差分放大电路的组成、工作原理和各项技术指标(A_d, A_c, r_id, r_o, K_CMR)的计算。

(2)了解集成运放放大电路的特点及各个组成部分的作用;了解各种类型集成运放的特点及使用过程中的具体问题。

(3)掌握比例、求和以及积分3种基本运算电路的工作原理、分析方法和输入/输出关系。

(4)理解理想运放的概念;掌握"虚短"和"虚断"的含义和应用。

(5)理解有源滤波器的作用和分类;了解各种滤波电路的特点、电路组成和分析方法。

习题与思考题

一、填空题

1. 差分放大电路采用了_____的三极管来实现参数补偿,其目的是为了克服_____。

2. 集成放大电路采用直接耦合方式的原因是_____,选用差分放大电路作为输入级的原因是_____。

3. 差分放大电路的差模信号是两个输入端信号的_____,共模信号是两个输入端信号的_____。

4. 用恒流源取代长尾式差分放大电路中的发射极电阻 R_e,将提高电路的_____。

5. 三极管构成的电流源之所以能为负载提供恒定不变的电流,是因为三极管工作在输出特性的_____区域;三极管电流源具有输出电流_____,直流等效电阻_____,交流等效电阻_____的特点。

6. 在放大电路中,采用电流源作有源负载的目的是为了_____电压放大倍数。

7. 集成运放的增益越高,运放的线性区越_____。

8. ①为使运放工作于线性区,通常应引入_____反馈。

②反相比例运算电路中,电路引入了_____负反馈。(电压串联、电压并联、电流并联)

③反相比例运算电路中,运放的反相端_____。(接地、虚地、与地无关)

④同相比例运算电路中,电路引入了_____负反馈。(电压串联、电压并联、电流并联)

⑤同相比例运算电路中,运放的反相端_____。(接地、虚地、与地无关)

⑥反相比例运算电路的输入电流基本上_____流过反馈电阻 R_f 上的电流。(大于、小于、等于)

⑦电压跟随器是_____运算电路的特例。它具有 R_i 很大和 R_o 很小的特点,常用作缓冲器。(反相比例、同相比例、加法)

9. 电压跟随器具有输入电阻很_____和输出电阻很_____的特点,常用作缓冲器。

10. 反相比例运算电路中,运放输入端的共模电压为_____。(零、输入电压的一半、输入电压)

11. 在同相比例运算电路中,集成运放输入端的共模电压为_____。(零、输入电压的一半、输入电压)

12. 在图 5. 题 .1 所示电路中,设 A 为理想运放,则电路的输出电压为_____。

13. 在图 5. 题 .2 所示电路中,设 A 为理想运放,则 u_o 与 u_i 的关系式为_____。

14. 在图 5. 题 .3 所示电路中,设 A 为理想运放,已知运算放大器的最大输出电压 $U_{om} = \pm 12$ V,当 $u_i = 8$ V 时,$u_o =$_____ V。

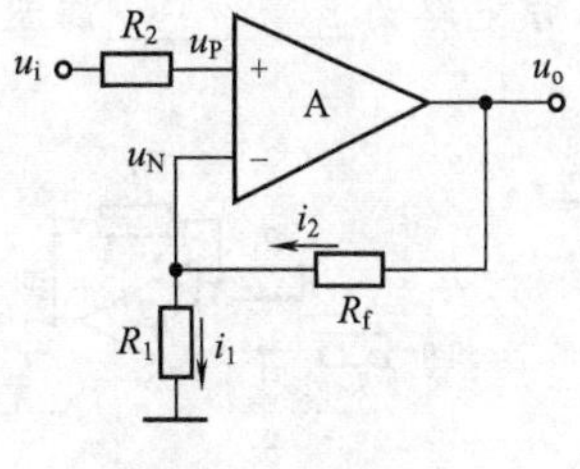

图 5. 题 .1 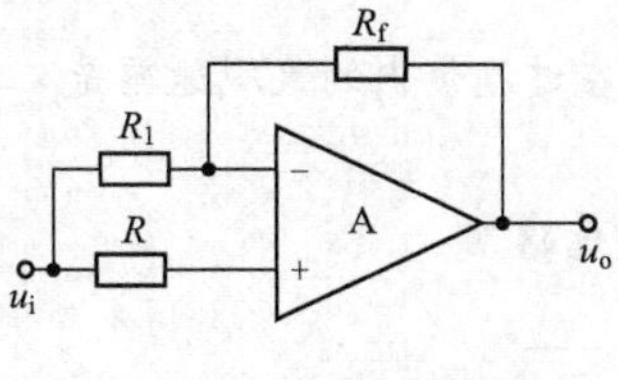　　　　图 5. 题 .2 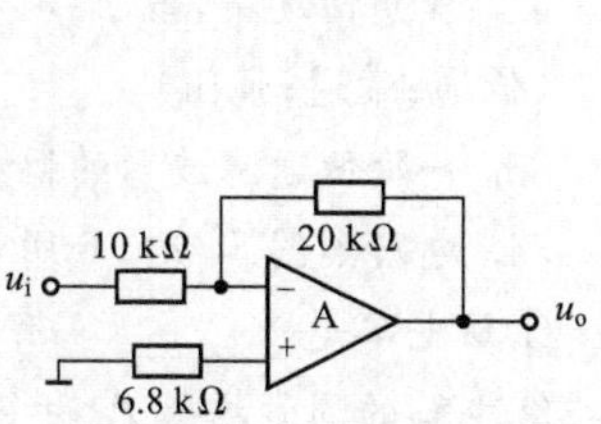　　　　图 5. 题 .3

15. 集成运放有同相、反相和差分 3 种输入方式：

① 为了给集成运放引入电压串联负反馈，应采用_____输入方式。

② 要求引入电压并联负反馈，应采用_____输入方式。

③ 在多输入信号时，要求各输入信号互不影响，应采用_____输入方式。

④ 要求向输入信号电压源索取的电流尽量小，应采用_____输入方式。

⑤ 要求能放大差模信号，又能抑制共模信号，应采用_____输入方式。

16. 对于基本积分电路，当其输入为矩形波时，其输出电压 u_o 的波形为_____。

17. 对于基本微分电路，当其输入为矩形波时，其输出电压 u_o 的波形为_____。

18. 希望运算电路的函数关系为 $u_o = k_1 u_{i1} + k_2 u_{i1} + k_3 u_{i1}$（其中 k_1、k_2 和 k_3 是常数，且均为负值），应该选用_____电路。

19. 电路如图 5.题.4 所示，设集成运放是理想的。当输入电压为 $+2$ V 时，则 $u_o =$ _____ V。

20. 电路如图 5.题.5 所示，设集成运放是理想的。当输入电压 $u_i = 2$ V 时，则输出电压 $u_o =$ _____ V。

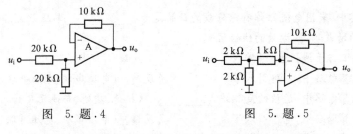

图 5.题.4　　　　　　　图 5.题.5

21. 按_____的不同，滤波器可分为低通、高通、带通和带阻滤波器。

22. 按实现滤波器使用的元器件不同，滤波器可分为_____滤波器。

23. 与有源滤波器相比，无源滤波器的_____频段性能好。

24. 无源滤波器存在的主要问题之一是_____。（带负载能力差、输出电压小、输出电阻大）

25. 与无源滤波器相比，有源滤波器不适合_____的场合。（低频；低压；高频、高压和大功率）

26. 有用信号频率低于 200 Hz 时，可选用_____滤波电路。

27. 有用信号频率高于 800 Hz 时，可选用_____滤波电路。

28. 希望抑制 50 Hz 的交流电源干扰，可选用_____滤波电路。

29. 有用信号的频率为 50 000 Hz，可选用_____滤波电路。

30. 理想情况下，当 $f = 0$ 和 $f \to \infty$ 时的电压增益相等，且不为零，该电路为_____滤波电路。（低通；带通；带阻）

31. 理想情况下，直流电压增益就是它的通带电压增益，该电路为_____滤波电路。（低通；带通；带阻）

32. 理想情况下，当 $f \to \infty$ 时的电压增益就是它的通带电压增益，该电路为_____滤波电路。（低通；带通；带阻）

33. 一阶低通滤波器的幅频特性在过渡带内的衰减速率是_____。

34. 电路如图 5.题.6 所示：

① 该电路是_____有源滤波电路。

② 电路的通带增益 $A_{u0} =$ _____。

③ 电路的截止频率为_____。

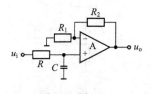

图 5.题.6

二、选择题

1. 集成运放是一种高增益的、(　　)的多级放大电路。

    A. 阻容耦合　　　　　　　　　　　　B. 变压器耦合

    C. 直接耦合　　　　　　　　　　　　D. 光电耦合

2. 通用型集成运放的输入级大多采用(　　)。

    A. 共射极放大电路　　　　　　　　　B. 射极输出器

    C. 差分放大电路　　　　　　　　　　D. 互补推挽电路

3. 通用型集成运放的输出级大多采用(　　)。

    A. 共射极放大电路　　　　　　　　　B. 射极输出器

    C. 差分放大电路　　　　　　　　　　D. 互补推挽电路

4. 差分放大电路能够(　　)。

    A. 提高输入电阻　　　　　　　　　　B. 降低输出电阻

    C. 克服温漂　　　　　　　　　　　　D. 提高电压放大倍数

5. 典型的差分放大电路是利用(　　)来克服温漂的。

    A. 直接耦合　　　　　　　　　　　　B. 电源

    C. 电路的对称性和发射极公共电阻　　D. 调整元件参数

6. 差分放大电路的差模信号是两个输入信号的(　　)。

    A. 和　　　　　　B. 差　　　　　　C. 乘积　　　　　　D. 平均值

7. 差分放大电路的共模信号是两个输入信号的(　　)。

    A. 和　　　　　　B. 差　　　　　　C. 乘积　　　　　　D. 平均值

8. 共模抑制比 K_{CMR} 越大,表明电路(　　)。

    A. 放大倍数越稳定　　　　　　　　　B. 交流放大倍数越低

    C. 抑制零漂的能力越强　　　　　　　D. 输入电阻越高

9. 差分放大电路由双端输出变为单端输出,则差模电压增益(　　)。

    A. 增加　　　　　　B. 减小　　　　　　C. 不变　　　　　　D. 以上都不对

10. 电流源电路的特点是(　　)。

    A. 端口电流恒定,交流等效电阻大,直流等效电阻小

    B. 端口电压恒定,交流等效电阻大

    C. 端口电流恒定,交流等效电阻大,直流等效电阻大

    D. 端口电压恒定,交流等效电阻小

11. 在差分放大电路中,用恒流源代替差分管的公共射极电阻 R_e 是为了(　　)。

    A. 提高差模电压放大倍数　　　　　　B. 提高共模电压放大倍数

    C. 提高共模抑制比　　　　　　　　　D. 提高偏置电流

12. 通用型集成运放适用于放大(　　)。

    A. 高频信号　　B. 低频信号　　C. 任何频率信号　　D. 以上都不对

13. 集成运放制造工艺使得同类半导体管的(　　)。

    A. 指标参数准确　　　　　　　　　　B. 参数不受温度影响

    C. 参数一致性好

14. 现有电路:

    A. 反相比例运算电路　　　　　　　　B. 同相比例运算电路

  C. 积分运算电路   D. 微分运算电路

  E. 加法运算电路

选择一个合适的答案填入空内。

①欲将正弦波电压移相$+90°$,应选用(   )。

②欲将正弦波电压叠加上一个直流量,应选用(   )。

③欲实现$A_u=-100$的放大电路,应选用(   )。

④欲将方波电压转换成三角波电压,应选用(   )。

⑤欲将方波电压转换成尖顶波电压,应选用(   )。

三、判断题

1. 集成运放的输入失调电压U_{IO}是两输入端电位之差。   (   )

2. 集成运放的输入失调电流I_{IO}是两输入端电流之差。   (   )

3. 集成运放的共模抑制比$K_{CMR}=\left|\dfrac{A_d}{A_c}\right|$。   (   )

4. 有源负载可以增大放大电路的输出电流。   (   )

5. 在输入信号作用时,偏置电路改变了各放大管的动态电流。   (   )

6. 运算电路中一般均引入负反馈。   (   )

7. 在运算电路中,集成运放的反相输入端均为虚地。   (   )

8. 凡是运算电路都可利用"虚短"和"虚断"的概念求解运算关系。   (   )

9. 各种滤波电路的通带放大倍数的数值均大于1。   (   )

四、分析计算题

  1. 试分析图5.题.7所示电路。设电路参数完全对称,请分别写出电位器滑动端位于最左端、最右端和中点时的差模电压放大倍数的表达式。

  2. 试分析图5.题.8所示电路。T_1和T_2的参数完全对称,$\beta_1=\beta_2=100$,$r_{bb'1}=r_{bb'2}=100\ \Omega$,$U_{BE1}=U_{BE2}=0.7\ V$,$R_W$滑动端位于中点。

①试求静态时U_{C2}和I_{C2};

②试求差模电压放大倍数A_{ud}、差模输入电阻R_{id}和输出电阻R_o;

③试求共模电压放大倍数A_{uc}和共模抑制比K_{CMR};

④若输入信号$u_{i1}=10\ mV$,$u_{i2}=2\ mV$时,T_2集电极电位为多少?

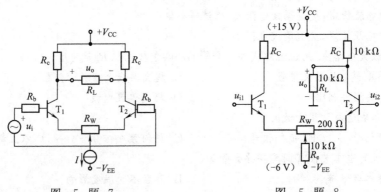

图 5. 题.7   图 5. 题.8

  3. 试分析图5.题.9所示电路。T_1和T_2的参数完全对称,$\beta_1=\beta_2=50$,$r_{bb'1}=r_{bb'2}=200\ \Omega$,$U_{BE1}=U_{BE2}=0.7\ V$。

①试求静态时 I_{B1} 和 U_{CE1} 和 I_{C1}；

②试求差模电压放大倍数 A_{ud}、差模输入电阻 R_{id} 和输出电阻 R_o。

4. 电路如图 5. 题.10 所示，$T_1 \sim T_4$ 的参数完全相同，$\beta=100$，$r_{bb'}=200\ \Omega$，$U_{BE1}=U_{BE2}=0.7\ V$。

①试求静态时 U_{C1} 和 I_{C1}；

②试求电压放大倍数 A_u、输入电阻 R_i 和输出电阻 R_o；

③请问静态时的 U_o 值，若要使静态 $U_o=0$，R_3 应为多大。

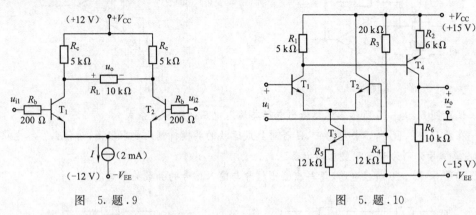

图 5. 题.9　　　　　　　　　　图 5. 题.10

5. 试说明集成运放中输入偏置电流 I_{IB} 为何越小越好？采用什么措施可以减小 I_{IB} 的值？

6. 试说明集成运放由哪几部分构成？它们的作用分别是什么？

7. 设计一个比例运算电路，要求输入电阻 $R_i=20\ k\Omega$，比例系数为 -100。

8. 请用集成运放实现如下运算，并简述工作原理。

①$u_o=3u_i$，②$u_o=u_{i1}+u_{i2}$。

9. 将集成运放连接成如图 5. 题.11 所示的电路形式，问输出电压与输入电压之间有怎样的关系？

10. 请用集成运放构成加法电路，使之实现运算关系：$u_o=2u_{i1}+3u_{i2}+5u_{i3}$。

11. 加法运算电路如图 5. 题.12 所示，求输出电压与各输入电压之间的函数关系。

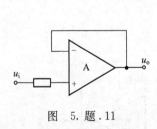
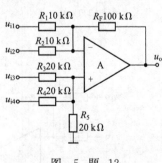

图 5. 题.11　　　　　　　　　　图 5. 题.12

12. 有如图 5. 题.13 所示电路，问：

①若 $u_{i1}=0.2\ V$，$u_{i2}=0\ V$ 时，$u_o=$？

②若 $u_{i1}=0\ V$，$u_{i2}=0.2\ V$ 时，$u_o=$？

③若 $u_{i1}=0.2\ V$，$u_{i2}=0.2\ V$ 时，$u_o=$？

13. 电路如图 5. 题.14 所示，试求：

①输入电阻；

②比例系数。

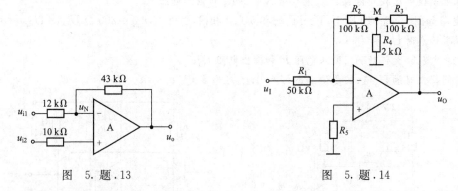

图 5.题.13   图 5.题.14

14. 试求图5.题.15所示各电路输出电压与输入电压的运算关系式。

15. 在图5.题.15所示各电路中,是否对集成运放的共模抑制比要求较高,为什么? 各电路集成运放的共模信号分别为多少? 要求写出表达式。

16. 如图5.题.16所示电路,请写出输出信号与输入信号的函数关系式。

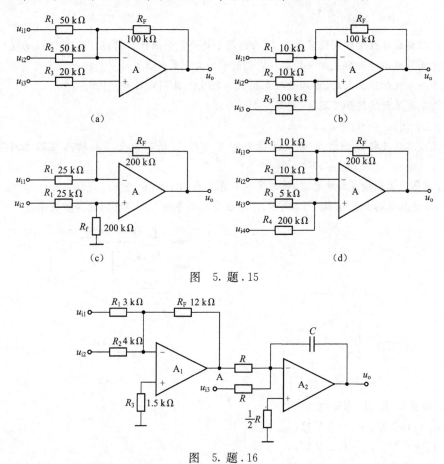

17. 请写出图5.题.17所示电路中输出电压与输入电压之间的关系,并指出平衡电阻R_6应取多大值。

18. 试求解图5.题.18所示电路的运算关系。

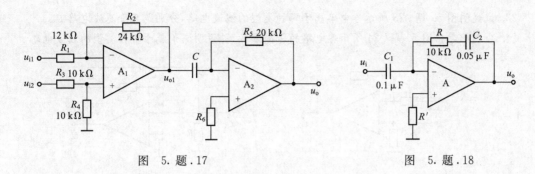

图 5.题.17　　　　　　　　　　　图 5.题.18

19. 图 5.题.19是运算放大器测量电压的原理电路,共有 0.5 V、1 V、5 V、10 V、50 V 五种量程,求 R_{i1}、R_{i2}、R_{i3}、R_{i4}、R_{i5} 的阻值。（输出端接有满量程 5 V,500 μA 的电压表）

20. 图 5.题.20是应用运算放大器测量小电流的原理电路,求 R_{F1}、R_{F2}、R_{F3}、R_{F4}、R_{F5} 的阻值。（输出端接有满量程 5 V,500 μA 的电压表）

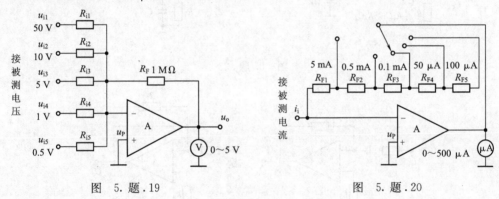

图 5.题.19　　　　　　　　　　　图 5.题.20

21. 图 5.题.21所示为恒流源电路,已知稳压管工作在稳压状态,试求负载电阻中的电流。

22. 图 5.题.22中的 VD 为一个 PN 结测温敏感元件,它在 20 ℃时的正向压降为 0.560 V,其温度系数为 -2 mV/℃,设运算放大器是理想的,其他元件参数如图 5.题.22所示,试回答:

①I 流向何处? 它为什么要用恒流源?

②第一级的电压放大倍数多少?

③当 R_W 的滑动端处于中间位置时,$U_o(20\ ℃)=?$ $U_o(30\ ℃)=?$

④U_o 的数值是如何代表温度的(U_o 与温度有何关系)?

⑤温度每变化一度,U_o 变化多少伏?

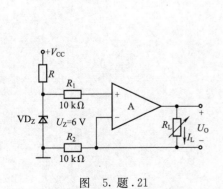

图 5.题.21

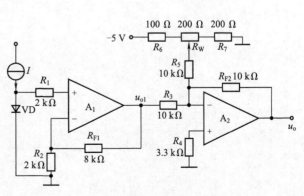

图 5.题.22

23. 试说明图 5. 题 .23 所示各电路属于哪种类型的滤波电路,分别是几阶滤波电路。

24. 分别推导出图 5. 题 .24 所示各电路的传递函数,并说明它们属于哪种类型的滤波电路。

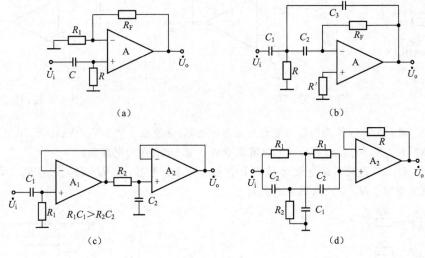

图 5. 题 .23

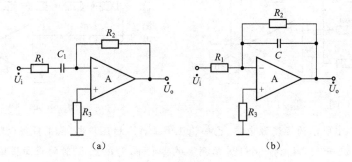

图 5. 题 .24

25. 设现有一阶 LPF 和二阶 HPF 的通带放大倍数均为 2,通带截止频率分别为 2 kHz 和 100 Hz。试用它们构成一个带通滤波电路,并画出幅频特性。

第6章 负反馈放大电路

本章首先介绍反馈的基本概念和分类,从负反馈的4种基本组态出发,归纳反馈的一般表达式,并讨论负反馈对放大电路性能的影响;然后介绍了反馈放大电路的分析方法,详细讨论了深度负反馈放大电路电压放大倍数的近似估算;最后提出了负反馈放大电路产生自激振荡的条件和常用的校正措施。

 ## 6.1 反馈的基本概念及判断方法

在实用放大电路中,几乎都要引入这样或那样的反馈,以改善放大电路某些方面的性能。因此,掌握反馈的基本概念及判断方法是研究实用电路的基础。

6.1.1 反馈的基本概念

反馈又称"回授",广泛应用于各个领域。例如,在行政管理中,通过对执行部门工作效果(输出)的调研,以便修订政策(输入);在商业活动中,通过对商品销售(输出)的调研来调整进货渠道及进货数量(输入);在控制系统中,通过对执行机构偏移量(输出)的监测来修正系统的输入量,等等。上述例子表明,反馈的目的是通过输出对输入的影响来改善系统的运行状况及控制效果。

在放大电路中,信号的传输是从输入端到输出端,这个方向称为正向传输。反馈就是将输出信号取出一部分或全部送回到放大电路的输入回路,与原输入信号相加或相减后再作用到放大电路的输入端。反馈信号的传输是反向传输。所以,放大电路无反馈又称开环,放大电路有反馈又称闭环。反馈的示意图如图 6.1.1 所示。图中 $\dot{X}_i$ 是输入信号,$\dot{X}_f$ 是反馈信号,$\dot{X}'_i$ 是净输入信号。所以有:

$$\dot{X}'_i = \dot{X}_i - \dot{X}_f \tag{6.1.1}$$

根据反馈的效果可以区分反馈的极性,使放大电路净输入量增大的反馈称为正反馈,使放大电路净输入量减小的反馈称为负反馈。由于反馈的结果影响了净输入量,因而必然影响输出量。所以,根据输出量的变化也可以区分反馈的极性,反馈的结果使输出量的变化增大的为正反馈,使输出量的变化减小的为负反馈。

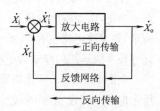

图 6.1.1 反馈的示意图

如果反馈量只含有直流量,则称为直流反馈;如果反馈量只含有交流量,则称为交流反馈。或者说,仅在直流通路中存在的反馈称为直流反馈;仅在交流通路中存在的反馈称为交流反馈。在很多放大电路中,常常是交、直流反馈兼而有之。直流负反馈主要用于稳定放大电路的静态工作点,本章的重点是研究交流负反馈。

6.1.2 反馈的判断

正确判断反馈的性质是研究反馈放大电路的基础。

1. 有无反馈的判断

若放大电路中存在将输出回路与输入回路相连接的通路,并由此影响放大电路的净输入量,则表明电路引入了反馈;否则电路中便没有反馈。

在图 6.1.2 (a)所示电路中,集成运放的输出端与同相输入端、反相输入端均无通路,故电路中没有引入反馈。在图 6.1.2 (b)所示电路中,电阻 R_2 将集成运放的输出端与反相输入端相连接,因而集成运放的净输入量不仅决定于输入信号,还与输出信号有关,所以该电路中引入了反馈。在图 6.1.2 (c)所示电路中,虽然电阻 R 跨接在集成运放的输出端与同相输入端之间,但是因为同相输入端接地,R 只不过是集成运放的负载,而不会使 u_O 作用于输入回路,所以电路中没有引入反馈。

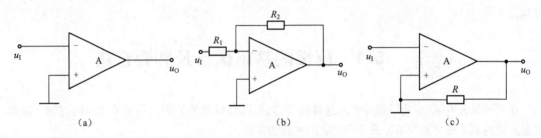

图 6.1.2 有无反馈的判断

由以上分析可知,通过寻找电路中有无反馈通路,即可判断出电路是否引入了反馈。

2. 反馈极性的判断

负反馈:加入反馈后,净输入信号 $|\dot{X}'_i| < |\dot{X}_i|$,输出幅度下降。

正反馈:加入反馈后,净输入信号 $|\dot{X}'_i| > |\dot{X}_i|$,输出幅度增加。

正反馈和负反馈的判断法之一:瞬时极性法。

在放大电路的输入端,假设一个输入信号的电压极性,可用"+"、"−"或"↑"、"↓"表示。按信号传输方向依次判断相关点的瞬时极性,直至判断出反馈信号的瞬时电压极性。如果反馈信号的瞬时极性使净输入减小,则为负反馈;反之,则为正反馈。

在图 6.1.3 (a)所示电路中,设输入电压 u_I 的瞬时极性对地为正,即集成运放同相输入端电位 u_P 对地为正,因而输出电压 u_O。对地也为正;u_O 在 R_2 和 R_1 回路产生电流,方向如图 6.1.3(a)中虚线所示,并且该电流在 R_1 上产生极性为上"+"下"−"的反馈电压 u_F,使反相输入端电位对地为正;由此导致集成运放的净输入电压 $u_D(u_P - u_N)$的数值减小,说明电路引入了负反馈。

在图 6.1.3 (a)所示电路中,当集成运放的同相输入端和反相输入端互换时,就得到图 6.1.3(b)所示电路。若设 u_I 瞬时极性对地为正,则输出电压 u_O 极性对地为负;u_O 作用于 R_1 和 R_2 回路所产生的电流的方向如图 6.1.3(b)中虚线所示,由此可得 R_1 上所产生的反馈电压 u_F 的极性为上"−"下"+",即同相输入端电位 u_P 对地为负;所以,必然导致集成运放的净输入电压 $u_D(u_P - u_N)$的数值增大,说明电路引入了正反馈。

在图 6.1.3 (c)所示电路中,设输入电流 i_I 瞬时极性如图 6.1.3(c)所示。集成运放反相输入端的

电流 i_N 流入集成运放,电位 u_N 对地为正,因而输出电压 u_O 极性对地为负;u_O 作用于电阻 R_2,产生电流 i_F,如图 6.1.3(c)中虚线所示;i_F 对 i_1 分流,导致集成运放的净输入电流 i_N 的数值减小,故说明电路引入了负反馈。

正反馈和负反馈的判断法之二:正反馈可使输出幅度增加,负反馈则使输出幅度减小。在明确串联反馈和并联反馈后,正反馈和负反馈可用下列规则来判断:反馈信号和输入信号加于输入回路一点时,瞬时极性相同的为正反馈,瞬时极性相反的为负反馈;反馈信号和输入信号加于输入回路两点时,瞬时极性相同的为负反馈,瞬时极性相反的为正反馈。对三极管来说,这两点是基极和发射极,对运算放大器来说是同相输入端和反相输入端。

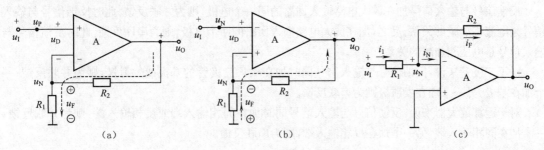

图 6.1.3　反馈极性的判断

3. 直流反馈与交流反馈的判断

反馈信号只有交流成分时为交流反馈,反馈信号只有直流成分时为直流反馈,既有交流成分又有直流成分时为交直流反馈。

在图 6.1.4(a)所示电路中,已知电容 C 对交流信号可视为短路,因而它的直流通路和交流通路分别如图 6.1.4(b)和图 6.1.4(c)所示,图 6.1.4(a)所示电路中只引入了直流反馈,而没有引入交流反馈。

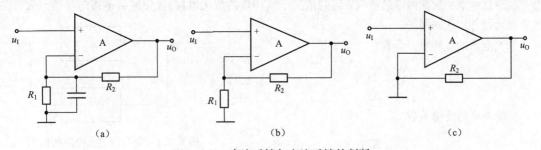

图 6.1.4　直流反馈与交流反馈的判断

 ## 6.2　负反馈的 4 种组态和反馈的一般表达式

通常,引入了交流负反馈的放大电路称为负反馈放大电路。本节将介绍交流负反馈的 4 种基本组态及其特点。

6.2.1　负反馈的 4 种组态

负反馈的类型有 4 种,即电压串联负反馈、电压并联负反馈、电流串联负反馈和电流并联负反馈。在此要分析反馈的属性、求放大倍数等动态参数。

1. 电压反馈和电流反馈

电压反馈:反馈信号的大小与输出电压成比例的反馈称为电压反馈。

电流反馈:反馈信号的大小与输出电流成比例的反馈称为电流反馈。

电压反馈与电流反馈的判断:将输出电压短路,若反馈回来的反馈信号为零,则为电压反馈;若反馈信号仍然存在,则为电流反馈。

2. 串联反馈和并联反馈

反馈信号与输入信号加在放大电路输入回路的同一个电极,则为并联反馈,此时反馈信号与输入信号是电流相加减的关系;反之,加在放大电路输入回路的两个电极,则为串联反馈,此时反馈信号与输入信号是电压相加减的关系。

对于三极管来说,反馈信号与输入信号同时加在输入三极管的基极或发射极,则为并联反馈;一个加在基极,另一个加在发射极则为串联反馈。

对于运算放大器来说,反馈信号与输入信号同时加在同相输入端或反相输入端,则为并联反馈;一个加在同相输入端,另一个加在反相输入端,则为串联反馈。

6.2.2 负反馈的框图和一般表达式

因为负反馈放大电路有 4 种基本组态,而且对于同一种组态,具体电路也各不相同,所以为研究负反馈放大电路的共同规律,可以利用框图来描述所有电路。本节将讲述负反馈放大电路的框图及其一般表达式。

任何负反馈放大电路都可以用图 6.2.1 所示的框图来表示,上面一个方块是负反馈放大电路的基本放大电路,下面一个方块是负反馈放大电路的反馈网络。负反馈放大电路的基本放大电路是在断开反馈且考虑了反馈网络的负载效应的情况下所构成的放大电路;反馈网络是指与反馈系数有关的所有元器件构成的网络。

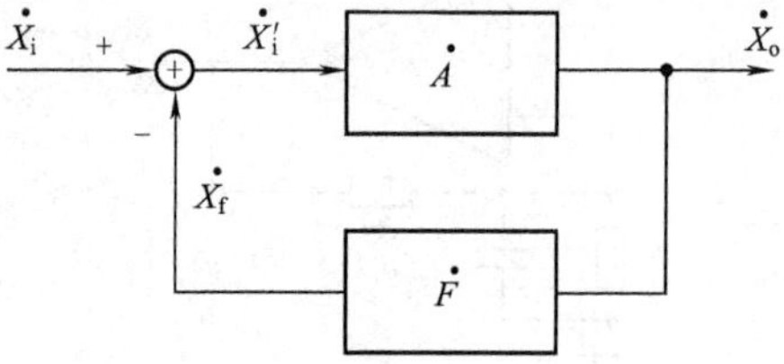

放大电路的开环放大倍数

$$\dot{A} = \frac{\dot{X}_o}{\dot{X}_i'} \qquad (6.2.1)$$

反馈网络的反馈系数

$$\dot{F} = \frac{\dot{X}_f}{\dot{X}_o} \qquad (6.2.2)$$

图 6.2.1 负反馈放大电路的框图

放大电路的闭环放大倍数

$$\dot{A}_f = \frac{\dot{X}_o}{\dot{X}_i} \qquad (6.2.3)$$

以上几个量都采用了复数表示,因为要考虑实际电路的相移。由于

$$\dot{X}_i' = \dot{X}_i - \dot{X}_f \qquad (6.2.4)$$

$$\dot{A}_f = \frac{\dot{X}_o}{\dot{X}_i} = \dot{A}\dot{X}_i'/(\dot{X}_i' + \dot{X}_f) = \frac{\dot{A}}{1 + \dot{A}\dot{F}} \qquad (6.2.5)$$

式中，$\dfrac{\dot{X}_{\mathrm{f}}}{\dot{X}_{\mathrm{i}}'} = \dfrac{\dot{X}_{\mathrm{o}}}{\dot{X}_{\mathrm{i}}'}\dfrac{\dot{X}_{\mathrm{f}}}{\dot{X}_{\mathrm{o}}} = \dot{A}\dot{F}$，$\dot{A}\dot{F}$ 称为环路增益。

1. 电压串联负反馈

（1）判断方法

对图 6.2.2(a)所示电路，根据瞬时极性法判断，经 R_{f} 加在发射极 e_1 上的反馈电压为"+"，与输入电压极性相同，且加在输入回路的两点，故为串联负反馈。反馈信号与输出电压成比例，是电压反馈。后级对前级的这一反馈是交流反馈，同时 $R_{\mathrm{e}1}$ 上还有第一级本身的负反馈，这将在下面进行分析。

对图 6.2.2(b)所示电路，因输入信号和反馈信号加在集成运放的两个输入端，故为串联反馈，根据瞬时极性判断是负反馈，且为电压负反馈。结论是交直流串联电压负反馈。

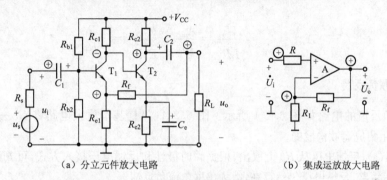

(a) 分立元件放大电路　　　　　(b) 集成运放放大电路

图 6.2.2　电压串联负反馈的电路

（2）闭环放大倍数

对于串联电压负反馈，在输入端是输入电压和反馈电压相减，所以

$$\dot{A}_{\imath\imath\mathrm{f}} = \dfrac{\dot{X}_{\mathrm{o}}}{\dot{X}_{\mathrm{i}}} = \dfrac{\dot{U}_{\mathrm{o}}}{\dot{U}_{\mathrm{i}}} = \dfrac{\dot{A}_{\imath\imath}}{1 + \dot{A}_{\imath\imath}\dot{F}_{\imath\imath}} \tag{6.2.6}$$

反馈系数 $\dot{F}_{\imath\imath} = \dfrac{\dot{X}_{\mathrm{f}}}{\dot{X}_{\mathrm{o}}} = \dfrac{\dot{U}_{\mathrm{f}}}{\dot{U}_{\mathrm{o}}}$，对于图 6.2.2(a)

$$\dot{F}_{\imath\imath} \approx \dfrac{R_{\mathrm{e}1}}{R_{\mathrm{f}} + R_{\mathrm{e}1}}, \quad \dot{A}_{\imath\imath\mathrm{f}} = 1 + \dfrac{R_{\mathrm{f}}}{R_{\mathrm{e}1}}$$

对于图 6.2.2(b)

$$\dot{F}_{\imath\imath} \approx \dfrac{R_1}{R_{\mathrm{f}} + R_1}, \quad \dot{A}_{\imath\imath\mathrm{f}} = 1 + \dfrac{R_{\mathrm{f}}}{R_1}$$

2. 电压并联负反馈

电压并联负反馈的电路如图 6.2.3 所示。因反馈信号与输入信号在一点相加，故为并联反馈。根据瞬时极性法判断，为负反馈，且为电压负反馈。因为并联反馈，在输入端采用电流相加减。

即

$$\dot{I}_{\mathrm{i}} = \dot{I}_{\mathrm{f}} + \dot{I}_{\mathrm{i}}'$$

$$\dot{A}_{\imath\imath} = \dot{U}_{\mathrm{o}}/\dot{I}_{\mathrm{i}}' \quad \text{（具有电阻的量纲）}$$

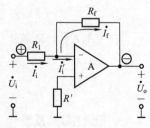

图 6.2.3　电压并联负反馈的电路

$$\dot{A}_{ui\mathrm{f}} = \dot{U}_{\mathrm{o}}/\dot{I}_{\mathrm{i}} \quad \text{(具有电阻的量纲)}$$

$$\dot{F}_{iu} = \dot{I}_{\mathrm{f}}/\dot{U}_{\mathrm{o}} \quad \text{(具有电导的量纲)}$$

$$\dot{A}_{ui\mathrm{f}} = \frac{\dot{U}_{\mathrm{o}}}{\dot{I}_{\mathrm{i}}} = \frac{\dot{A}_{ui}}{1 + \dot{A}_{ui}\dot{F}_{iu}} \tag{6.2.7}$$

$\dot{A}_{ui\mathrm{f}}$ 称为互阻增益，$\dot{F}_{iu}$ 称为互导反馈系数，$\dot{A}_{ui}\dot{F}_{iu}$ 相乘无量纲。

对于深度负反馈，互阻增益为

$$\dot{A}_{ui\mathrm{f}} \approx \frac{1}{\dot{F}_{iu}} \qquad \dot{F}_{iu} = \frac{-\dot{U}_{\mathrm{o}}/R_{\mathrm{f}}}{\dot{U}_{\mathrm{o}}} = -\frac{1}{R_{\mathrm{f}}}$$

而电压增益为

$$\dot{A}_{uu\mathrm{f}} = \frac{\dot{U}_{\mathrm{o}}}{\dot{U}_{\mathrm{i}}} = \frac{\dot{U}_{\mathrm{o}}}{\dot{I}_{\mathrm{i}}R_{1}} = \frac{\dot{A}_{ui\mathrm{f}}}{R_{1}} \approx \frac{1}{R_{1}\dot{F}_{iu}} = -\frac{R_{\mathrm{f}}}{R_{1}} \tag{6.2.8}$$

3. 电流串联负反馈

电流串联负反馈的电路如图 6.2.4 所示。图 6.2.4(a)是基本放大电路将 C_{e} 去掉而构成的，图 6.2.4(b)是由集成运放构成的。

对图 6.2.4(a)，反馈电压从 R_{e1} 上取出，根据瞬时极性和反馈电压接入方式，可判断为串联负反馈。因输出电压短路，反馈电压仍然存在，故为串联电流负反馈。

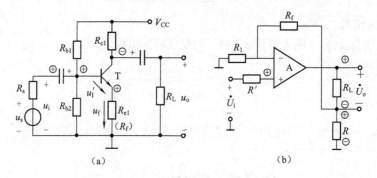

图 6.2.4　电流串联负反馈的电路

对图 6.2.4(b)所示的电路，求其互导增益

$$\dot{A}_{iu\mathrm{f}} \approx \frac{1}{\dot{F}_{ui}} \qquad \dot{F}_{ui} = \frac{\dot{I}_{\mathrm{o}}R}{\dot{I}_{\mathrm{o}}} = R$$

于是 $\dot{A}_{iu\mathrm{f}} \approx 1/R$，这里忽略了 R_{f} 的分流作用。电压增益为

$$\dot{A}_{uu\mathrm{f}} = \frac{\dot{U}_{\mathrm{o}}}{\dot{U}_{\mathrm{i}}} = \frac{\dot{I}_{\mathrm{o}}}{\dot{U}_{\mathrm{i}}}R_{\mathrm{L}} = \dot{A}_{iu\mathrm{f}}R_{\mathrm{L}} \approx \frac{R_{\mathrm{L}}}{R}$$

4. 电流并联负反馈

电流并联负反馈的电路如图 6.2.5(a)、(b)所示。对于图 6.2.5(a)所示电路，反馈节点与输入点

相同,所以是电流并联负反馈;对于图6.2.5(b)所示电路,也为电流并联负反馈。

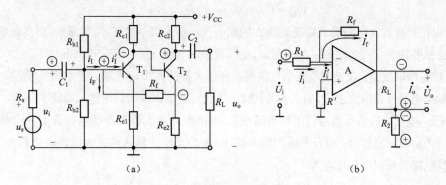

(a)　　　　　　　　　　　(b)

图6.2.5　电流并联负反馈的电路

电流反馈系数是 $\dot{F}_{ii} = \dot{I}_f / \dot{I}_o$,以图6.2.5(b)为例

$$\dot{I}_f R_f + (\dot{I}_f + \dot{I}_o) R_2 \approx 0$$

$$-\dot{I}_f = \frac{R_2}{R_2 + R_f} \dot{I}_o$$

$$\dot{F}_{ii} = \frac{\dot{I}_f}{\dot{I}_o} = -\frac{R_2}{R_2 + R_f}$$

电流放大倍数

$$\dot{A}_{iif} \approx \frac{1}{\dot{F}_{ii}} = -\left(1 + \frac{R_f}{R_2}\right) \tag{6.2.9}$$

显然,电流放大倍数基本上只与外电路的参数有关,与集成运放内部参数无关。电压放大倍数为

$$\dot{A}_{uuf} = \frac{\dot{U}_o}{\dot{U}_i} = \frac{\dot{I}_o R_L}{\dot{I}_i R_1} = \dot{A}_{iif} \frac{R_L}{R_1} = -\left(1 + \frac{R_f}{R_2}\right)\frac{R_L}{R_1} \tag{6.2.10}$$

【例】　回答下列问题。

① 求图6.2.6所示电路在静态时集成运放的共模输入电压。

② 若要实现串联电压反馈,R_f 应接向何处?

③ 要实现串联电压负反馈,运放的输入端极性如何确定?

④ 求引入电压串联负反馈后的闭环电压放大倍数。

解　① 静态时集成运放的共模输入电压,即静态时 T1 和 T2 的集电极电位。

$$I_{c1} = I_{c2} = I_{c3}/2$$

$$U_{R2} = \frac{V_{CC} - V_{EE}}{R_1 + R_2} R_2 = \left(\frac{12 + 12}{25 + 5} \times 5\right) V = 4 \text{ V}$$

$$U_{B3} = V_{R2} + V_{EE} = (4 - 12) \text{ V} = -8 \text{ V}$$

$$U_{E3} = V_{B3} - V_{BE3} = (-8 - 0.7) V = -8.7 \text{ V}$$

$$I_{c3} = \frac{U_{E3} - V_{EE}}{R_{e3}} = \left(\frac{-8.7 + 12}{3.3}\right) \text{ mA} = 1 \text{ mA}$$

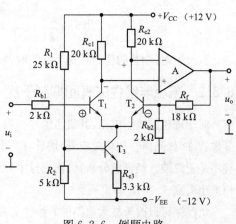

图6.2.6　例题电路

$$I_{c1} = I_{c2} = 0.5 \text{ mA}$$
$$U_{C1} = U_{C2} = V_{CC} - I_{c1}R_{c1} = 5 \text{ V}$$

② 可以把差分放大电路看成集成运放 A 的输入级。输入信号加在 T_1 的基极,要实现串联反馈,反馈信号必然要加在 T_2 的基极 b_2 端。所以,要实现串联电压反馈,R_f 应接向 b_2。

③ 既然是串联反馈,反馈和输入信号接到差分放大器的两个输入端。要实现负反馈,必为同极性信号。根据串联反馈的要求,可确定 b_2 的极性,由此可确定集成运放的输入端极性。

④ 求引入电压串联负反馈后的闭环电压增益,可把差分放大器和集成运放合为一个整体看待。为了保证获得运放的极性,b_1 相当于同相输入端,b_2 相当于反相输入端。为此该电路相当于同相输入比例运算电路。所以电压增益为

$$A_{uuf} = 1 + \frac{R_f}{R_{b2}}$$

6.3 负反馈对放大电路性能的影响

负反馈是改善放大电路性能的重要技术措施,广泛应用于放大电路和反馈控制系统之中。放大电路中引入交流负反馈后,其性能会得到多方面的改善,比如,提高放大倍数的稳定性,减小非线性失真和抑制干扰,展宽频带,改变输入电阻和输出电阻。下面将一一加以说明。

6.3.1 提高放大倍数的稳定性

根据负反馈基本方程,不论何种负反馈,都可使反馈放大倍数下降 $|1+AF|$ 倍,只不过不同的反馈组态 AF 的量纲不同而已。对电压串联负反馈有

$$\dot{A}_{uuf} = \frac{\dot{X}_o}{\dot{X}_i} = \frac{\dot{U}_o}{\dot{U}_i} = \frac{\dot{A}_{uu}}{1 + \dot{A}_{uu}\dot{F}_{uu}} \tag{6.3.1}$$

在负反馈条件下增益的稳定性也得到了提高,这里增益应该与反馈组态相对应

$$dA_f = \frac{(1+AF) \cdot dA - AF \cdot dA}{(1+AF)^2} = \frac{dA}{(1+AF)^2}$$

$$\frac{dA_f}{A_f} = \frac{1}{(1+AF)} \cdot \frac{dA}{A} \tag{6.3.2}$$

有反馈时,增益的稳定性比无反馈时提高了 $(1+AF)$ 倍。

6.3.2 减小非线性失真和抑制干扰

对于理想的放大电路,其输出信号与输入信号应完全成线性关系。但是,由于组成放大电路的半导体器件(如晶体管和场效应管)均具有非线性特性,当输入信号为幅值较大的正弦波时,输出信号往往不是正弦波。经谐波分析,输出信号中除含有与输入信号频率相同的基波外,还含有其他谐波,因而产生失真。

负反馈可以改善放大电路的非线性失真,但是只能改善反馈环内产生的非线性失真。因加入负反馈,放大电路的输出幅度下降,不好对比,因此必须要加大输入信号,使加入负反馈以后的输出幅度

基本达到原来有失真时的输出幅度才有意义。

加入负反馈改善非线性失真,可通过图 6.3.1 来加以说明。失真的反馈信号使净输入信号产生相反的失真,从而弥补了放大电路本身的非线性失真。

对噪声、干扰和温漂的影响原理同负反馈对放大电路非线性失真的改善。负反馈只对反馈环内的噪声和干扰有抑制作用,且必须加大输入信号后才使抑制作用有效。

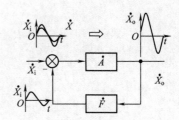

图 6.3.1 负反馈对非线性失真的影响

6.3.3 展宽频带

由于引入负反馈后,各种原因引起的放大倍数的变化都将减小,当然也包括因信号频率变化而引起的放大倍数的变化,因此其效果是展宽了通频带。放大电路加入负反馈后,增益下降,但通频带却加宽了,如图 6.3.2 所示。

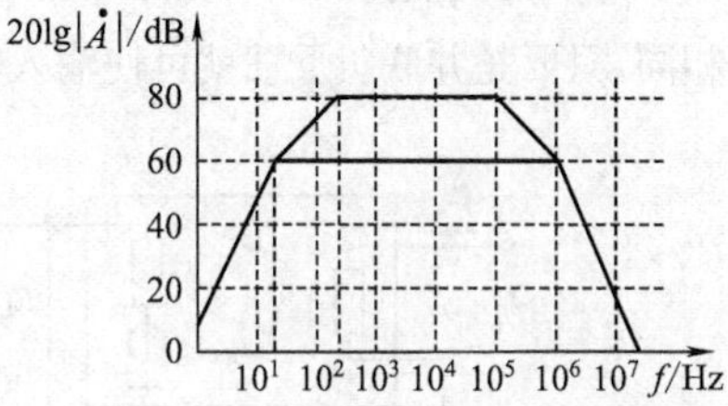

无反馈时的通频带 $\Delta f = f_H - f_L \approx f_H$。

放大电路高频段的增益为

$$\dot{A}(j\omega) = \frac{A_m}{1 + j\dfrac{\omega}{\omega_H}} \qquad (6.3.3)$$

图 6.3.2 负反馈对通频带的影响

有反馈时

$$\dot{A}_f(j\omega) = \frac{\dot{A}(j\omega)}{1 + \dot{A}(j\omega)F} = \frac{A_m/\left(1 + j\dfrac{\omega}{\omega_H}\right)}{1 + A_m F\left(1 + j\dfrac{\omega}{\omega_H}\right)}$$

$$= \frac{A_m/(1 + A_m F)}{1 + j\omega/\omega_H(1 + A_m F)} = \frac{A_{mf}}{1 + j\dfrac{\omega}{\omega_{Hf}}}$$

有反馈时的通频带 $\Delta f_F = (1 + A_m F)f_H$ $\qquad\qquad\qquad (6.3.4)$

负反馈放大电路扩展通频带有一个重要的特性,即增益与通频带之积为常数

$$A_{mf}\omega_{Hf} = \frac{A_m(1 + A_m F)}{(1 + A_m F)}\omega_H = A_m\omega_H \qquad (6.3.5)$$

6.3.4 改变输入电阻和输出电阻

在放大电路中引入不同组态的交流负反馈,将对输入电阻和输出电阻产生不同的影响。

1. 对输入电阻的影响

负反馈对输入电阻的影响与反馈加入的方式有关,即与串联反馈或并联反馈有关,而与电压反馈或电流反馈无关。

(1)串联负反馈使输入电阻增加

串联负反馈输入端的电路结构形式如图 6.3.3 所示。对电压串联负反馈和电流串联负反馈效果相同。有反馈时的输入电阻为

$$R_{if} = \frac{\dot{U}_i}{\dot{I}_i} = \frac{\dot{U}_i' + \dot{U}_f}{\dot{I}_i} = \frac{\dot{U}_i' + \dot{U}_i' \dot{A}_{uu} \dot{F}_{uu}}{\dot{I}_i}$$

$$= (1 + \dot{A}_{uu} \dot{F}_{uu}) \frac{\dot{U}_i'}{\dot{I}_i} = (1 + \dot{A}_{uu} \dot{F}_{uu}) R_i$$

式中，$R_i = r_{id}$。

因此，更确切地说，引入串联负反馈，使引入反馈的支路的等效电阻增大到基本放大电路的 $(1 + \dot{A}\dot{F})$ 倍。但是，不论哪种情况，引入串联负反馈都将增大输入电阻。

(2)并联负反馈使输入电阻减小

并联负反馈输入端的电路结构形式如图 6.3.4 所示。对电压并联负反馈和电流并联负反馈效果相同，只要是并联负反馈就可使输入电阻减小。有反馈时的输入电阻为

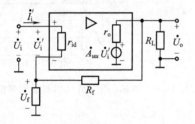

图 6.3.3　串联负反馈输入端的电路结构形式

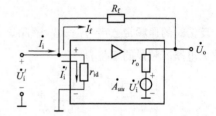

图 6.3.4　并联负反馈输入端的电路结构形式

$$R_{if} = \frac{\dot{U}_i}{\dot{I}_i} = \frac{\dot{U}_i}{\dot{I}_i' + \dot{I}_f} = \frac{\dot{U}_i}{\dot{I}_i' + \dot{F}_{iu} \dot{U}_o}$$

$$= \frac{\dot{U}_i}{\dot{I}_i' + \dot{F}_{iu} \dot{I}_i' \dot{A}_{ui}} = \frac{r_{id}}{1 + \dot{A}_{ui} \dot{F}_{iu}}$$

表明引入并联负反馈后，输入电阻减小，仅为基本放大电路输入电阻的 $1/(1 + \dot{A}\dot{F})$。

2. 对输出电阻的影响

输出电阻是从放大电路输出端看进去的等效内阻，因而负反馈对输出电阻的影响决定于基本放大电路与反馈网络在放大电路输出端的连接方式，即决定于电路引入的是电压反馈还是电流反馈。

(1)电压负反馈使输出电阻减小

电压负反馈可以使输出电阻减小，这与电压负反馈可以使输出电压稳定是一致的。输出电阻小，带负载能力强，输出电压的降落就小，稳定性就好。图 6.3.5 所示为求输出电阻的等效电路，将负载电阻开路，在输出端加入一个等效的电压 $\dot{U}_o'$，并将输入端接地。于是有

$$\dot{I}_o' = \frac{\dot{U}_o' - \dot{A}_{uo} \dot{X}_i'}{R_o} = \frac{\dot{U}_o' + \dot{A}_{uo} \dot{X}_f}{R_o} = \frac{\dot{U}_o' + \dot{A}_{uo} \dot{F} \dot{U}_o'}{R_o} = \frac{\dot{U}_o'(1 + \dot{A}_{uo} \dot{F})}{R_o}$$

$$R_{of} = \frac{\dot{U}_o}{\dot{I}_o} = \frac{R_o}{1 + \dot{A}_{uo}\dot{F}}$$

式中，A_{uo} 是负载开路时的放大倍数。

(2)电流负反馈使输出电阻增加

电流负反馈可以使输出电阻增加，这与电流负反馈可以使输出电流稳定是一致的。输出电阻大，负反馈放大电路接近电流源的特性，输出电流的稳定性就好。图6.3.6为求输出电阻的等效电路，将负载电阻开路，在输出端加入一个等效的电压 $\dot{U}_o'$，并将输入端接地。

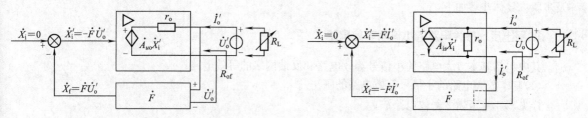

图 6.3.5　电压负反馈对输出电阻的影响　　图 6.3.6　电流负反馈对输出电阻的影响

由图 6.3.6 可得

$$\dot{A}_{is}\dot{X}_i' = -\dot{A}_{is}\dot{X}_f = \dot{A}_{is}\dot{F}\dot{I}_o'$$

$$\frac{\dot{U}_o'}{R_o} = \dot{A}_{is}\dot{F}\dot{I}_o' + \dot{I}_o' = (1 + \dot{A}_{is}\dot{F})\dot{I}_o'$$

$$R_{of} = \frac{\dot{U}_o'}{\dot{I}_o'} = (1 + \dot{A}_{is}\dot{F})R_o$$

式中，$\dot{A}_{is}$ 是负载短路时的开环增益，即将负载短路，把电压源转换为电流源，再将负载开路的增益。

6.4　深度负反馈放大电路的分析计算

实用的放大电路中多引入深度负反馈，因此分析负反馈放大电路的重点是从电路中分离出反馈网络，并求出反馈系数 $\dot{F}$。为了便于研究和测试，人们还常常需要求出不同组态反馈放大电路的电压放大倍数。本节将重点介绍具有深度负反馈放大电路的放大倍数的估算方法。

6.4.1　深度负反馈的实质

在负反馈放大电路的一般表达式中，若 $|1 + \dot{A}\dot{F}| \gg 1$，则

$$\dot{A}_f \approx \frac{1}{\dot{F}} \tag{6.4.1}$$

根据 $\dot{A}_f$ 和 $\dot{F}$ 的定义，$\dot{A}_f = \dfrac{\dot{X}_o}{\dot{X}_i}$，$\dot{F} = \dfrac{\dot{X}_f}{\dot{X}_o}$，$\dot{A}_f \approx \dfrac{1}{\dot{F}} = \dfrac{\dot{X}_o}{\dot{X}_f}$

说明 $\dot{X}_i \approx \dot{X}_f$。可见，深度负反馈的实质是在近似分析中忽略净输入量。但不同组态，可忽略的净输

入量不同。当电路引入深度串联负反馈时，$\dot{U}_{\mathrm{i}} \approx \dot{U}_{\mathrm{f}}$；当电路引入深度并联负反馈时，$\dot{I}_{\mathrm{i}} \approx \dot{I}_{\mathrm{f}}$。

6.4.2 反馈网络的分析

反馈网络连接放大电路的输出回路与输入回路，并且影响着反馈量。寻找出负反馈放大电路的反馈网络，便可根据定义求出反馈系数。

6.4.3 基于反馈系数的放大倍数分析

这里将介绍用负反馈放大电路的小信号模型分析和计算闭环增益、输入电阻和输出电阻的方法及步骤。具体步骤如下：

1. 画出反馈放大电路的小信号等效电路

其中包括基本放大电路的小信号等效电路和反馈网络的等效电路。

(1)基本放大电路的小信号等效电路的画法

详见 3.4.4 节微变等效电路法。

(2)反馈网络的等效电路的画法

①反馈网络的主要作用是传送反馈信号 $\dot{X}_{\mathrm{f}}(=\dot{F}\dot{X}_{\mathrm{o}})$ 到放大电路的输入端（与 $\dot{X}_{\mathrm{i}}$ 进行比较），因此反馈网络的输出端口有一个含内阻的受控源 $\dot{F}\dot{X}_{\mathrm{o}}$，受控源的类型由交流反馈的类型决定，如是电压串联负反馈，则 $\dot{F}\dot{X}_{\mathrm{o}}$ 为 $\dot{F}_{u}\dot{U}_{\mathrm{o}}$；如是电流并联负反馈，则 $\dot{F}\dot{X}_{\mathrm{o}}$ 就是 $\dot{F}_{i}\dot{I}_{\mathrm{i}}$，等等。受控源的内阻称为反馈网络的输出电阻，用 r_{of} 表示。求 r_{of} 的法则是，如是电压反馈，则令放大电路的输出节点短路（即令 $\dot{U}_{\mathrm{o}}=0$）；如是电流反馈，则令放大电路的输出回路开路（令 $\dot{I}_{\mathrm{o}}=0$）。r_{of} 体现了反馈网络对放大电路输入端的负载效应。

②虽然反馈网络的正向传输作用（对输入信号 $\dot{X}_{\mathrm{i}}$ 的传输）可被忽略，但它对放大电路输出端的负载效应应该保留，反馈网络的输入电阻 r_{if} 体现了这个负载效应。求 r_{if} 的法则是，如是串联反馈，则令放大电路的输入回路开路（$\dot{I}_{\mathrm{i}}=0$）；如是并联反馈，则令放大电路的输入节点对地短路（令 $\dot{U}_{\mathrm{i}}=0$）。

2. 求反馈放大电路的增益 $\dot{A}_{\mathrm{f}}$

(1)求开环增益 $\dot{A}$ 及反馈系数 $\dot{F}$

由反馈放大电路的小信号等效电路求开环增益 $\dot{A}$ 时，只要令反馈网络等效电路中的受控源 $\dot{F}\dot{X}=0$ 即可。这样处理符合从反馈放大电路中分离出基本放大电路（即开环状态）的原则：既去掉反馈的作用，同时又保留了反馈网络对基本放大电路输入和输出端的负载效应。

(2)由 $\dot{A}_{\mathrm{f}}=\dfrac{\dot{A}}{1+\dot{A}\dot{F}}$，求得 $\dot{A}_{\mathrm{f}}$

3. 求反馈放大电路的输入电阻 R_{if} 和输出电阻 R_{of}

由反馈放大电路的小信号等效电路求 R_{if} 和 R_{of} 的方法与前述章节中介绍的方法一样。

6.4.4 基于理想运放的放大倍数分析

利用集成运放作为放大电路，可以引入各种组态的负反馈。在分析由集成运放组成的负反馈放大电路时,通常都将其性能指标理想化,即将其看成理想运放。尽管集成运放的应用电路多种多样,但就其工作区域却只有两个。在电路中,它们不是工作在线性区,就是工作在非线性区。在由集成运放组成的负反馈放大电路中,集成运放工作在线性区。

实际上,集成运放的技术指标均为有限值,理想化后必然带来分析误差。但是,在一般的工程计算中,这些误差都是允许的。而且,随着新型运放的不断出现,性能指标越来越接近理想,误差也就越来越小。因此,只有在进行误差分析时,才考虑实际运放有限的增益、带宽、共模抑制比、输入电阻和失调因素等所带来的影响。

1. 理想运放的线性工作区

（1）理想运放在线性区的特点

两个输入端"虚短路"简称"虚短",所谓"虚短"是指理想运放的两个输入端电位无限接近,但又不是真正短路的特点。因为净输入电压为零,又因为理想运放的输入电阻为无穷大,所以两个输入端的输入电流也均为零,即换言之,从集成运放输入端看进去相当于断路,称两个输入端"虚断路",简称"虚断",所谓"虚断"是指理想运放两个输入端的电流趋于零,但又不是真正断路的特点,应当特别指出,"虚短"和"虚断"是非常重要的概念。对于运放工作在线性区的应用电路,"虚短"和"虚断"是分析其输入信号和输出信号关系的两个基本出发点。

（2）集成运放工作在线性区的电路特征

对于理想运放,由于 A_{od} 为无穷大,因而即使两个输入端之间加微小电压,输出电压都将超出其线性范围,不是正向最大电压 $+U_{OM}$,就是负向最大电压 $-U_{OM}$。因此,只有电路引入负反馈,使净输入量趋于零,才能保证集成运放工作在线性区;从另一角度考虑,可以通过电路是否引入了负反馈,来判断集成运放是否工作在线性区。

对于单个的集成运放,通过无源的反馈网络将集成运放的输出端与反相输入端连接起来,就表明电路引入了负反馈;反之,若理想运放处于开环状态（即无反馈）或仅引入正反馈,则工作在非线性区。此时,输出电压 u_O 与输入电压 $(u_P - u_N)$ 不再是线性关系,当 $u_P > u_N$ 时,$u_O = +U_{OM}$;$u_P < u_N$ 时,$u_O = -U_{OM}$。

2. 放大倍数的分析

由集成运放组成的 4 种组态负反馈放大电路,由于它们均引入了深度负反馈,故集成运放的两个输入端都有"虚短"和"虚断"的特点。下面以电压串联负反馈电路为例进行分析,其他电路不再赘述。

在图 6.4.1 所示电压串联负反馈电路中,由于输入电压 $\dot{U}_i = \dot{U}_f$,R_2 的电流等于 R_1 的电流,所以输出电压

$$\dot{U}_o = \frac{R_1 + R_2}{R_1} \dot{U}_i$$

电压放大倍数为

$$\dot{A}_{uf} = 1 + \frac{R_2}{R_1}$$

由此可见,理想运放引入的负反馈是深度负反馈;而且由于参数的理想化,电压放大倍数表达式中的"≈",变为"="。

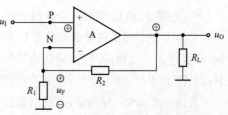

图 6.4.1　集成电路组成的
电压串联负反馈电路

6.5 负反馈放大电路的自激振荡

从 6.4 节的分析可知,交流负反馈可以改善放大电路多方面的性能,而且反馈越深,性能改善得越好。但是,有时会事与愿违,如果电路的组成不合理,反馈过深,那么在输入量为零时,输出却产生了一定频率和一定幅值的信号,称电路产生了自激振荡。此时,电路不能正常工作,不具有稳定性。

深度负反馈电路是否一定会产生自激振荡呢? 自激振荡现象如何判断? 如何消除自激振荡? 本节将对这些问题进行深入的分析。

6.5.1 产生自激振荡的原因

1. 自激振荡

有效地判断放大电路是否能自激的方法是用波特图。波特图的 Y 轴坐标是 $20\lg|A|$,单位是 dB,X 轴是对数坐标,单位是 Hz。

有一个三极点直接耦合开环放大器的频率特性方程如下:

$$\dot{A}_u = \frac{\dot{U}_o}{\dot{U}_{id}} = \frac{10^5}{\left(1+j\dfrac{f}{10^4}\right)\left(1+j\dfrac{f}{10^6}\right)\left(1+j\dfrac{f}{10^7}\right)}$$

其波特图如图 6.5.1 所示,频率的单位是 Hz。根据频率特性方程,放大电路在高频段有 3 个极点频率 f_{p1}、f_{p2} 和 f_{p3}。10^5 代表中频电压放大倍数,相当于 100 dB,于是可画出幅度频率特性曲线和相位频率特性曲线。总的相频特性曲线是用每个极点频率的相频特性曲线合成而得到的。相频特性曲线的 Y 坐标是附加相移 φ_A,当 $\varphi_A = -180°$ 时,即图 6.5.1 中的 S 点所对应的频率称为临界频率 f_c。当 $f = f_c$ 时,反馈信号与输入信号同相,负反馈变成了正反馈,只要信号幅度满足要求,即可自激。

2. 自激的判断

加入负反馈后,放大倍数降低,频带展宽,设反馈系数 $F_1 = 10^{-4}$,闭环波特图与开环波特图交 P 点(见图 6.5.2),对应的附加相移 $\varphi_A = -90°$,不满足相位条件,不自激。

进一步加大负反馈量,设反馈系数 $F_2 = 10^{-3}$,闭环波特图与开环波特图交 P' 点,对应的附加相移 $\varphi_A = -135°$,不满足相位条件,不自激。此时 φ_A 虽不是 $-180°$,但反馈信号的矢量方向已经基本与输入信号相同,已经进入正反馈的范畴,因此当信号频率接近 10^6 Hz 时,即 P' 点附近,放大倍数就有所提高。

再进一步加大负反馈量,设反馈系数 $F_3 = 10^{-2}$,闭环波特图与开环波特图交于 P' 点,对应的附加相移 $\varphi_A = -180°$,当放大电路的工作频率提高到对应 P'' 点处的频率时,满足自激的相位条件。此时放大电路有 40

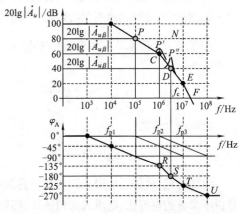

图 6.5.1 以 $20\lg|A|$ 为 Y 坐标的波特图

dB 的增益，$|\dot{A}\dot{F}| = 100 \times 10^{-2} = 1$，正好满足幅度条件，放大电路产生自激。

3. 环路增益波特图

由于负反馈的自激条件是 $|\dot{A}\dot{F}| = -1$，所以将以 $20\lg|\dot{A}|$ 为 Y 坐标的波特图改变为以 $20\lg|\dot{A}\dot{F}|$ 为 Y 坐标的波特图，用于分析放大电路的自激更为方便。由于

$$20\lg|\dot{A}\dot{F}| = 20\lg|\dot{A}| + 20\lg|\dot{F}| = 20\lg|\dot{A}| - 20\lg|1/\dot{F}|$$

对于幅度条件 $|\dot{A}\dot{F}| = 1$

$$20\lg|\dot{A}\dot{F}| = 20\lg|\dot{A}| - 20\lg|1/\dot{F}| = 0 \text{ dB}$$

相当在以 $20\lg|\dot{A}|$ 为 Y 坐标的波特图上减去 $20\lg|1/\dot{F}|$，即可得到以环路增益 $20\lg|\dot{A}\dot{F}|$ 为 Y 坐标的波特图，如图 6.5.2 所示。

在图 6.5.2 中，当 $F_3 = 0.01$ 时，$20\lg|\dot{A}\dot{F}| = 0$ dB 为 MN 这条线。$20\lg|\dot{A}\dot{F}| = 0$ dB 这条线与幅频特性的交点称为切割频率 f_0。此时 $|\dot{A}\dot{F}| = 1$，$\varphi_A = -180°$，幅度和相位条件都满足自激条件，所以 $20\lg|\dot{A}\dot{F}| = 0$ dB 这条线是临界自激线。在临界自激线上，从 S 点向左达到对应 R 点的频率时，此时 $\varphi_A = -135°$，距 $\varphi_A = -180°$ 有 $\varphi_m = 45°$ 的裕量，这个 φ_m 称为相位裕度。一般在工程上，为了保险起见，相位裕度 $\varphi_m \geqslant 45°$。

仅仅留有相位裕度是不够的，也就是说，当

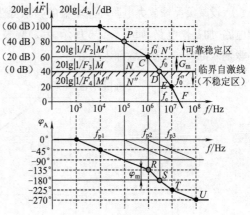

图 6.5.2　环路增益波特图

$\varphi_A = -180°$时，还应使 $|\dot{A}\dot{F}| < 1$，即反馈量要比 $F = 0.01$ 再小一些，例如 $F = 0.001$，相当于图 6.5.2 中的 $M'N'$ 这条线。此时，距 MN 这条线有 $G_m = -20$ dB 的裕量，G_m 称为幅度裕度。一般在工程上，为了保险起见，幅度裕度 $|G_m| \geqslant 10$ dB。

4. 判断自激的条件

根据以上讨论，可将环路增益波特图分为 3 种情况，如图 6.5.3 所示。

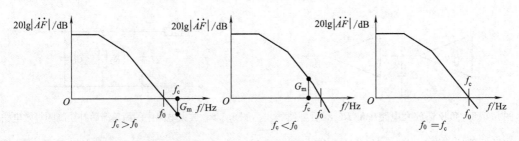

(a) 稳定：$f_c > f_0$，$G_m < 0$ dB　　　(b) 自激：$f_c < f_0$，$G_m > 0$ dB　　　(c) 临界状态：$f_c = f_0$，$G_m = 0$ dB

图 6.5.3　判断自激的实用方法

综上所述,判断自激的条件归纳如下:

稳定状态:$f_c > f_0$,$G_m < 0$ dB。从 $\varphi_A = -180°$ 出发,得到的 $G_m < 0$ dB,即 $AF > 1$,不满足幅度条件。

自激状态:$f_c < f_0$,$G_m > 0$ dB。从 $\varphi_A = -180°$ 出发,得到的 $G_m > 0$ dB,即 $AF < 1$,满足幅度条件。

临界状态:$f_c = f_0$,$G_m = 0$ dB。从 $\varphi_A = -180°$ 出发,得到的 $G_m = 0$ dB,即 $AF = 1$。

6.5.2 常用的校正措施

通过对负反馈放大电路稳定性的分析可知,当电路产生了自激振荡时,如果采用某种方法能够改变 $\dot{A}F$ 的频率特性,使之根本不存在 f_0,或者即使存在 f_0,但 $f_0 > f_c$,那么自激振荡必然被消除。下面对常用滞后补偿消振方法加以介绍。为简单起见,设反馈网络为纯电阻网络。

1. 简单滞后补偿

设某负反馈放大电路环路增益的幅频特性如图 6.5.4 中虚线所示,在电路中找出产生 f_{H1} 的那级电路,加补偿电路,如图 6.5.5 所示,其高频等效电路如图 6.5.6 所示。R_{o1} 为前级输出电阻,R_{i2} 为后级输入电阻,C_{i2} 为后级输入电容。

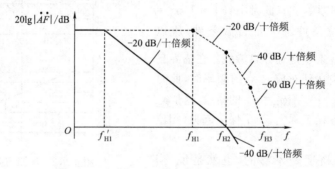

图 6.5.4　简单滞后补偿前后环路增益的幅频特性

因此,加补偿电容前的上限频率为

$$f_{H1} = \frac{1}{2\pi(R_{o1} /\!/ R_{i2})C_{i2}}$$

加补偿电容后的上限频率为

$$f'_{H1} = \frac{1}{2\pi(R_{o1} /\!/ R_{i2})(C_{i2} + C)}$$

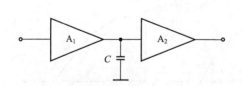

图 6.5.5　负反馈放大电路中的 RC 滞后补偿

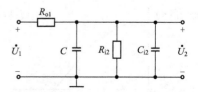

图 6.5.6　放大电路中的简单滞后补偿高频等效电路

如果补偿后,使 $f = f_{H2}$ 时,$20\lg|\dot{A}F| = 0$ dB,且 $f_{H2} \geqslant 10f'_{H1}$,图 6.5.4 中实线所示,则表明 $f = f_C$ 时,$(\varphi_A + \varphi_F)$ 趋于 $-135°$,即 $f_0 > f_c$,并具有 $45°$ 的相位裕度,所以电路一定不会产生自激振荡。

2. RC 滞后补偿

简单滞后补偿方法虽然可以消除自激振荡,但以频带变窄为代价,采用 RC 滞后补偿不仅可以消除自激振荡,而且可以使带宽的损失有所改善,如图 6.5.7 所示。

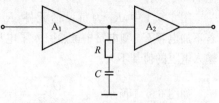

3. 密勒效应补偿

为减小补偿电容的容量,可以利用密勒效应,将补偿电容或补偿电阻和电容跨接在放大电路的输入端和输出端,如图 6.5.8 所示。

图 6.5.7　RC 滞后补偿电路

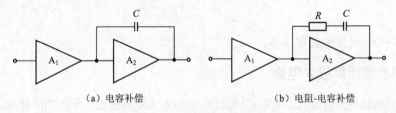

（a）电容补偿　　　　　　（b）电阻-电容补偿

图 6.5.8　密勒效应补偿电路

【例】　有一负反馈放大电路的频率特性表达式如下:

$$\dot{A}_u(f) = \frac{\dot{U}_o}{\dot{U}_{id}} = \frac{10^5}{\left(1+j\dfrac{f}{10^5}\right)\left(1+j\dfrac{f}{10^6}\right)\left(1+j\dfrac{f}{10^7}\right)}$$

试判断放大电路是否可能自激,如果自激,使用电容补偿消除之。

解　先作出幅频特性曲线和相频特性曲线,如图 6.5.9 所示。

由 $\varphi_A = -180°$ 可确定临界自激线,所以反馈量使闭环增益在 60 dB 以下时均可产生自激。加电容补偿,改变极点频率 f_{p1} 的位置至 10^2 Hz 处,从新的相频特性曲线可知,在 f_o' 处有 45° 的相位裕量。因此,负反馈放大电路稳定,可消除原来的自激。此时,反馈系数 $F = 0.1$。

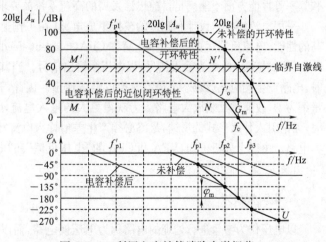

图 6.5.9　利用电容补偿消除自激振荡

6.6　放大电路中其他形式的反馈

在实用放大电路中,除了引入 4 种基本组态的交流负反馈外,还常引入合适的正反馈,以改善电路的性能;在高速宽频带电路中,还常选用"电流反馈型"运算放大电路。本节将对上述内容加以简单介绍。

6.6.1 放大电路中的正反馈

在阻容耦合放大电路中,常在引入负反馈的同时,引入合适的正反馈,以提高输入电阻,如图 6.6.1所示。

图 6.6.1中,R_4 为负反馈元件,R_3 为正反馈元件。若不加电容 C_2,则电路中虽然引入了电压串联负反馈,但输入电阻的值却不大。

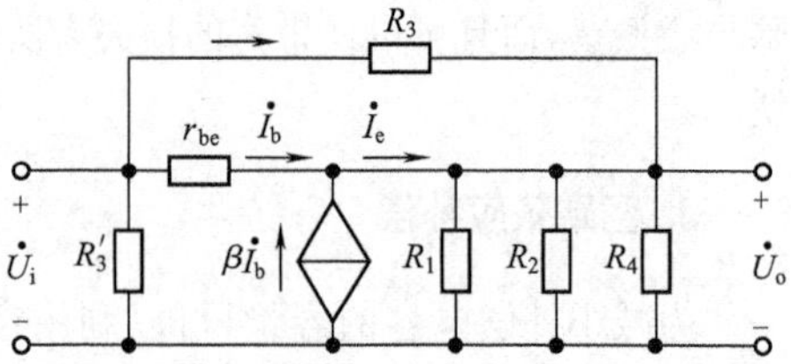

如图 6.6.1所示,$i_{R_3} = \dfrac{\dot{U}_i - \dot{U}_o}{R_3} = \dfrac{(1 - \dot{A}_u)\dot{U}_i}{R_3}$

图 6.6.1 自举电路

$$R_3' = \frac{\dot{U}_i}{i_{R_3}} = \frac{R_3}{1 - \dot{A}_u} \to \infty$$

所以,$R_3' \to \infty$,输入电阻 $R_3' \mathbin{/\mkern-5mu/} R_i$

6.6.2 电流反馈运算放大电路

传统的集成运放均为电压放大电路,以电压作为输入信号和输出信号。当同相输入端和反相输入端有差值电压(即差模输入电压)时,电路产生响应,逐级放大,从而获得相应的输出电压。因此,用开环差模增益来描述输入量和输出量的传递关系。它们的性能指标除了追求尽可能大的电压增益外,还应具有尽可能大的输入电阻,以便获得尽可能大的输入电压。在使用时,无论引入什么形式的反馈,最终必然产生差模输入电压经集成运放放大,故称这类电路为电压反馈运算放大电路,简称VFA(Voltage Feedback Operational Amplifier)。VFA 电路因受其信号传递方式的限制,在工作速度和频率等性能方面不能满足目前迅猛发展的高速系统的要求。

采用电流模技术设计和制造的模拟集成电路,在工作速度、精度、带宽和线性度等方面均获得很高的性能,电流反馈运算放大电路[简称 CFA(Current Feedback Operational Amplifier)]就是其中一种。CFA 电路以电流为输入信号,以电压为输出信号。当其同相输入端与反相输入端产生差值电流时,电路产生响应,逐级放大,最终转换成电压输出。因此,开环增益为输出电压与输入电流之比,其量纲为 Ω,故又称互阻放大电路。为获得更大的输入电流,CFA 均有低输入电阻的输入端。在使用时,无论引入什么形式的反馈,最终必须产生差值输入电流,经集成运放放大,故称为电流反馈运算放大电路。由以上分析可知,VFA 和 CFA 的"电压反馈"和"电流反馈"与反馈组态中的"电压反馈"和"电流反馈"是不同的概念。

1. 电流模技术

以电压作为参量进行处理的电路称为电压模电路,而以电流作为参量进行处理的电路称为电流模电路,即电压模电路的处理对象是电压,而电流模电路的处理对象是电流。由于电流与电压具有相关性,因此难以给电流模电路一个严格的定义。一般称信号传递过程中除与晶体管 b-e 间电压有关外,其余各参量均为电流量的电路,即为电流模电路。因此,利用电流模技术设计的电流放大电路最具有典型性。由于电流模电路的种种优点,VFA 电路也在局部采用此技术,以获得性能的改善。电流源电路可按比例传输电流,电路如图 6.6.2所示。

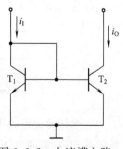

图 6.6.2 电流模电路

由于电流源电路能够按比例传输电流,因而作为基本单元电路广泛用于各种电流模电路之中。图 6.6.2 所示为最简单的电流源电路,即镜像电流源。T_1 管一边注入输入电流 i_1,产生 b-e 间电压 u_{BE1},并作为 T_2 管的基极偏置,若 T_1 与 T_2 理想对称,且 $\beta \gg 2$,则输出电流 $i_O \approx i_1$。虽然镜像电流源电路简单,但可以看出电流模电路的如下优点:

① 只要 T_2 管的管压降 u_{CE2} 足够大,保证其工作在放大状态,输出电流的幅值就仅受管子最大集电极电流 I_{CM} 的限制,因此电路可在低电源电压下工作,并且输出电流可以有很大的变化范围。

② i_O 与 i_1 具有良好的线性关系,不受晶体管非线性特性的影响。

③ 极间电容有低阻回路,电路上限频率高。

2. 电流反馈型集成运放的等效电路

电流反馈型集成运放的输入信号为电流,引入的反馈必须影响其输入电流才能起作用,故而得名。图 6.6.3 所示是电流反馈型集成运放的等效电路。图中 r_o 是输入级从反相输入端看进去的输入电阻,也是输入级的输出电阻。

设晶体管具有理想特性,c-e 间动态电阻为无穷大时,则 R_z 为无穷大,因而放大倍数为

$$\dot{A}_{ui} = \frac{\dot{U}_o}{\dot{I}_i} = \frac{\dot{I}_i \dfrac{1}{j\omega C_z}}{\dot{I}_i} = \frac{1}{j\omega C_z}$$

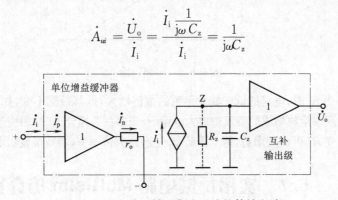

图 6.6.3　电流反馈型集成运放的等效电路

信号频率 f 越低,$|\dot{A}_{ui}|$ 越大;当 f 趋近零,$|\dot{A}_{ui}|$ 趋于无穷大。

3. 由电流反馈型集成运放组成的负反馈放大电路的频率响应

下面以图 6.6.4(a) 所示电压并联负反馈放大电路为例,说明电流反馈运放构成的电路的幅频特性的特点。图 6.6.4(b) 为图 6.6.4(a) 的等效电路,根据对图 6.6.3 所示电路的分析可知

$$\dot{I}_1 = \dot{I}_n + \dot{I}_2, \quad \frac{\dot{U}_i - \dot{U}_n}{R_1} = \frac{\dot{U}_n}{r_o} + \frac{\dot{U}_n - \dot{U}_o}{R_1}$$

$$\dot{I}_n = -\dot{I}_i = \frac{\dot{U}_n}{r_o}, \quad \dot{U}_o = -\dot{A}_{ui}\dot{I}_n = -\frac{\dot{U}_n}{j\omega r_o C}, \quad \dot{U}_n = -j\omega r_o C\dot{U}_o$$

$$\dot{A}_u = \frac{\dot{U}_o}{\dot{U}_i} \approx -\frac{R_2}{R_1} \cdot \frac{1}{1 + j\omega R_2 C}$$

$$\dot{A}_u = -\frac{R_2}{R_1} \cdot \frac{1}{1 + j\dfrac{f}{f_H}} \left(f_H = \frac{1}{2\pi R_2 C} \right)$$

因此,其幅频特性如图 6.6.5 所示。

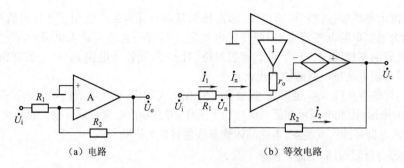

|（a）电路|（b）等效电路|

图 6.6.4　由电流反馈运放构成的电压并联负反馈放大电路

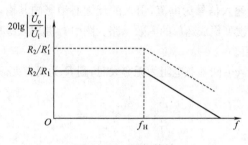

图 6.6.5　幅频特性

当 R_1 取值减小为 R_1' 时，电路的低频放大倍数的数值增大，但其带宽不变，如图 6.6.5 中虚线所示。综上所述，电流反馈运放构成的负反馈放大电路中，当参数选择合适时，即使改变电压放大倍数，带宽也基本不变，改变 R_1 可改变增益，但上限频率不变，即频带不变，增益带宽积不是常量。

6.7　实用反馈电路 Multisim 仿真实例

1. 仿真内容

负反馈对电压串联负反馈放大电路电压放大倍数稳定性的影响。

2. 仿真电路

仿真电路如图 6.7.1 所示。该电路采用虚拟集成运放，集成运放 U1、U2 分别引入了局部电压并联负反馈，其闭环电压放大倍数分别为 $A_{uf1} \approx -\dfrac{R_{f1}}{R_1}$，$A_{uf2} \approx -\dfrac{R_{f2}}{R_2}$，可以认为该负反馈放大电路中基本放大电路的放大倍数 $A = A_{uf1} \cdot A_{uf2}$。

整个电路引入了级间电压串联负反馈，其闭环电压放大倍数为

$$A_u = \frac{A_{uf1} \cdot A_{uf2}}{1 + A_{uf1} \cdot A_{uf2} F}$$

$$F = \frac{R_3}{R_3 + R_f}$$

(6.7.1)

信号源为 5 mV 时，分别测量 $R_{f2} = 100\ \text{k}\Omega$ 和 10 kΩ 时的 A_{uf}。从示波器可读出输出电压的幅值，得到电压放大倍数的变化。电路仿真图如图 6.7.1、图 6.7.2 所示。

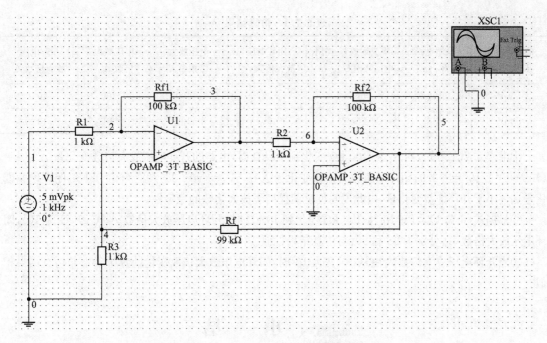

图 6.7.1 $R_{f2} = 100$ kΩ 电路仿真图

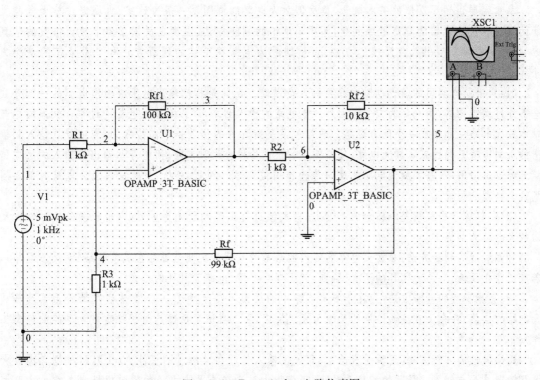

图 6.7.2 $R_{f2} = 10$ kΩ 电路仿真图

3. 仿真结果及结论

仿真结果如表 6.7.1 所示。

表 6.7.1　仿真结果

信号源峰值 $U_{ipp/10\ mV}$	反馈电阻 $R_{2f/k\Omega}$	集成运放 U_2 输出电压峰值 U_{opp}/mV	闭环电压放大倍数 A_{of}	电压放大倍数 A_{uf1}	电压放大倍数 A_{uf2}	开环电压放大倍数 A
5 mV	100	489.85	98	−100	−100	10^4
5 mV	10	449.76	90	−100	−10	10^3

①由表 6.7.1 可知,当 R_f 从 100 kΩ 变化到 10 kΩ 时,电路的开环电压放大倍数变化量 $\Delta A/A=(10^3-10^4)/10^4=-0.9$,闭环电压放大倍数变化量 $\Delta A_{uf}/A_{uf}=(90-98)/98=-0.081\ 6$,闭环增益变化量远远小于开环增益变化量,由此说明负反馈提高了放大倍数的稳定性。

②根据式(6.7.1),可知 R_f 从 100 kΩ 变化到 10 kΩ 时,开环电压放大倍数 A 从 10^4 变为 10^3,闭环电压放大倍数 A_{uf} 分别为 98 和 90,与仿真结果近似。

③当开环电压放大倍数 A 由从 10^4 变为 10^3 时,闭环电压放大倍数变化量为 0.082,与仿真结果相似。

💻 小　结

本章主要讲述了反馈的基本概念、负反馈放大电路的框图及一般表达式、负反馈对放大电路性能的影响和放大电路的稳定性等问题,阐明了反馈的判断方法、深度负反馈条件下放大倍数的估算方法、根据需要正确引入负反馈的方法、负反馈放大电路稳定性的判断方法和自激振荡的消除方法等。

(1)几乎所有实用的放大电路中都要引入负反馈。反馈是指把输出电压或输出电流的一部分或全部通过反馈网络,用一定的方式送回到放大电路的输入回路,以影响输入电量的过程。反馈网络与基本放大电路一起组成一个闭合环路。通常假设反馈环内的信号是单向传输的,即信号从输入到输出的正向传输只经过基本放大电路,反馈网络的正向传输作用被忽略;而信号从输出到输入的反向传输只经过反馈网络,基本放大电路的反向传输作用被忽略。判断、分析、计算反馈放大电路时都要用到这个合理的假设。

(2)在熟练掌握反馈基本概念的基础上,对反馈进行正确判断尤为重要,它是正确分析和设计反馈放大电路的前提。

有无反馈的判断方法:看放大电路的输出回路与输入回路之间是否存在反馈网络(或反馈通路),若有则存在反馈,电路为闭环的形式;否则,就不存在反馈,电路为开环的形式。

交、直流反馈的判断方法:存在于交流通路中的反馈为交流反馈,引入交流负反馈是为了改善放大电路的性能;存在于直流通路中的反馈为直流反馈,引入直流负反馈是为了稳定放大电路的静态工作点。

反馈极性的判断方法:用瞬时极性法,即假设输入信号在某瞬时的极性为(＋),再根据各类放大电路输出信号与输入信号间的相位关系,逐级标出电路中各有关点电位的瞬时极性或各有关支路电流的瞬时流向,最后看反馈信号是削弱还是增强了净输入信号,若是削弱了净输入信号,则为负反馈;反之,则为正反馈。实际放大电路中主要引入负反馈。

电压、电流反馈的判断方法:用输出短路法,即设 $R_L=0$ 或 $\dot{U}_o=0$,若反馈信号不存在了,则为电压反馈;若反馈信号仍然存在,则为电流反馈。电压负反馈能稳定输出电压,电流负反馈能稳定输出电流。

串联、并联反馈的判断方法:根据反馈信号与输入信号在放大电路输入回路中的求和方式判断。若 $\dot{X}_f$ 与 $\dot{X}_i$ 以电压形式求和,则为串联反馈;若 $\dot{X}_f$ 与 $\dot{X}_i$ 以电流形式求和,则为并联反馈。为了使负反馈的效果更好,当信号源内阻较小时,宜采用串联反馈;当信号源内阻较大时,宜采用并联反馈。

(3)负反馈放大电路有 4 种类型:电压串联负反馈、电压并联负反馈、电流串联负反馈及电流并联负反馈,它们的性能各不相同。由于串联负反馈要用内阻较小的信号源即电压源提供输入信号,并联负反馈要用内阻较大的信号源即电流源提供输入信号,电压负反馈能稳定输出电压(近似于恒压输出),电流负反馈能稳定输出电流(近似于恒流输出),因此,上述 4 种组态负反馈放大电路又常被对应称为压控电压源、流控电压源、压控电流源和流控电流源电路。

(4)引入负反馈后,虽然使放大电路的闭环增益 $\dot{A}_f\left[=\dfrac{\dot{A}}{1+\dot{A}\dot{F}}\right]$ 减小了,但是放大电路的许多性能指标得到了改善,如提高了电路增益的稳定性,减小了非线性失真,抑制了干扰和噪声,展宽了通频带。串联负反馈使输入电阻提高,并联负反馈使输入电阻下降,电压负反馈降低了输出电阻,电流负反馈使输出电阻增加。所有性能的改善程度都与反馈深度 $|1+\dot{A}\dot{F}|$ 有关。实际应用中,可依据负反馈的上述作用引入符合设计要求的负反馈。

(5)对于简单的由分立元件组成的负反馈放大电路(如共集电极放大电路),可以直接用微变等效电路法计算闭环电压增益等性能指标。对于由集成运放组成的深度负反馈(即 $|1+\dot{A}\dot{F}|\gg1$ 放大电路,可利用"虚短"($\dot{U}_i\approx\dot{U}_f$,$\dot{U}_{id}\approx0$)、"虚断"($\dot{I}_i\approx\dot{I}_f$,$\dot{I}_{id}\approx0$)概念估算闭环电压增益。对于串联负反馈,由"虚短"概念,只要将 $\dot{U}_i=\dot{U}_f$ 中的 $\dot{U}_f$ 用含有 $\dot{U}_o$ 的表达式代替,即可求得闭环电压增益;对于并联负反馈,因为有 $\dot{I}_{id}\approx0$,即流入放大电路的净输入电流为零,所以放大电路两个输入端(同相输入端与反相输入端)上的交流电位也近似相等,"虚短"也同时存在。利用这个条件,将 $\dot{I}_i\approx\dot{I}_f$ 中的 $\dot{I}_i$ 用含有 $\dot{U}_i$ 的表达式代替,$\dot{I}_f$ 用含有 $\dot{U}_o$ 的表达式代替,即可求得闭环电压增益。

(6)引入负反馈可以改善放大电路的许多性能,而且反馈越深,性能改善越显著。但由于电路中有电容等电抗性元件存在,它们的阻抗随信号频率而变化,因而使 $\dot{A}\dot{F}$ 的大小和相位都随频率而变化。当幅值条件 $|\dot{A}\dot{F}|=1$ 及相位条件 $\Delta\varphi_A+\Delta\varphi_F=\pm180°$ 同时满足时,电路就会从原来的负反馈变成正反馈而产生自激振荡。通常用频率补偿法来消除自激振荡。

学完本章以后,应在理解反馈基本概念的基础上,达到下列要求:

(1)能够正确判断电路中是否引入了反馈及反馈的性质,例如是直流反馈还是交流反馈,是正反馈还是负反馈;如为交流负反馈,是哪种组态的反馈等。

(2)正确理解负反馈放大电路放大倍数在不同反馈组态下的物理意义,并能够估算深度负反馈条件下的放大倍数。

(3)掌握负反馈 4 种组态对放大电路性能的影响,并能够根据需要在放大电路中引入合适的交流负反馈。

(4)理解负反馈放大电路产生自激振荡的原因,能够利用环路增益的波特图判断电路的稳定性,并了解消除自激振荡的方法。

习题与思考题

一、判断题

1. 负反馈放大电路的放大倍数与组成它的基本放大电路的放大倍数量纲相同。　　（　　）

2. 若放大电路的放大倍数为负，则引入的反馈一定是负反馈。　　（　　）

3. 阻容耦合放大电路的耦合电容、旁路电容越多，引入负反馈后，越容易产生低频振荡。（　　）

4. 若放大电路引入负反馈，则负载电阻变化时，输出电压基本不变。　　（　　）

5. 反馈量仅仅决定于输出量。　　（　　）

6. 放大电路的级数越多，引入的负反馈越强，电路的放大倍数也就越稳定。　　（　　）

7. 要在放大电路中引入反馈，就一定能使其性能得到改善。　　（　　）

8. 电流负反馈稳定输出电流，那么必然稳定输出电压。　　（　　）

二、选择题

1. 已知交流负反馈有 4 种组态：

 A. 电压串联负反馈

 B. 电压并联负反馈

 C. 电流串联负反馈

 D. 电流并联负反馈

选择合适的答案填入下列括号内，只填入 A、B、C 或 D。

①欲得到电流-电压转换电路，应在放大电路中引入（　　　）；

②欲从信号源获得更大的电流，并稳定输出电流，应在放大电路中引入（　　　）；

③欲减小电路从信号源索取的电流，增大带负载能力，应在放大电路中引入（　　　）；

④欲将电压信号转换成与之成比例的电流信号，应在放大电路中引入（　　　）。

2. 对于放大电路，所谓开环是指（　　　）。

 A. 无反馈通路 B. 无信号源   C. 无负载   D. 无电源

而所谓闭环是指（　　　）。

 A. 接入负载   B. 存在反馈通路

 C. 接入电源   D. 考虑信号源内阻

3. 在输入量不变的情况下，若引入反馈后（　　　），则说明引入的反馈是负反馈。

 A. 净输入量增大 B. 输出量增大   C. 输入电阻增大   D. 净输入量减小

4. 直流负反馈是指（　　　）。

 A. 直接耦合放大电路中所引入的负反馈

 B. 在直流通路中的负反馈

 C. 只有放大直流信号时才有的负反馈

 D. 只有放大交流信号时才有的负反馈

5. 交流负反馈是指（　　　）。

 A. 阻容耦合放大电路中所引入的负反馈

 B. 只有放大交流信号时才有的负反馈

 C. 在交流通路中的负反馈

 D. 只有放大直流信号时才有的负反馈

6. 选择合适答案填入括号内。

A. 直流负反馈　　　　B. 交流负反馈

①为了稳定静态工作点,应引入(　　);

②为了改变输入电阻和输出电阻,应引入(　　);

③为了抑制温漂,应引入(　　);

④为了稳定放大倍数,应引入(　　);

⑤为了展宽频带,应引入(　　)。

7. 选择合适答案填入括号内。

A. 电压　　　　　　B. 电流　　　　　　C. 串联　　　　　　D. 并联

①为了增大放大电路的输出电阻,应引入(　　)负反馈;

②为了稳定放大电路的输出电流,应引入(　　)负反馈;

③为了减小放大电路的输入电阻,应引入(　　)负反馈;

④为了增大放大电路的输入电阻,应引入(　　)负反馈;

⑤为了稳定放大电路的输出电压,应引入(　　)负反馈;

⑥为了减小放大电路的输出电阻,应引入(　　)负反馈。

三、分析计算题

1. 判断图 6. 题.1 所示各电路中是否引入了反馈;若引入了反馈,则判断是正反馈还是负反馈;若引入了交流负反馈,则判断是哪种组态的负反馈,并求出反馈系数和深度负反馈条件下的电压放大倍数 $\dot{A}_{uf}$ 或 $\dot{A}_{usf}$。设图中所有电容对交流信号均可视为短路。

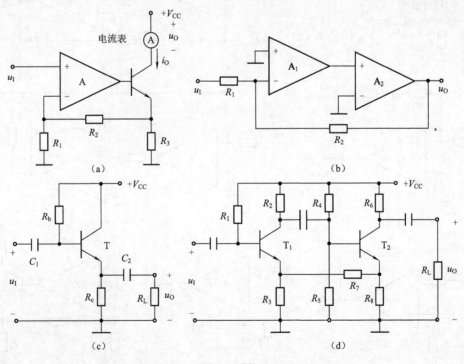

图 6. 题.1

2. 电路如图 6. 题.2 所示。

①合理连线,接入信号源和反馈,使电路的输入电阻增大,输出电阻减小;

②若 $|\dot{A}_u| = \dfrac{\dot{U}_o}{\dot{U}_i} = 30$,则 R_F 应取多少千欧?

3. 已知一个负反馈放大电路的基本放大电路的对数幅频特性如图 6.题.3 所示,反馈网络由纯电阻组成。试问:若要求电路稳定工作,即不产生自激振荡,则反馈系数的上限值为多少分贝? 简述理由。

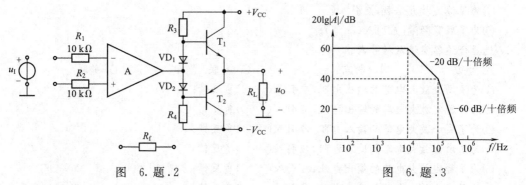

图 6.题.2   图 6.题.3

4. 判断图 6.题.4 所示各电路中是否引入了反馈,是直流反馈还是交流反馈,是正反馈还是负反馈。设图中所有电容对交流信号均可视为短路。

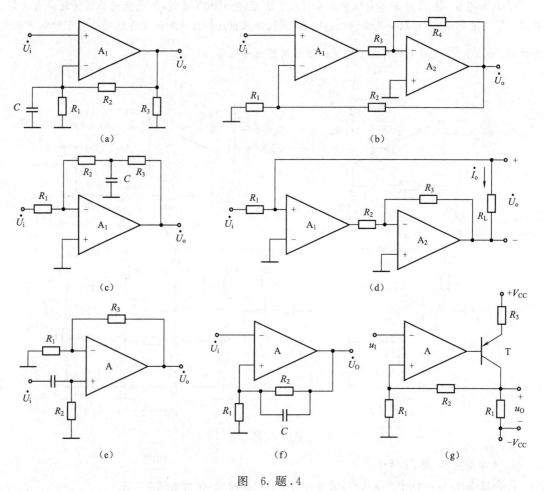

图 6.题.4

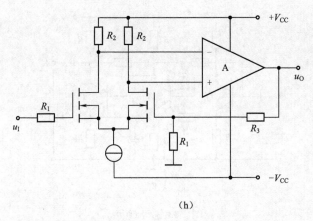

（h）

图 6.题.4(续)

5.电路如图6.题.5所示,要求同上题。

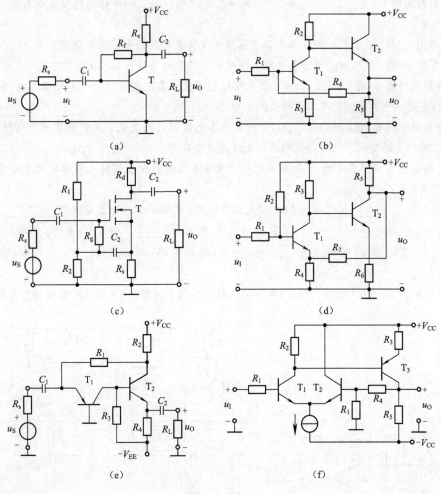

图 6.题.5

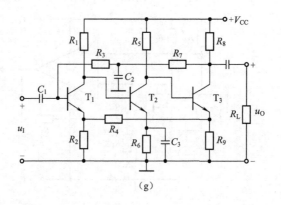

图 6.题.5(续)

6. 分别判断图 6.题.5(d)～图 6.题.5(f)所示各电路中引入了哪种组态的交流负反馈,并计算它们的反馈系数。

7. 分别判断图 6.题.5(a)、(e)、(f)、(g)所示各电路中引入了哪种组态的交流负反馈,并计算它们的反馈系数。

8. 估算图 6.题.4(d)、(h)所示各电路在深度负反馈条件下的电压放大倍数。

9. 估算图 6.题.5(e)、(g)所示各电路在深度负反馈条件下的电压放大倍数。

10. 分别说明图 6.题.4(f)、(h)所示各电路因引入交流负反馈使得放大电路输入电阻和输出电阻所产生的变化。只需要说明是增大还是减小即可。

11. 分别说明图 6.题.5(a)、(b)、(c)、(e)所示各电路因引入交流负反馈使得放大电路输入电阻和输出电阻所产生的变化。只需要说明是增大还是减小即可。

12. 电路如图 6.题.6所示,已知集成运放的开环差模增益和差模输入电阻均近于无穷大,最大输出电压幅值为 ± 15 V。填空:

电路引入了_____(填入反馈组态)交流负反馈,电路的输入电阻趋近于_____,电压放大倍数 $A_{uf} = \Delta u_O / \Delta u_I \approx$_____。设 $u_I = 1$ V,则 $u_O \approx$_____ V;若 R_1 开路,则 u_O 变为_____ V;若 R_1 短路,则 u_O 变为_____ V;若 R_2 开路,则 u_O 变为_____ V;若 R_2 短路,则 u_O 变为_____ V。

13. 电路如图 6.题.7所示,试说明电路引入的是共模负反馈,即反馈仅对共模信号起作用。

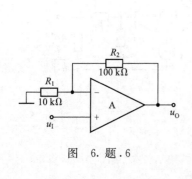

图 6.题.6

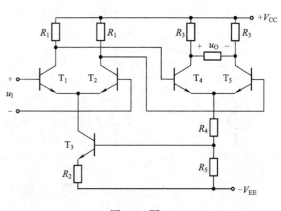

图 6.题.7

14. 已知一个负反馈放大电路的 $A = 10^4$，$F = 2 \times 10^{-2}$。

① $A_f = ?$

② 若 A 的相对变化率为 20%，则 A_f 的相对变化率为多少？

15. 已知一个电压串联负反馈放大电路的电压放大倍数 $A_{uf} = 30$，其基本放大电路的电压放大倍数 A_u 的相对变化率为 10%，A_{uf} 的相对变化率小于 0.1%，试问 F 和 A_u 各为多少？

16. 负反馈放大电路的反馈系数 $|\dot{F}_u| = 0.01$，试绘出闭环电压增益 $|\dot{A}_{uf}|$ 与开环电压增益 A_{uO} 之间的关系曲线。设 A_{uO} 在 1 与 1 000 之间变化。

17. 电路如图 6. 题 .8 所示。试问：若以稳压管的稳定电压 U_Z 作为输入电压，则当 R_2 的滑动端位置变化时，输出电压 U_O 的调节范围为多少？

18. 已知负反馈放大电路的 $\dot{A} = \dfrac{10^4}{\left(1 + \mathrm{j}\dfrac{f}{10^4}\right)\left(1 + \mathrm{j}\dfrac{f}{10^5}\right)^2}$。

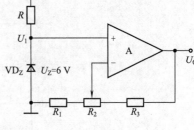

试分析：为了使放大电路能够稳定工作（即不产生自激振荡），反馈系数的上限值为多少？

19. 以集成运放作为放大电路，引入合适的负反馈，分别达到下列目的，要求画出电路图。

① 实现电流-电压转换的电路；

② 实现电压-电流转换的电路；

③ 实现输入电阻高、输出电压稳定的电压放大电路；

④ 实现输入电阻低、输出电流稳定的电流放大电路。

图 6. 题 .8

20. 电路如图 6. 题 .9 所示。

① 试通过电阻引入合适的交流负反馈，使输入电压 u_I 转换成稳定的输出电流 i_L；

② 若 $u_I = 0 \sim 5$ V 时，$i_L = 0 \sim 10$ mA，则反馈电阻 R_F 应取多少？

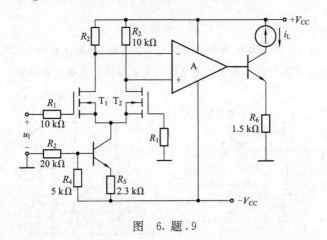

图 6. 题 .9

21. 某运放的开环增益为 10^6，其最低的转折频率为 5 Hz。若将该运放组成一同相放大电路，并使它的增益为 100，问此时的带宽和增益带宽积各为多少？

22. 图 6. 题 .10(a) 所示放大电路 $\dot{A}\dot{F}$ 的波特图如图 6. 题 .10(b) 所示。

① 判断该电路是否会产生自激振荡？简述理由。

② 若电路产生了自激振荡，则应采取什么措施消振？要求在图 6. 题 .10(a) 中画出来。

③若仅有一个 50 pF 电容,分别接在 3 个三极管的基极和地之间均未能消振,则将其接在何处有可能消振? 为什么?

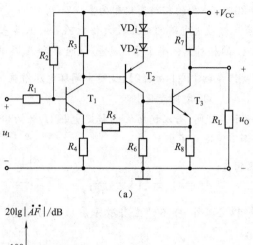

（a）

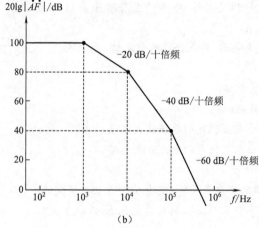

（b）

图 6.题.10

23. 试分析图 6.题.11 所示各电路中是否引入了正反馈(即构成自举电路),如有,则在电路中标出,并简述正反馈起什么作用。设电路中所有电容对交流信号均可视为短路。

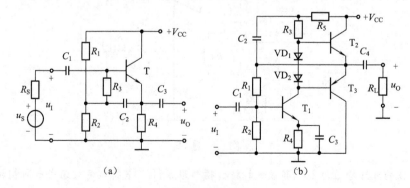

（a）   （b）

图 6.题.11

24. 在图 6.题.12 所示电路中,已知 A 为电流反馈型集成运放,试求:

①中频电压放大倍数;

②上限截止频率。

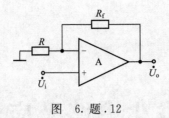

图　6.题.12

25. 已知集成运放的开环差模增益 $A_{od}=2\times10^{6}$，差模输入电阻 $r_{id}=1\ \text{M}\Omega$，输出电阻 $r_o=200\ \Omega$。试用框图法分别求解图 6. 题 . 13 所示各电路的 A、F、A_f、R_{if}、R_{of}。

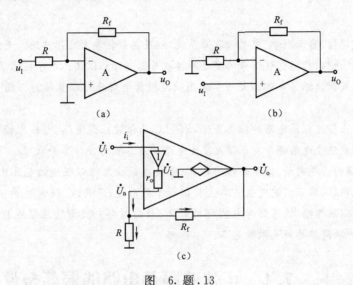

（a）　　　　　　　　　　　　（b）

（c）

图　6.题.13

26. 设某集成运放的开环频率响应的表达式为

$$\dot{A}_u=\frac{10^5}{\left(1+\text{j}\dfrac{f}{f_{H1}}\right)\left(1+\text{j}\dfrac{f}{f_{H2}}\right)\left(1+\text{j}\dfrac{f}{f_{H3}}\right)}$$

其中，$f_{H1}=1\ \text{MHz}$，$f_{H2}=10\ \text{MHz}$，$f_{H3}=50\ \text{MHz}$。

①画出它的波特图。

②若利用该集成运放组成一电阻性负反馈放大电路，并要求有 $45°$ 的相位裕度，问此放大电路的最大环路增益为多少？

③若用该集成运放组成一电压跟随器，能否稳定地工作？

第7章 波形发生电路及应用

正弦波在无线通信、自动测量、自动控制等系统,以及实验教学中应用广泛。无线通信中,常用正弦波作为载波,无线通信、广播电视信号的发送和接收等离不开正弦波。电子技术实验中常用的低频信号发生器是一种正弦波振荡电路。大功率的正弦波振荡电路还可以直接为工业生产提供能量,比如高频加热炉的高频电源。

本章内容包括正弦波振荡电路的振荡条件,RC、LC正弦波振荡电路,电压比较器,非正弦波发生电路等内容。正弦波发生电路部分有正弦波发生电路的基本概念,RC串并联、LC并联正弦波信号产生电路的组成、起振的条件判断、振荡的频率计算;以集成运放为核心组成的电压比较器是组成非正弦波发生器的基础内容,非正弦波发生电路主要讲解了矩形波、三角波、锯齿波等非正弦波产生电路的组成、工作原理,以及振幅、振荡频率与周期的计算;最后对部分波形发生器进行 Multisim 仿真实现,并仿真设计了一款简单的声光报警电路。

7.1 正弦波振荡电路的振荡条件

通过前述章节的学习可知,如果在放大电路中引入反馈,在一定条件下,可能产生自激振荡,使得电路不能正常工作,这时需要消除这种振荡。但有时也需要各种高频和低频正弦波,此时可有意识地利用自激振荡现象来生成这些信号。也就是说,在没有信号输入的情况下,正弦波振荡电路输出端一样可以得到正弦信号。那么,在什么条件下可以产生正弦波振荡呢?

如图 7.1.1 所示,如果反馈电压信号 $\dot{U}_\mathrm{f}$ 与原输入正弦电压信号 $\dot{U}_\mathrm{i}$ 完全相等,则即使无外输入信号,放大电路输出端也产生一个正弦波信号——自激振荡。

由此可知,放大电路产生自激振荡的条件可表示为

$$\dot{U}_\mathrm{f} = \dot{U}_\mathrm{i}$$

又因为

$$\dot{U}_\mathrm{f} = \dot{F}\dot{U}_\mathrm{o} = \dot{F}\dot{A}\dot{U}_\mathrm{i}$$

可得产生正弦波振荡的相量条件为

$$\dot{A}\dot{F} = 1 \tag{7.1.1}$$

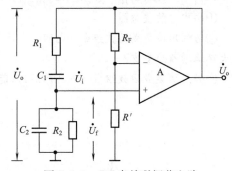

图 7.1.1 RC 串并联振荡电路

根据相量表达式可得 $\dot{A}\dot{F} = |\dot{A}\dot{F}| \angle(\varphi_A + \varphi_F) = 1$，即

$$|\dot{A}\dot{F}| = 1 \tag{7.1.2}$$

和
$$\arg(\dot{A}\dot{F}) = \varphi_A + \varphi_F = 2n\pi \quad (n = 0,1,2,\cdots) \tag{7.1.3}$$

式(7.1.2)称为振幅平衡条件，式(7.1.3)称为相位平衡条件，这是正弦波振荡的振幅与相位平衡条件。

本书第 5 章讨论过，负反馈放大电路的自激条件

$$\dot{A}\dot{F} = -1$$

此式与(7.1.1)相差一个负号。产生这个差别的根本原因在于，两种情况下反馈的极性不同。

振荡电路的振荡频率 f_0 是由相位平衡条件决定的。一个正弦波振荡电路只在一个频率下满足相位平衡条件，这个频率就是 f_0。这就要求 $\dot{A}\dot{F}$ 环路中包含一个具有选频特性的网络，简称选频网络。用 R、C 元件组成选频网络的振荡电路称为 RC 振荡电路，可用来产生 1 Hz～1 MHz 的低频信号；用 L、C 元件组成选频网络的振荡电路称为 LC 振荡电路，可用来产生 1 MHz 以上的高频信号。

若要求振荡电路能够自行起振，开始时必须满足 $|\dot{A}\dot{F}| > 1$ 的幅度条件。这样在接通电源后，振荡电路就可能自行起振；然后，在振荡建立的过程中，随着振幅的增大，由于电路中非线性元件的限制，使 $|\dot{A}\dot{F}|$ 的值逐渐下降，最后达到 $|\dot{A}\dot{F}| = 1$，此时振荡电路处于稳幅振荡状态，输出电压信号的幅度达到稳定。

7.2　RC 正弦波振荡电路

RC 正弦波振荡电路的选频网络由电阻 R 和电容 C 组成，其中 RC 串并联网络振荡电路是应用比较广泛的电路，本小节主要介绍这种 RC 振荡电路。

1. 电路原理图

电路原理图如图 7.1.1 所示。

放大电路：集成运放 A。

选频与正反馈网络：RC 串并联电路。

稳幅环节：R_F 与 R 组成的负反馈电路。

2. RC 串并联网络的选频特性

如图 7.1.1 中所示的 RC 串并联选频网络具有选频作用，它的频率响应特性曲线具有明显的带通选频作用。

由图 7.1.1 有

$$Z_1 = R_1 + \frac{1}{j\omega C_1} = \frac{1 + j\omega R_1 C_1}{j\omega C_1}$$

$$Z_2 = R_2 // \frac{1}{j\omega C_2} = \frac{R_2}{1 + j\omega R_2 C_2}$$

反馈网络系数

$$\dot{F} = \frac{\dot{U}_f}{\dot{U}_o} = \frac{Z_2}{Z_1 + Z_2} = \frac{\dfrac{R_2}{1 + j\omega R_2 C_2}}{R_1 + \dfrac{1}{j\omega C_1} + \dfrac{R_2}{1 + j\omega R_2 C_2}} \qquad (7.2.1)$$

$$= \frac{1}{\left(1 + \dfrac{R_1}{R_2} + \dfrac{C_2}{C_1}\right) + j\left(\omega R_1 C_2 - \dfrac{1}{\omega R_2 C_1}\right)}$$

取 $R_1 = R_2 = R$，$C_1 = C_2 = C$，令 $\omega_0 = \dfrac{1}{RC}$，则

$$\dot{F} = \frac{1}{3 + j\left(\dfrac{\omega}{\omega_0} - \dfrac{\omega_0}{\omega}\right)} \qquad (7.2.2)$$

得 RC 串并联电路的幅频特性为

$$|\dot{F}| = \frac{1}{\sqrt{3^2 + \left(\dfrac{\omega}{\omega_0} - \dfrac{\omega_0}{\omega}\right)^2}} \qquad (7.2.3)$$

相频特性为

$$\varphi_F = -\arctan\left[\frac{\dfrac{\omega}{\omega_0} - \dfrac{\omega_0}{\omega}}{3}\right] \qquad (7.2.4)$$

当 $\omega = \omega_0 = \dfrac{1}{RC}$ 时，$|\dot{F}|_{max} = \dfrac{1}{3}$，$\varphi_F = 0$。

即当 $\omega = \omega_0 = \dfrac{1}{RC}$ 时，输出电压的幅值最大，且输出电压幅值是输入电压幅值的 1/3，同时可以看到输出电压与输入电压同相。根据式(7.2.3)、式(7.2.4)可以画出串并联网络的幅频特性和相频特性，如图 7.2.1 所示。

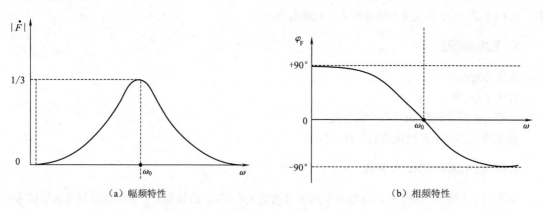

（a）幅频特性　　　　　　　　　　（b）相频特性

图 7.2.1　RC 串并联选频网络的频率响应

3. 起振与稳定

由图 7.2.1 可知，在 $\omega = \omega_0 = \dfrac{1}{RC}$ 时，经过 RC 选频网络传输到集成运放同相端的反馈电压 $\dot{U}_f$

与输出电压 $\dot{U}_o$ 同相，即有 $\varphi_A + \varphi_F = 0$。这样，放大电路和由 Z_1、Z_2 组成的反馈网络形成正反馈系统。

此时若要起振，则必须满足振幅平衡条件 $|\dot{A}\dot{F}| > 1$，在 $\omega = \omega_0 = \frac{1}{RC}$ 时，满足相位平衡条件，可得 $|\dot{F}| = \frac{1}{3}$，由此可求得振荡电路的起振条件为

$$|\dot{A}_u| > 3 \tag{7.2.5}$$

已知同相比例运算电路输出电压与输入电压之间的比例系数为 $1 + \frac{R_F}{R'}$，则

$$|\dot{A}_u| = 1 + \frac{R_F}{R'} > 3 \tag{7.2.6}$$

可得负反馈网络的参数应满足

$$R_F > 2R' \tag{7.2.7}$$

起振后，电路的频谱可能会比较广，但也会包含 $\omega = \omega_0 = \frac{1}{RC}$ 的频率成分，经过 RC 的滤波选频作用和集成运放 A 的放大作用，输出幅度越来越大，最后受到非线性元件的限制和负反馈稳幅网络的作用，振幅自动稳定下来，此时 $\dot{A}_u = 3$，$\dot{F}_u = \frac{1}{3}$。

4. 振荡频率与频率调节

由上述分析可知，电路固有角频率 $\omega = \omega_0 = \frac{1}{RC}$ 时，$\varphi_A + \varphi_F = 0$，$|\dot{A}_u| > 3$，即可起振。其他任何频率均不能满足起振条件，由此可知电路的振荡频率为

$$f_0 = \frac{\omega_0}{2\pi} = \frac{1}{2\pi RC} \tag{7.2.8}$$

通过式(7.2.8)可以看出，若要得到不同的振荡频率，只要调整电阻 R 或电容 C 的值即可。在 RC 串并联网络中，可以利用同轴波段开关接不同容量的电容对振荡频率进行粗调，再利用同轴可调电阻 R_W 对频率进行细调，从而可以在一个相对范围内对振荡频率进行调节。

除了 RC 串并联选频振荡电路外，其他的 RC 振荡电路还有移相式振荡电路和双 T 型选频振荡电路，受篇幅所限，不再赘述。

一般 RC 振荡电路用来产生 1 Hz ～ 1 MHz 的低频信号，若要产生更高频率的信号，可以考虑采用 RL 振荡电路。

7.3 *LC* 正弦波振荡电路

LC 正弦波振荡电路可产生几十兆赫以上的高频正弦波信号。LC 正弦波振荡电路和 RC 正弦波振荡电路产生正弦波的原理基本相同。它们在电路组成方面的主要区别在于，RC 正弦波振荡电路的选频网络是由电阻和电容组成的，LC 正弦波振荡电路的选频网络是由电感和电容组成的。因而在这一小节，主要介绍 LC 选频网络部分。

7.3.1 LC 并联电路的频率特性

图 7.3.1 为 LC 并联电路,图中 R 为回路及回路负载总的等效损耗电阻。

当频率变化时,并联电路阻抗的大小和性质都会发生变化。

(1)并联电路的导纳

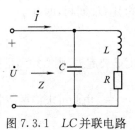

图 7.3.1 LC 并联电路

$$Y = \frac{\dot{U}}{\dot{I}} = j\omega C + \frac{1}{R + j\omega L} \tag{7.3.1}$$

$$= \frac{R}{R^2 + (\omega L)^2} + j\left[\omega C - \frac{\omega L}{R^2 + (\omega L)^2}\right]$$

可以看出,当 $\omega_0 C - \dfrac{\omega_0 L}{R^2 + (\omega_0 L)^2} = 0$ 时,$Y = \dfrac{R}{R^2 + (\omega L)^2}$,回路电压 $\dot{U}$ 与回路电流 $\dot{I}$ 同相,电路呈纯阻性,此时电路发生 LC 并联谐振。

由 $\omega_0 C - \dfrac{\omega_0 L}{R^2 + (\omega_0 L)^2} = 0$,可得谐振角频率为

$$\omega_0 = \frac{1}{\sqrt{\left(\dfrac{R}{\omega_0 L}\right)^2 + 1}} \cdot \frac{1}{\sqrt{LC}} \tag{7.3.2}$$

式(7.3.2)说明 ω_0 不仅与 L、C 有关,还与电阻 R 有关。可令

$$Q = \frac{\omega_0 L}{R} \tag{7.3.3}$$

Q 称为谐振回路的品质因数,是 LC 正弦波振荡电路的一项重要指标,一般 Q 值为几十到几百。

由式(7.3.2)可知,当 $Q \gg 1$ 时,谐振角频率为

$$\omega_0 \approx \frac{1}{\sqrt{LC}} \tag{7.3.4}$$

谐振频率为

$$f_0 \approx \frac{1}{2\pi\sqrt{LC}} \tag{7.3.5}$$

式(7.3.5)说明,当品质因数比较高的时候,并联谐振频率基本上取决于并联回路的电感和电容的值。

此时,品质因数为

$$Q = \frac{\omega_0 L}{R} \approx \frac{1}{R}\sqrt{\frac{L}{C}} \tag{7.3.6}$$

(2)LC 并联电路的阻抗

$$Z = (R + j\omega L)//\left(-j\frac{1}{\omega C}\right) = \frac{-j\dfrac{1}{\omega C}(R + j\omega L)}{-j\dfrac{1}{\omega C} + R + j\omega L} \tag{7.3.7}$$

$$\approx \frac{\left(-j\dfrac{1}{\omega C}\right) \cdot j\omega L}{R + j\left(\omega L - \dfrac{1}{\omega C}\right)} = \frac{\dfrac{L}{RC}}{1 + j\dfrac{\omega L}{R}\left(1 - \dfrac{1}{\omega^2 LC}\right)}$$

发生并联谐振时，$\omega = \omega_0 \approx \dfrac{1}{\sqrt{LC}}$，此时，回路等效阻抗为

$$Z_0 = \frac{1}{Y_0} \approx \frac{L}{RC} \qquad (7.3.8)$$

在谐振频率附近

$$Z \approx \frac{Z_0}{1 + jQ\left(1 - \dfrac{\omega_0^2}{\omega^2}\right)} \qquad (7.3.9)$$

可见，Q 值不同，回路的阻抗不同。由此可得，不同 Q 值时，LC 并联电路的幅频特性和相频特性曲线如图 7.3.2 所示。

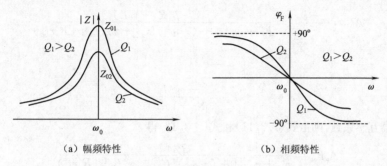

（a）幅频特性　　　　　　　　（b）相频特性

图 7.3.2　LC 并联电路的幅频特性和相频特性曲线

综上分析，可得以下结论：

①当 $f = f_0$ 时，电路为纯电阻性，等效阻抗最大；当 $f < f_0$ 时，电路为感性；当 $f > f_0$ 时，电路为容性。所以，LC 并联电路具有选频特性。

②电路的品质因数 Q 越大，选频特性越好。

③谐振频率与 LC 并联电路参数有关。

7.3.2　变压器反馈式 LC 振荡电路

1. 电路组成

如图 7.3.3 所示，振荡电路由 BJT 放大电路、LC 并联选频电路、变压器反馈电路等部分组成，因而称为变压器反馈式 LC 振荡电路。

用瞬时极性法判断电路是否满足振荡的相位平衡条件。具体方法如下：可先断开输入端 a 点反馈，然后接入频率为 LC 并联谐振频率的测试信号 $\dot{U}_i$，在谐振角频率 $\omega = \omega_0 \approx \dfrac{1}{\sqrt{LC}}$ 的情况

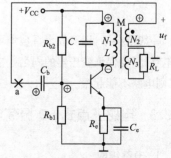

图 7.3.3　变压器反馈式
LC 振荡电路

下，BJT 的集电极等效负载为纯电阻，集电极电压 $\dot{U}_C$ 与 $\dot{U}_i$ 反相，则放大电路相位 $\varphi_A = 180°$。根据图 7.3.3 中标明的变压器同名端，可知变压器二次线圈又引入了 $180°$ 相移，即 $\varphi_F = 180°$，这样整个闭合环路相移为 $\varphi_A + \varphi_F = 360°$，满足自激振荡的相位平衡条件，可能会起振。

2. 振荡频率和起振条件

振荡频率

$$\dot{A}_u = \frac{-\beta Z}{Z + r_{be}} = \frac{-\beta}{1 + \dfrac{r_{be}}{Z}} \tag{7.3.10}$$

考虑 LC 并联电路的导纳为

$$Y = \frac{1}{Z} = \frac{1}{R' + j\omega L} + j\omega C = \frac{1 + (-\omega^2)LC + j\omega CR'}{R' + j\omega L}$$

其中 $R' = R_{b1} // R_{b2} // r_{be}$，将上式带入式(7.3.10)可得

$$\dot{A}_u = \frac{-\beta}{1 + \dfrac{r_{be}}{Z}} = \frac{-\beta(R' + j\omega L)}{R' + r_{be}[1 + (-\omega^2)LC] + j\omega(L + CR'r_{be})} \tag{7.3.11}$$

反馈系数

$$\dot{F}_u = \frac{-j\omega M}{R' + j\omega L} \tag{7.3.12}$$

M 为变压器互感系数，则由式(7.3.11)和式(7.3.12)得

$$\dot{A}_u\dot{F}_u = \frac{\beta j\omega M}{R' + r_{be}[1 + (-\omega^2)LC] + j\omega(L + CR'r_{be})} \tag{7.3.13}$$

根据振荡平衡条件 $\dot{A}_u\dot{F}_u = 1$，由式(7.3.13)可得

$$\begin{cases} R + r_{be}[1 + (-\omega^2)LC] = 0 \\ \beta j\omega M = j\omega(L + CR'r_{be}) \end{cases}$$

整理得

$$\omega = \frac{1}{\sqrt{LC}}\sqrt{1 + \frac{R}{r_{be}}}, \quad \beta = \frac{L + r_{be}R'C}{M}$$

当 $R \ll r_{be}$ 时，可得振荡角频率和振荡频率为

$$\omega = \omega_0 \approx \frac{1}{\sqrt{LC}}, \quad f_0 \approx \frac{1}{2\pi\sqrt{LC}} \tag{7.3.14}$$

若要起振，则振幅平衡条件为

$$\beta > \frac{r_{be}R'C}{M} \tag{7.3.15}$$

一般情况下，BJT 放大系数均可满足式(7.3.15)，即满足振幅平衡条件。故变压器反馈式 LC 振荡电路，只要保证变压器的同名端接线正确，即可满足相位平衡条件，从而电路起振。如果同名端接错，则电路不能起振。

7.3.3 电感三点式 LC 振荡电路

1. 电路组成

确定变压器的同名端比较麻烦，为了避免这种麻烦，也为了绕制线圈方便，可采用自耦式接法，如图 7.3.4 所示。电感 L_1 和 L_2 引出 3 个端点，所以通常称为三点式振荡电路，又称哈特莱(Hartley)振

荡电路。图中 LC 并联电路下端 3 通过耦合电容 C_b 接到 BJT 基极，中间抽头 2 接直流电源 V_{CC}，电感 L_2 上的电压就是送回 BJT 基极的反馈电压 $\dot{U}_F$。根据瞬时极性法判断分析，该电路满足自激振荡的相位平衡条件。

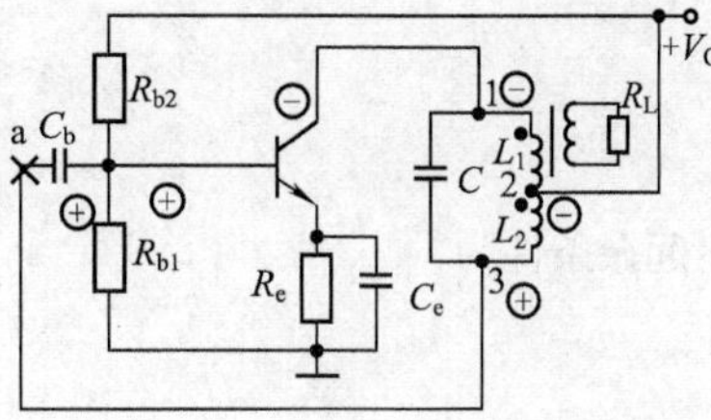

图 7.3.4　电感三点式振荡电路

2. 振荡频率和起振条件

（1）振荡频率

当谐振回路的 Q 值较高时，振荡频率可表示为

$$f_0 = \frac{1}{2\pi\sqrt{LC}} = \frac{1}{2\pi\sqrt{(L_1 + L_2 + 2M)C}}$$

式中，L 为回路总电感 $L = L_1 + L_2 + 2M$；M 为电感 L_1 和 L_2 的互感。

（2）起振条件

同 7.3.2 节，可以证明，起振条件为

$$\beta > \frac{L_1 + M}{L_2 + M} \cdot \frac{r_{be}}{R'}$$

式中，R' 为折合到 BJT 集电极和发射极间总的等效损耗电阻。

3. 电感三点式 LC 振荡电路的特点

①线圈 L_1 和 L_2 直接耦合紧密，容易起振。改变 L_2/L_1 的比值可以得到较好的正弦波，且振幅较大。

②调节频率方便，可产生几十兆赫以下的频率。

③反馈电压取自于 L_2，电感对高次谐波阻抗大，不能将高次谐波短路掉。输出波形中含有较多的高次谐波，频率不稳定，波形较差。

7.3.4　电容三点式 LC 振荡电路

1. 电路组成

为了获得良好的正弦波，可将图 7.3.4 中的电感改用对高次谐波呈低电抗的电容 C_1 和 C_2 来替代，同时将原来的电容 C 改为电感 L，如图 7.3.5 所示，即为电容三点式振荡电路。

该电路中，由于 3 端通过耦合电容 C_b 接到 BJT 基极，2 端接地，所以电容 C_2 的端电压就是反馈电压 $\dot{U}_F$。同样，根据瞬时极性法判断分析，该电路满足自激振荡的相位平衡条件。

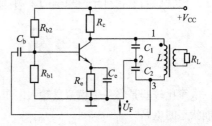

图 7.3.5　电容三点式 LC 振荡电路

2. 振荡频率和起振条件

与电感三点式 LC 振荡电路相比，电容三点式 LC 振荡电路只是将电容改为电感，电感变为相应的电容，用类比法可以得到电容三点式 LC 振荡电路的振荡频率为

$$f_0 \approx \frac{1}{2\pi\sqrt{LC}} = \frac{1}{2\pi\sqrt{L\dfrac{C_1 C_2}{C_1 + C_2}}}$$

起振条件为

$$\beta > \frac{C_2}{C_1} \cdot \frac{r_{be}}{R'}$$

3. 电容三点式 *LC* 振荡电路的特点

①反馈电压取自于 C_2，电感对高次谐波阻抗很小，反馈电压中的高次谐波分量小。

②电容 C_1 和 C_2 可以选得很小，振荡频率较高，可以达到 100 MHz 以上。

③调节 C_1 或 C_2 可以改变振荡频率，但会影响到起振条件，因此这种电路适用于固定频率电路。

④C_1 与集射电容相并联，C_2 与基射电容相并联，若两电容与极间电容相比拟，而极间电容容易受到温度影响。

7.3.5 电容三点式改进型 *LC* 振荡电路

对于图 7.3.5 所示振荡电路，为了提高振荡频率，需要减小电容 C_1、C_2 的值，尤其是减小到与三极管极间电容相比拟时，将受外界影响较大，导致振荡频率不稳定。

为了克服这个弱点，可将图 7.3.5 所示电路加以改进，在电感 L 支路中串联一个电容 C，如图 7.3.6 所示。为了避免三极管极间电容对振荡频率的影响，通常 C_1、C_2 的取值比较大，均远大于 C，此时振荡频率为

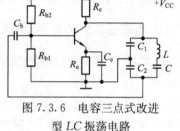

图 7.3.6 电容三点式改进型 *LC* 振荡电路

$$f_0 \approx \frac{1}{2\pi\sqrt{L \cdot \dfrac{1}{\dfrac{1}{C} + \dfrac{1}{C_1} + \dfrac{1}{C_2}}}}$$

因 $C \ll C_1$，$C \ll C_2$，则

$$f_0 \approx \frac{1}{2\pi\sqrt{LC}}$$

该电路振荡频率 f_0 与电容 C_1 和 C_2 关系变小，当这两个电容足够大时，可以忽略其影响，从而减小了三极管极间电容对振荡频率的影响，适用于产生高频振荡，稳定度可达到 $10^{-5} \sim 10^{-4}$。

 # 7.4 电压比较器

电压比较器是将一个模拟量输入电压与一个参考电压进行比较，输出只有高电平或低电平两种可能状态的电路。

在电压比较器中，集成运放一般工作在非线性区，处于开环状态或引入正反馈。常用的电压比较器有过零比较器、单限比较器、滞回比较器及双限比较器 4 种。下面对前 3 种进行简要介绍。

1. 过零比较器

过零比较器主要有简单过零比较器和限幅过零比较器两种。简单过零比较器没有外围电路，

输出电压为集成运放最大电压;限幅过零比较器利用稳压管限制输出的电压,以获得所需的电压信号。

(1)简单过零比较器

简单过零比较器电路如图 7.4.1(a)所示,已知集成运放工作在非线性区时,输出电压为 $\pm U_{\text{OPP}}$,由于理想运放的开环差模增益为无穷大,所以

当 $u_I < 0$ 时,$u_O = +U_{\text{OPP}}$;

当 $u_I > 0$ 时,$u_O = -U_{\text{OPP}}$。

当比较器的输出电压由一种状态跳变为另一种状态,所对应的输入电压称为阈值电压。顾名思义,简单过零比较器的阈值电压为 0。

传输特性如图 7.4.1(b)所示。

(2)限幅过零比较器

限幅过零比较器是利用一对稳压管将过零比较器的输出幅度限制在稳压管电压 $\pm U_Z$ 内。如图 7.4.2 所示,将输出端通过一对稳压管接到反相端。

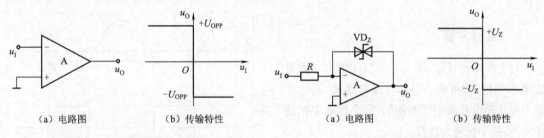

（a）电路图　　　（b）传输特性　　　　　　　（a）电路图　　　（b）传输特性

图 7.4.1　简单过零比较器　　　　　　　图 7.4.2　限幅过零比较器

当 $u_I < 0$ 时,$u_O = +U_Z$;

当 $u_I > 0$ 时,$u_O = -U_Z$。

从而限制过零比较器的输出电压。图 7.4.2(b)为限幅过零比较器的传输特性。

2. 单限比较器

单限比较器电路图如图 7.4.3(a)所示,U_{REF} 为参考电压,u_- 为反相端电压,同相端电压 $u_+ = 0$。当输入电压 U_I 达到一特定值 U_T 时,比较器输出电平发生跳变,U_T 称为门限电平。下面求 U_T 的表达式。

根据集成运放工作在非线性区的"虚断"特性,可以对反相端节点列 KCL 方程

$$\frac{U_{\text{REF}} - u_-}{R_2} + \frac{u_I - u_-}{R_1} = 0$$

整理可得

$$u_- = \frac{R_2}{R_1 + R_2} u_I + \frac{R_1}{R_1 + R_2} U_{\text{REF}}$$

当 $u_- = u_+ = 0$ 时,根据上式,可得输入电压 U_I 对应的门限电平 U_T

$$U_T = u_I = -\frac{R_1}{R_2} U_{\text{REF}} \tag{7.4.1}$$

$u_I < U_T$ 时,$u_- < u_+$,$u_o = +U_Z$;

$u_I > U_T$ 时,$u_- > u_+$,$u_o = -U_Z$;

若 $U_{REF} > 0$，可得其转移特性曲线，如图7.4.3(b)所示。

由式(7.4.1)可知，改变参考电压 U_{REF} 的大小和极性，以及电阻 R_1 和 R_2 的值，可以改变阈值电压 U_T 的大小和极性。

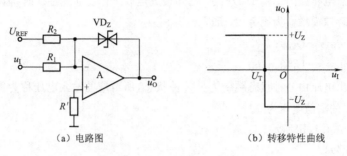

(a) 电路图　　　　　　　　　　(b) 转移特性曲线

图7.4.3　单限比较器

可以利用单限比较器将正弦波信号变为方波信号，请读者根据图7.4.4自行分析波形改变的过程。

3. 滞回比较器

对于单限比较器，输入电压在阈值电压附近的微小变化，都可能会引起电压的跳变，若这个微小变化是由外部干扰引起的，则会影响系统的稳定性，抗干扰能力较差。

滞回比较器具有滞回特性，即具有惯性，因而具有一定的抗干扰能力。其电路图如图7.4.5(a)所示，输入信号从反相端输入，反馈电路接入同

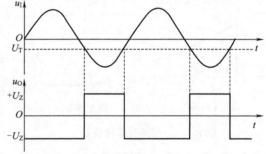

图7.4.4　正弦波变方波示意图

相端。因稳压管的限幅作用，输出电压 u_O 为 $\pm U_Z$；反相端电压为 u_-，同相端电压为 u_+，输入电压 $u_I = u_-$。根据图7.4.5(a)，可得同相端电压

$$u_+ = \frac{R_1}{R_1 + R_2} U_Z$$

当 $u_- = u_+$ 时，比较器输出电压的状态发生跳变，可得门限电压

$$U_T = u_I = \frac{R_1}{R_1 + R_2} U_Z \tag{7.4.2}$$

假设输出电压 $u_O = +U_Z$，当 u_I 逐渐增大到

$$u_I = +U_T = +\frac{R_1}{R_1 + R_2} U_Z \tag{7.4.3}$$

时，u_O 由 $+U_Z$ 跳变为 $-U_Z$。假设输出电压 $u_O = -U_Z$，当 u_I 逐渐减小到

$$u_I = -U_T = -\frac{R_1}{R_1 + R_2} U_Z \tag{7.4.4}$$

时，u_O 由 $-U_Z$ 跳变为 $+U_Z$。比较器的门限宽度（回差）为

$$\Delta U_T = (+U_T) - (-U_T) = \frac{2R_1}{R_1 + R_2} U_Z \tag{7.4.5}$$

图 7.4.5(b)为滞回比较器的转移特性。

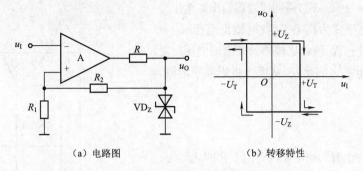

（a）电路图　　　　　　　　（b）转移特性

图 7.4.5　滞回比较器

滞回比较器稳定性有所提高,通常用于产生矩形波、三角波和锯齿波,或用于波形变换。

7.5　非正弦波发生电路

本节介绍常用的非正弦波发生电路,主要有矩形波发生电路、三角波发生电路、锯齿波发生电路。非正弦波发生电路通常作为脉冲和数字信号源使用。

7.5.1　矩形波发生电路

1. 电路组成

如图 7.5.1 所示,矩形波发生电路主要包括滞回比较器、充放电回路、钳位电路 3 部分。其中,滞回比较器由集成运放 A,电阻 R_1、R_2 组成;充放电回路由电阻 R 和电容 C 组成;钳位电路由稳压管 VD_Z 和电阻 R_3 组成,其作用是将滞回比较器的输出电压限制在稳压管的稳定电压值 $\pm U_Z$。

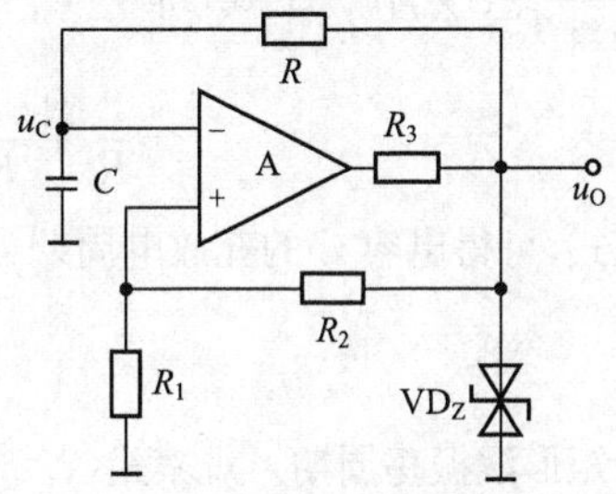

2. 工作原理

设 $t=0$ 时,电容 C 端电压 $u_C = 0$,滞回比较器输出电压 $u_O = +U_Z$。则集成运放同相输入端电压为输出电压在电阻 R_1、R_2 上分得的电压

图 7.5.1　矩形波发生电路

$$u_+ = \frac{R_1}{R_1 + R_2} U_Z$$

此时,U_Z 通过电阻 R 向电容 C 充电,电容 C 两端电压 u_C 逐渐增加,当增加到 $u_- = u_C = u_+$ 时,滞回比较器输出端电压将发生跳变,由高电平变为低电平,此时输出电压 $u_O = -U_Z$。由于 R_1、R_2 的钳位作用,集成运放同相输入端电压变为

$$u_+ = -\frac{R_1}{R_1 + R_2} U_Z$$

输出电压 u_O 变为负电压后，电容 C 通过电阻 R 放电，从而使其端电压 u_C 逐渐降低。当电容端电压下降到 $u_- = u_C = u_+$ 时，滞回比较器输出端电压又一次跳变，由低电平变为高电平，此时输出电压 $u_O = U_Z$。以后重复上述过程，滞回比较器的输出端电压反复地在高电平和低电平之间跳变，从而产生周期矩形波，如图 7.5.2 所示。

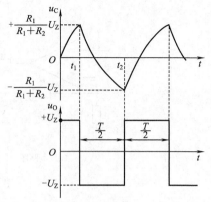

图 7.5.2　矩形波生成过程

3. 振荡周期

已知动态元件电容的端电压随时间变化的规律为

$$u_C(t) = \left[u_C(0) - u_C(\infty)\right]e^{-\frac{t}{\tau}} + u_C(\infty)$$

式中，$u_C(0)$ 为电容初始值；$u_C(\infty)$ 为电容稳态值；τ 为电路时间常数。

本电路中，电容 C 放电时

$$u_C(0) = +\frac{R_1}{R_1 + R_2}U_Z$$

$$u_C(\infty) = -U_Z$$

$$\tau = RC$$

带入 $u_C(t)$ 表达式，得

$$u_C(t) = \left(\frac{R_1}{R_1 + R_2}U_Z + U_Z\right)e^{-\frac{t}{RC}} - U_Z$$

电容 C 端电压 $u_C(t)$ 从 $+\dfrac{R_1}{R_1 + R_2}U_Z$ 下降到 $-\dfrac{R_1}{R_1 + R_2}U_Z$ 所需时间为 $\dfrac{T}{2}$，将 $t = \dfrac{T}{2}$ 及 $u_C(t) = -\dfrac{R_1}{R_1 + R_2}U_Z$，代入上式，得

$$-\frac{R_1}{R_1 + R_2}U_Z = \left(\frac{R_1}{R_1 + R_2}U_Z + U_Z\right)e^{-\frac{T}{2RC}} - U_Z$$

解该式，可得电容 C 的充放电周期为

$$T = 2RC\ln\left(1 + \frac{2R_1}{R_2}\right) \tag{7.5.1}$$

即为矩形波振荡周期。观察式(7.5.1)，可以发现，若要调整电路振荡周期，可以通过改变充放电回路的时间常数 τ 及滞回比较器的电阻 R_1、R_2 的值来实现。

4. 占空比可调的矩形波发生电路

使电容的充、放电时间常数不同且可调，即可使矩形波发生器的占空比可调，如图 7.5.3 所示。电位器 R_W 和二极管 VD_1、VD_2 可将充电与放电回路分开，并可调节充、放电时间常数的比。

忽略二极管 VD_1、VD_2 的导通电阻和电压降，通过分析可求得电容充电和放电时间分别为

$$T_1 = (R + R_W'')C\ln\left(1 + \frac{2R_1}{R_2}\right)$$

$$T_2 = (R + R_W')C\ln\left(1 + \frac{2R_1}{R_2}\right)$$

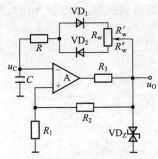

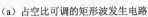

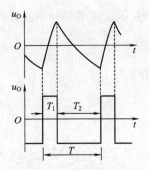

（a）占空比可调的矩形波发生电路　　　　（b）占空比可调电路输出波形

图 7.5.3　占空比可调的矩形波发生电路及输出波形

输出矩形波周期为

$$T = T_1 + T_2 = (2R + R_w)C\ln\left(1 + \frac{2R_1}{R_2}\right) \tag{7.5.2}$$

矩形波的占空比为

$$D = \frac{T_1}{T} = \frac{R + R_w''}{2R + R_w} \tag{7.5.3}$$

7.5.2　三角波发生电路

将矩形波进行积分，可以得到线性度比较好的三角波。因此，三角波发生电路可以通过将矩形波发生电路与积分电路连接起来组合而成。

1. 电路组成

如图 7.5.4 所示，其中集成运放 A_1 组成滞回比较器，集成运放 A_2 组成积分电路。滞回比较器输出信号 u_{O1} 加在 A_2 的反相端进行积分，积分电路的输出信号通过反馈通路 R_1 反馈到滞回比较器的同相端，控制滞回比较器的跳变。

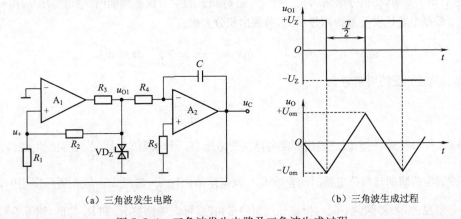

（a）三角波发生电路　　　　　（b）三角波生成过程

图 7.5.4　三角波发生电路及三角波生成过程

2. 工作原理

假设 $t = 0$ 时，积分器电容端电压 $u_C = 0$，滞回比较器输出电压 $u_{O1} = +U_Z$。滞回比较器中 A_1 的

同相端电压 u_+ 为 u_{O1}、u_O 共同作用的结果，根据叠加定理分别求出 u_{O1} 单独作用时的电压

$$u'_+ = \frac{R_1}{R_1 + R_2} u_{O1}$$

u_O 单独作用时的电压

$$u''_+ = \frac{R_2}{R_1 + R_2} u_O$$

A_1 的同相端电压

$$u_+ = u'_+ + u''_+ = \frac{R_1}{R_1 + R_2} u_{O1} + \frac{R_2}{R_1 + R_2} u_O \qquad (7.5.4)$$

此时，因为 $u_O = u_C = 0$，$u_{O1} = +U_Z$，故 u_+ 为高电平。根据电容伏安关系的积分形式，可知积分器反相积分，电容端电压 $u_C = u_O$ 随时间呈负方向线性增大，u_+ 随之减小，当 $u_+ = u_- = 0$ 时，滞回比较器的输出信号发生跳变，u_{O1} 由 $+U_Z$ 变为 $-U_Z$。

同理可知，当 $u_{O1} = -U_Z$ 时，积分电路输出电压 u_O 将随时间不断正向线性增大，u_+ 随之增大，当增大至 $u_+ = u_- = 0$ 时，滞回比较器的输出信号发生跳变，u_{O1} 由 $-U_Z$ 变为 $+U_Z$，如此反复变化，从而生成三角波，如图 7.5.4(b) 所示。

3. 输出幅度和振荡周期

(1) 输出幅度

如图 7.5.4 所示，$u_{O1} = -U_Z$ 过程中，积分电路输出电压 u_O 正向线性增大，u_+ 随之增大，当 $u_+ = u_- = 0$ 时，u_{O1} 跳变为 $-U_Z$，u_O 达到最大值 U_{om}。将 $u_{O1} = -U_Z$，$u_O = U_{om}$ 代入式(7.5.4)，得

$$0 = \frac{R_1}{R_1 + R_2}(-U_Z) + \frac{R_2}{R_1 + R_2} U_{om}$$

解之可得三角波的输出幅度为

$$U_{om} = \frac{R_1}{R_2} U_Z \qquad (7.5.5)$$

(2) 振荡周期

由图 7.5.4 可知，在积分电路对 $u_{O1} = -U_Z$ 进行积分的半个振荡周期内，输出电压 u_O 由 $-U_{om}$ 达到 $+U_{om}$，根据电容伏安关系的积分形式，可列出积分方程：

$$u_O = u_C = -\frac{1}{C} \int_0^{\frac{T}{2}} i_C(t)\,\mathrm{d}t = -\frac{1}{C} \int_0^{\frac{T}{2}} \frac{-U_Z}{R_4}\,\mathrm{d}t = 2U_{om}$$

解之可得三角波的振荡周期为

$$T = \frac{4R_4 C U_{om}}{U_Z} = \frac{4R_1 R_4 C}{R_2} \qquad (7.5.6)$$

由式(7.5.5)可知，三角波的输出幅度与稳压管电压 U_Z 及电阻值之比 $\dfrac{R_1}{R_2}$ 有关。由式(7.5.6)可知，三角波的振荡周期与积分电路时间常数 $R_4 C$ 及电阻值之比 $\dfrac{R_1}{R_2}$ 有关。一般在实际应用中，稳压管电压 U_Z 是不变的，若要得到不同的振幅和周期的三角波，可以先调整 R_1 和 R_2 的值，使得输出幅度达到预期值，再调整 R_4 和 C 即可得到所需的周期。

7.5.3 锯齿波发生电路

锯齿波与正弦波、矩形波、三角波一样，也是比较常用的基本信号。比如示波器的扫描电路中，为

了使电子按一定的规律运动,从而利用示波器荧光屏显示图像,常用锯齿波发生电路作为时基电路。

在三角波发生电路中,若使积分电容充电和放电的时间常数不同,且有一定的差距,则在积分电路输出端可以得到锯齿波信号。因而锯齿波发生电路与三角波发生电路比较接近。

1. 电路组成及工作原理

如图 7.5.5 所示,在三角波发生电路的基础上,用二极管 VD_1、VD_2 及电位器 R_W 代替原来的积分电阻,使得积分电容的充电和放电回路分开,从而组成锯齿波发生电路。其中,集成运放 A_1 组成滞回比较器,集成运放 A_2 组成积分电路。

锯齿波发生电路与三角波发生电路工作原理比较类似,其中两种发生电路的 A_1 部分是相同的,不同之处在于 A_2 的 RC 积分电路部分:通过调节电位器 R_W 滑动端子的位置,使 $R_W' \ll R_W''$,由积分电路时间常数

$$\tau = RC$$

可知电容充电时间常数比放电时间常数小得多,即

$$\tau_2 = R_W'C \ll \tau_1 = R_W''C$$

此式说明积分电路的充电过程很快,而放电过程很慢,从而生成三角波。锯齿波生成过程如图 7.5.6 所示。

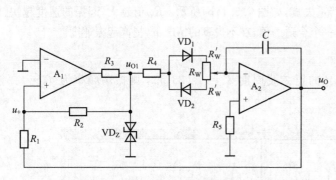

图 7.5.5　锯齿波发生电路

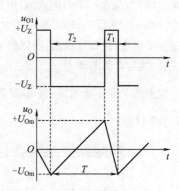

图 7.5.6　锯齿波生成过程

2. 输出幅度和振荡周期

根据图 7.5.6,与三角波发生电路输出幅度分析方法相似,求得的锯齿波发生电路输出幅度为

$$U_{om} = \frac{R_1}{R_2}U_Z \tag{7.5.7}$$

若忽略二极管 VD_1、VD_2 的导通电阻,求得的电容充电和放电时间分别为

$$T_1 = \frac{2R_1R_W'C}{R_2} \tag{7.5.8}$$

$$T_2 = \frac{2R_1R_W''C}{R_2} \tag{7.5.9}$$

则锯齿波振荡周期为

$$T = T_1 + T_2 = \frac{2R_1R_WC}{R_2} \tag{7.5.10}$$

由式(7.5.7)可知,锯齿波的输出幅度与稳压管电压 U_Z 及电阻值之比 $\dfrac{R_1}{R_2}$ 有关。由式(7.5.8)~

式(7.5.10)可知,锯齿波的波形和周期与积分电路时间常数 $R'_W C$、$R''_W C$、$R_W C$ 及电阻之比 $\dfrac{R_1}{R_2}$ 有关。一般在实际应用中,稳压管电压 U_Z 是不变的,若要得到不同的振幅和周期的锯齿波,可以先调整 R_1 和 R_2 的值,使得输出幅度达到预期值,再调整 R_W 的旋钮和电容 C 的值,即可得到所需的周期。

7.6 波形发生电路及应用的 Multisim 仿真实例

利用 Multisim 仿真软件实现常用的正弦波发生电路和非正弦波发生电路,并仿真出波形。并利用矩形波发生器设计一款声光报警器。

7.6.1 *RC* 串并联正弦波发生电路 Multisim 仿真

1. 仿真内容

(1)起振与正弦波产生

调节电位器 R_W,在虚拟示波器中观察电路的输出情况。当 R_W 减小到一定值的时候,电路将不能振荡。增大 R_W 至一个合适的值,电路能够振荡,且输出波形良好,如图 7.6.1(a)所示;继续增大 R_W,当增大到一定程度后,输出波形产生严重失真,如图 7.6.1(b)所示。R_W 值越大,起振的速度越快,但超过一定程度,失真度越高,所以要取一个合适的值,在不失真的情况下,提高起振速度。

(2)周期计算与测量

根据图 7.6.1 所示,示波器观测到的正弦波周期 $T = 1.023$ ms,则振荡频率为 $f_0 = \dfrac{1}{T} = 977.517$ Hz。

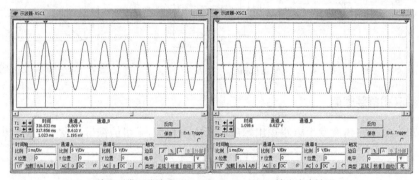

(a)输出正常正弦波形   (b)输出失真波形

图 7.6.1 正弦波振荡电路输出波形

2. 仿真电路

在 Multisim 10 中搭建如图 7.6.2 所示的 *RC* 串并联正弦波发生电路,其中集成运放 A 选用 LM324P。考虑到起振条件,在选取 R_F、R_W、R_3 元件参数时,应使闭环增益 $|\dot{A}_u| = 1 + \dfrac{R_F + R'_W}{R_3} > 3$。本次仿真主要研究反馈电路对起振的影响,研究波形稳定后的可调元件的参数对频率、周期、振幅的影响。

可见周期与频率的计算值与测量值在一个数量级,但存在误差。

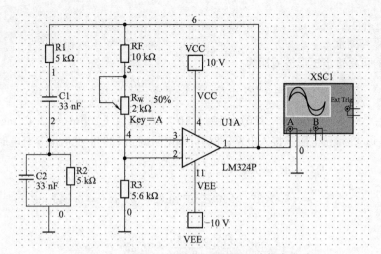

图 7.6.2　RC 串并联正弦波振荡电路仿真电路

3. 仿真结果及结论

①可调电阻 R_W 减小到 50% 以后,闭环增益 $|\dot{A}_u| < 3$,波形发生器将不能起振。当 R_W 增大到 60% 时,闭环增益 $|\dot{A}_u| > 3$,电路起振。R_W 继续增大,产生的波形将产生失真。

②波形发生器的振荡周期由 RC 电路确定,即 $\omega = \dfrac{1}{RC}$,不随外电路变化,但测量值与计算值之间有一定的误差。

7.6.2　占空比可调矩形波发生电路 Multisim 仿真

1. 仿真内容

(1)波形观察

将示波器接到集成运放的输出端和反相端,按键盘的 A 键来调整可调电阻,通过观察示波器可以发现:

当可调电阻比例为 50% 时,说明电容的充电和放电时间相同,示波器显示波形为方波;可调电阻比例越低,充电时间越长,放电时间越短,波形的占空比越大,如图 7.6.3(a)所示;反之,可调电阻比例越高,充电时间越短,放电时间越长,波形的占空比越小,如图 7.6.3(b)所示。因而该电路为占空比可调电路。

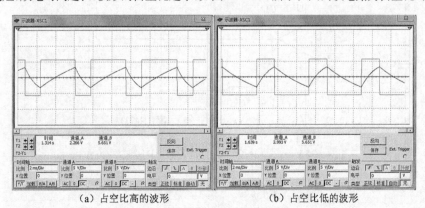

（a）占空比高的波形　　　　　　　（b）占空比低的波形

图 7.6.3　占空比可调振荡电路输出波形

（2）周期计算与测量

由式（7.5.2）可得输出矩形波周期为

$$T = T_1 + T_2 = (2R_1 + R_W)C_1 \ln\left(1 + \frac{2R_5}{R_4}\right)$$

$$= [(2 \times 50 + 100) \times 10^3 \times 10 \times 10^{-9} \ln(1+2)] \text{ms} \approx 2.19 \text{ ms}$$

充电时间最短时，可调电阻不接入电路，即将可调电阻调到100%，此时电容充电时间为

$$T_1 = (R_1 + R_W'')C_1 \ln\left(1 + \frac{2R_5}{R_4}\right)$$

$$= [50 \times 10^3 \times 10 \times 10^{-9} \ln(1+2)] \text{ms} \approx 0.549 \text{ ms}$$

占空比为

$$D = \frac{T_1}{T} = \frac{0.549}{2.19} \approx 0.25$$

在示波器中，用标尺线多次测量方波的周期 T 和充电时间 T_1，平均值分别为

$$T = 1.99 \text{ ms}, \ T_1 = 0.575 \ \mu\text{s}$$

则占空比为

$$D = \frac{T_1}{T} = \frac{0.575}{1.99} \approx 0.28$$

可见周期和占空比的计算值与测量值在一个数量级，但存在误差。

2. 仿真电路

在 Multisim 10 中搭建如图 7.6.4 所示的占空比可调的矩形波发生电路，其中集成运放 A 选 LM324P，稳压管选稳定电压为 5.1 V 的 1N4733A，二极管选 1N1200C。

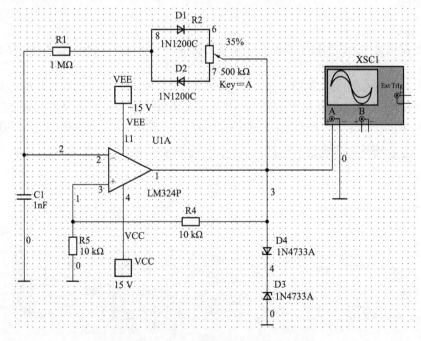

图 7.6.4　占空比可调的矩形波发生电路

3. 仿真结果及结论

①占空比可调电路是在方波发生电路的基础上接入 D_1、D_2 两个二极管和可调电阻 R_w。因为二极管具有单向导通性,从而电容的充电通路和放电通路不再是同一通路,通过调整可调电阻,使得电容 C 的充、放电的时间常数 $\tau = RC$ 不同且可调,从而使得矩形波的高低电平可以改变。

②电路确定以后,输出信号的周期不变,输出信号的电压大小受稳压管 D_3、D_4 的限制。

7.6.3　声光报警电路 Multisim 仿真

在生活中,有不少地方需要报警器,下面利用本章学过的波形发生电路设计一个声光报警器的驱动电路。

1. 仿真内容

利用占空比可调、频率可调的矩形波作为信号源,来驱动蜂鸣器和 LED。当占空比可调矩形波发生电路在外界激励下产生矩形波,并随着外界激励环境变化时,可以自动改变电阻的值,从而实现矩形波波形改变,即改变了报警系统的驱动信号,进而改变蜂鸣器的响度和灯光闪烁频率,形成声光报警系统。作为仿真实例,只需人为调整电阻,改变波形即可;在实践中,可以根据具体情况,用热敏电阻、光敏电阻等替代。

2. 仿真电路

电路主要由占空比可调的矩形波发生电路作为驱动电路,外加功能器件——蜂鸣器和 LED,为方便调节驱动信号的频率,将图 7.6.5 中的电阻 R_1 改为最高阻值为 1 MΩ 的可调电位器,R_{w1} 与 R_{w2} 变为可联动的可调电位器,其余元件不变。

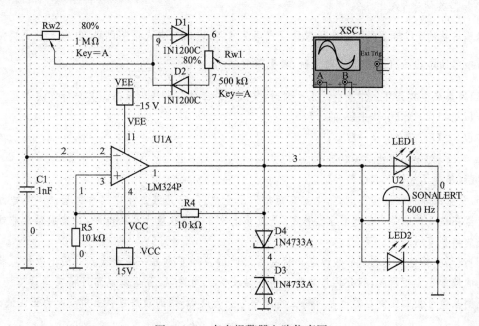

图 7.6.5　声光报警器电路仿真图

3. 仿真结果及结论

随着电位器 R_{w1}、R_{w2} 的不断调整，振荡电路输出的信号频率和占空比不断发生变化，从而使得报警灯光闪烁节奏不断变化，报警蜂鸣器的音调也不断变化。从而达到报警目的。

需要注意的是，当信号达到一定频率后信号会失真，这与器件的频带有关。

模拟信号发生电路可以用来产生正弦信号和非正弦信号，这些信号可以驱动功能性电路，也可以作为通信用的载波，因而用途广泛，是比较重要的基础性电路。

电子器件都有各自的频带范围，当信号频率超过这个频带范围后，信号将失真，或者不能得到信号。因而在使用时，要注意选择合适的电子器件。

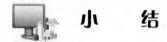

小　结

(1)正弦波振荡电路由放大器、反馈网络、选频网络和稳幅环节构成。

(2)正弦波振荡的条件：$|\dot{A}\dot{F}| = 1$（振幅条件）

$$\varphi_A + \varphi_F = \pm 2n\pi \quad (n = 0,1,2,\cdots)（相位条件）$$

判断电路能否产生正弦波振荡的方法，通常可以利用瞬时极性法来判断电路是否满足相位平衡条件。在满足相位平衡的某一特定频率下，能同时满足幅度平衡条件，则电路可以产生自激振荡。

(3)正弦波振荡电路主要有 RC 振荡电路和 LC 振荡电路两种。RC 振荡电路主要用于几赫至几百千赫的中低频场合，LC 振荡电路主要用于几十兆赫以上的高频场合。

本章讲解的 RC 振荡电路为 RC 串并联振荡电路（又称文氏桥式振荡电路），其振荡频率 $f_0 = \dfrac{1}{2\pi RC}$，起振条件为 $|\dot{A}_u| > 3$。

本章讲解的 LC 振荡电路有变压器反馈式振荡电路、电感三点式振荡电路、电容三点式振荡电路等。当振荡回路的品质因数 Q 比较大时，其振荡频率 $f_0 = \dfrac{1}{2\pi \sqrt{LC}}$。

(4)当集成运放开环工作或引入正反馈时，集成运放工作在非线性状态。其分析方法为：

若 $U_+ > U_-$，则 $U_O = +U_{OM}$；

若 $U_+ < U_-$，则 $U_O = -U_{OM}$；

$U_+ = U_-$ 为输出发生跳变的临界点；

虚断（集成运放输入端电流 $=0$）。

(5)常见的非正弦波发生电路，主要有矩形波发生电路、三角波发生电路和锯齿波发生电路。滞回比较器在这 3 种电路中都起着重要作用，是能够比较 2 个模拟量大小的电路，是集成运放非线性工作状态的典型应用。

(6)波形变换电路是利用非线性电路将一种形状的波形变为另一种形状。电压比较器可将周期性变化的波形变为矩形波，积分运算电路可将方波变为三角波，微分运算电路可将三角波变为方波。利用比例系数可控的比例运算电路可将三角波变为锯齿波，利用滤波法可将三角波变为正弦波。

(7)矩形波发生电路输出的信号周期 $T = 2RC\ln\left(1 + \dfrac{2R_1}{R_2}\right)$，振幅与稳压管提供的电压有关；三角波发生电路输出的信号周期 $T = \dfrac{4R_1R_4C}{R_2}$，振幅 $U_{om} = \dfrac{R_1}{R_2}U_Z$；锯齿波发生电路输出的信号周期 $T = T_1 + T_2 = \dfrac{2R_1R_WC}{R_2}$。

学完本章以后，应能达到以下教学要求：

(1)掌握正弦波发生电路的起振条件；掌握 RC 串并联、LC 并联正弦信号产生电路的组成、起振的条件判断、振荡的频率计算。

(2)理解电压比较器的电路组成、工作原理和输出信号跳变过程。

(3)掌握矩形波、三角波、锯齿波等非正弦波的产生电路的组成、工作原理，振幅、振荡频率与周期的计算。

(4)学会利用 Multisim 搭建波形发生电路，并对仿真结果进行分析；学会利用波形发生电路设计简单的应用电路。

 习题与思考题

一、填空题

1. 自激振荡是指在没有输入信号时，电路中产生了_____的现象。输出波形的变化规律取决于_____。一个负反馈电路在自激振荡时，其_____无限大。

2. 一个实际的正弦波振荡电路绝大多数属于_____电路，它主要由_____、_____和_____组成。为了保证振荡幅值稳定且波形较好，常常还需要_____环节。

3. 正弦波振荡电路利用正反馈产生振荡的条件是_____，其中相位平衡条件是_____，幅值平衡条件是_____。为使振荡电路起振，其条件是_____。

4. 产生低频正弦波一般可用_____振荡电路；产生高频正弦波一般可用_____振荡电路；要求频率稳定性很高，则可用_____振荡电路。

5. 制作频率为 $300 \sim 3\,400$ Hz 的音频信号发生电路，应选用_____正弦波振荡电路；制作频率为 $2 \sim 20$ MHz 的接收机的本机振荡器，应选用_____正弦波振荡电路；制作频率非常稳定的测试用信号源，应选用_____正弦波振荡电路。

6. LC 并联网络在谐振时呈_____，在信号频率大于谐振频率时呈_____，在信号频率小于谐振频率时呈_____。

二、判断题

1. 只要具有正反馈，电路就一定能产生振荡。　　　　　　　　　　　　　　　　(　　)

2. 只要满足正弦波振荡电路的相位平衡条件，电路就一定振荡。　　　　　　　(　　)

3. 凡满足振荡条件的反馈放大电路就一定能产生正弦波振荡。　　　　　　　　(　　)

4. 正弦波振荡电路起振的幅值条件是 $\dot{A}\dot{F} = 1$。　　　　　　　　　　　　　　(　　)

5. 正弦波振荡电路维持振荡的条件是 $\dot{A}\dot{F} = -1$。　　　　　　　　　　　　(　　)

6. 在反馈电路中，只要有 LC 谐振电路，就一定能产生正弦波振荡。　　　　(　　)

7. 对于 LC 正弦振荡电路，若已满足相位平衡条件，则反馈系数越大越容易起振。(　　)

8. 对于 LC 正弦振荡电路，若已满足相位平衡条件，则反馈系数越大越好。　(　　)

三、分析计算题

1. 正弦波振荡器的振荡条件和负反馈放大器的自激条件都是环路放大倍数等于 1,但是由于反馈信号加到比较环节上的极性不同,前者 $\dot{A}\dot{F}=1$,而后者 $\dot{A}\dot{F}=-1$。除了数学表达式的差异外,请问构成相位平衡条件的实质有什么不同?

2. 用相位平衡条件判断图 7.题.1 所示的三个电路是否有可能产生正弦波振荡,并简述理由,假设耦合电容和射极旁路电容很大,可视为交流短路。

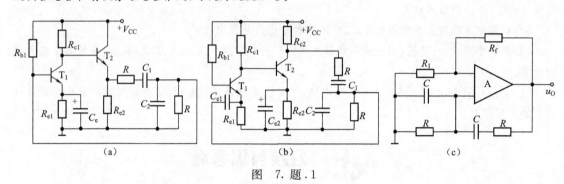

图 7.题.1

3. 试用相位平衡条件判断图 7.题.2 所示电路是否能振荡?若能振荡,请求出振荡频率;若不能振荡,请修改成能振荡的电路,并写出振荡频率。

4. 正弦振荡电路如图 7.题.3 所示。

①试说明 R_4、VD、C_1 和 T 的作用。

②假设 u_O 幅值减小,该电路是如何自动稳幅的?

③振荡频率 f_0 大约是多少?

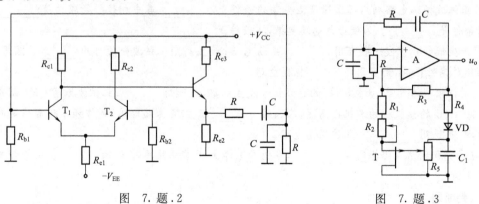

图 7.题.2   图 7.题.3

5. 某电路如图 7.题.4 所示,集成运放 A 具有理想的特性,$R=16\,\text{k}\,\Omega$、$C=0.01\,\mu\text{F}$、$R_2=1\,\text{k}\,\Omega$,试问:①该电路是什么电路?输出什么波形的振荡电路?

②由哪些元件组成选频网络?

③振荡频率 $f_0=$?

④为满足起振的幅值条件,应如何选择 R_1 的大小?

6. 根据相位平衡条件,判断图 7.题.5 所示电路是否产生正弦波振荡,并说明理由。请问二极管 VD_1 和 VD_2 的作用是什么?

7. 判断图 7.题.6 所示各电路是否能产生正弦波振荡,简述理由。设图 7.题.6(b) 中 C_4 容量远大于其他 3 个电容的容量。

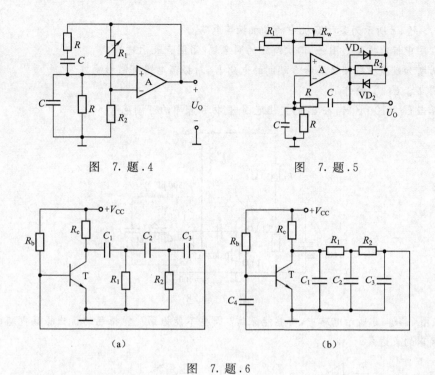

图 7. 题 .4   图 7. 题 .5

图 7. 题 .6

8. 电路如图 7. 题 .7 所示。试用相位平衡条件判断哪些电路可能振荡? 哪些电路不可振荡? 并说明理由。对于不能振荡的电路,应如何改接才能振荡? 图中 C_1、C_e、C_b 为大电容,对交流信号可认为短路。

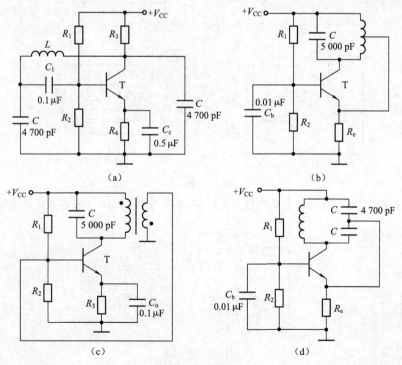

图 7. 题 .7

9. 图 7. 题 .8 所示为某收音机中的本机振荡电路。

①请在图中标出振荡线圈一、二次绕组的同名端(用圆点表示)。

②说明增加或减少线圈 2 端和 3 端间的电感 L_{23} 对振荡电路有何影响。

③说明电容 C_1、C_2 的作用。

④计算当 $C_4 = 10$ pF 时,在 C_5 的变化范围内,振荡频率的可调范围。

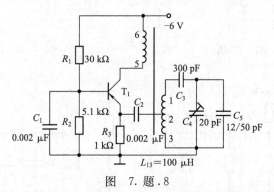

图 7. 题 .8

10. 在图 7. 题 .9 所示电路中,哪些能振荡?哪些不能振荡?能振荡的说出振荡电路的类型,并写出振荡频率的表达式。

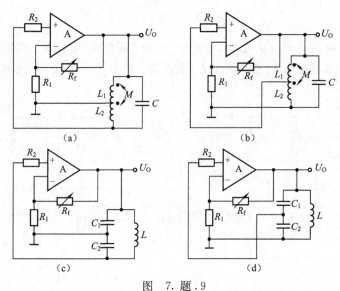

图 7. 题 .9

11. 为了使图 7. 题 .10 所示电路能够产生振荡,请将图中 j、k、m、n、p 各点正确连接。

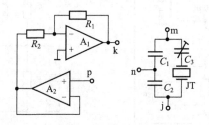

图 7. 题 .10

第8章

功率放大电路

功率放大电路，顾名思义就是能够放大功率的电路，通常位于多级放大电路的输出级为负载提供一定大小的功率。功率放大电路输出的信号具有一定的功率，在满足负载功率的要求下能直接驱动负载工作。功率放大器在生活中比比皆是，手机、播放机、电视机等一切可以发出声音的电子产品中，都靠功率放大器来驱动扬声器或耳机还原出声音。

本章首先阐明功率放大电路的特点；然后重点讨论实际工作中常用互补对称式功率放大电路的组成和工作原理，以及最大输出功率和效率的估算；最后介绍了当前广泛使用的集成功率放大器的电路组成、主要技术指标和典型接法。

8.1 功率放大电路的特点

功率放大电路，简称功放。功放既不是单纯追求输出高电压，也不是单纯追求输出大电流，而是追求在电源（直流）电压确定的情况下，输出尽可能大的功率。前面所学习的放大电路主要用于放大电压或者电流，因而相应地称为电压放大电路或电流放大电路。但无论哪种放大电路，在负载上都同时存在输出电压、电流和功率，上述称呼上的区别只不过是强调输出量的不同而已。

功率放大器工作时，信号电压和电流的幅度都比较大，因此具有许多不同于小信号放大器的特点。

1. 对放大电路的要求

①对功率放大电路的要求是根据负载的要求，提供足够的输出功率。为此，功率放大电路的输出电压和输出电流都应有足够的变化量。功率放大电路的一项重要技术指标是最大输出功率，就是在正弦波输入信号下，输出波形不超过规定的非线性失真指标时，放大电路的最大输出电压有效值与最大输出电流有效值的乘积。在共射接法时，最大输出功率可表示为

$$P_{om} = \frac{U_{cem}}{\sqrt{2}} \cdot \frac{I_{cm}}{\sqrt{2}} = \frac{1}{2} U_{cem} I_{cm} \tag{8.1.1}$$

式中，U_{cem} 和 I_{cm} 分别为集电极输出的正弦波电压和电流的最大幅值。

②对功率放大电路的另一个要求是具有较高的效率。功率放大电路输出给负载的功率是由直流电源提供，即输出的交流功率是由直流电源提供的功率转换过来的，这是一种能量转换的过程。如果能量转换的效率不高，不仅将造成能量的浪费，而且消耗在放大电路内部的电能将转换成热量，使放大管、元件等温度升高，因而不得不选用较大容量的放大管和其他设备，很不经济。

功率放大电路的效率可表示为

$$\eta = \frac{P_o}{P_V} \tag{8.1.2}$$

式中,P_o 为放大电路输出给负载的功率;P_V 为直流电源所提供的功率。

2. 功率放大电路中三极管的工作状态

相比小信号放大器,输入信号幅度较小,输出电压和输出电流的变化量都比较小,在功率放大电路中输入信号幅度大,输出电压和输出电流的变化量都比较大,通常电路中放大管的集电极电压、集电极电流和集电极耗散功率都接近于极限值,即三极管工作在大信号状态,工作状态接近于极限状态。此时,为安全起见,三极管的各项参数不要超过规定的极限值 $U_{(BR)CEO}$、I_{CM} 和 P_{CM}。

一般来说,功率放大电路中的三极管工作在大信号状态,使得三极管特性曲线的非线性问题充分暴露出来,输出波形的非线性失真比小信号放大电路严重得多。在实际的功率放大电路中应根据负载的要求尽量设法减小输出波形的非线性失真。

3. 功率放大电路的分析方法

在功率放大电路中,由于三极管工作点在大范围内变化,因此,对电路进行分析时,一般不能采用微变等效电路法,而常采用图解法分析功率放大电路的静态和动态工作情况。

4. 功率放大电路的分类

功率放大电路按工作状态的不同,可分为甲类、乙类和甲乙类 3 种。甲类放大电路的特点是工作点选在输出特性曲线线性区的中间位置,信号电流在整个周期内都流通,失真小但效率低,输出功率也小;乙类放大电路工作点选在基极电流等于零的那条输出特性曲线上,信号电流只在半周期内流通,效率高,输出功率大,但失真严重;甲乙类放大电路的工作点既不像乙类放大电路选得那样低,也不像甲类那样高,电流截止的时间小于半周期,工作性能介于甲类和乙类之间。图 8.1.1 对功率放大电路的 3 种工作状态进行了比较。

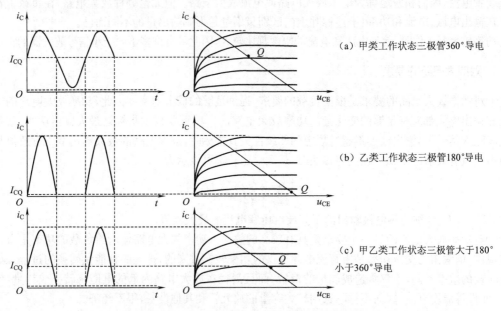

（a）甲类工作状态三极管360°导电

（b）乙类工作状态三极管180°导电

（c）甲乙类工作状态三极管大于180°小于360°导电

图 8.1.1 功率放大电路的三种工作状态

对于功率放大器来说,要求有足够大的输出功率和较高的效率,同时使非线性失真尽量小。甲类放大电路虽然失真小,但信号电流在整个周期内都流通,效率低。在节约能源的当代,使用甲类放大电路的产品已越来越少。

传统的功率放大电路常采用变压器耦合推挽电路,属于乙类放大电路。它的优点是失真小,便于实现阻抗匹配,但由于变压器体积庞大,笨重,消耗有色金属,在低频和高频部分产生相移,容易产生自激振荡,更重要的是,变压器耦合无法实现集成化,所以目前的发展趋势倾向于采用无输出变压器、直接耦合的功率放大电路。本章重点介绍采用直接耦合方式的互补对称式功率放大电路。

5. 提高效率的主要途径

①在甲类放大电路中,为使信号不失真,需设置合适的静态工作点,保证在输入正弦信号的一个周期内,都有电流流过三极管。当有信号输入时,电源供给的功率一部分转化为有用的输出功率,另一部分则消耗在三极管(和电阻)上,并转化为热量的形式耗散出去,称为管耗。

甲类放大电路的效率是较低的,可以证明,即使在理想情况下,甲类放大电路的效率最高也只能达到50%。

②效率 η 是负载得到的有用信号功率(即输出功率 P_o)和电源供给的直流功率(P_V)的比值。

$$\eta = P_o/P_V$$
$$P_V = P_o + P_T \tag{8.1.3}$$

式(8.1.3)显示直流电源功率等于输出功率 P_o 与管耗 P_T 之和,这里忽略了电路中其他元件或线路消耗的能量,因为相比较起来,管耗 P_T 要大得多。要提高效率,就应减小管耗 P_T ,将电源供给的功率大部分转化为有用的信号输出功率。

③提高效率的主要途径是减小静态电流从而减少管耗。静态电流是造成管耗的主要因素,因此如果把静态工作点 Q 向下移动,使信号等于零时电源输出的功率也等于零(或很小),信号增大时电源供给的功率也随之增大,这样电源供给功率及管耗都随着输出功率的大小而变,也就改变了甲类放大时效率低的状况。实现上述设想的电路有乙类和甲乙类放大电路。

乙类和甲乙类放大电路主要用于功率放大电路中。虽然减小了静态功耗,提高了效率,但都出现了严重的波形失真,因此,既要保持静态时管耗小,又要使失真不太严重,这就需要在电路结构上采取措施。

8.2 互补对称功率放大电路

8.2.1 互补对称功率放大电路的引出

前面章节所学的电压放大电路都属于甲类放大电路。下面以共射极放大电路为例,分析甲类功率放大电路的输出功率和效率。

1. 共射放大电路构成的甲类放大电路

图 8.2.1(a)所示电路为共射极放大电路实现的甲类功率放大电路,其图解分析如图 8.2.1(b)所示。假设静态工作点设置在直流负载线的中点,静态时三极管的基极电流忽略不计。

(1)直流电源提供的直流功率 P_V

$P_V = I_{CQ}V_{CC}$,即图 8.2.1(b)中矩形 $ABCO$ 的面积。

(2)集电极电阻 R_c 的功率损耗 P_{R_c}

$P_{R_c} = I_{CQ}U_{R_c}$,即矩形 $QBCD$ 的面积。

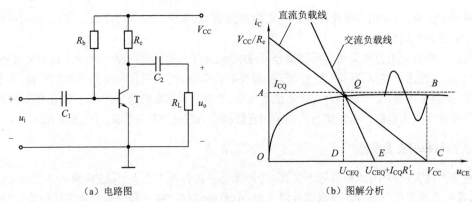

（a）电路图 （b）图解分析

图 8.2.1　甲类放大电路输出功率与效率分析

（3）晶体管集电极耗散功率 P_T

$P_T = I_{CQ}U_{CEQ}$ ，即矩形 $AQDO$ 的面积。

（4）电路可能获得的最大交流输出功率 P_{om}

在理想情况下（忽略 U_{CES} 和 I_{CEO}），甲类功放上 R'_L 可能获得的最大交流输出功率 P'_{om} 为图 8.2.1 中三角形 QDE 的面积。

$$P'_{om} = \frac{1}{2}U_{cem}I_{cem} = \frac{1}{2}I_{CQ}R'_L(I_{CQ} - I_{CEO}) \approx \frac{1}{2}I^2_{CQ}R'_L \tag{8.2.1}$$

式中，$R'_L = R_c // R_L$。通常负载电阻 R_L 上所获得的功率（即输出功率 P_{om}）仅为 P'_{om} 的一部分。

（5）效率 η

$$\eta = \frac{P_{om}}{P_V} < \frac{P'_{om}}{P_V} = \frac{I_{CQ}R'_L}{2V_{CC}} \tag{8.2.2}$$

若 R_L 数值很小，则 $I_{CQ}R'_L$ 必然很小，电路不但输出功率很小，而且由于电源提供的功率始终不变，使得效率也很低。可见，甲类放大电路不宜作为功率放大电路。

2. 互补对称功率放大电路的构成

图 8.2.2(a)所示电路为射极跟随器，其特点是输出电阻小，带负载能力强，适合用作功率输出级，但它并不满足功率放大电路的要求。因为它的静态电流大，所以管耗和电阻上的损耗都较大，致使能量转换效率低。为了提高效率，应尽量减小静态电流，可将三极管的静态工作点降低，如工作点设置在截止区，即零偏置，则 $I_{BQ} = 0$，$I_{CQ} = 0$。

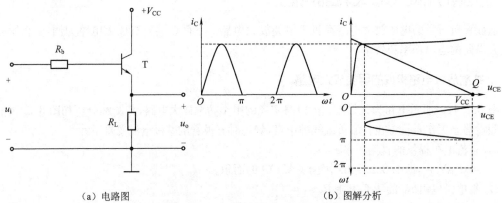

（a）电路图 （b）图解分析

图 8.2.2　射极跟随器功率放大电路

静态时电路不工作,静态损耗为零。在动态时,随着输入信号的幅值增加,就会产生输出电压,直流电源提供的功率也会相应增大,从而克服了射极跟随器效率低的缺点。从图 8.2.2(b)所示的曲线上可知,静态工作点设在横轴上,由 V_{CC} 确定。当有输入信号 u_i 时,正半周三级管导通,其集电极电流随输入信号 u_i 的变化而变化,在负载 R_L 上产生输出电压 u_o。当 u_i 为负半周时,三极管截止,不工作。所以在输入信号 u_i 的一个周期内,输出电压只有半个周期有波形,造成了输出波形严重截止失真。为了补上被截掉的半个周期的输出波形,可用 PNP 型管组成极性相反的射极跟随器对负半周信号进行放大。这样,两个极性相反的射极跟随器互补组合就构成了互补对称功率放大电路。

8.2.2 乙类互补对称功率放大电路

上述讨论的电路由于只有半个周期导通,非线性失真严重。一个有效的解决办法是采用两个特性相同的三极管接成互补电路,两只三极管都工作在乙类状态,在一个信号周期内,一只三极管工作在正半周期,另一只三极管工作在负半周期,而负载可得到一个完整的正弦波波形信号。

1. OCL 乙类互补对称功率放大电路

采用正负电源构成的乙类互补对称功率放大电路如图 8.2.3 所示,T_1 和 T_2 分别为 NPN 型管和 PNP 型管,两管的基极和发射极分别连接在一起,信号从基极输入,从发射极输出,R_L 为负载。要求两管特性相同,且 $V_{CC} = V_{EE}$。在理想情况下,该电路的正负电源和电路结构完全对称,静态时输出端的电压为零,不必采用耦合电容来隔直,因此称为无输出电容电路(Output Capacitor Less,OCL)。

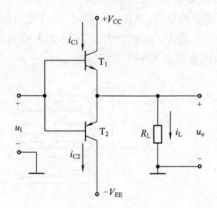

图 8.2.3 两个射极输出器组成的互补对称电路

工作原理:

①由于该电路无基极偏置,所以 $u_{BE1} = u_{BE2} = u_i$。当 $u_i = 0$ 时,T_1、T_2 均处于截止状态,所以该电路为乙类放大电路。

②考虑到三极管发射结处于正向偏置时才导电,因此当信号处于正半周时,$u_{BE1} = u_{BE2} > 0$,则 T_2 截止,T_1 承担放大任务,有电流通过负载 R_L;当信号处于负半周时,$u_{BE1} = u_{BE2} < 0$,则 T_1 截止,T_2 承担放大任务,有电流通过负载 R_L,其工作过程如图 8.2.4 所示。

这样,一个在正半周工作,而另一个在负半周工作,两个三极管互补对方的不足,从而在负载上得到一个完整的波形,称为互补电路。互补电路解决了乙类放大电路中效率与失真的矛盾。

③为了使负载上得到的波形正、负半周大小相同,还要求两个三极管的特性必须完全一致,即工作性能对称。所以,图 8.2.4(a)所示电路通常称为乙类互补对称功率放大电路。

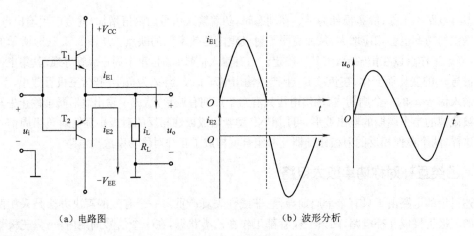

(a) 电路图　　　　　　　　　　　　　(b) 波形分析

图 8.2.4　乙类互补对称功率放大电路的工作原理

2. 乙类互补对称功率放大电路的图解分析

功率放大电路的分析任务是求解最大输出功率、效率及三极管的工作参数等。

分析的关键是输出电压 u_o 的变化范围。在分析方法上，通常采用图解法，这是因为三极管处于大信号下工作。

图 8.2.5(a) 表示在 u_i 为正半周时 T_1 的工作情况。

图中假定，只要 $u_i > 0$，T_1 就开始导电，则在一周期内 T_1 导电时间约为半周期。随着 u_i 的增大，工作点沿着负载线上移，则 $i_o = i_{C1}$ 增大，u_o 也增大，当工作点上移到图中 A 点时，$u_{CE1} = u_{CES}$，已到输出特性的饱和区，此时输出电压达到最大不失真幅值 u_{omax}。

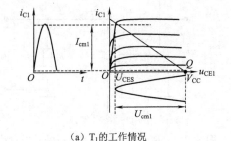

(a) T_1 的工作情况

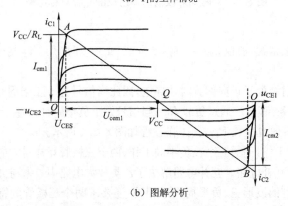

(b) 图解分析

图 8.2.5　乙类互补对称功放的图解分析

根据上述图解分析,可得输出电压的幅值为

$$u_{om} = I_{om}R_L = V_{CC} - U_{CE1}$$

其最大值为

$$u_{omax} = V_{CC} - U_{CES}$$

T_2 的工作情况和 T_1 相似,只是在信号的负半周导电。为了便于分析两管的工作情况,将 T_2 的特性曲线倒置在 T_1 的右下方,并令二者在 Q 点,即 $u_{CE} = V_{CC}$ 处重合,形成 T_1 和 T_2 的合成曲线,如图 8.2.5(b)所示。这时,负载线通过 V_{CC} 点形成一条斜线,其斜率为 $-1/R_L$。

显然,允许的 i_o 的最大变化范围为 $2I_{om}$, u_o 的变化范围为 $u_{om} = 2I_{om}R_L = 2(V_{CC} - U_{CES})$ 。若忽略三极管的饱和压降 U_{CES} ,则 $u_{om} = 2V_{CC}$ 。

根据以上分析,不难求出工作在乙类的互补对称电路的输出功率、管耗、直流电源供给的功率和效率。

3. 乙类互补对称功率放大电路的最大输出功率

输出功率是输出电压有效值和输出电流有效值的乘积(也常用三极管中变化电压、变化电流有效值的乘积表示)。所以

$$P_o = \frac{U_{cem}}{\sqrt{2}} \frac{I_{cm}}{\sqrt{2}} = \frac{U_{cem}^2}{2R_L} = \frac{(V_{CC} - U_{CES})^2}{2R_L}$$

当输入信号足够大时,忽略三极管的饱和管压降 U_{CES} ,则可获得最大输出功率,即

$$P_{omax} = \frac{V_{CC}^2}{2R_L}$$

4. 乙类互补对称功率放大电路的管耗

考虑到 T_1 和 T_2 在一个信号周期内各导电约 $180°$,且通过两管的电流和两管两端的电压 U_{CE} 在数值上都分别相等(只是在时间上错开了半个周期)。因此,为求出总管耗,只需先求出单管的损耗即可。设输出电压为 $u_o = U_{om}\sin\omega t$,则 T_1 的管耗为

$$\begin{aligned}
P_T &= \frac{1}{2\pi}\int_0^\pi (V_{CC} - u_o)\frac{u_o}{R_L}\mathrm{d}(\omega t) \\
&= \frac{1}{2\pi}\int_0^\pi (V_{CC} - U_{om}\sin\omega t)\frac{U_{om}\sin\omega t}{R_L}\mathrm{d}(\omega t) \\
&= \frac{1}{R_L}\left(\frac{V_{CC}U_{om}}{\pi} - \frac{U_{om}^2}{4}\right)
\end{aligned}$$

而两管的管耗为

$$P_T = P_{T1} + P_{T2} = \frac{2}{R_L}\left(\frac{V_{CC}U_{om}}{\pi} - \frac{U_{om}^2}{4}\right)$$

5. 乙类互补对称功率放大电路的效率

效率就是负载得到的有用信号功率和电源供给的直流功率的比值。为了计算效率,必须先分析直流电源供给的功率 P_V ,它包括负载得到的信号功率和 T_1、T_2 消耗的功率两部分,即

$$P_V = P_o + P_T = \frac{U_{om}^2}{2R_L} + \frac{2}{R_L}\left(\frac{V_{CC}U_{om}}{\pi} - \frac{U_{om}^2}{4}\right) = \frac{2V_{CC}U_{om}}{\pi R_L}$$

当输出电压幅值达到最大且忽略三极管的饱和管压降 U_{CES} 时,得 $U_{om} \approx V_{CC}$,则电源供给的最大功率为

$$P_{Vmax} = \frac{2V_{CC}^2}{\pi R_L}$$

所以,一般情况下效率为

$$\eta = \frac{P_o}{P_V} = \frac{\pi}{4} \frac{U_{om}}{V_{CC}}$$

当 $U_{om} \approx V_{CC}$ 时,则

$$\eta = \frac{P_o}{P_V} = \frac{\pi}{4} \approx 78.5\%$$

6. 最大管耗与最大输出功率的关系

工作在乙类的基本互补对称电路,在静态时,三极管几乎不取电流,管耗接近于零,因此,当输入信号较小时,输出功率较小,管耗也小,这是容易理解的。但能否认为,当输入信号越大,输出功率也越大,管耗就越大呢? 答案是否定的。那么,最大管耗发生在什么情况下呢?

由管耗表达式

$$P_{T1} = \frac{1}{R_L}\left(\frac{V_{CC}U_{om}}{\pi} - \frac{U_{om}^2}{4}\right)$$

可知管耗 P_{T1} 是最大输出电压幅值 U_{om} 的函数,因此,可以用求极值的方法来求解。

$$\frac{dP_{T1}}{dU_{om}} = \frac{1}{R_L}\left(\frac{V_{CC}}{\pi} - \frac{U_{om}}{2}\right)$$

令 $\frac{dP_{T1}}{dU_{om}} = 0$,即 $\frac{V_{CC}}{\pi} - \frac{U_{om}}{2} = 0$

则

$$U_{om} = \frac{2V_{CC}}{\pi} \approx 0.6V_{CC}$$

即 $U_{om} \approx 0.6V_{CC}$ 时有最大管耗,即

$$P_{T1max} = \frac{1}{R_L}\left[\frac{V_{CC}\frac{2V_{CC}}{\pi}}{\pi} - \frac{\left(\frac{2V_{CC}}{\pi}\right)^2}{4}\right] = \frac{1}{\pi^2}\frac{V_{CC}^2}{R_L}$$

为了便于选择功放管,常将最大管耗与功放电路的最大输出功率联系起来。由最大输出功率表达式

$$P_{omax} = \frac{V_{CC}^2}{2R_L}$$

可得每管的最大管耗和最大输出功率之间具有如下的关系

$$P_{T1max} = \frac{1}{\pi^2}\frac{V_{CC}^2}{R_L} \approx 0.2P_{omax}$$

上式常用来作为乙类互补对称功率放大电路选择三极管的依据,它说明,如果要求输出功率为 10 W,则只要用两个额定管耗大于 2 W 的三极管就可以了。当然,在实际选三极管时,还应留有充分的安全余量,因为上面的计算是在理想情况下进行的。

为了加深印象,可以通过 P_o、P_{T1} 和 P_V 与 U_{om}/V_{CC} 的关系曲线(见图 8.2.6)观察它们的变化规律。图中用 U_{om}/V_{CC} 表示的自变量作为横坐标,纵坐标分别用相对值表示。

7. 功率三极管的选择

在功率放大电路中,为了输出较大的信号功率,三极管承受的电压要高,通过的电流要大,功率三

极管损坏的可能性也就比较大,所以功率三极管的参数选择不容忽视。选择时一般应考虑功率三极管的 3 个极限参数,即集电极最大允许功率损耗 P_{CM},集电极最大允许电流 I_{CM} 和集电极-发射极间的反向击穿电压 $U_{(BR)CEO}$。

由前面的分析可知,若想得到最大输出功率,又要使功率三极管安全工作,功率三极管的参数必须满足下列条件:

①每只三极管的最大管耗 $P_{T1max} \geqslant 0.2P_{omax}$;

②通过三极管的最大集电极电流为 $I_{CM} \geqslant V_{CC}/R_L$;

③考虑到当 T_2 导通时,$-U_{CE2} = U_{CES} \approx 0$,此时 U_{CE1} 具有最大值,且等于 $2V_{CC}$,因此,应选用反向击穿电压 $|U_{(BR)CEO}| \geqslant 2V_{CC}$ 的三极管。

注意,在实际选择三极管时,其极限参数还要留有充分的余量。

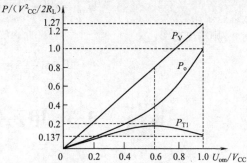

图 8.2.6 P_o、P_{T1} 和 P_V 与 U_{om}/V_{CC} 的关系曲线

【例 8.2.1】 已知互补对称功率放大电路如图 8.2.4 所示,设 T_1、T_2 的饱和压降 $|U_{CES}| = 1$ V,已知 $V_{CC} = 24$ V,$R_L = 8$ Ω。

①试估算其最大输出功率 P_{om}、直流功率 P_V、每管的管耗及效率 η。

②说明该功率放大电路对功率三极管的要求。

解 ①最大输出电压:

$$U_{om} = V_{CC} - |U_{CES}| = 23 \text{ V}$$

最大输出功率:

$$P_{om} = \frac{1}{2} \frac{(V_{CC} - U_{CES})^2}{R_L} = \frac{1}{2} \cdot \frac{23^2}{8} \text{ W} \approx 33 \text{ W}$$

电源提供的直流功率:

$$P_V = \frac{2V_{CC}U_{om}}{\pi R_L} = \frac{2 \times 24 \times 23}{\pi \times 8} \text{ W} \approx 44 \text{ W}$$

每管的管耗:

$$P_T = \frac{1}{2}(P_V - P_{om}) = \frac{1}{2}(44 - 33) \text{ W} = 5.5 \text{ W}$$

效率:

$$\eta = \frac{P_{om}}{P_V} = \frac{33}{44} \approx 75\%$$

②功率三极管的选择。单管实际承受的最大管耗为

$$P_{T1max} = \frac{1}{\pi^2} \frac{V_{CC}^2}{R_L} = \frac{24^2}{8 \times \pi^2} \text{ W} \approx 7.3 \text{ W}$$

$$|U_{(BR)CEO}| \geqslant 2V_{CC} = 48 \text{ V}$$

$$I_{CM} \geqslant V_{CC}/R_L = 24/8 \text{ A} = 3 \text{ A}$$

故所选用的功率三极管的集电极最大允许耗散功率 $P_{CM} \geqslant 7.3$ W,反向击穿电压 $|U_{(BR)CEO}| \geqslant 48$ V,最大允许集电极电流 $I_{CM} \geqslant 3$ A。

【例 8.2.2】 已知互补对称功率放大电路如图 8.2.3 所示,设 $V_{CC} = 12$ V,$R_L = 16$ Ω。试求放大电路在的效率 $\eta = 0.6$ 时的输出功率为多少?

解 由效率 $\eta = \dfrac{P_o}{P_V} = \dfrac{\pi}{4} \dfrac{U_{om}}{V_{CC}}$ ，可求出最大输出电压：

$$U_{om} = \frac{4\eta \times V_{CC}}{\pi} = \frac{4 \times 0.6 \times 12}{\pi} \text{ V} = 9.2 \text{ V}$$

则输出功率：

$$P_o = \frac{U_{om}^2}{2R_L} = \frac{9.2^2}{2 \times 16} \text{ W} = 2.645 \text{ W}$$

 # 8.3　甲乙类互补对称功率放大电路

1. 乙类互补对称功率放大电路的交越失真

理想情况下，乙类互补对称功率放大电路的输出没有失真。

实际的乙类互补对称功率放大电路（见图 8.2.4），由于没有直流偏置，只有当输入信号 u_i 大于三极管的门限电压（硅管约为 0.6 V，锗管约为 0.2 V）时，三极管才能导通。当输入信号 u_i 低于这个数值时，T_1 和 T_2 都截止，i_{C1} 和 i_{C2} 基本为零，负载 R_L 上无电流通过，出现一段死区，如图 8.3.1 所示。这种现象称为交越失真。

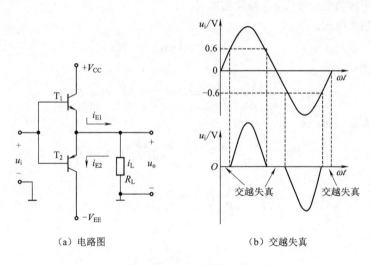

（a）电路图　　　　　　　　　（b）交越失真

图 8.3.1　乙类互补对称功率放大电路的交越失真

2. OCL 甲乙类互补对称电路

为了克服乙类互补对称电路的交越失真，需要给电路设置直流偏置，使之工作在甲乙类状态，如图 8.3.2 所示。

电容 C 为隔直通交耦合电容。T_1 和 T_2 组成互补对称输出级。静态时，在 VD_1、VD_2 和 R_2 上产生的压降为 T_1、T_2 提供了一个适当的偏压，偏压略大于两管的阈值电压之和，使两个三极管之处于微导通状态。由于电路对称，集电极电流 $I_{C1} = I_{C2} \neq 0$，发射极电位 $U_E = 0$，使得 $i_L = 0$，$u_o = 0$。动态时，由于 T_1 和 T_2 的动态电阻很小，R_2 阻值也很小（几十到一百欧左右），所以基极电位 $u_{B1} \approx$

$u_{B2} \approx u_i$。当 $u_i > 0$ 且增大时，T_1 导通，T_2 由微导通变为截止；当 $u_i < 0$ 且减小时，T_2 导通，T_1 由微导通变为截止。因此，在一个工作周期内两个功率三极管都有半个周期以上处于微导通状态，这种工作状态属于甲乙类工作状态。在甲乙类工作状态下即使 u_i 很小（VD_1 和 VD_2 的交流电阻也小），基本上可线性地进行放大。

上述偏置方法的缺点：偏置电压是固定的，不易调整，改进方法可采用 U_{BE} 扩展电路。

【例】 在图 8.3.3 所示的 OCL 甲乙类互补对称电路中，已知 $V_{CC} = 15$ V，输入电压为正弦波，三极管的饱和管压降 $|U_{CES}| = 3$ V，电压放大倍数为 1，负载电阻 $R_L = 4$ Ω。

①求解负载上可能获得的最大功率和效率。

②若输入电压最大有效值为 8 V，则负载上能够获得的最大功率为多少？

③T_1 的集电极和发射极短路，将产生什么现象？

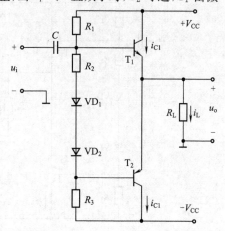

图 8.3.2 OCL 甲乙类互补对称电路

解 ①由题意可得，最大输出电压：

$$U_{om} = V_{CC} - |U_{CES}| = (15 - 3)V = 12 \text{ V}$$

最大输出功率：

$$P_{om} = \frac{U_{om}^2}{2R_L} = \frac{12^2}{2 \times 4} \text{ W} \approx 18 \text{ W}$$

效率：

$$\eta = \frac{\pi}{4} \frac{U_{om}}{V_{CC}} = \frac{\pi}{4} \frac{12}{15} \approx 62.8\%$$

②因为电压放大倍数为 1，故 $u_o = u_i$，输出电压最大有效值 $U_{o(AV)} = 8$ V，最大输出功率：

$$P_{om} = \frac{U_{o(AV)}^2}{R_L} = \frac{8^2}{4} \text{ W} = 16 \text{ W}$$

可见，功率放大电路的最大输出电压除了决定与本路自身的参数外，还与输入电压是否足够大有关。

③若 T_1 的集电极和发射极短路，则 T_2 静态管压降为 $2V_{CC}$，且从 $+V_{CC}$ 经 T_2 的 e-b、R_3 至 $-V_{CC}$ 形成基极静态电流。由于 T_3 工作在放大状态，集电极电流会很大，T_3 会因功耗过大而损坏。

3. U_{BE} 扩展电路

U_{BE} 扩展电路如图 8.3.4 所示。

图 8.3.4 中 T_3 组成前置放大级（注意，图中未画出 T_3 的偏置电路），给功放级提供足够的偏置电流。电容 C 为隔直通交耦合电容。流入 T_4 的基极电流远小于流过 R_1、R_2 的电流，则由图可求出

$$U_{CE4} = U_{BE4}(R_1 + R_2)/R_2$$

由于 U_{BE4} 基本为一固定值（硅管为 0.6～0.7 V），只要适当调节 R_1、R_2 的比值，就可改变 T_1、T_2 的偏压 U_{CE4}。

U_{CE4} 就是 T_1、T_2 的偏置电压，这种电路称为 U_{BE} 扩展电路。

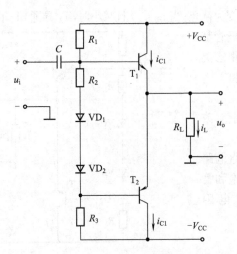

图 8.3.3　OCL 甲乙类互补对称电路

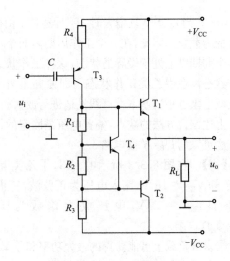

图 8.3.4　U_{BE} 扩展电路

4. OTL 甲乙类互补对称电路

甲乙类单电源互补对称电路由单电源和在输出端加一个大电容来完成双电源供电。由于其电路省去了输出变压器,通常称为 OTL(Output Transformer Less)电路,也是功率放大电路广泛使用的一种电路,其电路形式如图 8.3.5 所示。

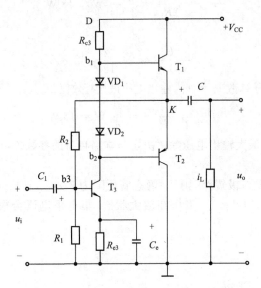

图 8.3.5　OTL 甲乙类互补对称电路

图中 T_3 组成前置放大级,T_2 和 T_1 组成互补对称电路输出级。

当 $u_i = 0$ 时,调节 R_1、R_2,就可使 I_{C3}、U_{B2} 和 U_{B1} 达到所需大小,给 T_2 和 T_1 提供一个合适的偏置,从而使 K 点电位 $U_K = U_C = V_{CC}/2$。

当 $u_i \neq 0$ 时,在信号的负半周,T_1 导电,有电流通过负载 R_L,同时向 C 充电。

在信号的正半周,T_2 导电,则已充电的电容 C 起着双电源互补对称电路中电源 $-V_{CC}$ 的作用,通过负载 R_L 放电。只要选择时间常数 $R_L C$ 足够大(比信号的最长周期还大得多),就可以认为用电容 C

和一个电源 V_{CC} 可代替原来的 $+V_{CC}$ 和 $-V_{CC}$ 两个电源的作用。

分析计算:采用一个电源的互补对称电路,由于每个三极管的工作电压不是原来的 V_{CC} ,而是 $V_{CC}/2$,即输出电压幅值 U_{om} 最大也只能达到约 $V_{CC}/2$,所以前面导出的计算 P_o、P_T 和 P_V 的最大值公式,必须加以修正才能使用。修正的方法也很简单,只要以 $V_{CC}/2$ 代替原来公式中的 V_{CC} 即可。

5. 自举电路

(1)单电源互补对称电路存在的问题

单电源互补对称电路解决了工作点的偏置和稳定问题。但输出电压幅值达不到 $U_{om} = V_{CC}/2$ 。现分析如下:

①理想情况:

a. 当 u_i 为负半周最大值时,i_{C3} 最小,u_{B1} 接近于 V_{CC} ,此时希望 T_1 在接近饱和状态工作,即 $u_{CE1} = U_{CES}$,故 K 点电位 $U_K = V_{CC} - U_{CES} \approx V_{CC}$ 。

b. 当 u_i 为正半周最大值时,T_1 截止,T_2 接近饱和导电,$U_K = U_{CES} \approx 0$ 。因此,负载 R_L 两端得到的交流输出电压幅值 $U_{om} = V_{CC}/2$ 。

②实际情况:当 u_i 为负半周时,T_1 导电,因而 i_{B1} 增加,由于 R_{C3} 上的压降和 u_{BE1} 的存在,当 K 点电位向 V_{CC} 接近时,T_1 的基流将受限制而不能增加很多,因而也就限制了 T_1 输向负载的电流,使 R_L 两端得不到足够的电压变化量,致使 U_{om} 明显小于 $V_{CC}/2$ 。

(2)改进后的自举电路

解决上述矛盾的方法是,如果把图 8.3.5 中 D 点电位升高,使 $U_D > V_{CC}$,例如将图中 D 点与 V_{CC} 的连线切断,U_D 由另一电源供给,则问题即可得到解决。通常的办法是在电路中引入 R_3、C_3 等元件组成的所谓自举电路,如图 8.3.6 所示。

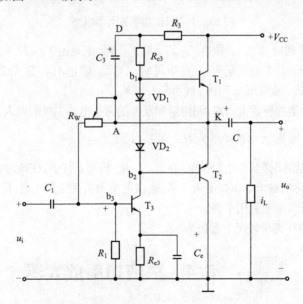

图 8.3.6 有自举电路单电源互补对称电路

工作原理:

在图 8.3.6 中,当 $u_i = 0$ 时,$U_D = V_{CC} - I_{C3}R_3$,而 $U_K = V_{CC}/2$,因此电容两端电压被充电到 $U_{C3} = V_{CC}/2 - I_{C3}R_3$ 。

当时间常数 R_3C_3 足够大时,U_{C3}（电容 C_3 两端电压）将基本为常数（$u_{C3} = U_{C3}$）,不随 u_i 而改变。这样,当 u_i 为负时,T_1 导电,U_K 将由 $V_{CC}/2$ 向更正方向变化,考虑到 $U_D = u_{C3} + U_K = U_{C3} + U_K$,显然,随着 K 点电位升高,D 点电位 U_D 也自动升高。因而,即使输出电压幅度升得很高,也有足够的电流 i_{B1},使 T_1 充分导电。这种工作方式称为自举,意思是电路本身把 U_D 提高了。

6. BTL 功率放大器

OCL 和 OTL 两种功放电路的效率很高,但是它们的缺点就是电源的利用率都不高,其主要原因是在输入正弦信号时,在每半个信号周期中,电路只有一个三极管和一个电源在工作。为了提高电源的利用率,也就是在较低电源电压的作用下,使负载获得较大的输出功率,一般采用平衡式无输出变压器电路,又称 BTL 电路,其电路如图 8.3.7 所示。

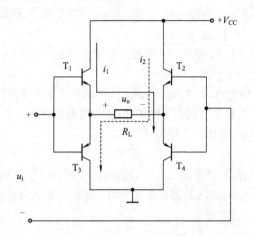

图 8.3.7　BTL 功率放大器电路

在输入信号 u_i 正半周时,T_1,T_4 导通,T_2,T_3 截止,负载电流由 V_{CC} 经 T_1,R_L,T_4 流到虚地端。如图 8.3.7 中的实线所示。在输入信号 u_i 负半周时,T_1,T_4 截止,T_2,T_3 导通,负载电流由 V_{CC} 经 T_2,R_L,T_3 流到虚地端。如图 8.3.7 中虚线所示。可见:

①该电路仍然为乙类推挽放大电路,利用对称互补的两个电路完成对输入信号的放大;其输出电压的幅值为 $U_{om} = V_{CC}$。最大输出功率为 $P_{om} = \dfrac{1}{2}U_{om}I_{om} = \dfrac{V_{CC}^2}{2R_L}$。

②同 OTL 电路相比,同样是单电源供电,在 V_{CC}、R_L 相同条件下,在理想情况下,BTL 电路的输出电压幅度比 OTL 电路的输出电压幅度大 1 倍,输出电流的幅度也大 1 倍,BTL 电路的最大输出功率约为 OTL 电路的 4 倍,电源利用率高。

③BTL 电路的效率在理想情况下近似为 78.5%。

 ## 8.4　集成功率放大器

世界上自 1967 年研制成功第一块音频功率放大器集成电路以来,在短短的几十年的时间内,其发展速度和应用是惊人的。目前 95% 以上的音响设备上的音频功率放大器都采用了集成电路。据统计,音频功率放大器集成电路的产品品种已超过 300 种;从输出功率容量来看,已从不到 1 W 的小功率放大器,发展到 10 W 以上的中功率放大器,直到 25 W 的厚膜集成功率放大器。从电路的结构来看,已从单声道的单路输出集成功率放大器发展到双声道立体声的二重双路输出集成功率放大器。从电路的功能来看,已从一般的 OTL 功率放大器集成电路发展到具有过电压保护电路、过热保护电路、负载短路保护电路、电源浪涌过冲电压保护电路、静噪声抑制电路、电子滤波电路等功能更强的集成功率放大器。

8.4.1 LM386 集成功率放大器

1. LM386 的特点

LM386 的内部电路和引脚排列如图 8.4.1 所示。它是 8 引脚 DIP 封装,消耗的静态电流约为 4 mA,是应用电池供电的理想器件。该集成功率放大器同时还提供电压增益放大,其电压增益通过外部连接的变化可在 20～200 范围内调节。其供电电源电压范围为 4～15 V,在 8 W 负载下,最大输出功率为 325 mW,内部没有过载保护电路。功率放大器的输入阻抗为 50 kΩ,频带宽度为 300 kHz。

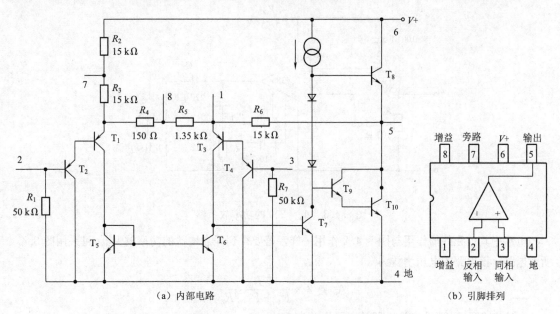

（a）内部电路 （b）引脚排列

图 8.4.1 LM386 内部电路及引脚排列

2. LM386 的典型应用

LM386 使用非常方便,它的电压增益近似于 2 倍的 1 引脚和 5 引脚电阻值除以 T_1 和 T_3 发射极间的电阻(图 8.4.1 中为 $R_4 + R_5$)。图 8.4.2 是由 LM386 组成的最小增益功率放大器,总的电压增益为 $2 \times \dfrac{R_6}{R_5 + R_4} = 2 \times \dfrac{15}{0.15 + 1.35} = 20$。$C_2$ 是交流耦合电容,将功率放大器的输出交流送到负载上,输入信号通过 R_W 接到 LM386 的同相端。C_1 是退耦电容,R_1-C_3 网络起到消除高频自激振荡的作用。

若要得到最大增益的功率放大电路,可采用图 8.4.3 所示电路。在该电路中,LM386 的 1 引脚和 8 引脚之间接入一电解电容,则该电路的电压增益将变得最大,即

$$A_u = 2 \times \frac{R_6}{R_4} = 2 \times \frac{15}{0.15} = 200$$

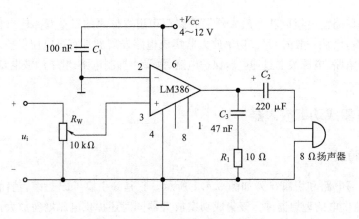

图 8.4.2　$A_u = 20$ 的功率放大器

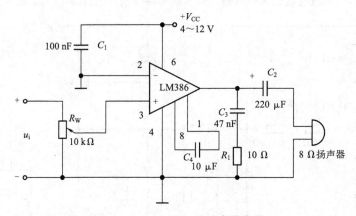

图 8.4.3　$A_u = 200$ 的功率放大器

电路中其他元件的作用与图 8.4.2 作用一样。若要得到任意增益的功率放大器，可采用图 8.4.4 所示电路。该电路的电压增益为

$$A_u = 2 \times \frac{R_6}{R_4 + R_5 // R_2}$$

在给定参数下，该功率放大器的电压增益为 50。

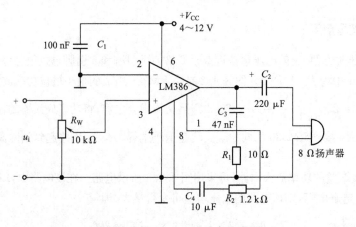

图 8.4.4　$A_u = 50$ 的功率放大器

8.4.2 高功率集成功率放大器 TDA2006

TDA2006 集成功率放大器是一种内部具有短路保护和过热保护功能的大功率音频功率放大器集成电路。它的电路结构紧凑,引脚仅有 5 个,补偿电容全部在内部,外围元件少,使用方便。不仅在录音机、组合音响等家电设备中采用,而且在自动控制装置中也广泛使用。

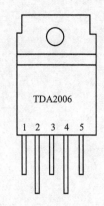

图 8.4.5 TDA2006
引脚排列图

1. TDA2006 的性能参数

TDA2006 采用 5 引脚单边双列直插式封装结构。

图 8.4.5 是其外形和引脚排列图。1 引脚是信号输入端子;2 引脚是负反馈输入端子;3 引脚是整个集成电路的接地端子,在作双电源使用时,即负电源($-V_{CC}$)端子;4 引脚是功率放大器的输出端子;5 引脚是整个集成电路的正电源($+V_{CC}$)端子。TDA2006 的性能参数见表 8.4.1。

表 8.4.1 TDA2006 的性能参数

参数名称	符号	单位	测 试 条 件	规 范		
				最小	典型	最大
电源电压	V_{CC}	V	—	±6		±15
静态电流	I_{CC}	mA	$V_{CC}=\pm15$ V		40	80
输出功率	P_0	W	$R_L=4\ \Omega, f=1$ kHz, $THD=10\%$		12	
			$R_L=8\ \Omega, f=1$ kHz, $THD=10\%$	6	8	
总谐波失真率	THD	%	$P_0=8$ W, $R_L=4\ \Omega, f=1$ kHz		0.2	
频率响应	BW	Hz	$P_0=8$ W, $R_L=4\ \Omega$	40~140 000		
输入阻抗	R_i	MΩ	$f=1$ kHz	0.5	5	
电压增益(开环)	A_u	dB	$f=1$ kHz		75	
电压增益(闭环)	A_u	dB	$f=1$ kHz	29.5	30	30.5
输入噪声电压	e_N	μV	$BW=22$ Hz~22 kHz, $R_L=4\ \Omega$		3	

2. TDA2006 的典型应用

图 8.4.6 所示电路是 TDA2006 双电源供电的音频功率放大器,该电路应用于具有正负双电源供电的音响设备。音频信号经输入耦合电容 C_1 送到 TDA2006 的同相输入端(1 引脚),功率放大后的音频信号由 TDA2006 的 4 引脚输出。由于采用了正负对称的双电源供电,故输出端子(4 引脚)的电位等于零,因此电路中省掉了大容量的输出电容。电阻 R_1、R_2 和电容 C_2 构成负反馈网络,其闭环电压增益为

$$A_{uf} \approx 1 + \frac{R_1}{R_2} = 1 + \frac{22}{0.68} \approx 33.4$$

电阻 R_4 和电容 C_5 构成校正网络,用来改善音响效果。两只二极管是 TDA2006 内大功率输出管的外接保护二极管。

在中小型收录音机等音响设备中的电源设置往往仅有一组电源,这时可采用图 8.4.7 所示的 TDA2006 工作在单电源下的典型应用电路。音频信号经输入耦合电容 C_1 输入 TDA2006 的输入端,功率放大后的音频信号经输出电容 C_5 送到负载 R_L 扬声器。电阻 R_1、R_2 和电容 C_2 构成负反馈网络,

其电路的闭环电压放大倍数为

$$A_{uf} \approx 1 + R_1/R_2 = 1 + 150/4.7 = 32.9$$

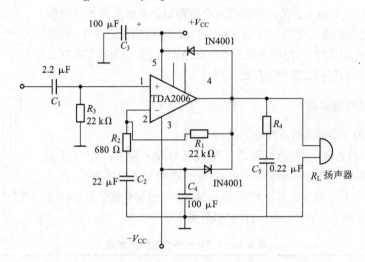

图 8.4.6　TDA2006 双电源供电的音频功率放大器

电阻 R_6 和电容 C_6 同样是用以改善音响效果的校正网络。电阻 R_4、R_5、R_3 和电容 C_7 用来为 TDA2006 设置合适的静态工作点,使 1 引脚在静态时获得电位近似为 $(1/2)V_{CC}$。

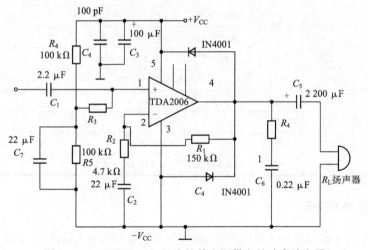

图 8.4.7　　TDA2006 组成的单电源供电的功率放大器

 8.5　功率放大电路 Multisim 仿真实例

8.5.1　OTL 乙类互补对称电路的 Multisim 仿真

1. 仿真内容

测量 OTL 乙类互补对称电路的静态工作点,观察交越失真。

2. 仿真电路

构建 OTL 乙类互补对称电路及测试连接如图 8.5.1(a)所示，波形图如图 8.5.1(b)所示。

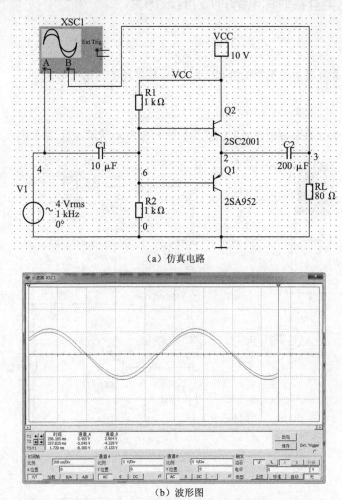

（a）仿真电路

（b）波形图

图 8.5.1　OTL 乙类互补对称电路的仿真电路及波形图

3. 仿真结果及结论

①测试直流工作点。利用 Multisim 的直流工作点分析功能测量放大电路的静态工作点，如图 8.5.2所示。静态时，两个三极管的基极电位均为 5 V，两管的发射极电位均为 4.8 V，则两个三极管的发射结电压为 $U_{BE} = (5-4.87)V = 0.13 V$，说明两个三极管均处于截止状态。

	电路1	
	直流工作点分析	
	直流工作点分析	
1	V(2)	4.87083
2	V(6)	5.00000
3	V(vcc)	10.00000

图 8.5.2　直流工作点分析

②加入小信号,使用示波器观察放大电路的输入及输出波形,可以看到输出信号有明显的交越失真,如图 8.5.1(b)所示。

8.5.2 OTL 甲乙类互补对称电路的 Multisim 仿真

1. 仿真内容

测量 OTL 甲乙类互补对称电路的静态工作点,观察电路的输出波形。

2. 仿真电路

构建 OTL 甲乙类互补对称电路及测试连接如图 8.5.3(a)所示,波形图如图 8.5.3(b)所示。

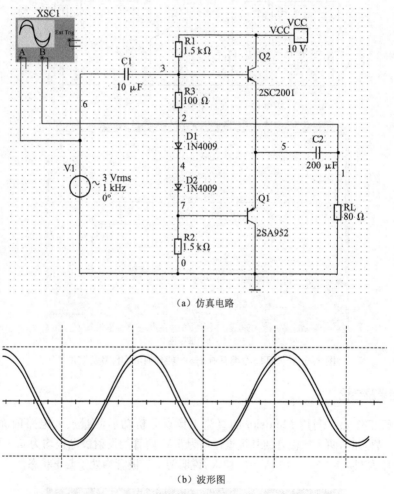

（a）仿真电路

（b）波形图

图 8.5.3　OTL 甲乙类互补对称电路的仿真电路及波形图

3. 仿真结果及结论

①测试直流工作点。利用 Multisim 的直流工作点分析功能测量放大电路的静态工作点,如图 8.5.4所示。静态时,Q_2 的基极电位为 5.94 V,Q_1 的基极电位为 4.46 V,两管的发射极电位均为

5.18 V,则两个三极管的发射结电压分别为 $U_{BE2} = 5.94 - 5.18 = 0.76$ V, $U_{BE1} = 4.46 - 5.18 = -0.72$ V,说明两个三极管均处于微导通状态。

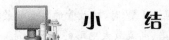

OTL甲乙类互补对称电路 直流工作点分析	
直流工作点分析	
1 V(vcc)	10.00000
2 V(5)	5.18355
3 V(7)	4.46440
4 V(3)	5.94232

图 8.5.4 直流工作点分析

②加入小信号,使用示波器观察放大电路的输入及输出波形,可以看到输出信号没有明显的失真,如图 8.5.3(b)所示。

小 结

(1)功率放大电路是在大信号下工作,通常采用图解法进行分析。研究的重点是如何在允许的失真情况下,尽可能提高输出功率和效率。

(2)与甲类功率放大电路相比,乙类互补对称功率放大电路的主要优点是效率高,在理想情况下,其最大效率约为 7.85%。

(3)为保证 BJT 安全工作,双电源互补对称电路工作在乙类时,器件的极限参数必须满足:$P_{CM} > P_{T1} \approx 0.2P_{om}$,$|U_{(BR)CEO}| > 2V_{CC}$,$I_{CM} > V_{CC}/R_L$。

(4)由于 BJT 输入特性存在死区电压,工作在乙类的互补对称电路将出现交越失真,克服交越失真的方法是采用甲乙类(接近乙类)互补对称电路。通常可利用二极管或 U_{BE} 扩大电路进行偏置。

(5)在单电源互补对称电路中,计算输出功率、效率、管耗和电源供给的功率,可借用双电源互补对称电路的计算公式,但要用 $V_{CC}/2$ 代替原公式中的 V_{CC}。

(6)在集成功放日益发展,并获得广泛应用的同时,大功率器件也发展迅速,主要有达林顿管、功率 VMOSFET 和功率模块。为了保证器件的安全运行,可从功率管的散热、防止二次击穿、降低使用定额和保护措施等方面来考虑。

学完本章以后,应能达到以下教学要求:

(1)理解 OTL 和 OCL 互补对称电路的工作原理,最大输出功率和效率的分析方法。

(2)了解功率放大电路的特点,以及功率放大电路的类型。

(3)了解集成功率放大电路的特点。

习题与思考题

一、选择题

1. 功率放大电路的最大输出功率是在输入电压为正弦波时,输出基本不失真情况下,负载上可能获得的最大(　　　)。

A. 交流功率　　　　　　　　B. 直流功率　　　　　　　　C. 平均功率

2. 功率放大电路的转换效率是指(　　)。

　　A. 输出功率与晶体管所消耗的功率之比

　　B. 最大输出功率与电源提供的平均功率之比

　　C. 晶体管所消耗的功率与电源提供的平均功率之比

3. 在 OCL 乙类功放电路中,若最大输出功率为 1 W,则电路中功放管的集电极最大功耗约为(　　)。

　　A. 1 W　　　　　　　　　B. 0.5 W　　　　　　　　C. 0.2 W

4. 在选择功放电路中的晶体管时,应当特别注意的参数有(　　)。

　　A. β　　　　　　　　B. I_{CM}　　　　　　　　C. I_{CBO}

　　D. $U_{(BR)CE}$　　　　　E. P_{CM}　　　　　　　　F. f_T

二、判断题

1. 在功率放大电路中,输出功率越大,功放管的功耗越大。　　　　　　　　　　　(　　)

2. 功率放大电路的最大输出功率是指在基本不失真情况下,负载上可能获得的最大交流功率。

　　　　　　　　　　　　　　　　　　　　　　　　　　　　　　　　　　　　(　　)

3. 当 OCL 电路的最大输出功率为 1 W 时,功放管的集电极最大耗散功率应大于 1 W。　(　　)

4. 功率放大电路与电压放大电路、电流放大电路的共同点是

　　①都使输出电压大于输入电压;　　　　　　　　　　　　　　　　　　　　　(　　)

　　②都使输出电流大于输入电流;　　　　　　　　　　　　　　　　　　　　　(　　)

　　③都使输出功率大于信号源提供的输入功率。　　　　　　　　　　　　　　　(　　)

5. 功率放大电路与电压放大电路的区别是

　　①前者比后者电源电压高;　　　　　　　　　　　　　　　　　　　　　　　(　　)

　　②前者比后者电压放大倍数数值大;　　　　　　　　　　　　　　　　　　　(　　)

　　③前者比后者效率高;　　　　　　　　　　　　　　　　　　　　　　　　　(　　)

　　④在电源电压相同的情况下,前者比后者的最大不失真输出电压大。　　　　　(　　)

三、填空题

1. 与甲类功率放大器相比较,乙类互补推挽功放的主要优点是＿＿＿＿＿＿＿。

2. 若乙类 OCL 电路中晶体管饱和管压降的数值为 $|U_{CES}|$,则最大输出功率为＿＿＿＿＿＿＿。

3. 电路如图 8.题.1 所示,已知 T_1 和 T_2 的饱和管压降 $|U_{CES}|=2$ V,直流功耗可忽略不计。R_3、R_4 和 T_3 的作用是＿＿＿＿＿＿＿＿＿＿＿＿＿。负载上可能获得的最大输出功率 $P_{om}=$＿＿＿＿＿＿＿和电路的转换效率 $\eta=$＿＿＿＿＿＿＿。设最大输入电压的有效值为 1 V。为了使电路的最大不失真输出电压的峰值达到 16 V,电阻 R_6 至少应取＿＿＿＿＿＿＿ kΩ。

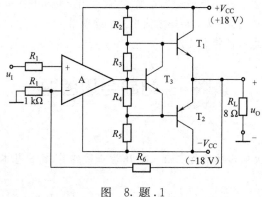

图 8.题.1

4. 甲类功率放大电路的能量转换效率最高是_____。甲类功率放大电路的输出功率越大,则功放管的管耗_____,则电源提供的功率_____。

5. 乙类互补推挽功率放大电路的能量转换效率最高是_____。若功放管的管压降为U_{ces},乙类互补推挽功率放大电路在输出电压幅值为_____,功放管的功耗最小。乙类互补功放电路存在的主要问题是_____。在乙类互补推挽功率放大电路中,每只功放管的最大管耗为_____。设计一个输出功率为20 W的功放电路,若用乙类互补对称功率放大,则每只功放管的最大允许功耗P_{CM}至小应有_____。双电源乙类互补推挽功率放大电路最大输出功率为_____。

6. 为了消除交越失真,应当使功率放大电路工作在_____状态。

7. 单电源互补推挽功率放大电路中,电路的最大输出电压为_____。

8. 由于功率放大电路工作信号幅值_____,所以常常是利用_____进行分析和计算的。

四、问答题

1. 功率放大电路与电压放大电路有什么区别?

2. 晶体管按工作状态可以分为哪几类? 各有什么特点?

3. 如何估算乙类互补推挽功率放大电路的最大输出功率和最大效率? 在已知输入信号、电源电压和负载电阻的情况下,如何估算电路的输出功率和效率?

4. 什么是交越失真? 怎样克服交越失真?

5. 在乙类互补推挽功放中,晶体管耗散功率最大时,电路的输出电压是否也最大?

五、分析计算题

1. 电路如图8.题.2所示。已知电源电压$V_{CC}=15$ V,$R_L=8$ Ω,$U_{CES}\approx0$,输入信号是正弦波。试问:

①负载可能得到的最大输出功率和能量转换效率最大值分别是多少?

②当输入信号 $u_i=10\sin\omega t$ V 时,求此时负载得到的功率和能量转换效率。

2. 功率放大电路如图8.题.3所示,假设运放为理想器件,电源电压为±12 V。

①试分析 R_2 引入的反馈类型;

②试求 $A_{uf}=u_o/u_i$ 的值;

③试求 $u_i=\sin\omega t$ V 时的输出功率 P_o,电源供给功率 P_E 及能量转换效率 η 的值。

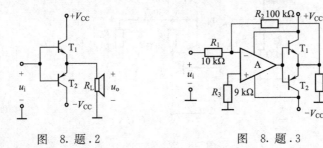

图 8.题.2　　　　　　　　　图 8.题.3

3. 功率放大电路如图8.题.4所示。已知$V_{CC}=12$ V,$R_L=8$ Ω,静态时的输出电压为零,在忽略U_{CES}的情况下,试问:

①电路的最大输出功率是多少?

②T_1和T_2的最大管耗P_{T1m}和P_{T2m}是多少?

③电路的最大效率是多少?

④T_1和T_2的耐压$|U_{(BR)CEO}|$至少应为多少?

⑤二极管 VD_1 和 VD_2 的作用是什么?

4. 双电源互补推挽功率放大电路如图8.题.5所示。

①试分别标出三极管 $T_1 \sim T_4$ 的引脚(b、c、e)及其类型(NPN、PNP);

②试说明三极管 T_5 的作用;

③调节可调电阻 R_2 将会改变什么?

④$V_{CC}=12$ V,$R_L=8$ Ω,假设晶体管饱和压降可以忽略,试求 P_{om} 之值。

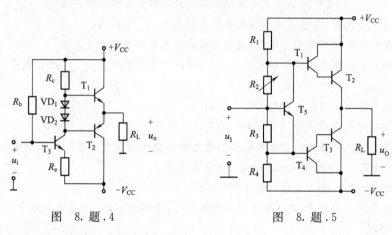

图 8.题.4   图 8.题.5

5. 某集成电路的输出级如图8.题.6所示。

①为了克服交越失真,采用了由 R_1、R_2 和 T_4 构成的 U_{BE} 扩大电路,试分析其工作原理。

②为了对输出级进行过载保护,图中接有三极管 T_5、T_6 和 R_3、R_4,试说明进行过电流保护的原理。

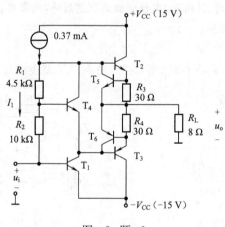

图 8.题.6

6. 功率放大电路如图8.题.7所示。假设晶体管 T_4 和 T_5 的饱和管压降可以忽略,试问:

①该电路是否存在反馈?若存在反馈,请判断反馈类型。

②假设电路满足深度负反馈的条件,当输入电压的有效值 $U_i=0.5$ V 时,输出电压有效值 U_o 等于多少?此时电路的 P_o,P_E 及 η 各等于多少?

③电路最大输出功率 P_{om}、最大效率 η_m 各等于多少?

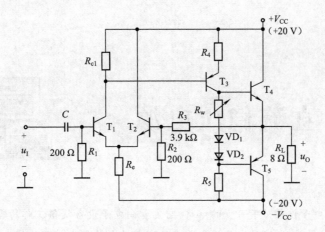

图 8. 题.7

7. 图 8. 题.8所示为3种功率放大电路。已知图中所有晶体管的电流放大系数、饱和管压降的数值等参数完全相同,导通时 b-e 间电压可忽略不计;电源电压 V_{CC} 和负载电阻 R_L 均相等。试分析:

①下列各电路的是何种功率放大电路。

②静态时,晶体管发射极电位 U_E 为零的电路有哪些? 为什么?

③在输入正弦波信号的正半周,图 8. 题.8(a)、(b)、(c)中导通的晶体管分别是哪个?

④负载电阻 R_L 获得的最大输出功率的电路为何种电路?

⑤何种电路的效率最低?

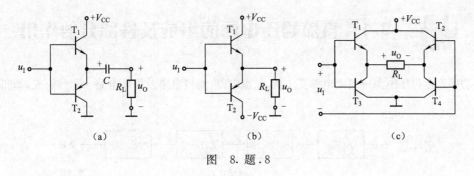

图 8. 题.8

第9章　直流稳压电源

直流电源是任何电子设备必不可少的电路,它负责向电子设备提供工作所需要的能量。大到超级计算机,小到袖珍计算器,所有的电子设备都必须在电源电路的支持下才能正常工作。可以说,电源电路是一切电子设备的基础,没有电源电路就不会有如此种类繁多的电子设备。

由于电子技术的特性,电子设备对电源电路的要求就是能够提供持续稳定、满足负载要求的电能,而且通常情况下都要求提供稳定的直流电能。提供这种稳定的直流电能的电源就是直流稳压电源。目前,很多的电子设备都使用直流稳压电源作为工作电源。

本章讨论直流稳压电源的组成,各部分的工作原理及电路分析。主要有单相半波、全波及桥式整流电路;滤波电路的作用、构成及分析;稳压电路的作用、构成及分析,最后介绍目前常用的三端集成稳压器及其应用。

 ## 9.1　直流稳压电源的组成及各部分的作用

小功率直流稳压电源一般由电源变压器、整流电路、滤波电路及稳压电路4部分组成,如图9.1.1所示。

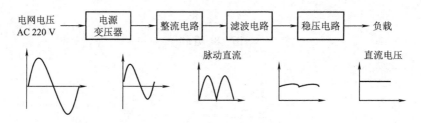

图 9.1.1　直流稳压电源的组成

各个组成部分的作用分别如下:

1. 电源变压器

其作用是将交流电源的电压变换为符合整流电路需要的数值,并满足一定的功率输出要求。电网提供的交流电压一般为220 V(即市电),而各种电子设备的工作直流电压大小不一样,从几伏到几十伏不等,即所需直流电压的数值和市电的电压相差较大,需要使用电源变压器进行降压,再交给后面的整流电路处理。

2. 整流电路

其作用是将正负交替的正弦波交流电压整流成单向的脉动电压。一般来讲,这种脉动电压包含较大的交流成分,距离理想的直流电压相差很远,不能直接给负载供电。

3. 滤波电路

其作用是将脉动电压中的交流成分滤除,减少交流成分,增加直流成分,供给负载比较平滑的直流电压。

4. 稳压电路

其作用是使输出的直流电压在电网电压或负载变化时保持稳定不变。

 # 9.2 整 流 电 路

整流电路将交流电转换成单向脉动直流电,整流电路主要由整流二极管组成。经过整流电路之后的电压已经不是交流电压,而是一种含有直流电压和交流电压的混合电压,习惯上称为单向脉动直流电压,简称脉动电压。在分析整流电路时,为了突出重点,简化分析过程,一般均假设负载为纯电阻性;整流二极管为理想二极管,即加正向电压导通,且正向电阻为零;外加反向电压截止,反向电流为零;变压器无损耗,内部压降为零等。

根据交流电源相数分类,可分为单相整流、三相整流两类。在小功率(1 kW 以下)的直流电源中,主要采用单相整流电路,常见的电路有半波整流、全波整流、桥式整流和倍压整流电路。本节重点介绍半波整流电路和桥式整流电路。

9.2.1 单相半波整流电路

1. 电路组成及工作原理

单相半波整流电路由电源变压器、整流二极管和负载组成,如图 9.2.1 所示。
二极管半波整流电路实际上利用了二极管的单向导电特性。

设变压器二次电压有效值为 U_2 ,则 $u_2 = \sqrt{2}U_2\sin\omega t$,整流二极管 VD 为理想二极管。当输入电压 u_I 处于交流电压的正半周时,二极管导通,电流经过二极管流向负载,输出电压 $u_O = u_I - u_D$;当输入电压 u_I 处于交流电压的负半周时,二极管截止,负载电阻 R_L 上无电流流过,输出电压 $u_O = 0$ 。在输入信号的一个周期内,只有半个周期内有输出电压,故称为半波整流电路。半波整流电路输入和输出电压的波形如图 9.2.2 所示。

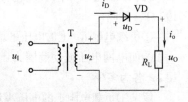

图 9.2.1 单相半波整流电路

2. 主要参数

(1)输出电压平均值 $U_{O(AV)}$ 和输出电流平均值 $I_{O(AV)}$

输出电压平均值就是负载电阻上电压的平均值。负载电阻 R_L 上得到的整流电压极性虽然是单向的,但其大小是变化的。

$$U_{O(AV)} = \frac{1}{2\pi}\int_0^{2\pi} u_O \, d(\omega t) = \frac{1}{2\pi}\int_0^{\pi} \sqrt{2}U_2 \sin\omega t \, d(\omega t)$$

$$= \frac{\sqrt{2}}{\pi}U_2 = 0.45U_2 \qquad (9.2.1)$$

流过负载电阻 R_L 的电流的平均值 $I_{O(AV)}$ 为

$$I_{O(AV)} = \frac{U_{O(AV)}}{R_L} \approx \frac{0.45U_2}{R_L} \qquad (9.2.2)$$

(2)脉动系数 S

脉动系数是指输出电压基波的最大值 U_{O1m} 与其平均值 $U_{O(AV)}$ 之比,即

$$S = \frac{U_{O1m}}{U_{O(AV)}} = \frac{\dfrac{U_2}{\sqrt{2}}}{\dfrac{\sqrt{2}U_2}{\pi}} \approx 1.57 \qquad (9.2.3)$$

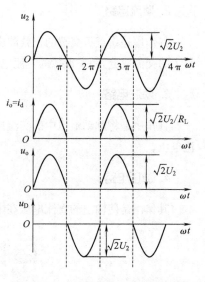

图 9.2.2　半波整流电路的波形图

式中,U_{O1m} 可通过半波输出电压 u_O 的傅里叶级数求得

$$u_O = \sqrt{2}U_2\left(\frac{1}{\pi} + \frac{1}{2}\sin\omega t - \frac{2}{3\pi}\cos 2\omega t + \cdots\right)$$

(3)整流二极管的电流平均值 $I_{D(AV)}$ 和承受的最高反向电压 U_{RM}

流过二极管的电流平均值就是流过负载电阻 R_L 的电流平均值,即

$$I_{D(AV)} = I_{O(AV)} = \frac{U_{O(AV)}}{R_L} \approx \frac{0.45U_2}{R_L}$$

二极管截止时承受的最高反向电压 U_{RM} 就是变压器二次交流电压 u_2 的最大值,即 $U_{RM} = \sqrt{2}U_2$。

在实际应用中,根据 $I_{D(AV)}$ 和 U_{RM} 选择合适的整流二极管。由于存在外部的噪声和冲击,因此元器件的参数必须留有较大的余量,其最大整流电流一般是 $I_{D(AV)}$ 的 1.5～2 倍,二极管的反向耐压大致为 U_{RM} 的 2 倍。

半波整流电路的优点是结构简单,使用的元器件少。但是也有明显的缺点:输出波形脉动大,直流成分比较小;变压器有半个周期不导电,利用率低;变压器电流含有直流成分,容易饱和。一般是用在输出电流较小,要求不高的场合。

【例 9.2.1】　在单向半波整流电路中,已知变压器二次电压有效值 $U_2 = 30\text{ V}$,负载电阻 $R_L = 100\ \Omega$。试问

①负载电阻 R_L 上的电压平均值 $U_{O(AV)}$ 和输出电流平均值 $I_{O(AV)}$ 各为多少?

②如电网电压波动范围为 $\pm 10\%$,二极管承受的最大反向电压 U_{RM} 和流过的最大电流平均值 $I_{D(AV)}$ 各为多少?

解　①负载电阻上的电压平均值为

$$U_{O(AV)} \approx 0.45U_2 = 0.45 \times 30\text{ V} = 13.5\text{ V}$$

流过负载电阻的电流平均值为

$$I_{O(AV)} = \frac{U_{O(AV)}}{R_L} \approx \frac{13.5}{100}\text{ A} = 0.135\text{ A}$$

②考虑到电网电压波动范围为 $\pm 10\%$,二极管承受的最大反向电压 U_{RM} 为

$$U_{RM} = 1.1\sqrt{2}U_2 = 1.1 \times \sqrt{2} \times 30\text{ V} \approx 46.7\text{ V}$$

二极管流过的最大电流平均值 $I_{D(AV)}$ 为

$$I_{D(AV)} = 1.1 \times I_{O(AV)} = 1.1 \times 0.135 \text{ A} \approx 0.15 \text{ A}$$

9.2.2　单相桥式整流电路

为克服单相半波整流电路的缺点,常采用单相桥式整流电路,如图 9.2.3(a)所示,图 9.2.3(b)所示电路为简易画法。电路中采用了 4 个二极管,接成电桥形式,故称为桥式整流电路。

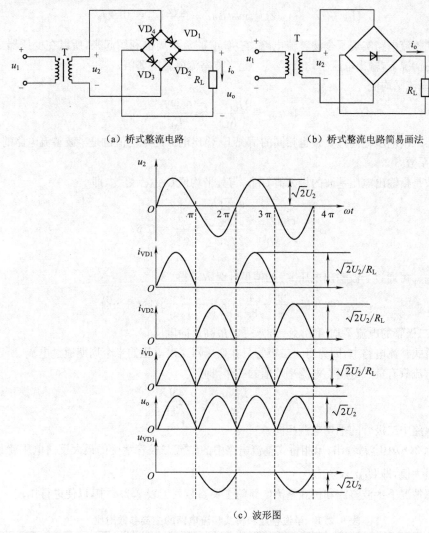

（a）桥式整流电路　　　　　　　　（b）桥式整流电路简易画法

（c）波形图

图 9.2.3　单相桥式整流电路

1. 电路组成及工作原理

在输入信号 u_2 的正半周时,二极管 VD_1、VD_3 导通,VD_2、VD_4 截止,在负载电阻 R_L 上得到正弦波的正半周。在输入信号 u_2 的负半周时,二极管 VD_2、VD_4 导通,VD_1、VD_3 截止,在负载电阻 R_L 上得到正弦波的负半周。在负载电阻 R_L 上正、负半周经过合成,得到的是同一个方向的单向脉动电压。单相桥式整流电路的波形如图 9.2.3(c)所示。

由图 9.2.3(b)可以看出,在同样的变压器二次电压 u_2 之下,桥式整流电路输出电压 u_O 的波形所包围的面积是半波整流电路的 2 倍,因此其输出电压平均值 $U_{O(AV)}$ 也将是半波整流电路的 2 倍,桥式整流电路输出电压的脉动成分也比半波整流时下降了。

2. 主要参数

(1)输出电压平均值

$$U_{O(AV)} = \frac{1}{\pi} \int_0^\pi \sqrt{2} U_2 \sin\omega t \, \mathrm{d}\omega t = \frac{2\sqrt{2}}{\pi} U_2 = 0.9 U_2$$

由于桥式整流电路实现了全波整流电路,它将 u_2 的负半周也利用起来,所以在变压器二次电压有效值相同的情况下,输出电压平均值 $U_{O(AV)}$ 是半波整流电路的 2 倍。

(2)输出电流平均值

$$I_{O(AV)} = \frac{U_{O(AV)}}{R_L} \approx \frac{0.9 U_2}{R_L}$$

在变压器二次电压相同且负载也相同的情况下,输出电流的平均值也是半波整流电路的 2 倍。

(3)脉动系数 S

脉动系数是指输出电压基波的最大值 U_{O1m} 与其平均值 $U_{O(AV)}$ 之比,即

$$S = \frac{U_{O1m}}{U_{O(AV)}} = \frac{\dfrac{4\sqrt{2} U_2}{3\pi}}{\dfrac{2\sqrt{2} U_2}{\pi}} = \frac{2}{3} = 0.67$$

式中,U_{O1m} 可通过半波输出电压 u_O 的傅里叶级数求得

$$u_O = \sqrt{2} U_2 \left(\frac{2}{\pi} - \frac{4}{3\pi} \cos 2\omega t - \frac{4}{15\pi} \cos 4\omega t + \cdots \right)$$

(4)整流二极管的电流平均值 $I_{D(AV)}$ 和承受的最高反向电压 U_{RM}

在单相桥式整流电路中,因为每只二极管只在变压器二次电压的半个周期通过电流,所以每只二极管的平均电流只有负载电阻上电流平均值的一半,即

$$I_{D(AV)} = \frac{I_{O(AV)}}{2} \approx \frac{0.45 U_2}{R_L}$$

与半波整流电路中二极管的平均电流相同。

从图 9.2.3(b)中容易看出,单相桥式整流电路中的整流二极管承受的最大反向电压就是变压器二次电压的最大值,即 $U_{RM} = \sqrt{2} U_2$。

现将理想情况下半波整流和桥式整流电路的主要参数列于表 9.2.1 中,以便进行比较。

表 9.2.1　半波整流和桥式整流电路的主要参数对比

参数 电路	$U_{O(AV)}/U_2$	S	$I_{D(AV)}/I_{O(AV)}$	U_{RM}/U_2
半波整流	0.45	1.57	100%	1.41
桥式整流	0.90	0.67	50%	1.41

由表 9.2.1 可知,在同样的 U_2 之下,桥式整流电路与半波整流电路相比,输出直流电压高一倍,而脉动系数降低很多。其缺点是所需要的整流管较多,但人们已将桥式整流电路中的 4 个二极管集中在一起,生成出各种规格的整流桥堆,使用起来非常方便,因此应用最为广泛。

此外,上述两种电路输出的脉动直流电压都较低,若想得到较高的直流输出电压,则可以使用倍压整流电路,其电路组成及工作原理请阅读其他相关资料。

【例 9.2.2】　某电子装置要求电压值为 15 V 的直流电源,已知负载电阻 R_L 等于 100 Ω,试问:

①如果选用单相桥式整流电路,则变压器二次电压 U_2 应为多大? 整流二极管的正向平均电流 $I_{D(AV)}$ 和最大反向峰值电压 U_{RM} 等于多少? 输出电压的脉动系数 S 等于多少?

②如果改用单相半波整流电路,则 U_2、$I_{D(AV)}$、U_{RM} 和 S 各等于多少?

解　①由题意可知

$$U_2 = \frac{U_{O(AV)}}{0.9} = \frac{15}{0.9} \text{ V} = 16.7 \text{ V}$$

根据给定条件,可得输出直流电流为

$$I_{O(AV)} = \frac{U_{O(AV)}}{R_L} \approx \frac{15}{100} \text{ A} = 0.15 \text{ A}$$

则

$$I_{D(AV)} = \frac{1}{2} I_{O(AV)} = 0.075 \text{ A}$$

$$U_{RM} = \sqrt{2} U_2 = \sqrt{2} \times 16.7 = 23.6 \text{ V}$$

此时,脉动系数为

$$S = 0.67 = 67\%$$

②如改用单相半波整流电路,则

$$U_2 = \frac{U_{O(AV)}}{0.45} = \frac{15}{0.45} \text{ V} = 33.3 \text{ V}$$

$$I_{D(AV)} = I_{O(AV)} = 0.15 \text{ A}$$

$$U_{RM} = \sqrt{2} U_2 = \sqrt{2} \times 33.3 \text{ V} = 47.1 \text{ V}$$

$$S = 1.57 = 157\%$$

9.3　滤　波　电　路

整流电路的输出电压虽然是单一方向的,但是脉动较大,含有较大的谐波成分,不能直接为电子设备供电。因此需要采取措施尽量降低输出电压中的脉动成分,同时还要尽量保留其中的直流成分,使输出电压更加平滑,接近理想的直流电压。所采取的这种措施称为滤波,相应的电路称为滤波电路。一般在整流后,还需利用滤波电路将脉动的直流电压变为平滑的直流电压。

滤波电路利用电容或电感在电路中的储能作用,当电源电压(或电流)增加时,电容(或电感)把能量储存在电场(或磁场)中;当电源电压(或电流)减小时,又将储存的能量释放出来,从而减小了输出电压(或电流)中的脉动成分,得到比较平滑的直流电压(或电流)。常用的滤波电路有电容滤波、电感滤波、复式滤波电路(包括倒 L 形,$RC-\pi$ 型,$LC-\pi$ 型)等,如图 9.3.1 所示。

9.3.1　电容滤波电路

现以单相桥式整流电容滤波电路为例来说明。电容滤波电路如图 9.3.2 所示,在负载电阻 R_L 上并联了一个滤波电容 C。由于电容有维持其两端电压不变的特性,因此,将电容与负载并联,将使负载两端的电压波形比较平滑。

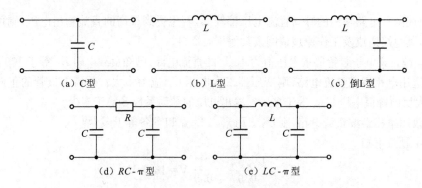

(a) C型　　　　　　　　(b) L型　　　　　　　(c) 倒L型

(d) RC-π型　　　　　　　(e) LC-π型

图 9.3.1　滤波电路

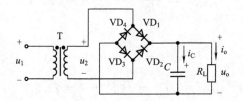

图 9.3.2　电容滤波电路

若不接电容 C,此时就是桥式滤波电路,其输出电压波形如图 9.3.3 中虚线所示;并联电容 C 以后,在 u_2 的正半周,二极管 VD_1、VD_3 导通,此时除了有一个电流 i_O 流向负载电阻 R_L ,还有一个电流 i_C 向电容 C 充电,电容电压 u_C 的极性为上正下负。假设二极管为理想二极管,则二极管导通时 $u_C = u_O = u_2$ 。当 u_2 达到最大值后开始下降,电容电压 u_C 也将由于放电而逐渐下降。当 $u_2 < u_C$ 时,二极管 VD_1、VD_3 被反向偏置,因而不导电,于是 u_C 以一定的时间常数按指数规律下降,直到下一个半周,当 $|u_2| < u_C$ 时,二极管 VD_2、VD_4 导通,输出电压 u_O 的波形如图 9.3.3 中实线所示。

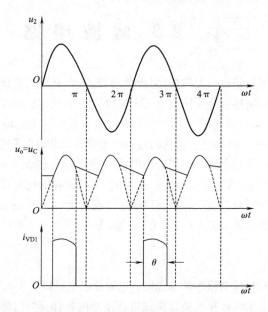

图 9.3.3　电容滤波电路的波形图

当输出端空载(即不接 R_L)，电容充电到 u_2 的最大值 $\sqrt{2}U_2$ 时，由于二极管反偏截止，电容无放电回路，输出电压保持 $\sqrt{2}U_2$ 恒定不变。

由上述分析可知，电容滤波电路有以下特点：

①负载平均直流电压增加了，脉动电压成分大大降低。

负载平均直流电压 $U_{O(AV)} \approx 0.9U_2 \sim \sqrt{2}U_2$，在满足 $R_L C \geqslant (3 \sim 5)\dfrac{T}{2}$ 的条件时，一般取 $U_{O(AV)} \approx 1.2U_2$，其中 T 为交流电源的周期。

滤波电容通常采用容值较大的电解电容，在电路连接时注意电容的极性不能接反。注意，电容的耐压值应大于实际工作所承受的最大电压，即大于 $\sqrt{2}U_2$，并留有一定的余量。

②二极管的导通角 θ 总是小于 π。电容滤波电路中二极管的平均电流仍为负载电流的一半，但由于二极管导通时间缩短，故流过二极管的冲击电流较大。在选择二极管时应留有充分的电流余量，通常按平均电流的 $2 \sim 3$ 倍来选择整流二极管。

③整流滤波电路的输入电流并不按输入电压的正弦规律变化，在正弦波电压峰值附近形成很大的电流脉冲，因此，会对电网造成谐波干扰，导致电网供电性能恶化。

④外特性变差。整流滤波电路中，输出直流电压 U_O 随负载电流 I_O 的变化关系曲线如图 9.3.4 所示。

当负载 R_L 减小时，放电时间常数减小，负载电压脉动系数增大，并且负载平均电压降低；R_L 很小时，放电很快，几乎没有滤波作用，故 $U_{O(AV)} = 0.9U_2$；当 $R_L = \infty$ 时，$U_{O(AV)} = 1.2U_2$。

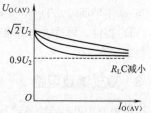

图 9.3.4　电容滤波电路的外特性

由上述分析可知：电容滤波电路简单，输出直流电压较高，但输出特性较差(带负载能力差)，故适用于输出电压较高，负载电阻较大且变动较小的场合。

【例】 要求某直流电源的输出电压 $U_{O(AV)} = 15\ \text{V}$，输出电流平均值 $I_{O(AV)} = 100\ \text{mA}$，$U_{O(AV)} = 1.2U_2$，其中 U_2 为变压器二次电压的有效值。拟采用桥式整流电容滤波电路。试问：

①滤波电容的大小；

②考虑到电网电压的波动范围，滤波电容的耐压值为多少？

解　①根据 $U_{O(AV)} = 1.2U_2$ 可知，C 的取值应满足 $R_L C \geqslant (3 \sim 5)\dfrac{T}{2}$ 的条件。

$$R_L = \frac{U_{O(AV)}}{I_{O(AV)}} = \frac{15}{0.1}\ \Omega = 150\ \Omega$$

电容的容量为

$$C > \frac{5 \times \dfrac{T}{2}}{R_L} = \frac{5 \times \dfrac{1}{2} \times 0.02}{150}\ \text{F} = 0.000\ 333\ \text{F} = 333\ \mu\text{F}$$

可选电容为 $500\ \mu\text{F}$ 的电解电容。

②根据 $U_{O(AV)} = 1.2U_2$ 可知，变压器二次电压的有效值为

$$U_2 = \frac{U_{O(AV)}}{1.2} = \frac{15}{1.2}\ \text{V} = 12.5\ \text{V}$$

电容的耐压值为

$$U > 1.1 \times \sqrt{2}U_2 = 1.1 \times \sqrt{2} \times 12.5 \approx 19.5\ \text{V}$$

实际可选容量为 $500\ \mu\text{F}$，耐压值为 $25\ \text{V}$ 的电解电容作为本电路的滤波电容。

9.3.2 电感滤波电路

利用储能元件电感 L 的电流不能突变的性质,把电感 L 与整流电路的负载 R_L 相串联,也可以起到滤波的作用。电感滤波电路如图 9.3.5 所示。电感滤波电路的波形图如图 9.3.6 所示。

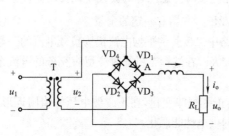

图 9.3.5　电感滤波电路

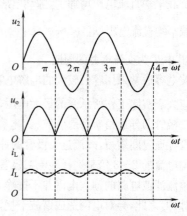

图 9.3.6　电感滤波的波形图

当 u_2 正半周时,VD_1、VD_3 导电,电感中的电流将滞后 u_2;当 u_2 负半周时,电感中的电流将经由 VD_2、VD_4 提供。因桥式电路的对称性和电感中电流的连续性,4 个二极管 VD_1、VD_3;VD_2、VD_4 的导通角都是 $180°$。

9.3.3 复式滤波电路

当单独使用电容或电感进行滤波,效果仍不理想时,可采用复式滤波电路。电容和电感是基本的滤波元件,利用它们对直流量和交流量呈现不同电抗的特点,只要合理地接入电路都可以达到滤波的目的。图 9.3.1(c)、(d)、(e)所示电路分别为 LC 滤波电路,两种 π 型滤波电路。读者可根据上面的分析方法分析它们的工作原理。

9.3.4 各种滤波电路的比较

表 9.3.1 中列出了各种滤波电路的性能。构成滤波电路的电容及电感应足够大,θ 为二极管的导通角,凡 θ 角小的,整流管的冲击电流大;凡 θ 角大的,整流管的冲击电流小。

表 9.3.1　各种滤波电路的性能比较

性能 ＼ 类型	电容滤波	电感滤波	LC 滤波	LC 或 RC-π 型滤波
$U_{O(AV)}/U_2$	1.2	0.9	0.9	1.2
导通角 θ	小	大	大	小
使用场合	小电流负载	大电流负载	适应性强	小电流负载

 # 9.4　稳　压　电　路

虽然整流滤波电路能将正弦交流电压变换成较为平滑的直流电压,但是,输出电压平均值仍有波动。

第一,由于输出电压平均值取决于变压器二次电压有效值,所以当电网电压波动时,输出电压平均值将随之产生相应的波动。

第二,由于整流滤波电路内阻的存在,当负载变化时,内阻上的电压将产生变化,于是输出电压平均值也将随之产生相反的变化,例如,如果负载电阻减小,则负载电流增大,内阻上的电流也就随之增大,其压降必然增大,输出电压平均值必将相应减小。因此,整流滤波电路输出电压会随着电网电压的波动而波动,随着负载电阻的变化而变化。

第三,当温度发生变化时,整流滤波电路的参数发生变化,则输出电压平均值也会发生相应变化,即整流滤波电路的输出电压随着温度的改变而发生改变。

为了获得稳定性好的直流电压,必须采取稳压措施。稳压就是指在电网波动、负载变化和温度变化时都能保证输出的直流电压恒定。

9.4.1　稳压电路的技术指标

用稳压电路的技术指标去衡量稳压电路性能的高低。通常用以下两个指标来衡量稳压电路的质量:

1. 稳压系数 S_r

S_r 定义为负载一定时稳压电路输出电压相对变化量与其输入电压相对变化量之比

$$S_r = \frac{\Delta U_O/U_O}{\Delta U_I/U_I}\bigg|_{R_L=常数}$$

式中,U_I 为整流滤波后的直流电压。

S_r 表明电网电压波动对输出电压的影响,其值越小,电网电压变化时输出电压的变化越小。

2. 输出电阻

R_o 定义为稳压电路输入电压一定时输出电压变化量与输出电流变化量之比,即

$$R_o = \frac{\Delta U_O}{\Delta I_O}\bigg|_{\Delta U_I=0}$$

R_o 表明输出电流变化对输出电压影响程度的大小,表明负载电阻对稳压性能的影响。

稳压电路的其他指标还有:电压调整率、电流调整率、最大纹波电压、温度系数以及噪声电压等。

常用的稳压电路有硅稳压管稳压电路、串联型直流稳压电路、集成稳压器以及开关型稳压电路等。本节首先讨论比较简单的硅稳压管稳压电路。

9.4.2　硅稳压管稳压电路的组成和工作原理

1. 电路的组成

硅稳压管稳压电路原理图如图 9.4.1 所示。由稳压二极管 VDz 和限流电阻 R 所组成的稳压电路是一种最简单的直流稳压电源,如图 9.4.1 中点画线框内所示。其输入电压 U_I 是整流滤波后的电压,输出电压 U_O 就是稳压管的稳定电压 U_Z ,R_L 是负载电阻。为了保证工作在反向击穿区,稳压管作为一个二极管,要处于反向接法。限流电阻 R 也是稳压电路必不可少的组成元件,当电网电压波动或负载电流变化时,通过调节 R 上的压降可保持输出电压基本不变。

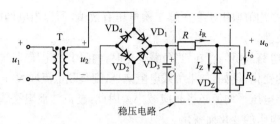

图 9.4.1　硅稳压管稳压电路原理图

2. 工作原理

从稳压管稳压电路可得到两个基本关系式：

$$U_I = U_R + U_O$$
$$I_R = I_Z + I_L$$

只要能使稳压管始终工作在稳压区，输出电压 U_O 就基本稳定。

①假设稳压电路的输入电压 U_I 保持不变，当负载电阻 R_L 减小，负载电流 I_L 增大时，由于电流在电阻 R 上的压降升高，输出电压 U_O 将下降。而稳压管并联在输出端，由图 9.4.2 所示的稳压管的伏安特性可见，当稳压管两端的电压有一个很小的下降时，稳压管的电流将减小很多。由于 $I_R = I_Z + I_L$，因此 I_L 也有减小的趋势。实际上，利用 I_Z 的减小来补偿 I_L 的增大，使 I_R 基本保持不变，从而使输出电压 U_O 也保持不变。

②假设负载电阻 R_L 保持不变，由于电网电压升高而使 U_I 升高时，则输出电压 U_O 也将随之上升。但是，由稳压管的伏安特性可见，此时稳压管的电流 I_Z 将急剧增加，于是电阻 R 上的压降增大，以此来抵消 U_I 的升高，从而使输出电压 U_O 基本保持不变。

3. 性能指标

（1）稳压系数 S_r

稳压系数的定义是 R_L 不变时，稳压电路的输出电压的相对变化量与输入电压的相对变化量之比。估算稳压系数的等效电路如图 9.4.3 所示。

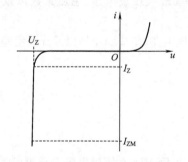

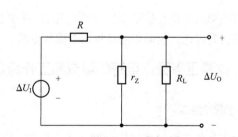

图 9.4.2　稳压管的伏安特性　　　图 9.4.3　估算稳压系数的等效电路

由图可得

$$\Delta U_O = \frac{r_Z // R_L}{(r_Z // R_L) + R} \Delta U_I$$

当满足条件 $r_Z \ll R_L$，$r_Z \ll R$ 时，上式可简化为

$$\Delta U_{\mathrm{O}} \approx \frac{r_{\mathrm{Z}}}{R} \Delta U_{\mathrm{I}}$$

则

$$S_{\mathrm{r}} = \frac{\dfrac{\Delta U_{\mathrm{O}}}{U_{\mathrm{O}}}}{\dfrac{\Delta U_{\mathrm{I}}}{U_{\mathrm{I}}}} = \frac{r_{\mathrm{Z}}}{R} \cdot \frac{U_{\mathrm{I}}}{U_{\mathrm{O}}}$$

由上式可知,r_{Z} 越小,R 越大,则 S_{r} 越小,即电网电压波动时,稳压电路的稳压性能越好。

(2)内阻 R_{o}

稳压电路的内阻定义为直流输入电压 U_{I} 不变时,输出端 ΔU_{O} 与 ΔI_{O} 之比。根据定义,估算电路的内阻时,应将负载电阻 R_{L} 开路。又因 U_{I} 不变,故其变化量 $\Delta U_{\mathrm{I}} = 0$。此时图 9.4.1 中的硅稳压管稳压电路的交流等效电路如图 9.4.4 所示。图中 r_{Z} 为稳压管的动态电阻。

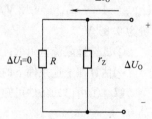

由图可得

$$R_{\mathrm{o}} = \frac{\Delta U_{\mathrm{O}}}{\Delta I_{\mathrm{O}}} = r_{\mathrm{Z}} // R$$

由于一般情况下能够满足条件 $r_{\mathrm{Z}} \ll R$,故上式可简化为

$$R_{\mathrm{o}} \approx r_{\mathrm{Z}}$$

由此可知,硅稳压管稳压电路的内阻近似等于稳压管的动态电阻。

图 9.4.4 估算稳压
电路 R_{o} 的等效电路

4. 电路参数的选择

在选择元件时,应首先知道负载所要求的输出电压 U_{O},负载电流 I_{L} 的最小值 I_{Lmin} 和最大值 I_{Lmax}(或者负载电阻 R_{L} 的最大值 R_{Lmax} 和最小值 R_{Lmin}),输入电压 U_{I} 的波动范围。

(1)稳压电路输入电压 U_{I} 的选择

根据经验,一般选择 $U_{\mathrm{I}} = (2 \sim 3) U_{\mathrm{O}}$。

(2)稳压管的选择

在稳压管稳压电路中 $U_{\mathrm{O}} = U_{\mathrm{Z}}$,当负载电流 I_{L} 变化时,稳压管的电流将产生一个与之相反的变化,即 $\Delta I_{\mathrm{Z}} \approx -\Delta I_{\mathrm{L}}$。所以,稳压管工作在稳压区所允许的电流变化范围应大于负载电流的变化范围,即 $I_{\mathrm{ZM}} - I_{\mathrm{Z}} > I_{\mathrm{Lmax}} - I_{\mathrm{Lmin}}$。当输入电压 U_{I} 随电网电压升高而增大时,限流电阻 R 的电压增量与 U_{I} 的增量几乎相等,它所引起的 I_{R} 的增大部分几乎全部流过稳压管;另外,电路空载时稳压管流过的电流 I_{Z} 将与 R 上的电流相等,所以稳压管的最大稳定电流 I_{ZM} 的选取应留有充分的余量。选择稳压管的一般原则可归纳为

$$U_{\mathrm{O}} = U_{\mathrm{Z}}$$
$$I_{\mathrm{ZM}} - I_{\mathrm{Z}} > I_{\mathrm{Lmax}} - I_{\mathrm{Lmin}}$$
$$I_{\mathrm{ZM}} \geqslant I_{\mathrm{Lmax}} + I_{\mathrm{Z}}$$

(3)限流电阻 R 的选择

稳压二极管稳压电路的稳压性能与稳压二极管击穿特性的动态电阻有关,与稳压电阻 R 的阻值大小有关。稳压二极管的动态电阻越小,稳压电阻 R 越大,稳压性能越好。

稳压电阻 R 的作用是将稳压二极管电流的变化转换为电压的变化,从而起到调节作用,同时 R 也是限流电阻。显然,R 的数值越大,较小 I_{Z} 的变化就可引起足够大的 U_{R} 变化,就可达到足够的稳压效果。但 R 的数值越大,就需要较大的输入电压 U_{I} 值,损耗就要加大。稳压电阻的计算如下:

①当输入电压最小,负载电流最大时,流过稳压二极管的电流最小。此时,I_Z 不应小于 I_{Lmin},由此可计算出来稳压电阻的最大值,实际选用的稳压电阻应小于最大值,即

$$R_{max} = \frac{U_{Imin} - U_Z}{I_{Zmin} + I_{Lmax}}$$

②当输入电压最大,负载电流最小时,流过稳压二极管的电流最大。此时,I_Z 不应超过 I_{Lmax},由此可计算出来稳压电阻的最小值,即

$$R_{min} = \frac{U_{Imax} - U_Z}{I_{Zmax} + I_{Lmin}}$$

$$R_{min} < R < R_{max}$$

稳压二极管在使用时,一定要串入限流电阻,不能使它的功耗超过规定值,否则会造成损坏。

【例】 图 9.4.1 所示的硅稳压管稳压电路中,设稳压管的 $U_Z = 6\ V$,$I_{Zmax} = 40\ mA$,$I_{Zmin} = 5\ mA$,$U_{Imax} = 15\ V$,$U_{Imin} = 12\ V$,$R_{Lmax} = 600\ \Omega$,$R_{Lmin} = 300\ \Omega$。给定当 I_Z 由 I_{Zmax} 变到 I_{Zmin},U_Z 的变化量为 0.35 V。

①试选择限流电阻 R;

②估算在上述条件下的输出电阻和稳压系数。

解 ①由已知条件可知

$$I_{Lmin} = \frac{U_Z}{R_{Lmax}} = \frac{6}{600}\ A = 0.01\ A = 10\ mA$$

$$I_{Lmax} = \frac{U_Z}{R_{Lmin}} = \frac{6}{300}\ A = 20\ mA$$

$$R_{min} = \frac{U_{Imax} - U_Z}{I_{Zmax} + I_{Lmin}} = \left(\frac{15 - 6}{0.04 + 0.01}\right)\ \Omega = 180\ \Omega$$

$$R_{max} = \frac{U_{Imin} - U_Z}{I_{Zmin} + I_{Lmax}} = \left(\frac{12 - 6}{0.005 + 0.02}\right)\ \Omega = 240\ \Omega$$

可取电阻 $R = 200\ \Omega$。电阻上消耗的功率为

$$P_R = \frac{(U_{Imax} - U_Z)^2}{R} = \frac{(15 - 6)^2}{200}\ W = 0.4\ W$$

故可选 200 Ω,1 W 的碳膜电阻。

②再由给定条件可求得

$$r_Z = \frac{\Delta U_Z}{\Delta I_Z} = \left(\frac{0.35}{0.04 - 0.005}\right)\ \Omega = 10\ \Omega$$

则输出电阻为

$$R_o \approx r_Z = 10\ \Omega$$

估算稳压系数时,取 $U_I = \frac{1}{2}(15 + 12)\ V = 13.5\ V$,则

$$S_r = \frac{r_Z}{R} \cdot \frac{U_I}{U_O} = \frac{10}{200} \times \frac{13.5}{6} = 0.11 = 11\%$$

当输出电压不需要调节,负载电流比较小的情况下,硅稳压管稳压电路的效果好,所以在小型的电子设备中经常采用这种电路。但是硅稳压管稳压电路存在一些缺点,如其输出电压由稳压管的型号决定,不可以随意调节;电网电压和负载电流的变化范围大时,电路将不能适应。为改进以上缺点,可采用串联型直流稳压电路。

9.5　串联型直流稳压电路

上节讨论的硅稳压管稳压电路虽很简单,但是受稳压管最大稳定电流的限制,负载电流不能太大,其输出电压不可调且稳定性也不够理想。若要获得稳定性高且连续可调的输出直流电压,可采用串联型直流稳压电路。

9.5.1　基本调整管电路

线性串联型稳压电源的工作原理可以用图 9.5.1 加以说明。

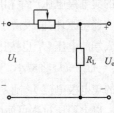

显然,$U_O = U_I - U_R$,当 U_I 增加时,R 受控制而增加,使 U_R 增加,从而在一定程度上抵消了 U_I 增加对输出电压 U_O 的影响。若负载电流 I_L 增加,R 受控制而减小,使 U_R 减小,从而在一定程度上抵消了因 I_L 增加,使 U_I 减小,对输出电压减小的影响。

图 9.5.1　串联稳压
电源示意图

在实际电路中,可调电阻 R 是用一个三极管来替代的,控制基极电位,从而就控制了三极管的管压降 U_{CE},U_{CE} 相当于 U_R。要想输出电压稳定,必须按电压负反馈电路的模式来构成串联型稳压电路。

9.5.2　串联型稳压电路的组成及工作原理

典型的串联型稳压电路如图 9.5.2 所示。它由采样电路、基准电压源、比较放大电路、调整管 4 部分组成。

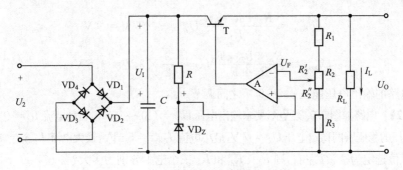

图 9.5.2　典型的串联型稳压电路

1. 采样电路

由电阻 R_1,R_2,R_3 组成的分压电路构成,它将输出电压 U_O 的一部分作为采样电压 U_F,送到比较放大电路。

2. 基准电压源

由稳压二极管 VD_Z 和电阻 R 构成稳压电路,产生稳定的基准电压 U_Z,作为调整、比较的基准电压。

3. 比较放大电路

由集成运放构成,其作用是将采样电压 U_F 与基准电压 U_Z 之差放大后去控制调整管 T。

4. 调整管

调整管 T 接在输入直流电压 U_I 与输出端的负载电阻 R_L 之间,当输出电压 U_O 发生波动时,调整管的集电极电压产生相应的变化,使输出电压基本保持稳定。

稳压原理:假设由于 U_I 增大或 I_L 减小导致输出电压增大,则通过采样以后反馈到放大电路反相输入端的电压 U_F 也按比例增大,但同相输入端的基准电压 U_Z 保持不变,故放大电路的差模输入电压 $U_{Id} = U_Z - U_F$ 将减小,于是放大电路的输出电压 U_O 减小,使调整管的基极输入电压 U_{BE} 减小,则调整管的集电极电流 I_C 随之减小,同时集电极电压 U_{CE} 增大,最后使输出电压 U_O 保持不变。

以上稳压过程可简明表示如下:

$$U_I \uparrow 或 I_L \downarrow \rightarrow U_O \uparrow \rightarrow U_F \uparrow \rightarrow U_{Id} \downarrow \rightarrow U_{BE} \downarrow \rightarrow I_C \downarrow \rightarrow U_{CE} \uparrow —$$
$$U_O \downarrow$$

从上述调整过程可以看出,该电路是依靠电压负反馈来达到稳定输出电压目的的。

【例 9.5.1】 电路如图 9.5.2 所示,设稳压管工作电压 $U_Z = 3$ V,采样电路中 $R_1 = R_2 = R_3$,试估算输出电压 U_O 的调节范围。

解 由理想运放的"虚短"概念可知

$$U_F = U_Z = 3 \text{ V}$$

可估算出

$$U_{Omax} = \frac{R_1 + R_2 + R_3}{R_3} U_Z = 3 \times 3 \text{ V} = 9 \text{ V}$$

$$U_{Omin} = \frac{R_1 + R_2 + R_3}{R_2 + R_3} U_Z = \frac{3}{2} \times 3 \text{ V} = 4.5 \text{ V}$$

该稳压电路的输出电压能在 4.5～9 V 之间调节。

【例 9.5.2】 电路如图 9.5.2 所示,要求输出电压 $U_O = (10 \sim 15)$ V,负载电流 $I_L = (0 \sim 100)$ mA。已选定基准电压的稳压管的稳定电压 $U_Z = 7$ V,最小电流 $I_{Zmin} = 5$ mA,最大电流 $I_{Zmax} = 33$ mA。

①总的阻值选定为 2 kΩ 左右,则 R_1、R_2 和 R_3 三个电阻分别为多大?

②电源变压器二次电压的有效值 U_2 为多少?

③准稳压管的限流电阻 R 的阻值为多少?

④稳压电路中的调整管的极限参数如何?

解 ①由电路已知条件可知

$$U_{Omax} = \frac{R_1 + R_2 + R_3}{R_3} U_Z$$

故

$$R_3 = \frac{R_1 + R_2 + R_3}{U_{Omax}} U_Z = \frac{2}{15} \times 7 \text{ kΩ} = 0.93 \text{ kΩ}$$

取 $R_3 = 910 \text{ Ω}$

$$U_{Omin} = \frac{R_1 + R_2 + R_3}{R_2 + R_3} U_Z = \frac{3}{2} \times 3 \text{ V} = 4.5 \text{ V}$$

故

$$R_2 + R_3 = \frac{R_1 + R_2 + R_3}{U_{Omin}} U_Z = \frac{2}{10} \times 7 \text{ k}\Omega = 1.4 \text{ k}\Omega$$

则 $R_2 = (1.4 - 0.91) \text{ k}\Omega = 0.49 \text{ k}\Omega$。

取 $R_2 = 510 \ \Omega$（电位器），则

$$R_1 = (2 - 0.91 - 0.51) \text{ k}\Omega = 0.58 \text{ k}\Omega$$

则取 $R_1 = 560 \ \Omega$。

②直流稳压电路的直流输入电压应为

$$U_I = U_{Omax} + (3 \sim 8) \text{ V} = (18 \sim 23) \text{ V}$$

取 $U_I = 23 \text{ V}$，则电源变压器二次电压的有效值为

$$U_2 = 1.1 \times \frac{U_I}{1.2} = 1.1 \times \frac{23}{1.2} \text{ V} = 21 \text{ V}$$

③基准电压支路中的电阻 R 的作用是保证稳压管的工作电流比较合适，通常使稳压管中的电流略大于参考电流值 I_{Zmin}。在图 9.5.2 中可以看出

$$I_Z = \frac{U_I - U_Z}{R}$$

故基准稳压管的限流电阻为

$$R \leqslant \frac{U_{Imin} - U_Z}{I_{Zmin}} = \frac{0.9 \times 23 - 7}{5} \text{ k}\Omega = 2.74 \text{ k}\Omega$$

故取 $R = 2 \text{ k}\Omega$。

④调整管的技术指标应为

$$I_{CM} \geqslant I_{Lmax} + I_R = \left(100 + \frac{15.23}{0.56 + 0.51 + 0.91}\right) \text{ mA} = 108 \text{ mA}$$

$$U_{(BR)CEO} \geqslant 1.1 \times \sqrt{2} U_2 = (1.1 \times \sqrt{2} \times 21) \text{ V} = 32.3 \text{ V}$$

$$P_{CM} \geqslant (1.1 \times 1.2 U_2 - U_{Omin}) I_{Cmax}$$

$$= \left[(1.1 \times 1.2 \times 21 - 9.76) \times 0.108\right] \text{ W} = 1.94 \text{ W}$$

9.6　集成稳压电路

由分立元件组成的直流稳压电路，需要外接较多的元件，因而体积大，使用不便。集成稳压电路是将稳压电路的全部元件制作在一块硅基片上的集成电路，具有体积小、方便、可靠性强等特点，因而得到广泛应用。

集成稳压电路的种类较多，作为小功率的直流稳压电源，应用最为广泛的是三端式串联型稳压器。所谓三端式，是指稳压器仅有输入端、输出端、公共端 3 个接线端，使用起来十分方便。

9.6.1　集成稳压电路的外观和参数

图 9.6.1 所示为集成稳压器的外形图。图 9.6.1(a) 所示为金属壳封装，图 9.6.1(b) 为塑料封装。图 9.6.2 所示为 LM78×× 系列集成稳压器的电路符号。

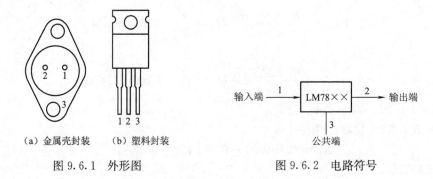

（a）金属壳封装　　（b）塑料封装

图 9.6.1　外形图　　　　　　　　图 9.6.2　电路符号

LM78××系列三端集成稳压器的主要参数如表 9.6.1 所示。

表 9.6.1　LM78××系列三端集成稳压器的主要参数

型号	输电电压 U_O /V	最大输出电流 I_{Omax} /A	输出电阻 R_O/mΩ	最小输入电压 U_{Imin} /V	最大输入电压 U_{Imax} /V	最大耗散功率 P_{DM} /W
7805	5	1.5	0.9	7	35	15
7806	6	1.5	0.9	8	35	35
7809	9	1.5	1.0	11	35	35
7812	12	1.5	1.1	14	35	35
7815	15	1.5	1.2	17	35	35
7818	18	1.5	1.3	20	35	35

9.6.2　三端集成稳压器的应用

1. 基本稳压电路

基本稳压电路如图 9.6.3 所示。输出电压和最大输出电流决定于所选三端稳压器。图中电容 C_i 用于抵消输入线较长时的电感效应，以防止电路产生自激振荡，其容量较小，一般小于 1 μF。电容 C_o 用于消除输出电压中的高频噪声，可取小于 1 μF 的电容，也可取几微法甚至几十微法的电容，以便输出较大的脉冲电流。但是若 C_o 容量较大，一旦输入端断开，C_o 将从稳压器输出端向稳压器放电，易使稳压器损耗。因此，可在稳压器的输入端和输出端之间跨接一个二极管，如图 9.6.3 中虚线所画，起保护作用。

2. 可同时输出正负电压的电路

在有的电路中往往需要正、负电压同时输出的电压源，利用 LM7800 系列和 LM7900 系列的集成稳压器，可以很方便地组成正、负电压同时输出的稳压电源，电路如图 9.6.4 所示。LM7800 系列集成稳压器的输出电压为正电压，LM7900 系列集成稳压器的输出电压为负电压。这种电路由于共用一组整流电路，电路结构简单。

3. 扩大输出电流的电路

当负载所需电流大于稳压器的最大输出电流时，可外接功率管扩展输出电流。图 9.6.5 所示为扩大输出电流的电路。图 9.6.5 所示电路的输出电压 $U_O = U_O' + U_D - U_{BE}$,U_O' 为三端集成稳压器的输出电压,在理想情况下,即 $U_D = U_{BE}$ 时,$U_O = U_O'$。可见,二极管用于消除 U_{BE} 对输出电压的影响。设三端集成稳压器的最大输出电流为 I_{Omax} ,则三极管的最大基极电流 $I_{Bmax} = I_{Omax} - I_R$,因而负载电流的最大值为 $I_{Lmax} = (1+\beta)(I_{Omax} - I_R)$。

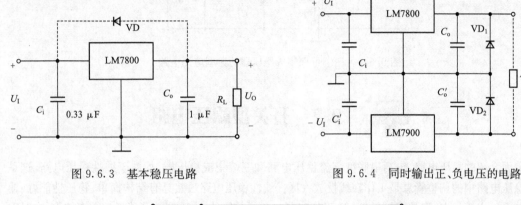

图 9.6.3 基本稳压电路   图 9.6.4 同时输出正、负电压的电路

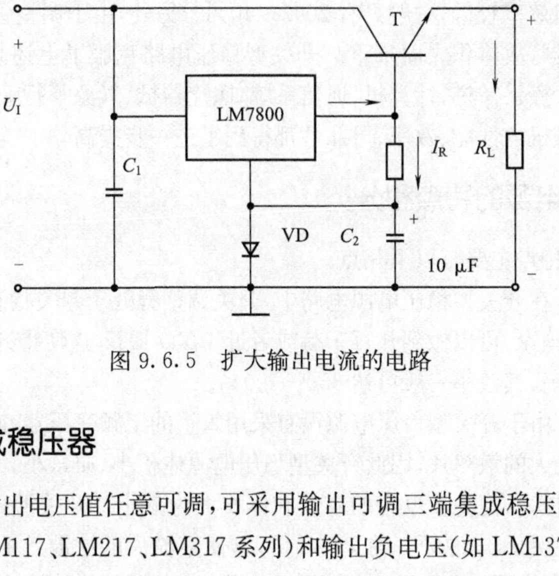

图 9.6.5 扩大输出电流的电路

9.6.3 三端可调集成稳压器

若希望稳压电路的输出电压值任意可调,可采用输出可调三端集成稳压器。三端可调集成稳压器也有输出正电压(如 LM117、LM217、LM317 系列)和输出负电压(如 LM137、LM237、LM337 系列)两种类型。和 78××、79×× 系列一样,同一系列的内部电路和工作原理基本相同,只是工作温度不同。其外观与三端固定集成稳压器相同。

三端可调集成稳压器的典型应用电路如图 9.6.6 所示。三端可调集成稳压器的主要应用是实现输出电压可调的稳压电路。电容 C 并联在电阻 R_2 上可减小纹波电压,VD_2 用于防止输出短路时 C 通过调整端放电损坏稳压器,VD_1 用于防止输入短路时 C_o 上存储电荷产生的很大的电流反向注入稳压器使之损坏。

当输入电压 U_I 在 $2\sim40$ V 范围内变化时,电路均能正常工作。

输出电压 $U_O = 1.25 \times \left(1 + \dfrac{R_2}{R_1}\right)$ V,可见,通过调节 R_2 就可以实现输出电压的调节。当 $R_2 = 0$ 时,U_O 最小值为 1.25 V;随着 R_2 的增大,U_O 随之增大;当 R_2 为最大值时,U_O 也为最大值。

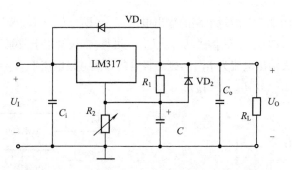

图 9.6.6 三端可调集成稳压器的典型应用电路

 # 9.7 开关型稳压电路

前面介绍的稳压电路,包括串联型直流稳压电路和三端集成稳压器,均属于线性稳压电路,这是由于稳压电路中的调整管总是工作在线性放大区。线性稳压电路虽然具有结构简单、稳压性能好、输出纹波电压小等优点,但效率较低,一般只有20%～40%。另外,由于调整管消耗的功率较大,有时需要在调整管上安装散热器,故体积大而笨重。开关型稳压电路克服了上述缺点。开关电源现在已被广泛应用于彩色电视机、摄录像机、计算机、通信系统、医疗器械、气象等行业,而且逐步取代了传统的串联线性稳压电源,使整机的性能、效率、可靠性都得到了进一步提高。

9.7.1 开关型稳压电源的特点和分类

开关型稳压电源的特点主要有以下几点:

①功耗小、效率高。在开关型稳压电源电路中,开关调整管处于开关状态,频率一般为 50 kHz 左右。在一些技术先进的国家,可以做到几百千赫或者近 1 000 kHz,这使得开关三极管的功耗很小,电源的效率可以大幅度提高,其效率一般可达 65%～90%。

②体积小、质量小。由于开关型稳压电源没有采用笨重的工频变压器,同时调整管上的耗散功率大幅度降低,又省去了较大的散热片,因此开关型稳压电源体积小、质量小。

③滤波的效率大为提高,使滤波电容的容量和体积大为减小。开关型稳压电源的工作频率目前基本上是 50 kHz,是线性稳压电源频率的 1 000 倍,这使整流后的滤波效率几乎也提高了 1 000 倍。即是采用半波整流后加电容滤波,效率也提高了 500 倍。在相同的纹波输出电压的要求下,采用开关型稳压电源时,滤波电容的容量只是线性稳压电源中滤波电容容量的 1/500～1/1 000。

④较为严重的开关干扰。开关型稳压电源中,功率调整开关三极管工作在开关状态中,它产生的交流电压和电流会通过电路中的其他元器件产生尖峰干扰和谐振干扰,这些干扰如果不采取一定的措施进行抑制、消除和屏蔽,就会严重地影响整机的正常工作。

⑤电路形式灵活多样。例如,有自励式和他励式;有调宽型和调频型;有单端式和双端式等。设计者可以发挥各种类型电路的特长,设计出能满足不同应用场合的开关型稳压电源。

开关型稳压电源的类型很多,可以按不同的方法来分类。

按调制方式分类,有脉宽调制型(PWM)、频率调整型(PFM)、混合调制型,其中,脉宽调制型用得较多;按储能电感与负载的连接方式分类,有串联型和并联型;按三极管的连接方式分类,有单管式、推挽式、半桥式、全桥式;按输入与输出电压的大小分类,有升压式、降压式。此外,还有其他许多分类,在此不一一列举。

9.7.2 开关型稳压电源的组成和工作原理

开关型稳压电源的组成如图 9.7.1 所示。电路中包括开关调整管、滤波电路、脉冲调制电路、比较放大器、基准电压和采样电路等。

当输入直流电压或负载电流波动而引起输出电压发生变化时,采样电路将输出电压变化量的一部分送到比较放大电路,与基准电压进行比较并将二者的差值放大后送至脉冲调制电路,使脉冲波形的占空比发生变化。此脉冲信号作为开关调整管的输入信号,使调整管导通和截止时间的比例也随之发生变化,从而使滤波以后输出电压的平均值基本保持不变。

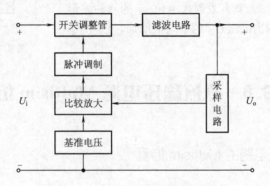

图 9.7.1 开关型稳压电源的组成

串联开关型稳压电源的结构框图如图 9.7.2 所示。它包括调整管及其开关驱动电路(电压比较器)、采样电路(电阻 R_1 和 R_2)、三角波发生电路、基准电压电路、比较放大电路、滤波电路(电感 L、电容 C 和续流二极管 VD)等几个部分。

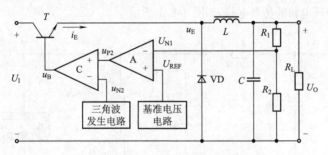

图 9.7.2 串联开关型稳压电源的结构框图

下面分析电路的工作原理:通过电阻 R_1 和 R_2 采样于输出电压 U_O ,得到采样电压 U_{N1} ,并将 U_{N1} 送入比较放大器 A 的反相端与 U_{REF} 比较放大,得到 u_{P2} ,并传送到运放比较器 C 的同相端。三角波发生器产生的三角波信号 u_{N2} 则加在运放比较器的反相输入端。当 $u_{P2} > u_{N2}$ 时,运放比较器输出高电平,即 $u_B = U_{OPP}$;当 $u_{P2} < u_{N2}$ 时,运放比较器输出低电平,即 $u_B = -U_{OPP}$ 。因此,调整管 T 的基极电压 u_B 成为高低电平交替的脉冲波。电路的波形图如图 9.7.3 所示。

当 u_B 为高电平时,调整管饱和导通,因此其发射极电位为 $u_E = U_I - U_{CES}$,其中,U_{CES} 为调整管的饱和管压降,此时二极管 VD 反向截止;当 u_B 为低电平时,调整管截止,但由于电感有维持电流不变的特性,此时在电感上产生的反电势使电流通过负载和二极管继续流通。此时,调整管发射极电位为

$u_E = -U_D$，其中 U_D 为二极管 D 的正向导通电压。

由图 9.7.3 可见，调整管处于开关状态，其发射极电位 u_E 也是高、低电平交替的脉冲波形。但是经过后面的 LC 滤波电路后，在负载 R_L 上可以得到较平滑的输出电压 U_O。

假设由于外界因素的变化导致输出电压 U_O 的减小，则采样电压 U_{N1} 也减小，U_{N1} 与基准电压 U_{REF} 比较放大后得到 u_{P2} 会随着变大，之后将 u_{P2} 送到运放比较器的同相端。由图 9.7.3 可见，当 u_{P2} 增大时，调整管的基极电压 u_B 的波形中高电平的时间加长，而低电平的时间缩短，于是调整管在一个周期中饱和导通的时间变长，截止的时间变短，则其发射极电位 u_E 的脉冲波形的占空比增大，从而导致输出电压 U_O 的平均值增加，最终使输出电压 U_O 趋于稳定。

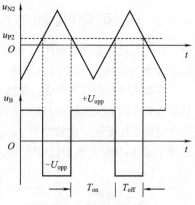

图 9.7.3 电路的波形图

 # 9.8 直流稳压电源 Multisim 仿真实例

9.8.1 硅稳压管稳压电路的 Multisim 仿真

1. 仿真内容

测量硅稳压管稳压电路的输出电压、稳压系数、电阻。

2. 仿真电路

构建硅稳压管稳压电路的仿真电路，如图 9.8.1 所示。

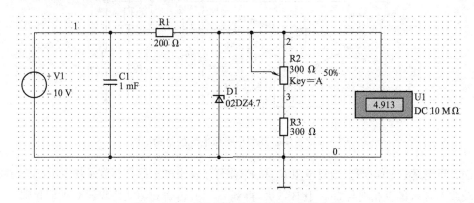

图 9.8.1 硅稳压管稳压电路的仿真电路

3. 仿真结果及结论

①当 $U_I = 10$ V，$R_L = 450$ Ω 时，利用电压表测得 $U_o = 4.913$ V。

②令 $R_L = 450$ Ω 不变，改变 U_I，观察 U_O 的变化情况。测试结果：当 $U_I = 8$ V 时，$U_O = 4.731$ V；当 $U_I = 12$ V 时，$U_O = 5.012$ V。可见，当 U_I 增大时，U_O 将随之增大。由以上结果可得到稳压电路

的稳压系数为

$$S_r = \frac{\Delta U_O}{\Delta U_I} \cdot \frac{U_I}{U_O} = \frac{5.012 - 4.731}{12 - 8} \times \frac{10}{4.913} = 0.142\,987 \approx 14.299\,\%$$

可见稳压系数可达 10% 数量级。

③令 $U_I = 10\,V$ 不变，改变 R_L，观察 U_O 的变化情况。测试结果：当 $R_L = 600\,\Omega$ 时，$U_O = 4.945\,V$；当 $R_L = 300\,\Omega$ 时，$U_O = 4.833\,V$。可见当 R_L 减小时，即 I_L 增大时，U_O 将减小。

④令 $U_I = 10\,V$ 不变，将 R_L 开路，测得 $U_O' = 5.021\,V$，则稳压电路的内阻为

$$R_o = \left(\frac{U_O'}{U_O} - 1\right)R_L = \left(\frac{5.021}{4.931} - 1\right) \times 450\,\Omega = 8.213\,3\,\Omega$$

9.8.2　三端集成稳压器 LM7805CT 电路的 Multisim 仿真

1. 仿真内容

测量 LM7805CT 的输出电压、稳压系数，仿真 LM7805CT 提高输出电压的电路。

2. 仿真电路

构建三端集成稳压器 LM7805CT 的仿真电路如图 9.8.2(a) 所示。构建提高三端集成稳压器输出电压的电路如图 9.8.2(b) 所示。

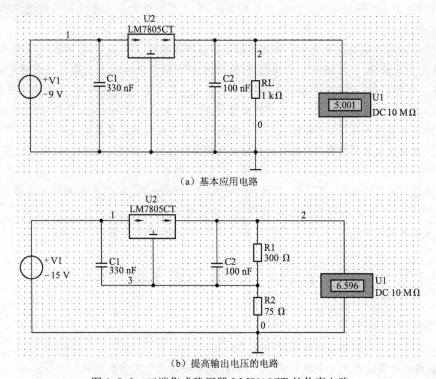

（a）基本应用电路

（b）提高输出电压的电路

图 9.8.2　三端集成稳压器 LM7805CT 的仿真电路

3. 仿真结果及结论

①LM7805CT 输出为固定 $+5\,V$ 电压，输入端电容 $C_I = 0.33\,\mu F$，输出端电容 $C_O = 0.1\,\mu F$，均

接在集成稳压器的引脚上。当 $U_I = 15$ V，$R_L = 1$ kΩ 时，测得三端集成稳压器的输出电压 $U_O = 5.003$ V。

②令 R_L 不变，改变 U_I，观察 U_O 的变化情况。测试结果：当 $U_I = 21$ V 时，$U_O = 5.004$ V；当 $U_I = 9$ V 时，$U_O = 5.001$ V。由以上结果可得到稳压电路的稳压系数为

$$S_r = \frac{\Delta U_O}{\Delta U_I} \cdot \frac{U_I}{U_O} = \frac{5.004 - 5.001}{21 - 9} \times \frac{15}{5.003} = 0.000\ 749 \approx 0.074\ 9\%$$

可见稳压系数可达 1‰数量级。

③仍然采用 LM7805CT 三端集成稳压器，$U_I = 15$ V，$R_1 = 300$ kΩ，$R_2 = 75$ kΩ 时，测得 $U_O = 6.596$ V，可见，输出电压得到了提高。

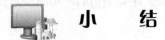

小 结

(1)直流稳压电源由电源变压器、整流电路、滤波电路和稳压电路组成。电源变压器把市电转换成所需要的交流电压值，整流电路将交流电压变为脉动的直流电压，滤波电路可减小脉动使直流电压平滑，稳压电路的作用是在电网电压波动或负载电流变化时保持输出电压基本不变。

(2)整流电路有半波和全波两种，最常用的是单相桥式整流电路。分析整流电路时，应分别判断在变压器二次电压正、负半周两种情况下二极管的工作状态，从而得到负载两端电压、二极管端电压及其电流波形并由此得到输出电压和电流的平均值，以及二极管的最大整流平均电流和所能承受的最高反向电压。

(3)滤波电路的作用是利用储能元件滤去脉动直流电压中的交流成分，使输出电压趋于平滑。滤波电路通常有电容滤波、电感滤波和复式滤波，本章重点介绍了电容滤波电路。当负载电流较小，对滤波的要求又不很高时，可采用电容滤波电路，电容滤波电路的特点是结构简单，输出电压较高；当负载电流较大，可采用电感滤波电路，电感滤波电路的特点是负载电流越大，滤波效果越好，但体积大、较笨重；若对滤波要求较高时，可采用由 LC 元件或 RC 元件组成的复式滤波电路。

(4)稳压管稳压电路结构简单，但输出电压不可调，仅适用于负载电流较小且其变化范围也较小的情况。

(5)在串联型稳压电源中，调整管、基准电压电路、输出电压采样电路和比较放大电路是基本组成部分。电路中引入了深度电压负反馈，从而使输出电压稳定。

(6)集成稳压器仅有输入端、输出端和公共端 3 个引出端，使用方便，稳压性较好。

习题与思考题

一、判断题

1. 整流电路可将正弦电压变为脉动的直流电压。 （ ）

2. 电容滤波电路适用于小负载电流，而电感滤波电路适用于大负载电流。 （ ）

3. 在单相桥式整流电容滤波电路中，若有一只整流管断开，输出电压平均值变为原来的一半。

（ ）

4. 若 U_2 为电源变压器二次电压的有效值，则半波整流电容滤波电路和全波整流电容滤波电路在空载时的输出电压均为 $2U_2$。 （ ）

5. 当输入电压 U_I 和负载电流 I_L 变化时, 稳压电路的输出电压是绝对不变的。 （　　）

6. 一般情况下, 开关型稳压电路比线性稳压电路效率高。 （　　）

二、选择题

1. 整流的目的是（　　）。

    A. 将交流变为直流　　　　B. 将高频变为低频　　　　C. 将正弦波变为方波

2. 单相桥式整流电路中, 若有一只整流管接反, 则（　　）。

    A. 输出电压约为 $2U_D$　　　　B. 变为半波直流　　　　C. 整流管将因电流过大而烧坏

3. 直流稳压电源中滤波电路的作用是（　　）。

    A. 将交流变为直流　　　　B. 将高频变为低频

    C. 将交、直流混合量中的交流成分滤掉

4. 滤波电路应选用（　　）。

    A. 高通滤波电路　　　　B. 低通滤波电路　　　　C. 带通滤波电路

5. 若要组成输出电压可调、最大输出电流为 3 A 的直流稳压电源, 则应采用（　　）。

    A. 电容滤波稳压管稳压电路　　　　　　　　B. 电感滤波稳压管稳压电路

    C. 电容滤波串联型稳压电路　　　　　　　　D. 电感滤波串联型稳压电路

6. 串联型稳压电路中的放大环节所放大的对象是（　　）。

    A. 基准电压　　　　B. 采样电压　　　　C. 基准电压与采样电压之差

7. 开关型直流电源比线性直流电源效率高的原因是（　　）。

    A. 调整管工作在开关状态　　B. 输出端有 LC 滤波电路　　C. 可以不用电源变压器

8. 在图 9. 题.1 所示的桥式整流电路中, 若 $u_2 = 14.14\sin\omega t$ V, $R_L = 100$ Ω, 二极管的性能理想特性:

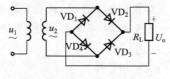

图 9. 题.1

①电路输出的直流电压为（　　）。

    A. 14. 14 V　　　　　　B. 10 V　　　　　　C. 9 V

②电路输出的直流电流为（　　）。

    A. 0. 13 A　　　　　　B. 0. 1 A　　　　　　C. 0. 09 A

③流过每个二极管的平均电流为（　　）。

    A. 0. 07 A　　　　　　B. 0. 05 A　　　　　　C. 0. 045 A

④二极管的最高反向电压为（　　）。

    A. 14. 14 V　　　　　　B. 10 V　　　　　　C. 9 V

⑤若 VD_1 开路, 则输出（　　）。

    A. 只有半周波形　　　　B. 全波整流波形　　　　C. 无波形且变压器被短路

⑥如果 VD_1 正负端接反, 则输出（　　）。

    A. 只有半周波形　　　　B. 全波整流波形　　　　C. 无波形且变压器被短路

⑦如果 VD_2 被击穿(电击穿),则输出(　　)。

　　A. 只有半周波形　　　　B. 全波整流波形　　　　C. 无波形且变压器被短路

⑧如果负载 R_L 被短路,将会使(　　)。

　　A. 变压器被烧坏　　　　B. 整流二极管被烧坏　　　C. 无法判断

三、填空题

1. 工频变压器的目的是_____。

整流电路的目的是将_____。

滤波电路的目的是_____。

稳压电路的目的是_____。

2. 小功率直流电源一般有_____4 部分组成。它能将交电流变成直流电。实质上是一种_____变换电路。

3. 线性串联反馈型稳压电路由_____4 部分组成。

4. 在线性串联反馈型稳压电路中,比较放大环节中的放大对象是_____。

5. 在稳压管稳压电路中,利用稳压管的_____特性,实现稳压;在该电路中,稳压管和负载的连接方式属于_____连接,故常称为_____稳压电路。

6. 开关稳压电源的效率高是因为调整管工作在_____状态。

7. 在串联式开关稳压电源中,为了使输出电压增大,应提高调整管基极控制信号的_____。

8. 在直流电源中变压器二次电压相同的条件下,若希望二极管承受的反向电压较小,而输出直流电压较高,则应采用_____整流电路;若负载电流为 200 mA,则宜采用_____滤波电路;若负载电流较小的电子设备中,为了得到稳定的但不需要调节的直流输出电压,则可采用_____稳压电路或集成稳压器电路;为了适应电网电压和负载电流变化较大的情况,且要求输出电压可调。则可采用_____晶体管稳压电路或可调的集成稳压器电路。(半波,桥式,电容型,电感型,稳压管,串联型)

9. 具有放大环节的串联型稳压电路在正常工作时,调整管处于_____工作状态。若要求输出电压为 18 V,调整管压降为 6 V,整流电路采用电容滤波,则电源变压器二次电压有效值应选_____V。(放大,开关,饱和,18,20,24)

四、分析计算题

1. 电路如图 9. 题 .2 所示,变压器的二次电压有效值为 $2U_2$。

①画出 u_2、u_{D1} 和 u_o 的波形;

②求输出电压平均值 $U_{o(AV)}$ 和输出电流平均值 $I_{o(AV)}$ 的表达式;

③求二极管的平均电流 $I_{D(AV)}$ 和所承受的最大反向电压 U_{BRmax} 的表达式。

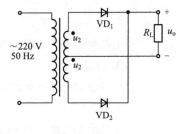

2. 在图 9. 题 .3 所示的电路中,已知交流电源频率 $f = 50$ Hz,负载电阻 $R_L = 120\ \Omega$,直流输出电压 $U_o = 30$ V。

图　9. 题 .2

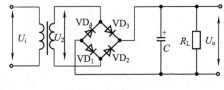

图　9. 题 .3

①求直流负载电流 I_O;

②求二极管的整流电流 I_D 和反向电压 U_{DR}；

③选择滤波电容的容量。

3. 现要求负载电压 $U_O = 30\ \text{V}$，负载电流 $I_O = 150\ \text{mA}$。采用单相桥式整流电路、电容滤波电路。已知交流输入信号频率为 50 Hz，试求二极管最大整流电流、反向峰值电压和滤波电容。

4. 试分析图 9.题.4 所示的单相整流电路，写出二次绕组的电压有效值的表达式。

①如无滤波电容，负载整流电压的平均值 U_O 和变压器二次电压有效值 U_2 之间的数值关系如何？如有滤波电容，则又如何？

②如果整流二极管 VD_2、C 虚焊，U_O 平均值是否是正常情况下的一半？如果变压器二次中心抽头虚焊，情况又如何？

③如果 VD_2 因过载损坏，造成短路，还会出现什么问题？

④如果输出端短路，又将出现什么问题？

⑤如果把图中的 VD_1 和 VD_2 都反接，会出现什么现象？

5. 稳压管稳压电路如图 9.题.5 所示。

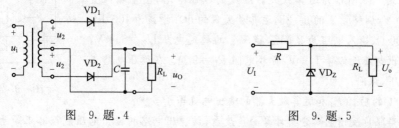

图 9.题.4　　　　　图 9.题.5

已知 $U_O = 9\ \text{V}$，稳压管的 $I_{Zmax} = 26\ \text{mA}$，$I_{Zmin} = 1\ \text{mA}$，$r_Z = 5\ \Omega$，负载电流在 $0 \sim 10\ \text{mA}$ 间可变。$U_I = 15 \times (1 \pm 10\%)\text{V}$ 试确定限流电阻 R。

6. 在图 9.题.6 所示的稳压管稳压电路中，设 $R = 300\ \Omega$，$r_Z = 2\ \Omega$，$U_I = 10.7\ \text{V}$，$U_O = 6.2\ \text{V}$，现要求 U_O 的变化不得超过 $\pm 30\ \text{mV}$，假定 I_o 不变，试求：

①U_I 的最大值不得高于多少？

②U_I 的最小值不得低于多少？

7. 如图 9.题.7 所示的电路中，已知变压器二次电压 $U_2 = 15\ \text{V}$，稳压管电压 $U_Z = 6\ \text{V}$，要求稳压管电流不能小于 5 mA，负载电流在 $0 \sim 40\ \text{mA}$ 间变动。

①设 U_2 不变，求 R；

②求稳压管电流的最大值 I_{Zmax}；

③如果 U_2 变化 10%，R 应取多少？

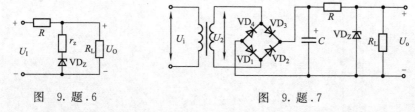

图 9.题.6　　　　　图 9.题.7

8. 某稳压管稳压电路如图 9.题.8 所示。两个稳压管的 U_Z 都为 10 V，$I_o = 20\ \text{mA}$，$U_I = 400\ \text{V}$。

①要使 $I_Z = 30\ \text{mA}$，R 应取多大？

②若 $I_{Zmin} = 10\ \text{mA}$，$I_{Zmax} = 50\ \text{mA}$。求 U_I 的允许变化范围。

9. 图 9.题.9 中的各个元器件应如何连接,才能得到对地为 ±15 V 的直流稳定电压。

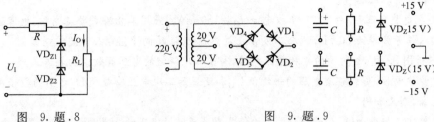

图 9.题.8   图 9.题.9

10. 串联型稳压电路如图 9.题.10 所示。已知稳压管 VD_Z 的稳定电压 $U_Z=6$ V,负载 $R_L=20$ Ω。考虑到电网电压有 ±10% 波动。

①标出运算放大器 A 的同相和反相输入端。

②试求输出电压 U_O 的调整范围。

③为了使调整管的 $U_{CE}>3$ V,试求输入电压 U_I 的值。

11. 图 9.题.11 所示为运算放大器组成的稳压电路,图中输入直流电压 $U_I=30$ V,调整管 T 的 $\beta=25$,运算放大器的开环增益为 100 dB、输出电阻为 100 Ω、输入电阻为 2 MΩ,稳压管的稳定电压 $U_Z=5.4$ V,稳压电路的输出电压近似等于 9 V,负载电阻 $R_L=9$ Ω。在稳压电路工作正常的情况下,试问:

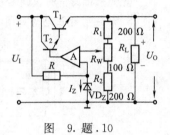

图 9.题.10

①调整管 T 的功耗 P_T 和运算放大器的输出电流等于多少?

②从电压串联负反馈电路分析计算的角度看,该稳压电路的输出电压能否真正等于 9 V,无一点误差,如不能,输出电压的精确值等于多少?

③在调整管的集电极和基极之间加一只 5.1 kΩ 的电阻 R_4(如图中虚线所示),再求运算放大器的输出电流。

④说明引入电阻 R_4 的优点。

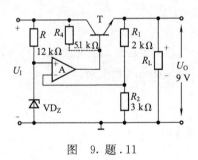

图 9.题.11

附录 A　常用二极管、三极管、场效应管参数资料

常用二极管、三极管、场效应管参数资料见表 A.1～表 A.11。

表 A.1　整流和检波二极管

部标新型号	旧型号	最大整流电流 I_{OM}/mA	正向压降（平均值）U_P/V	最高反向工作电压 U_{RWM}/V	反向漏电流（平均值）/μA	不重复正向浪涌电流/I_{FSM}	工作频率 f/kHz	用途
—	2AP1	16		20				
	2AP2	16		30				用于
	2AP3	25		30				150 MHz
	2AP4	16	≤1.2	50			3	以下的检
	2AP5	16		75				波及小电
	2AP6	12		100				流整流
	2AP7	12		100				
2CZ54B	2CP1A			50				
2CZ54C	2CP1			100				
2CZ54D	2CP2			200				用于
2CZ54E	2CP3			300				3 kHz
2CZ54F	2CP4	500	≤1.0	400	500	20	10	3	以下整
2CZ54G	2CP			500				流电路
2CZ54H	2CP1E			600				
2CZ54K	2CP1G			800				
测试条件		25 ℃	25 ℃		125 ℃	25 ℃	0.01 s		
2CZ82A	2CP10			25				
2CZ82B	2CP11			50				
2CZ82C	2CP12			100				用于
2CZ82D	2CP14			200				50 kHz
2CZ82E	2CP16		≤1.5	300	100	5	2	3	以下整
2CZ82F	2CP18			400				流电路
2CZ82G	2CP19			500				
2CZ82H	2CP20			600				
2CZ82K	2CP20A			800				
测试条件		25 ℃	25 ℃		100 ℃	25 ℃	0.01 s		
2CZ55B	2CZ11K			50				
2CZ55C	2CZ11A			100				用于
2CZ55D	2CZ11B			200				3 kHz
2CZ55E	2CZ11C			300				以下整流
2CZ55F	2CZ11D	1 000	≤1.0	400	500	10	10	3	电路，使用
2CZ55G	2CZ11E			500				时应加
2CZ55H	2CZ11F			600				散热板
2CZ55K	2CZ11H			800				

部标 新型号	旧型号	最大整流 电流 I_{OM}/mA	正向压降 （平均值） U_P/V	最高反向 工作电压 U_{RWM}/V	反向漏电流 （平均值）/ μA		不重复正向 浪涌电流/ I_{FSM}	工作频率 f/kHz	用途
测试条件		25 ℃	25 ℃		125 ℃	25 ℃	0.01 s		
2CZ56 （B～K）	2CZ12 （A～H）	3 000	≤0.8	100～1 000	1 000	20	65	3	
测试条件		25 ℃	25 ℃		140 ℃	25 ℃	0.01 s		

表 A.2　硅稳压管

部标 新型号	旧型号	稳定电压 U_Z/V	最大稳 定电流/ mA	耗散 功率/ mW	反向漏 电流	电压温度 系数 10^{-4}/ ℃	动态电阻 r_Z/Ω			
							R_{Z1}	I_{Z1}/mA	R_{Z2}	I_{Z2}/mA
2CW72	2CW1	7～8.5	29	250	≤1.0	≤7	12	1	6	5
2CW73	2CW2	8～9.5	25			≤8	18	1	10	5
2CW74	2CW3	9～10.5	23			≤8	25	1	12	5
2CW75	2CW4	10～12	21			≤9	30	1	15	5
2CW76	2CW5	11.5～12.5	20			≤9	35	1	18	5
2CW77	2CW6	12～14	18			≤9.5	35	1	18	5
2CW53	2CW12	4～5.8	45	250	≤1	−6～4	550	1	50	10
2CW54	2CW13	5.5～6.5	38			−3～5	500	1	30	10
2CW55	2CW14	6.2～7.5	33			≤6	400	1	15	10
2CW56	2CW15	7～8.8	29		≤0.5	≤7	400	1	15	5
2CW57	2CW16	8.5～9.5	26			≤8	400	1	20	5
2CW58	2CW17	9.2～10.5	23			≤8	400	1	25	5
2CW59	2CW18	10～11.8	20			≤9	400	1	30	5
2CW60	2CW19	12.2～14	17			≤9	400	1	40	5
2CW61						≤9.5	400	1	50	3
2CW62	2CW20	13.5～17	14			≤9.5	400	1	60	3
2CW130	2CW22	3～4.5	600	3 000	≤0.5	≤−8	≤250	3	≤20	100
2CW131	2CW22A	4.5～5.8	500			−6～4	≤300	3	≤15	100
2CW132	2CW22B	5.5～6.5	460			−3～5	≤250	3	≤12	100
2CW133	2CW22C	6.2～7.5	400			≤6	≤200	3	≤6	100
2CW134	2CW22D	7～8.8	330			≤7	≤200	3	≤5	50
2CW135	2CW22E	8.5～9.5	310			≤8	≤200	3	≤7	50
2CW136	2CW22F	9.2～10.5	280			≤8	≤200	3	≤9	50
2CW137	2CW22G	10～11.8	250			≤9	≤200	3	≤12	50

续表

部标新型号	旧型号	稳定电压 U_Z/V	最大稳定电流/mA	耗散功率/mW	反向漏电流	电压温度系数 10^{-4}/℃	动态电阻 r_Z/Ω R_{Z1}	I_{Z1}/mA	R_{Z2}	I_{Z2}/mA
2DW230	2DW7A	5.8~6.6					≤25			
2DW231	2DW7B	5.8~6.6					≤15			
2DW232	2DW7C（红点）	6.0~6.5					≤10			
2DW233	2DW7C（黄点）	6.0~6.5					≤10			
2DW234	2DW7C（无色）	6.0~6.5	30	200	≤1	0.005	≤10		10	
2DW235	2DW7C（绿点）	6.0~6.5					≤10			
2DW236	2DW7C（灰点）	6.0~6.5					≤10			
测试条件		工作电流=I_{Z2}			反向电压=1 V		工作电流=I_{Z1}		工作电流=I_{Z2}	

表 A.3 发光二极管

型号	发光颜色	最大工作电流/mA	正向压降/V	一般工作电流/mA	发光波长/A	发光功率/mW
HG5200 砷化镓二极管	红外	3 000	1.6~1.8	3 000	9 400	>500
HG400 砷化镓二极管	红外	50	1.2	30	9 400	>2
磷化镓红光二极管	红	50	2.3	10	7 000	
磷砷化镓发光二极管	红	50	1.5	10	6 200~6 800	
碳化硅发光二极管	黄	50	6	10	6 000	
磷化镓绿光二极管	绿	50	2.3	10	5 600	
砷化镓转换发光二极管	红	50	1.2	30	5 600	

表 A.4 3AX 低频小功率锗管及其他同类型锗管

部标新型号	旧型号	极限参数 P_{CM}/W	I_{CM}/mA	BU_{CBO}/V	BU_{CEO}/V	直流参数 I_{CBO}/μA	I_{CEO}/mA	h_{FE}/β	交流参数 U_{CES}/V	f_β/kHz
3AX31M		125	125	6	15	≤25	≤1	80~400		

续表

部标新型号	旧型号	极限参数				直流参数			交流参数	
		P_{CM}/W	I_{CM}/mA	BU_{CBO}/V	BU_{CEO}/V	I_{CBO}/μA	I_{CEO}/mA	h_{FE}/β	U_{CES}/V	f_β/kHz
3AX31MA	3AX71A			12	20	≤20	≤0.8	80~400		
3AX31B	3AX71B			18	30	≤12	≤0.6			
3AX31C	3AX71C			24	40	≤6	≤0.4			
3AX31D	3AX71D	125	125	20	12	≤12	≤0.6			≥8
3AX31E	3AX71E			20	12	≤12	≤0.6			≥8
3AX31C			30							≥8
3AX81A		200	200	20	10	≤30	≤1			≥6
3AX81B				30	15	≤15	≤0.7			≥8
3AX55M		500	500	12	12	≤80	≤1.2	80~400		≥6
3AX55A	3AX61			20	20	≤80	≤1.2			
3AX55B	3AX62			30	30	≤80	≤1.2			
3AX55C	3AX63			45	45	≤80	≤1.2			

表 A.5 3DX 低频小功率硅管及其他同类型硅管（NPN 型）

旧型号	部标新型号	极限参数				直流参数			交流参数
		P_{CM}/W	I_{CM}/mA	BU_{CBO}/V	BU_{CEO}/V	I_{CEO}/μA	I_{CBO}/μA	h_{FE}/β	f_T/MHz
3DX4A	3DX101	300	50	≥10	≥10	≤1		≥9	≥200
3DX4B	3DX102			≥20	≥10				
3DX4C	3DX103			≥30	≥10				
3DX4D	3DX104			≥40	≥30				
3DX4E	3DX105			≥50	≥40				
3DX4F	3DX106			≥70	≥60				
3DX4G	3DX107			≥80	≥70				
3DX4H	3DX108			≥100	≥80				
测试条件				$I_C=$ 50 μA	$I_C=$ 50 μA	$U_{CB}=20$ V		$U_{CE}=5$ V $I_C=5$ mA	同左
	3DX203A	700	700	≥150	≥15	≤5	≤20	55~400	
	3DX203B			≥200	≥25			55~400	
	3DX204A			≥250	≥15			55~400	
	3DX204B			≥300	≥25			55~400	
测试条件		$T_C=75$ ℃		$I_C=5$ mA	$I_E=5$ mA	$U_{CB}=10$ V	$U_{CE}=10$ V	$U_{CE}=1$ V $I_C=0.1$ A	

表 A.6　3AD 低频小功率锗管及其他同类型锗管（PNP 型）

部标新型号	旧型号	极限参数				直流参数			交流参数	
		P_{CM}/W	I_{CM}/mA	BU_{CBO}/V	BU_{CEO}/V	I_{CBO}/μA	I_{CEO}/mA	h_{FE}/β	U_{CES}/V	f_T/kHz
3AD50A	3AD6A			50	18				0.6	
3AD50B	3AD6B	10	3	60	24	0.3	2.5	20~140	0.8	4
3AD50C	3AD6C			70	30				0.8	
3AD52A	3AD1,3AD2,3AD3			50	18				0.35	
3AD52B		10	2	60	24	0.3	2.5	20~140	0.5	4
3AD52C	3AD4,3AD5			70	30				0.5	
3AD56A	3AD18A			30	60				0.7	
3AD56B	3AD18B	50	15	45	80	0.8	15	20~140	1	4
3AD56C	3AD18C,3AD18D,3AD18E			76	100				1	
3AD57A	3AD725A			30	60					
3AD57B	3AD725B	100	30	45	80	1.2	20	20~140	1.2	3
3AD57C	3AD725C			60	100					

表 A.7　3DD 低频大功率硅管及其他同类型硅管（NPN 型）

部标新型号	旧型号	极限参数				直流参数			交流参数
		P_{CM}/W	I_{CM}/mA	BU_{CBO}/V	BU_{CEO}/V	I_{CBO}/mA	U_{CES}/V	h_{FE}/β	f_T/MHz
3DD59A	3DD5A			≥30					
3DD59B	3DD5B DD11A			≥50					
3DD59C	3DD5C	25	5	≥80		≥3	≤1.5	≤1.2	≥10
3DD59D	3DD5D DD11B			≥110					
3DD59E	3DD5E DD11C			≥150					
测试条件		$T_C=$75 ℃		$I_C=5$ mA	$I_E=10$ mA	$U_{CE}=20$ V	$I_C=1.25$ mA $I_B=0.25$ mA	$U_{CE}=5$ V $I_C=1.25$ mA	
3DD101A	3DD12A			≥150	≥100		≤0.8		
3DD101B	3DD15C			≥200	≥150		≤0.8		
3DD101C	3DD03C	50	5	≥250	≥200	≤2	≤1.5	≥20	≥1
3DD101D	3DD15D			≥300	≥250		≤1.5		
3DD101E	3DDE~3DDG			≥350	≥300		≤1.5		
测试条件		$T_C=$75 ℃		$I_C=5$ mA	$I_E=5$ mA	$U_{CE}=50$ V	$I_C=2.5$ A $I_B=0.25$ A	$U_{CE}=5$ V $I_C=2$ A	$U_{CE}=12$ V $I_C=0.5$ A

表 A.8　3DG 高频小功率硅管及其他同类型硅管（NPN 型）

旧型号	部标新型号	极限参数				直流参数			交流参数
		P_{CM}/W	I_{CM}/mA	BU_{CBO}/V	BU_{CEO}/V	I_{CBO}/μA	I_{CEO}/μA	h_{FE}/β	f_T/MHz
3DG6A	3DG100M			20	15			25~270	≥150
3DG6A	3DG100A			30	20			≥30	≥150
3DG6B	3DG100B	100	20	40	30	≤0.01	≤0.01	≥30	≥150
3DG6C	3DG100C			30	20			≥30	≥300
3DG6D	3DG100D			40	30			≥30	≥300
	3DG103M			≥15	≥12			25~270	≥500
3DG11A,3DG11B	3DG103A			≥20	≥15			≥30	≥500
3DG104B	3DG103B	100	20	≥40	≥30	≤0.1	≤0.1	≥30	≥500
3DG104C	3DG103C			≥20	≥15			≥30	≥700
3DG104D	3DG103D			≥40	≥30			≥30	≥700
测试条件		$I_c=$ 100 μA	$I_c=$ 100 μA	$U_{CB}=10$ V	$U_{CE}=10$ V			$U_{CE}=10$ V $I_c=30$ mA	$U_{CE}=10$ V $I_E=50$ mA $f_T=100$ MHz
	3DG121M			≥30	≥20			25~270	≥150
3DG5A	3DG121A			≥40	≥30			≥30	≥150
3DG7C	3DG121B	500	100	≥60	≥45	≤0.1	≤0.2	≥30	≥150
3DG5C~3DG5F	3DG121C			≥40	≥30			≥30	≥300
3DG7B,3DG7D	3DG121D			≥60	≥45			≥30	≥300
测试条件		$I_c=$ 100 μA	$I_c=$ 100 μA	$U_{CB}=10$ V	$U_{CE}=10$ V			$U_{CE}=10$ V $I_c=30$ mA	$U_{CE}=10$ V $I_E=50$ mA $f_T=100$ MHz
	3DG130M			≥30	≥20	≤1	≤5	25~270	≥150
	3DG130A			≥40	≥30	≤0.5	≤1	≥30	≥150
	3DG130B	700	300	≥60	≥45	≤0.5	≤1	≥30	≥150
	3DG130C			≥40	≥30	≤0.5	≤1	≥30	≥300
	3DG130D			≥60	≥45	≤0.5	≤1	≥30	≥300
测试条件		$I_c=$ 100 μA	$I_c=$ 100 μA	$U_{CB}=10$ V	$U_{CE}=10$ V			$U_{CE}=10$ V $I_c=50$ mA	$U_{CE}=10$ V $I_E=3$ mA $f_T=100$ MHz

表 A.9　3AG 高频小功率锗管及其他同类型锗管

参数型号	P_{CM}/mW	I_{CM}/mA	$U_{(BR)CEO}$/V	I_{CEO}/μA	h_{FE}/β	f_T/MHz
3AG1	50	10	−10	≤7	20~230	≥20
3AG2	50	10	−10		30~220	≥40

续表

参数型号	P_{CM}/mW	I_{CM}/mA	$U_{(BR)CEO}$/V	I_{CEO}/μA	h_{FE}/β	f_T/MHz
3AG3	50	10	−10	≤7	30～220	≥60
3AG4	50	10	−10		30～220	≥80

表 A.10　3DK 硅开关管及其他同类型硅管（NPN 型）

型号	直流参数			交流参数	开关参数		极限参数				
	I_{CBO} /μA	I_{CEO} /μA	h_{FE} /β	f_T /MHz	t_{ON} /ns	t_{OFF} /ns	BU_{CBO} /V	BU_{CEO} /V	P_{CM} /W	I_{CM} /mA	T_{fm} /℃
3DK1A	≤0.1		30～200		≤20	≤30	≥30	≥20	100	30	175
3DK1B	≤0.1		30～200		≤40	≤60	≥30	≥20			
3DK1C	≤0.1		30～200		≤60	≤80	≥30	≥20			
3DK1D	≤0.5	0.5	≥10	≥200	≤20	≤30	≥30	≥15			
3DK1E	≤0.5		≥10		≤40	≤60	≥30	≥15			
3DK1F	≤0.5		≥10		≤60	≤80	≥30	≥15			
测试条件	U_{CB}= 10 V	U_{CE}= 10 V	U_C=1 V I_C=10 mA	f_T=30 MHz U_{CE}=1 V I_C=10 mA			I_C= 100 μA	I_C= 200 μA	I_E= 100 μA		
3DK7	≤1	≤1	20～150	≥150	≤50	≤80			≥4	30	150
3DK7A	≤0.1	≤0.1		≥120	65	<180	≥25	≥15	>5	50	175
3DK7B	≤0.1	≤0.1		≥120	65	<180					
3DK7C	≤0.1	≤0.1	20～200	≥120	45	<130					
3DK7D	≤0.1	≤0.1		≥120	45	90					
3DK7E	≤0.1	≤0.1		≥120	45	60					
3DK7F	≤0.1	≤0.1		≥120	45	40					
测试条件	U_{CB}= 10 V	U_{CE}= 10 V	U_{CE}=1 V I_C=10 mA		I_C= 10 mA I_{B1}= 1 mA I_{B2}= 2 mA	I_C= 10 mA; I_{B1}= I_{B2}= 10 mA	I_C= 10 μA	I_C= 10 μA	I_E= 10 μA		

表 A.11　场效应管

参数	符号	单位	型　号					
			3DO1	3DO4	3DJ2	3DJ8F	3DO6	3CO1
饱和漏极电流	I_{DSS}	μA	0.3～10	$0.5×10^3$～ $15×10^3$	0.3～10	15	2.5～5	<1 000 nA
栅源夹断电压	$U_{GS(off)}$	V	<∣−9∣	<∣−9∣	<∣−9∣	<∣−9∣	2～2.5	∣−2∣～∣−8∣

续表

参数	符号	单位	型　号					
			3DO1	3DO4	3DJ2	3DJ8F	3DO6	3CO1
栅源绝缘电阻	R_{GS}	Ω	$\geqslant10^9$	$\geqslant10^9$	$\geqslant10^7$	10^7	$\geqslant10^9$	
共源小信号低频跨导	g_m	μA/V	$\geqslant1\,000$	$\geqslant2\,000$	$\geqslant2\,000$	$6\,000$	$>2\,000$	$\geqslant10$
高频振荡频率	f_T	MHz	$\geqslant90$	$\geqslant300$	$\geqslant300$	90		>500
最高漏源电压	$U_{DS(BR)}$	V	20	20	>20	20	20	15
最高栅源电压	$U_{GS(BR)}$	V	40	$\geqslant20$	>20	20	20	20
最大耗散功率	U_{DSM}	mW	100	$1\,000$	100	100	100	100
备注			N 沟道耗尽型 MOS 管			高互导管	N 沟道增强型开关管	P 沟道增强型 MOS 管

附录 B 半导体集成电路型号命名法

1. 集成电路的型号命名法

集成电路现行国际规定的命名法如下:器件的型号由五部分组成,各部分符号及意义见表 B.1。

表 B.1 器件型号的组成

第零部分		第一部分		第二部分	第三部分		第四部分	
用字母表示器件符合国家标准		用字母表示器件的类型		用阿拉伯数字和字母表示器件系列品种	用字母表示器件的工作温度范围		用字母表示器件的封装	
符号	意　义	符号	意　义		符号	意　义	符号	意　义
C	中国制造	T	TTL 电路	TTL 分为: 54/74×××①	C⑤	0~70 ℃	F	多层陶瓷扁平封装
		H	HTL 电路	54/74 H×××②	G	−25~70 ℃	B	塑料扁平封装
		E	ECL 电路	54/74 L×××③	L	−25~85 ℃	H	黑瓷扁平封装
		C	CMOS 电路		E	−40~85 ℃	D	多层陶瓷双列直插封装
		M	存储器	54/74 S×××	R	−55~85 ℃	J	黑瓷双列直插封装
		μ	微型机电路	54/74 LS×××④	M⑥	−55~125 ℃	P	塑料双列直插封装
		F	线性放大器	54/74 AS×××	⋮		S	塑料单列直插封装
		W	稳压器	54/74 ALS×××			T	金属圆壳封装
		D	音响电视电路	54/74 F×××			K	金属菱形封装
		B	非线性电路	CMOS 为:			C	陶瓷芯片载体封装
		J	接口电路	4000 系列			E	塑料芯片载体封装
		AD	A/D 转换器	54/74HC×××			G	网格针栅阵列封装
		DA	D/A 转换器	54/74 HCT×××			SOIC	小引线封装
		SC	通信专用电路	⋮			PCC	塑料芯片载体封装
		SS	敏感电路				LCC	陶瓷芯片载体封装
		SW	钟表电路					
		SJ	机电仪电路					
		SF	复印机电路					
		⋮						

注:①74 表示国际通用 74 系列(民用);

54 表示国际通用 54 系列(军用)。

②H 表示高速。

③L 表示低速。

④LS 表示低功耗。

⑤C 表示只出现在 74 系列。

⑥M 表示只出现在 54 系列。

2. 集成电路的分类

集成电路是现代电子电路的重要组成部分,它具有体积小、耗电少、工作特性好等一系列优点。

概括来说,集成电路按制造工艺,可分为半导体集成电路、薄膜集成电路和由二者组合而成的混合集成电路;按功能,可分为模拟集成电路和数字集成电路;按集成度,可分为小规模集成电路(SSI,集成度<10 个门电路)、中规模集成电路(MSI,集成度为 10~100 个门电路)、大规模集成电路(LSI,集成度为 100~1 000 个门电路)以及超大规模集成电路(VLSI,集成度>1 000 个门电路);按外形,又可分为圆型(金属外壳晶体管封装型,适用于大功率)、扁平型(稳定性好、体积小)和双列直插型(有利于采用大规模生产技术进行焊接,因此获得广泛的应用)。

目前,已经成熟的集成逻辑技术主要有 3 种:TTL 逻辑(晶体管-晶体管逻辑)、CMOS 逻辑(互补金属-氧化物-半导体逻辑)和 ECL 逻辑(发射极耦合逻辑)。

①TTL 逻辑:TTL 逻辑于 1964 年由美国德克萨斯仪器公司生产,其发展速度快,系列产品多,有速度及功耗折中的标准型;有改进型,高速及低功耗的低功耗肖特基型。所有 TTL 电路的输出、输入电平均是兼容的。该系列有两个常用的系列化产品。

②CMOS 逻辑:CMOS 逻辑器件的特点是功耗低,工作电源电压范围较宽,速度快(可达 7 MHz)。

③ECL 逻辑:ECL 逻辑的最大特点是工作速度快。因为在 ECL 电路中数字逻辑电路形式采用非饱和型,消除了三极管的存储时间,大大加快了工作速度。MECL Ⅰ 系列产品是由美国摩托罗拉公司于 1962 年生产的,后来又生产了改进型的 MECL Ⅱ,MECL Ⅲ 型及 MECL 10000。

3. 集成电路外引线的识别

使用集成电路前,必须认真查对和识别集成电路的引脚,确认电源、地、输入、输出及控制等相应的引脚号,以免因错接而损坏器件。引脚排列的一般规律如下:

①圆型集成电路:识别时,面向引脚正视。从定位销顺时针方向依次为 1,2,3,4…,如图 B.1(a)所示。圆型多用于模拟集成电路。

②扁平和双列直插型集成电路:识别时,将文字符合标记正放(一般集成电路上有一缺口,将缺口或圆点置于左方),由顶部俯视,从左下脚起,按逆时针方向数,依次为 1,2,3,4…,如图 B.1(b)所示。扁平型多用于数字集成电路。双列直插型广泛应用于模拟和数字集成电路。

示例:

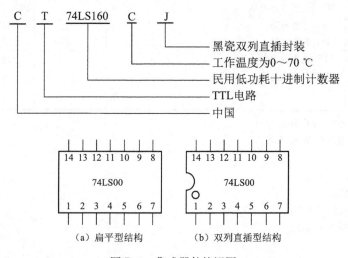

图 B.1　集成器件俯视图

附录 C　Multisim 10 基本操作

一、Multisim 10 简介

Multisim 10 是基于 PC 平台的电子设计软件，支持模拟和数字混合电路的分析和设计，创造了集成的一体化设计环境，把电路的输入、仿真和分析紧密地结合起来，实现了交互式的设计和仿真，是 IIT 公司早期 EWB5.0、Multisim 2001、Multisim 7、Multisim 8.x、Multisim 9 等版本的升级换代产品。Multisim 10 提供了功能更强大的电子仿真设计界面，能进行包括微控制器件、射频、PSPICE、VHDL 等方面的各种电子电路的虚拟仿真，提供了更为方便的电路图和文件管理功能，且兼容 Multisim 7 等，可在 Multisim 10 的基本界面下打开在 Multisim 7 等版本软件下创建和保存的仿真电路。

Multisim 10 有如下特点：
①操作界面方便友好，原理图的设计、输入快捷。
②元器件丰富，有数千个器件模型。
③虚拟电子设备种类齐全，如同操作真实设备一样。
④分析工具广泛，可帮助设计者全面了解电路的性能。
⑤能对实验电路进行全面的仿真分析和设计。
⑥可直接打印输出实验数据、曲线、原理图和元件清单等。

二、Multisim 10 基本界面及操作

1. 基本界面

Multisim 10 基本界面如图 C.1 所示。

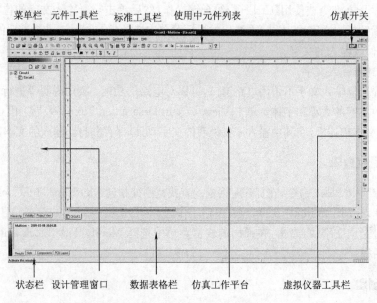

图 C.1　Multisim 10 基本界面

2. 文件基本操作

与 Windows 常用的文件操作一样，Multisim 10 中也有：

New(新建文件)、Open(打开文件)、Save(保存文件)、Save As(另存文件)、Print(打印文件)、Print Setup(打印设置)和 Exit(退出)等相关的文件操作。

以上这些操作可以在菜单栏 File 子菜单下选择命令，也可以应用快捷键或工具栏的图标进行快捷操作。

3. 元器件基本操作

常用的元器件编辑功能有：90 Clockwise(顺时针旋转 90°)、90 CounterCW(逆时针旋转 90°)、Flip Horizontal(水平翻转)、Flip Vertical(垂直翻转)、Component Properties(元件属性)等。这些操作可以在菜单栏 Edit 子菜单下选择命令，也可以应用快捷键进行快捷操作。其中，元器件的旋转效果如图 C.2 所示。

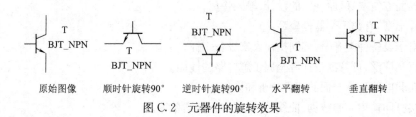

原始图像　　顺时针旋转90°　逆时针旋转90°　　水平翻转　　　垂直翻转

图 C.2　元器件的旋转效果

4. 文本基本编辑

对文字注释方式有两种：直接在电路工作区输入文字或者在文本描述框输入文字，两种操作方式有所不同。

（1）电路工作区输入文字

执行 Place/Text 命令或使用【Ctrl＋T】组合键操作，然后单击需要输入文字的位置，输入需要的文字。将鼠标指针指向文字块，右击，在弹出的快捷菜单中选择 Color 命令，选择需要的颜色。双击文字块，可以随时修改输入的文字。

（2）文本描述框输入文字

利用文本描述框输入文字不占用电路窗口，可以对电路的功能、实用说明等进行详细的说明，可以根据需要修改文字的大小和字体。单击 View/Circuit Description Box 命令或使用【Ctrl＋D】组合键操作，打开电路文本描述框，在其中输入需要说明的文字，可以保存和打印输入的文本。

5. 图纸标题栏编辑

执行 Place/Title Block 命令，在打开对话框的查找范围处指向 Multisim/Titleblocks 目录，在该目录下选择一个 ＊.tb7 图纸标题栏文件，放在电路工作区。

将鼠标指针指向文字块，右击，在弹出的快捷菜单中选择 Modify Title Block Data 命令，弹出如图 C.3 所示对话框。

6. 子电路创建

子电路是用户自己建立的一种单元电路。将子电路存放在用户器件库中，可以反复调用并使用子电路。利用子电路可使复杂系统的设计模块化、层次化,可增加设计电路的可读性、提高设计效率、缩短电路周期。创建子电路的工作需要以下几个步骤:选择、创建、调用、修改。

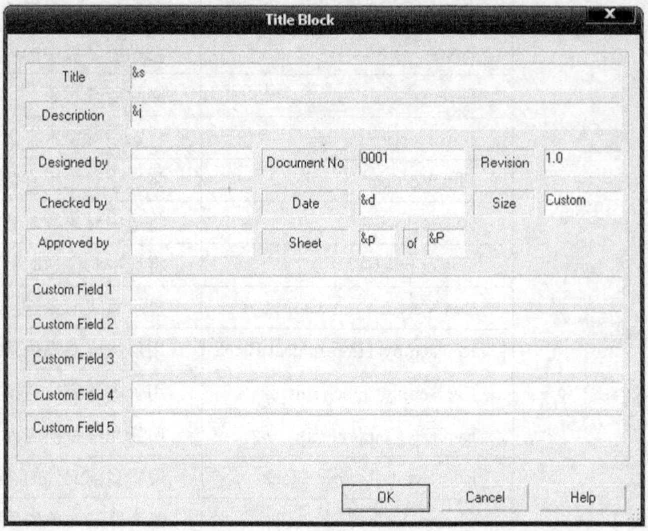

图 C.3　Title Block 对话框

三、Multisim 10 电路创建

1. 元器件

(1)选择元器件

在元器件栏中单击要选择的元器件库图标,打开该元器件库。在屏幕出现的元器件库对话框中选择所需的元器件,常用元器件库有 13 个:信号源库、基本元件库、二极管库、晶体管库、模拟器件库、TTL 数字集成电路库、CMOS 数字集成电路库、其他数字器件库、混合器件库、指示器件库、其他器件库、射频器件库、机电器件库等。

(2)选中元器件

单击元器件,即可选中该元器件。

(3)元器件操作

选中元器件,右击,在弹出的快捷菜单中出现图 C.4 所示命令。

(4)元器件特性参数

双击该元器件,在弹出的元器件特性对话框中,可以设置或编辑元器件的各种特性参数。元器件不同,每个选项下将对应不同的参数。

例如:NPN 型三极管的选项为

| Label(标识) | Display(显示) |
| Value(数值) | Fault(故障) |

2. 电路图

执行 Options/Sheet Properties 命令,出现如图 C.5 所示的对话框,每个选项卡下又有各自不同的对话内容,用于设置与电路显示方式相关的选项。

命令名称	功能注释
Cut	剪贴所选对象到剪贴板
Copy	复制所选对象到剪贴板
Paste	粘贴剪贴板中的内容到工作区中
Delete	删除所选对象
Flip Horizontal	将选中对象水平翻转
Flip Vertical	将选中对象垂直翻转
90 Clockwise	将选中对象顺时针旋转 90°
90 CounterCW	将选中对象逆时针旋转 90°
Bus Vector Connect	显示总线向量连接器对话框
Replace by Hierarchical Block	用层次电路模块替换
Replace by Subcircuit	用子电路模块替换
Replace Components	用新元件替换当前元件
Edit Symbol/Title Block	编辑当前元件的符号或标题块
Change Color	改变所选对象的颜色
Font	字体设置
Reverse Probe Direction	为选中的仪器探针或电流探针设置反极性
Properties	打开所选元件或仪器的属性对话框

✂ Cut	Ctrl+X
🖹 Copy	Ctrl+C
📋 Paste	Ctrl+V
✕ Delete	Delete
Flip Horizontal	Alt+X
Flip Vertical	Alt+Y
🔃 90 Clockwise	Ctrl+R
🔃 90 CounterCW	Ctrl+Shift+R
Bus Vector Connect...	
Replace by Hierarchical Block	Ctrl+Shift+H
Replace by Subcircuit	Ctrl+Shift+B
Replace Components...	
Save Component to DB...	
Edit Symbol/Title Block	
Lock name position	
Reverse Probe Direction	
Change Color...	
Font...	
📇 Properties	Ctrl+M

(a)　　　　　　　　　　　　　　　(b)

图 C.4　元器件操作

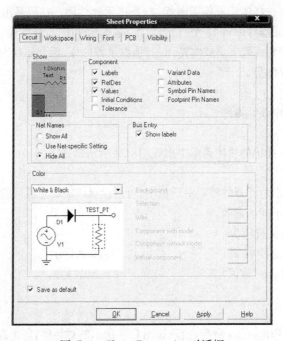

图 C.5　Sheet Properties 对话框

（1）Circuit 选项卡

①Component（元器件子选项组）：

· Labels：是否显示元器件的标注。

· RefDes：是否显示元器件的序号。

· Values：是否显示元器件的参数。

· Initial Conditions：是否显示元器件的初始条件。

· Tolerance：是否显示公差。

· Variant data：是否显示变量数据。

· Attributes：是否显示元器件的属性。

· Symbol Pin Names：是否显示符号引脚名称。

· Footprint Pin Names：是否显示封装引脚名称。

②Net Names（网络名称子选项组）：

· Show All：是否全部显示网络名称。

· Use Net-Specific Setting：是否特殊设置网络名称显示。

· Hide All：是否全部隐藏网络名称。

③Bus Entry（总线子选项组）：

· Show Labels：是否显示总线标识。

④Color（颜色选项组）：

· 通过下拉菜单可改变电路仿真工作区的颜色。

（2）Workspace 选项卡

Workspace 选项有 3 个栏目。Show 栏目实现电路工作区显示方式的控制；Sheet Size 栏目实现图纸大小和方向的设置；Zoom Level 栏目实现电路工作区显示比例的控制。

（3）Wiring 选项卡

Wiring 选项有两个栏目。Wire Width 栏目设置连接线的线宽；Autowire 栏目控制自动连线的方式。

（4）PCB 选项卡

用于选择与制作电路板相关的命令。

3. 导线

主要涉及的操作有：导线的形成、导线的删除、导线颜色设置、导线连接点、在导线中间插入元器件。

4. 输入／输出

执行 Place/HB/SB Connecter 命令，屏幕上会出现输入/输出符号：将该符号与电路的输入/输出信号端进行连接。子电路的输入/输出端必须有输入/输出符号，否则无法与外电路进行连接。

四、Multisim 10 操作界面

1. Multisim 10 菜单栏

　　File　Edit　View　Place　MCU　Simulate　Transfer　Tools　Reports　Options　Window　Help

11个菜单栏包括了该软件的所有操作命令。从左至右为：File(文件)、Edit(编辑)、View(窗口)、Place(放置)、MCU(微控制器)、Simulate(仿真)、Transfer(文件输出)、Tools(工具)、Reports(报告)、Options(选项)、Window(窗口)和Help(帮助)，如图C.6～图C.16所示。

(1)File(文件)菜单

图C.6 File(文件)菜单

(2) Edit(编辑)菜单

图C.7 Edit(编辑)菜单

(3) View(窗口)菜单

Full Screen		全屏显示电路窗口
Parent Sheet		显示子电路或者分层电路的父节点
Zoom In	F8	放大电路窗口
Zoom Out	F9	缩小电路窗口
Zoom Area	F10	放大所选区域
Zoom Fit to Page	F7	显示完整电路图
Zoom to magnification	F11	按所设倍率放大
Zoom Selection	F12	以所选电路部分为中心进行放大
Show Grid		显示栅格
✓ Show Border		显示电路边界
Show Page Bounds		显示图纸边界
Ruler Bars		显示标尺
Statusbar		显示状态栏
✓ Design Toolbox		显示设计管理窗口
✓ Spreadsheet View		显示数据表格栏
Circuit Description Box	Ctrl+D	显示或隐藏电路窗口的描述窗口
Toolbars	▶	显示或隐藏工具栏
Show Comment/Probe		注释、探针显示
Grapher		显示或隐藏仿真结果

图 C.8　View(窗口)菜单

(4) Place(放置)菜单

Component...	Ctrl+W	选择并放置元器件
Junction	Ctrl+J	放置节点
Wire	Ctrl+Q	放置连线
Bus	Ctrl+U	放置总线
Connectors	▶	放置连接器
New Hierarchical Block...		建立一个新的层次电路模块
Replace by Hierarchical Block	Ctrl+Shift+H	用层次电路模块替代所选电路
Hierarchical Block from File...	Ctrl+H	从文件获取层次电路
New Subcircuit...	Ctrl+B	建立一个新的子电路
Replace by Subcircuit	Ctrl+Shift+B	用一个子电路代替所选电路
Multi-Page...		产生多层电路
Merge Bus...		合并总线矢量
Bus Vector Connect...		放置总线矢量连接
Comment		放置提示注释
Text	Ctrl+T	放置文本
Graphics	▶	放置线、折线、矩形、椭圆、多边形等图形
Title Block...		放置一个标题栏

图 C.9　Place(放置)菜单

（5）Simulate（仿真）菜单

图 C.10　Simulate（仿真）菜单

（6）Transfer（文件输出）菜单

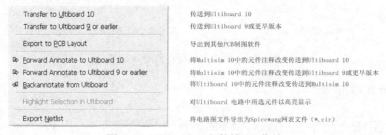

图 C.11　Transfer（文件输出）菜单

（7）Tools（工具）菜单

图 C.12　Tools（工具）菜单

（8）Reports（报告）菜单

图 C.13　Reports（报告）菜单

（9）Options（选项）菜单

图 C.14　Options（选项）菜单

（10）Window（窗口）菜单

图 C.15　Window（窗口）菜单

（11）Help（帮助）菜单

图 C.16　Help（帮助）菜单

2. Multisim 10 元器件栏

Multisim 10 提供了 18 个元器件库，单击元器件库栏目下的图标即可打开该元器件库，元器件栏如图 C.17 所示。

图 C.17　元器件栏

各图标名称及其功能如下：

✛：“电源库”按钮，放置各类电源、信号源。

ᴡ：“基本元件库”按钮，放置电阻、电容、电感、开关等基本元件。

⊅⊦：“二极管库”按钮，放置各类二极管元件。

⊀：“晶体管库”按钮，放置各类晶体管和场效应管。

⊅⊱：“模拟元件库”按钮，放置各类模拟元件。

⅁：“TTL 元件库”按钮，放置各种 TTL 元件。

ᵇ：“CMOS 元件库”按钮，放置各类 CMOS 元件。

◫：“其他数字元件库”按钮，放置各类单元数字元件。

◍⌁：“混合元件库”按钮，放置各类数模混合元件。

▦：“指示元件库”按钮，放置各类显示、指示元件。

▣：“电力元件库”按钮，放置各类电力元件。

ᴹᴵˢᶜ：“杂项元件库”按钮，放置各类杂项元件。

▆：“先进外围设备库”按钮，放置先进外围设备。

Ⴤ：“射频元件库”按钮，放置射频元件。

⧇：“机电类元件库”按钮，放置机电类元件。

▯：“微控制器元件库”按钮，放置单片机微控制器元件。

ᵇ。：“放置层次模块”按钮，放置层次电路模块。

Ꭻ：“放置总线”按钮，放置总线。

3. Multisim 10 仪器仪表栏

Multisim 10 在仪器仪表栏（见图 C.18）下提供了 21 个 Agilent 信号发生器、常用仪器仪表，依次为数字万用表、函数发生器、失真度仪、瓦特表、双通道示波器、频率计、Agilent 函数发生器、波特图仪、IV 分析仪、字信号发生器、逻辑转换器、逻辑分析仪、Agilent 示波器、Agilent 万用表、四通道示波器、频谱分析仪、网络分析仪、Tektronix 示波器、动态测量探头、LaBVIEW、电流探针。

图 C.18　Multisim 10 仪器仪表栏

五、Multisim 10 仪器仪表使用

（1）数字万用表（Multimeter）

Multisim 10 提供的万用表外观和操作与实际的万用表相似，如图 C.19 所示，可以测电流（A）、电压（V）、电阻（Ω）和分贝值（dB），测直流或交流信号。万用表有正极和负极两个引线端。

（2）函数发生器（Function Generator）

Multisim 10 提供的函数发生器（见图 C.20）可以产生正弦波、三角波和矩形波，信号频率可在 1 Hz 到 999 MHz 范围内调整。信号的幅值以及占空比等参数也可以根据需要进行调节。信号发生器有 3 个引线端口：负极、正极和公共端。

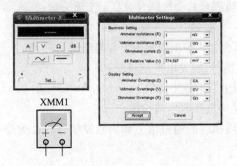

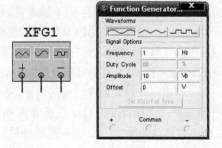

图 C.19　数字万用表（Multimeter）　　　　图 C.20　函数发生器（Function Generator）

（3）瓦特表（Wattmeter）

Multisim 10 提供的瓦特表（见图 C.21）用来测量电路的交流或者直流功率，瓦特表有 4 个引线端口：电压正极和负极、电流正极和负极。

（4）双通道示波器（2 Channel Oscilloscope）

Multisim 10 提供的双通道示波器（见图 C.22）与实际的示波器外观和基本操作基本相同，该示波器可以观察 1 路或 2 路信号波形的形状，分析被测周期信号的幅值和频率，时间基准可在秒直至纳秒范围内调节。示波器图标有 6 个连接点：A 通道输入、B 通道输入、外触发端 T 和 3 个接地端。

图 C.21　瓦特表（Wattmeter）

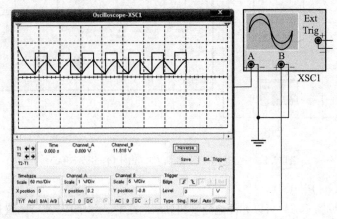

图 C.22　双通道示波器（2 Channel Oscilloscope）

示波器的控制面板分为 4 个部分：

①Timebase（时间基准）：

· Scale（量程）：设置显示波形时的 X 轴时间基准。

· X position（X 轴位置）：设置 X 轴的起始位置。

· 显示方式设置有 4 种：Y/T 方式指的是 X 轴显示时间，Y 轴显示电压值；Add 方式指的是 X 轴显示时间，Y 轴显示 A 通道和 B 通道电压之和；A/B 或 B/A 方式指的是 X 轴和 Y 轴都显示电压值。

②Channel A(通道 A)：

·Scale(量程)：通道 A 的 Y 轴电压刻度设置。

·Y position(Y轴位置)：设置 Y 轴的起始点位置,起始点为 0 表明 Y 轴和 X 轴重合,起始点为正值表明 Y 轴原点位置向上移,否则向下移。

·触发耦合方式：AC(交流耦合)、0(0 耦合)或 DC(直流耦合),交流耦合只显示交流分量;直流耦合显示直流和交流之和;0 耦合在 Y 轴设置的原点处显示一条直线。

③Channel B(通道 B)：通道 B 的 Y 轴量程、起始点、耦合方式等项内容的设置与通道 A 相同。

④Trigger(触发)：触发方式主要用来设置 X 轴的触发信号、触发电平及边沿等。

·Edge(边沿)：设置被测信号开始的边沿,设置先显示上升沿或下降沿。

·Level(电平)：设置触发信号的电平,使触发信号在某一电平时启动扫描。

·触发信号选择：Auto(自动)、通道 A 和通道 B 表明用相应的通道信号作为触发信号;ext 为外触发;Sing 为单脉冲触发;Nor 为一般脉冲触发。

(5)四通道示波器(4 Channel Oscilloscope)

四通道示波器(见图 C.23)与双通道示波器的使用方法和参数调整方式完全一样,只是多了一个通道控制器旋钮 ,当旋钮拨到某个通道位置,才能对该通道的 Y 轴进行调整。

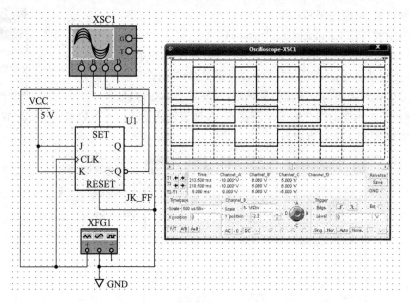

图 C.23　四通道示波器(4 Channel Oscilloscope)

(6)波特图仪(Bode Plotter)

利用波特图仪(见图 C.24)可以方便地测量和显示电路的频率响应,波特图仪适合于分析滤波电路或电路的频率特性,特别易于观察截止频率。需要连接两路信号,一路是电路输入信号,另一路是电路输出信号,需要在电路的输入端接交流信号。

波特图仪控制面板分为 Magnitude(幅值)或 Phase(相位)的选择、Horizontal(横轴)设置、Vertical(纵轴)设置、显示方式的其他控制信号,面板中的 F 指的是终值,I 指的是初值。在波特图仪的面板上,可以直接设置横轴和纵轴的坐标及其参数。

例如：构造一阶 RC 滤波电路,输入端加入正弦波信号源,电路输出端与示波器相连,目的是为了观察不同频率的输入信号经过 RC 滤波电路后输出信号的变化情况。

调整纵轴幅值测试范围的初值 I 和终值 F,调整相频特性纵轴相位范围的初值 I 和终值 F。

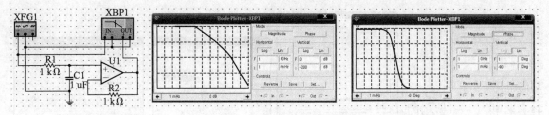

图 C. 24　波特图仪(Bode Plotter)

打开仿真开关,单击 Magnitude(幅频特性)按钮,在波特图观察窗口可以看到幅频特性曲线;单击 phase(相频特性)按钮,可以在波特图观察窗口显示相频特性曲线。

(7)频率计(Frequency Counter)

频率计主要用来测量信号的频率、周期、相位,脉冲信号的上升沿和下降沿,频率计的图标、面板以及使用如图 C. 25 所示。使用过程中应注意根据输入信号的幅值调整频率计的 Sensitivity(灵敏度)和 Trigger Level(触发电平)。

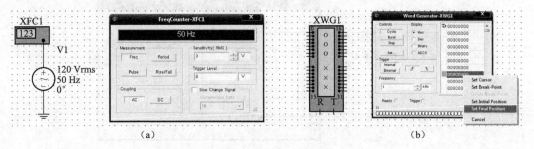

(a)　　　　　　　　　　　　　　　　　　(b)

图 C. 25　频率计的图标、面板以及使用

(8)数字信号发生器(Word Generator)

数字信号发生器是一个通用的数字激励源编辑器,可以多种方式产生 32 位的字符串,在数字电路的测试中应用非常灵活。左侧是控制面板,右侧是字信号发生器的字符窗口。控制面板分为 Controls (控制方式)、Display(显示方式)、Trigger(触发)、Frequency(频率)等几部分。

(9)逻辑分析仪(Logic Analyzer)

Multiuse 10 提供了 16 路的逻辑分析仪(见图 C. 26),用于数字信号的高速采集和时序分析。逻辑分析仪的连接端口有:16 路信号输入端、外接时钟端 C、时钟限制 Q 以及触发限制 T。

面板分上下两个部分,上半部分是显示窗口,下半部分是逻辑分析仪的控制窗口,控制信号有: Stop(停止)、Reset(复位)、Reverse(反相显示)、Clock(时钟)设置和 Trigger(触发)设置。

Clock setup(时钟设置)对话框:

Clock Source(时钟源):选择外触发或内触发。

Clock rate(时钟频率):在 1 Hz～100 MHz 范围内选择。

Sampling Setting(采样点设置):Pre-trigger samples(触发前采样点)、Post-trigger samples(触发后采样点) 和 Threshold voltage(开启电压)设置。

单击 Trigger 下的 Set(设置)按钮时,出现 Trigger Setting(触发设置)对话框。

Trigger Clock Edge(触发边沿):Positive(上升沿)、Negative(下降沿)、Both(双向触发)。

Trigger Patterns(触发模式):由 A、B、C 定义触发模式,在 Trigger Combinations(触发组合)下有

21 种触发组合可以选择。

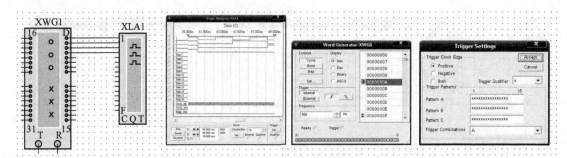

图 C.26　16 路的逻辑分析仪

(10)逻辑转换器(Logic Converter)

Multisim 10 提供了一种虚拟仪器,即逻辑转换器。实际中没有这种仪器,逻辑转换器(见图 C.27)可以在逻辑电路、真值表和逻辑表达式之间进行转换。有 8 路信号输入端,1 路信号输出端。

图 C.27　逻辑转换仪的面板图及表达式的输入

转换功能依次是:逻辑电路转换为真值表、真值表转换为逻辑表达式、真值表转换为最简逻辑表达式、逻辑表达式转换为真值表、逻辑表达式转换为逻辑电路、逻辑表达式转换为与非门电路。

(11)IV 分析仪(IV Analyzer)

IV 分析仪专门用来分析三极管的伏安特性曲线,如图 C.28 所示,如二极管、NPN 型三极管、PNP 型三极管、NMOS 管、PMOS 管等器件。IV 分析仪相当于实验室的三级管图示仪,需要将三极管与连接电路完全断开,才能进行 IV 分析仪的连接和测试。

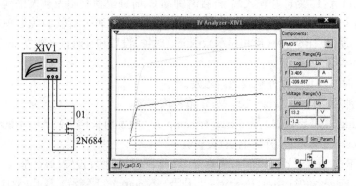

图 C.28　IV 分析仪

IV 分析仪有 3 个连接点,实现与晶体管的连接。IV 分析仪面板左侧是伏安特性曲线显示窗口;右侧是功能选择。

(12)失真度仪(Distortion Analyzer)

失真度仪专门用来测量电路的信号失真度,失真度仪提供的频率范围为 20 Hz~100 kHz,如图 C.29 所示。

Fundamental Freq.(分析频率)处可以设置分析频率值;选择分析 THD(总谐波失真)或 SINAD(信噪比),单击 Set 按钮,打开 Settings 窗口如图 C.30 所示,由于 THD 的定义有所不同,可以设置 THD 的分析选项。

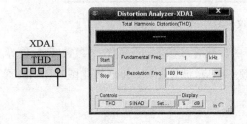

图 C.29　失真度仪(Distortion Analyzer)

图 C.30　Settings 窗口

面板最上方给出测量失真度的提示信息和测量值。

(13)频谱分析仪(Spectrum Analyzer)

用来分析信号的频域特性,其频域分析范围的上限为 4 GHz。Span Control 用来控制频率范围,单击 Set Span 按钮,频率范围由 Frequency 区域决定;单击 Zero Span 按钮,频率范围由 Frequency 区域设定的中心频率决定;单击 Full Span 按钮,频率范围为 1 kHz~4 GHz。Frequency 用来设定频率:Span 用来设定频率范围,Start 用来设定起始频率,Center 用来设定中心频率,End 用来设定终止频率,如图 C.31 所示。

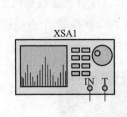

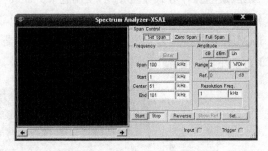

图 C.31　频谱分析仪(Spectrum Analyzer)

Amplitude 用来设定幅值单位,有 3 种选择:dB、dBm、Lin。dB = 10log10 V;dBm = 20log10(V/0.775);Lin 为线性表示。

Resolution Freq. 用来设定频率分辨的最小谱线间隔,简称频率分辨率。

(14)网络分析仪(Network Analyzer)

网络分析仪(见图 C.32)主要用来测量双端口网络的特性,如衰减器、放大器、混频器、功率分配器等。网络分析仪可以测量电路的 S 参数,并计算出 H、Y、Z 参数。

Mode 提供分析模式:Measurement(测量模式);RF Characterizer(射频特性分析);Match Net Designer(电路设计模式)。

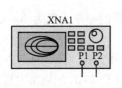

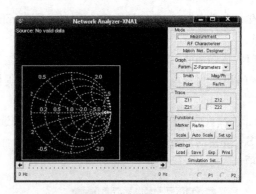

图 C.32 网络分析仪（Network Analyzer）

Graph 用来选择要分析的参数及模式，可选择的参数有 S 参数、H 参数、Y 参数、Z 参数等。模式选择有 Smith（史密斯模式）、Mag/Ph（增益/相位频率响应，波特图）、Polar（极化图）、Re/Im（实部/虚部）。

Trace 用来选择需要显示的参数。

Marker 用来提供数据显示窗口的 3 种显示模式：Re/Im 为直角坐标模式；Mag/Ph(Degs) 为极坐标模式；dB Mag/Ph(Deg) 为分贝极坐标模式。

Settings 用来提供数据管理，Load 读取专用格式数据文件；Save 存储专用格式数据文件；Exp 输出数据至文本文件；Print 打印数据。

Simulation Set 用来设置不同分析模式下的参数。

（15）仿真 Agilent 仪器

仿真 Agilent 仪器有 3 种：Agilent 信号发生器、Agilent 万用表、Agilent 示波器。这 3 种仪器与真实仪器的面板、按钮、旋钮操作方式完全相同，使用起来更加真实。

① Agilent 信号发生器。Agilent 信号发生器的型号是 33120A，其图标和面板如图 C.33 所示，这是一个高性能 15 MHz 的综合信号发生器。Agilent 信号发生器有两个连接端，上方是信号输出端，下方是接地端。单击最左侧的电源按钮，即可按照要求输出信号。

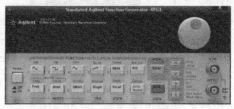

图 C.33 Agilent 信号发生器的图标和面板

② Agilent 万用表。Agilent 万用表的型号是 34401A，其图标和面板如图 C.34 所示，这是一个高性能 6 位半的数字万用表。Agilent 万用表有 5 个连接端，应注意面板的提示信息连接。单击最左侧的电源按钮，即可使用万用表，实现对各种电类参数的测量。

③ Agilent 示波器。Agilent 示波器的型号是 54622D，其图标和面板如图 C.35 所示，它有 2 个模拟通道、16 个逻辑通道，100 MHz 宽带的示波器。Agilent 示波器下方的 18 个连接端是信号输入端，右侧是外接触发信号端、接地端。单击电源按钮，即可使用示波器，实现各种波形的测量。

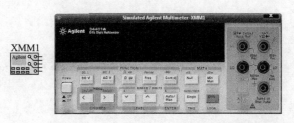

图 C. 34   Agilent 万用表的图标和面板

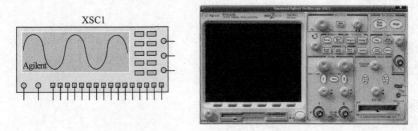

图 C. 35   Agilent 示波器的图标和面板

(16) Tektronix Simulated Oscilloscope(泰克示波器)

Multisim 10 提供的 Tektronix TDS 2024 是一个 4 通道 200 MHz 带宽的示波器,绝大多数的 Tektronix TDS 2024 用户手册中提到的功能都能在该仿真虚拟仪器中使用,示波器的图标和面板如图 C. 36 所示。该示波器共有 7 个连接点,从左至右依次为 P(探针公共端,内置 1 kHz 测试信号),G(接地端),1、2、3、4(模拟信号输入通道 1~4)和 T(触发端)。其面板和操作方法和普通示波器相类似。

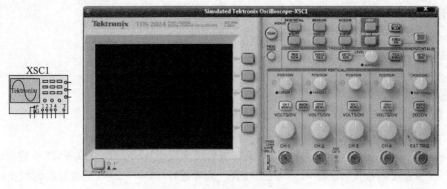

图 C. 36   示波器的图标和面板

附录 D 习题与思考题答案

第 1 章　略

第 2 章

一、填空题

1. 杂质浓度,温度

2. +5,自由电子,空穴

3. 大于,变窄;小于,变宽,$i_D = I_s(e^{u/U_T} - 1)$

4. 0.6,0.7,0.1,0.2

5. 增大

6. 少数载流子

7. 两

8. 饱和区,放大区,截止区

9. 100

10. 发射区杂质浓度要远大于基区杂质浓度,同时基区厚度要很小,集电区截面积大;正向偏置,反向偏置

11. 增加,增加,减小,减小

12. 左移,上移,增大

13. 电流,电压

14. 栅源电压,漏极电流,mS(毫西[门子])

15. 正、负或者零,正,$u_{GS} > U_{GS(th)}$

16. N,-4 V,9 mA

二、判断题

$1\sim5.$ ×√××√　$6\sim9.$ ××√×

三、选择题

1. A;2. C;3. D;4. B;5. B;6. B;7. A;8. B;9. A;10. AC;11. A;12. C

四、分析计算题

1. $U_{O1} \approx 1.3$ V(二极管正向导通),$U_{O2} = 0$(二极管反向截止),$U_{O3} \approx -1.3$ V(二极管正向导通),$U_{O4} \approx 2$ V(二极管反向截止),$U_{O5} \approx 1.3$ V(二极管正向导通),$U_{O6} \approx -2$ V(二极管反向截止)

2.

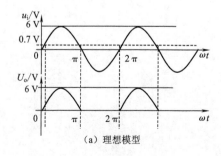

(a) 理想模型

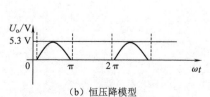

(b) 恒压降模型

3.

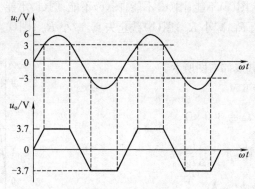

4. ①1.4 V、5.7 V、8.7 V 和 13 V;②0.7 V、5 V 和 8 V

5. $U_{O1} = 6$ V;$U_{O2} = 5$ V

6. 如右图示

7. ①当 $u_i = 10$ V 时,$u_o \approx 3.33$ V;当 $u_i = 15$ V 时,$u_O = U_Z = 6$ V;当 $u_i = 35$ V 时,$u_O = U_Z = 6$ V

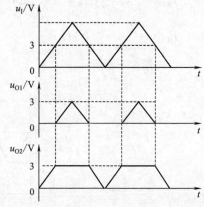

②稳压管将因功耗过大而损坏

8. $R = 233 \sim 700$ Ω

9. ②b 极、①c 极、③e 极,$\bar{\beta} = 1.2/0.03 = 40$

10. 图(a)为损坏,图(b)为放大,图(c)为放大,图(d)为截止,图(e)为损坏,图(f)为饱和(或 b、c 极间击穿)

11. 图(a)N 沟道增强型 MOS 管,图(b)N 沟道耗尽型 MOS 管,图(c)P 沟道增强型 MOS 管,图(d)P 沟道结型场效应管

12. 图(a)可能,图(b)可能,图(c)不能

第 3 章

一、填空题

1. 共发射极,共集电极,共基极;截止;饱和

2. 共发射极,共基极,共集电极

3. 集电极,发射极

4. 增加,增加,增加

5. 100

6. 12

7. 截止,减小,增大

8. 饱和,硅

9. 阻容,直接,变压器,直接,阻容,变压器

10. 乘积

二、选择题

1. B;2. D;3. C;4. A;5. B;6. D;7. C;8. C;9. C

三、判断题

1~5. ×√××√ 6~7. ××

四、分析计算题

1. 图(a)能;图(b)不能;图(c)不能;图(d)不能;图(e)不能;图(f)不能。

2. 图(a)饱和失真,增大 R_b,减小 R_c;图(b)截止失真,减小 R_b;图(c)同时出现饱和失真和截止失真,应增大 V_{CC}。

3. ①方法一:作直流负载线如右图所示。

得 $I_B = 40\ \mu A, U_{CE} = 6\ V$

故 $R_b = \dfrac{V_{CC}}{I_B} = \dfrac{12}{0.04}\ k\Omega = 300\ k\Omega$

方法二:由特性曲线估算:$\beta = \dfrac{\Delta I_C}{\Delta I_B} = 50$

$I_B = \dfrac{I_C}{\beta} = \dfrac{2}{50}\ mA = 0.04\ mA$

$R_b = \dfrac{12}{0.04} = 300\ k\Omega$

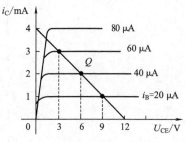

②波形如下图所示:

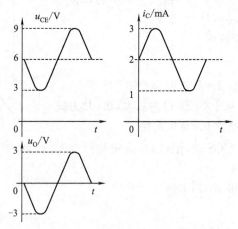

4. 空载时:$I_{BQ} = 20\ \mu A, I_{CQ} = 2\ mA, U_{CEQ} = 6\ V$;最大不失真输出电压峰值约为 5.3 V,有效值约为 3.75 V。带负载时:$I_{BQ} = 20\ \mu A, I_{CQ} = 2\ mA, U_{CEQ} = 3\ V$;最大不失真输出电压峰值约为 2.3 V,有效值约为 1.63 V。图解如右图所示

5. ①6 V;②1 mA,3 V;③3 kΩ,3 kΩ;④50,−50;⑤1.06 V;⑥20 μA

6. 图(a)不能;图(b)能;图(c)能;图(d)不能;图(e)不能;图(f)能

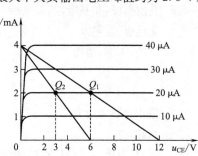

7. ①求解 Q 点:

$I_{BQ} = \dfrac{V_{CC} - U_{BEQ}}{R_b} = \dfrac{12 - 0.7}{300}\ mA \approx 37.6\ \mu A$

$I_{CQ} = \beta I_{BQ} = 40 \times 37.6\ \mu A \approx 1.5\ mA \qquad U_{CEQ} = V_{CC} - I_{CQ}R_C = (12 - 1.5 \times 4)V = 6\ V$

②接入负载电阻 R_L 前 $A_u = -\dfrac{\beta R_c}{r_{be}} = -\dfrac{40 \times 4}{1} = -160$

接入负载电阻 R_L 后 $A_u = -\dfrac{\beta R'_c}{r_{be}} = -\dfrac{40 \times 4//4}{1} = -80$

③输入电阻 $R_i = r_{be}//R_b \approx 1\ k\Omega$

④输出电阻 $R_o = R_c = 4\ k\Omega$

8.①由 $U_C = 0\ V$

得 $\begin{cases} I_B R_b + 0.6 + (1+\beta)I_B R_e = 12 \\ \beta I_B R_c + I_B R_c = 12 \end{cases}$ $\begin{cases} I_B R_b + 0.6 + 51 \times 6 I_B = 12 \\ 50 \times 12 I_B + 12 I_B = 12 \end{cases}$

得 $I_B = 0.019\ 6\ mA$ $R_b = 275.6\ k\Omega$

② $I_C = \beta I_B = 0.98\ mA$ $U_{CE} = (12 - 6 \times 51 \times 0.019\ 6)\ V \approx 6\ V$

9. 由 $U_{CE} = I_B R_b + U_{BE}$

得 $I_B = \dfrac{U_{CE} - U_{BE}}{R_b} = \left(\dfrac{5.7 - 0.7}{100}\right)\ mA = 0.05\ mA$

$I_C = \beta I_B = (80 \times 0.05)\ mA = 4\ mA$ $(I_C + I_B)R_c = V_{CC} - U_{CE}$

故 $R_c = \dfrac{V_{CC} - U_{CE}}{I_C + I_B} = \left(\dfrac{10 - 5.7}{4 + 0.05}\right)\ k\Omega = 1.1\ k\Omega$

10.① Q 点：

$I_{BQ} = \dfrac{V_{CC} - U_{BEQ}}{R_b + (1+\beta)R_e} = \dfrac{12 - 0.7}{300 + 61 \times 1}\ mA \approx 31\ \mu A$

$I_{CQ} \approx \beta I_{BQ} = (60 \times 0.031)\ mA = 1.86\ mA$

$U_{CEQ} = V_{CC} - I_{EQ}(R_c + R_e) = 4.56\ V$

$\dot{A}_u$、R_i 和 R_o 的分析：

$r_{be} = r_{bb'} + (1+\beta)\dfrac{26(mV)}{I_{EQ}} \approx 952\ \Omega$

$A_u = -\dfrac{\beta R_c'}{r_{be}} \approx -95$

$R_i = r_{be}//R_b \approx 952\ \Omega$

$R_o = R_c = 3\ k\Omega$

②设 $U_s = 10\ mV$（有效值），则

$U_i = \dfrac{R_i}{R_s + R_i} \cdot U_s \approx 3.2\ mV$

$U_o = |\dot{A}_u|U_i \approx 304\ mV$

若 C_3 开路，则 $R_i = R_b//[r_{be} + (1+\beta)R_e] \approx 51.3\ k\Omega$

$\dot{A}_u = \dfrac{\dot{U}_o}{\dot{U}_i} = -\dfrac{\beta R_L'}{r_{be} + (1+\beta)R_e} = -\dfrac{60 \times \frac{3 \times 3}{3 + 3}}{0.952 + (1+60) \times 1} \approx -1.45$

$U_i = \dfrac{R_i}{R_i + R_s}U_s = \left(\dfrac{51.3}{51.3 + 2} \times 10\right)\ mV \approx 9.6\ mV$ $U_o = |\dot{A}_u|U_i \approx 14\ mV$

11.①求解 Q 点：

$I_{BQ} = \dfrac{V_{CC} - U_{BEQ}}{R_b + (1+\beta)R_e} \approx 32.3\ \mu A$

$$I_{EQ}=(1+\beta)I_{BQ}\approx2.61 \text{ mA}$$

$$U_{CEQ}=V_{CC}-I_{EQ}R_e\approx7.17 \text{ V}$$

②求解输入电阻和电压放大倍数：

$R_L=\infty$时，

$$R_i=R_b//[r_{be}+(1+\beta)R_e]\approx110 \text{ k}\Omega$$

$$\dot{A}_u=\frac{(1+\beta)R_e}{r_{be}+(1+\beta)R_e}\approx0.996$$

$R_L=3 \text{ k}\Omega$时，

$$R_i=R_b//[r_{be}+(1+\beta)(R_e//R_L)]\approx76 \text{ k}\Omega$$

$$\dot{A}_u=\frac{(1+\beta)(R_e//R_L)}{r_{be}+(1+\beta)(R_e//R_L)}\approx0.992$$

③求解输出电阻：

$$R_o=R_e//\frac{R_s//R_b+r_{be}}{1+\beta}\approx37 \text{ }\Omega$$

12.①估算静态时的I_{BQ}、I_{CQ}和U_{CEQ}：

$$I_{BQ}=\frac{V_{CC}-V_{BEQ}}{R_b}=\frac{[-10-(-0.2)]}{470\times10^3} \text{A}\approx-21\times10^{-6} \text{ A}$$

$$I_{CQ}=\beta I_{BQ}=100\times(-20\times10^{-6}) \text{ A}=-2.1\times10^{-3} \text{ A}$$

$$U_{CEQ}=V_{CC}-I_{CQ}R_c=-10-(-2.1\times3)=-3.7 \text{ V}$$

②$r_{be}=r_{bb'}+(1+\beta)\frac{26}{I_{EQ}}=\left[200+(1+100)\frac{26}{2.1}\right]\Omega\approx1 450 \text{ }\Omega$

③$A_u=-\frac{\beta R_c}{r_{be}}=-\frac{100\times3}{1.45}=-206.9$

13.①静态分析，确定r_{be}

$$V_B=\frac{V_{CC}R_{b2}}{R_{b1}+R_{b2}}=\left(\frac{15\times2.5}{10+2.5}\right) \text{V}=3 \text{ V}$$

$$I_E=\frac{V_B-U_{BE}}{R_e}=\frac{3-0.7}{0.75\times10^3} \text{A}\approx3 \text{ mA}$$

$$r_{be}=200+(1+\beta)\frac{26(\text{mV})}{I_E}=200+(1+150)\frac{26(\text{mV})}{3}=1.5 \text{ k}\Omega$$

②画出 h 参数小信号等效电路，如右图所示。

③求动态指标：

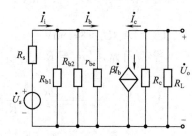

$$A_u=\frac{U_o}{U_i}=-\frac{\beta(R_c//R_L)}{r_{be}}=-\left(\frac{150\times\frac{2\times1.5}{2+1.5}}{1.5}\right)\approx-85.7$$

$$R_i=\frac{U_i}{I_i}=R_{b1}//R_{b2}//r_{be}=1/\left[\frac{1}{10}+\frac{1}{2.5}+\frac{1}{1.5}\right] \text{ k}\Omega=$$

0.85 kΩ

$$R_o\approx R_c=2 \text{ k}\Omega \quad A_{us}=\frac{U_o}{U_s}=\frac{U_o}{U_i}\times\frac{U_i}{U_s}=A_u\times\frac{R_i}{R_i+R_s}=-85.7\times\frac{0.85}{0.85+10}=-6.71$$

由以上分析结果可看出，由于R_s的存在而且较大，使A_{us}比A_u比小得多。

14.①求静态工作点。画出原电路的直流通路(如右图),可得

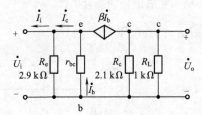

$$U_B = \frac{V_{CC}R_{b2}}{R_{b1}+R_{b2}} = \left(\frac{15\times 60}{60+60}\right) V = 7.5\ V$$

$$I_{CQ} \approx I_{EQ} = \frac{U_B - U_{BEQ}}{R_e} = \frac{7.5-0.7}{2.9}\ mA \approx 2.34\ mA$$

$$I_{BQ} = \frac{I_{CQ}}{\beta} = \frac{2.34}{100} = 0.023\ 4\ mA = 23.4\ \mu A$$

②求 A_u、R_i和 R_o。根据交流通路画出小信号模型等效电路,如下图所示。

$$r_{be} = 200 + (1+\beta)\frac{26(mV)}{I_E} = \left[200+(1+100)\frac{26(mV)}{2.35\ mA}\right]\Omega = 1.32\ k\Omega$$

由等效电路可知放大倍数:

$$A_u = \frac{U_o}{U_i} = \frac{-\beta I_b(R_c//R_L)}{-I_b r_{be}} = \left(\frac{100\times \dfrac{2.1\times 1}{2.1+1}}{1.32}\right) \approx 51$$

$$R_i = R_e // \frac{r_{be}}{1+\beta} = 13\ \Omega$$

$$R_o \approx R_c = 2.1\ k\Omega$$

15.①求输入电阻 R_i:

$$R_{i2} = r_{be2} = 2\ k\Omega$$

$$R_i = R_{i1}\big|_{R_{L1}=R_{i2}} = r_{be1} + (1+\beta)(R_{e1}//R_{i2})$$

$$= [3+(1+100)(5.3//2)]\ k\Omega \approx 150\ k\Omega$$

②求输出电阻 R_o:

$$R_{o2} = R_{c2} = 3\ k\Omega$$

$$R_o = R_{o3}\big|_{R_{s3}=R_{o2}} = R_{e3} // \frac{R_{c2}+r_{be3}}{1+\beta} = \left(3//\frac{3+1.5}{1+100}\right)\ k\Omega \approx 45\ \Omega$$

上式中 R_{s3} 为从第三级输出信号源内阻。

③源电压放大倍数 A_{us}:

$$\dot{A}_{u1} = \frac{\dot{U}_{o1}}{\dot{U}_i} = \frac{(1+\beta)(R_{e1}//R_{i2})}{r_{be1}+(1+\beta)(R_{e1}//R_{i2})} = \frac{101(5.3//2)}{3+101(5.3//2)} \approx 0.98$$

$$R_{i3} = r_{be3} + (1+\beta)(R_{e3}//R_L) = [1.5+101(3//0.2)]\ k\Omega \approx 20\ k\Omega$$

$$\dot{A}_{u2} = \frac{\dot{U}_{o2}}{\dot{U}_{i2}} = -\frac{\beta(R_{c2}//R_{i3})}{r_{be2}} = -\frac{100(3//20)}{2} \approx -130$$

$$\dot{A}_{u3} = \frac{\dot{U}_o}{\dot{U}_{i3}} = \frac{(1+\beta)(R_{e3}//R_L)}{r_{be3}+(1+\beta)(R_{e3}//R_L)} = \frac{101(3//0.2)}{1.5+101(3//0.2)} \approx 0.95$$

$$\dot{A}_{us} = \frac{\dot{U}_o}{\dot{U}_s} = \frac{R_i}{R_s+R_i}A_{u1}\cdot A_{u2}\cdot A_{u3} = \frac{150}{2+150}\times 0.98\times(-130)\times 0.95 \approx -120$$

16. ①在转移特性中作直线 $u_{GS}=-i_DR_s$，与转移特性的交点即为 Q 点；读出坐标值，得出 $I_{DQ}=1\text{ mA}$，$U_{GSQ}=-2\text{ V}$，如下图所示。在输出特性中作直流负载线 $u_{DS}=V_{DD}-i_D(R_D+R_s)$，与 $U_{GSQ}=-2\text{ V}$ 的那条输出特性曲线的交点为 Q 点，$U_{DSQ}\approx 3\text{ V}$，如下图所示。

②首先画出交流等效电路（图略），然后进行动态分析。

$$g_m = \frac{\partial i_D}{\partial u_{GS}}\Big|_{U_{DS}} = \frac{-2}{U_{GS(off)}}\sqrt{I_{DSS}I_{DQ}} = 1\text{ mA/V}$$

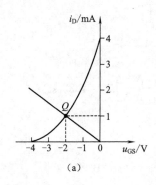

（a）

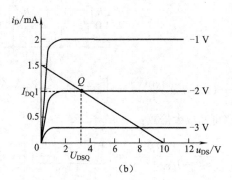

（b）

$$\dot{A}_u = -g_mR_D = -5$$

$$R_i = R_g = 1\text{ M}\Omega$$

$$R_o = R_D = 5\text{ k}\Omega$$

17. $\dot{A}_u = -g_m(R_D//R_L)$

$$R_i = R_3+R_1//R_2$$

$$R_o = R_D$$

18. ①求 Q 点：

由电路图可知，$U_{GSQ}=V_{GG}=3\text{ V}$。从转移特性查得，当 $U_{GSQ}=3\text{ V}$ 时的漏极电流 $I_{DQ}=1\text{ mA}$，因此管压降 $U_{DSQ}=V_{DD}-I_{DQ}R_D=5\text{ V}$。

②求电压放大倍数：

$$g_m = \frac{2}{U_{GS(th)}}\sqrt{I_{DQ}I_{DO}} = 2\text{ mA/V}$$

$$\dot{A}_u = -g_mR_D = -20$$

19. ①画出其微变等效电路（见下图），由电路图可知，$U_G = \frac{R_2}{R_1+R_2}V_{DD} = \frac{51\times 10^3}{(200+51)\times 10^3}\times 20$

$\text{V}=4\text{ V}$ 并可列出 $U_{GS}=U_G-R_SI_D=4-10\times 10^3 I_D$ 在 $U_P\leqslant U_{GS}\leqslant 0$ 范围内，耗尽型场效应管的转移特性可近似用下式表示：

$$I_D = I_{DSS}\left(1-\frac{U_{GS}}{V_P}\right)^2$$

联立上列两式

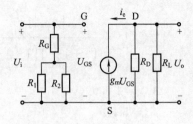

$$\begin{cases} U_{GS} = 4 - 10 \times 10^3 I_D \\ I_D = \left(1 + \dfrac{U_{GS}}{4}\right)^2 \times 0.9 \times 10^{-3} \end{cases}$$

解之得 $I_D = 0.5$ mA　$U_{GS} = -1$ V

并由此得

$$\begin{aligned} U_{DS} &= V_{DD} - (R_D + R_s)I_D \\ &= [20 - (10 + 10) \times 10^3 \times 0.5 \times 10^{-3}] \text{ V} = 10 \text{ V} \end{aligned}$$

②电压放大倍数为

$$A_u = -g_m R'_L = -1.5 \times \frac{10 \times 10}{10 + 10} = -7.5$$

式中，$R'_L = R_D // R_L$

第 4 章

一、填空题

1. 不同频率信号；中频电压放大倍数，上限截止频率，下限截止频率

2. 线性失真(频率失真)，非线性失真

3. 幅频响应，相频响应；放大器对不同频率的信号放大倍数和产生的相位移不同

4. 放大器对不同频率的正弦信号的稳态响应

5. 3，$-45°$，$+45°$

6. 截止频率

7. 耦合电容和旁路电容的影响；放大器件内部的极间电容的影响

8. 窄，增大，增大

9. 50 kHz，会

10. -20 dB/十倍频，-20 dB/十倍频；$-45°$/十倍频，$+45°$/十倍频

二、选择题

1. A　2. B，A　3. B，A　4. C

三、分析计算题

1. $A_{uM} = -10^{1.5} = -32$　　$f_L = 10$ Hz，$f_H = 10^5$ Hz

设电路为基本共射放大电路或基本共源放大电路。

$$\dot{A}_u \approx \frac{-A_{uM}}{\left(1 + \dfrac{f_L}{jf}\right)\left(1 + j\dfrac{f}{f_H}\right)} = \frac{-32}{\left(1 + \dfrac{10}{jf}\right)\left(1 + j\dfrac{f}{10^5}\right)}$$

或 $$\dot{A}_u \approx \frac{-3.2jf}{\left(1 + j\dfrac{f}{10}\right)\left(1 + j\dfrac{f}{10^5}\right)}$$

2. ①因为下限截止频率为 0，所以电路为直接耦合电路。

②因为在高频段幅频特性为 -60 dB/十倍频，所以电路为三级放大电路。

③当 $f = 10^4$ Hz 时，$\varphi' = -135°$；当 $f = 10^5$ Hz 时，$\varphi' \approx -270°$

3. ① $\dot{A}_u = \dfrac{|A_{um}|\,\mathrm{j}\dfrac{f}{f_L}}{\left(1+\mathrm{j}\dfrac{f}{f_L}\right)\left(1+\mathrm{j}\dfrac{f}{f_H}\right)} = \dfrac{1\,000\cdot\mathrm{j}\dfrac{f}{5}}{\left(1+\mathrm{j}\dfrac{f}{5}\right)\left(1+\mathrm{j}\dfrac{f}{10^4}\right)}$

$\dot{A}_{um} = 1\,000$

$f_L = 5\ \mathrm{Hz}$

$f_H \approx 10^4\ \mathrm{Hz}$

② 波特图如下图所示。

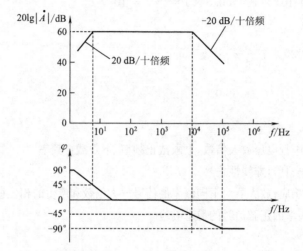

4. $A_{u1} = 40\ \mathrm{dB}, A_{u2} = 20\ \mathrm{dB}, A_u = A_{u1} + A_{u2}$,故 $A_u = 60\ \mathrm{dB} = 1\,000$

$\dot{A}_u \approx \dfrac{-A_{um1}}{\left(1+\dfrac{f_{L1}}{\mathrm{j}f}\right)\left(1+\mathrm{j}\dfrac{f}{f_{H1}}\right)} \times \dfrac{-A_{um1}}{\left(1+\dfrac{f_{L1}}{\mathrm{j}f}\right)\left(1+\mathrm{j}\dfrac{f}{f_{H1}}\right)}$

$= \dfrac{A_{um1}^2}{\left(1+\dfrac{f_{L1}}{\mathrm{j}f}\right)^2 \left(1+\mathrm{j}\dfrac{f}{f_{H1}}\right)^2} = \dfrac{A_{um}}{\left(1+\dfrac{f_L}{\mathrm{j}f}\right)\left(1+\mathrm{j}\dfrac{f}{f_H}\right)}$

当 $f = 10^4\ \mathrm{Hz}$ 时,该放大器的电压放大倍数下降为 A_u 的 $\dfrac{1}{\sqrt{2}}$

5. 在高频段,则 $\left[1-\left(\dfrac{f}{f_{H1}}\right)^2\right]^2 + \left(\dfrac{2f}{f_{H1}}\right)^2 = 2$,解得 $f_H = 0.644f_{H1} \approx 13\ \mathrm{kHz}$;

在低频段,则 $\left[1-\left(\dfrac{f_{L1}}{f}\right)^2\right]^2 + \left(\dfrac{2f_{L1}}{f}\right)^2 = 2$,解得 $f_L = f_{L1}/0.644 \approx 31\ \mathrm{Hz}$

第 5 章

一、填空题

1. 对称,零点漂移

2. 集成工艺难于制造大容量电容;利用其对称性减小电路的温漂

3. 差,算术平均值

4. 共模抑制比

5. 放大;恒定,小,大

6. 提高

7. 小

8. ①负；②电压并联；③虚地；④电压串联；⑤与地无关；⑥等于；⑦同相比例

9. 大,小

10. 零

11. 输入电压

12. $(1+R_f/R_1)u_i$

13. $u_o = \left(1+\dfrac{R_f}{R_1}\right)u_i - \dfrac{R_f}{R_1}u_i = u_i$

14. -12

15. ①同相；②反相；③反相；④同相；⑤差分

16. 锯齿波

17. 正负尖脉冲

18. 反向比例求和

19. 1

20. -5

21. 通带和阻带位置

22. 有源、无源

23. 高

24. 带负载能力差

25. 高频、高压和大功率

26. 低通

27. 高通

28. 带阻

29. 带通

30. 带阻

31. 低通

32. 带通

33. 20 dB/十倍频

34. ①一阶低通；② $1+\dfrac{R_2}{R_1}$ ；③ $f_C = \dfrac{1}{2\pi RC}$

二、选择题

1～5. CCDCC　6～10. BDCBA　11～13. CBC　14. CEACD

三、判断题

1～5. ××√××　6～9. √√××

四、分析计算题

1. ① $A_{ud} = \dfrac{\Delta u_o}{\Delta u_i} = -\dfrac{\beta(R_c // \frac{1}{2}R_L)}{r_{be} + (1+\beta)\dfrac{R_W}{2}}$

② $\Delta u_{C1} = -\dfrac{\beta(R_c // \frac{1}{2}R_L)}{2[r_{be} + (1+\beta)R_W]}\Delta u_I$, $\Delta u_{C2} = +\dfrac{\beta(R_c // \frac{1}{2}R_L)}{2r_{be}}\Delta u_I$

$\Delta u_O = \Delta u_{C1} - \Delta u_{C2} = -\dfrac{1}{2}\left[\dfrac{1}{r_{be} + (1+\beta)R_W} + \dfrac{1}{r_{be}}\right] \cdot \beta(R_c // \frac{1}{2}R_L)\Delta u_I$

$A_{ud} = \dfrac{\Delta u_O}{\Delta u_I} = -\dfrac{1}{2}\left[\dfrac{1}{r_{be} + (1+\beta)R_W} + \dfrac{1}{r_{be}}\right] \cdot \beta(R_c // \frac{1}{2}R_L)$

③R_W 的滑动端在最左端时

$\Delta u_{C1} = -\dfrac{\beta(R_c // \frac{1}{2}R_L)}{2r_{be}}\Delta u_I$, $\Delta u_{C2} = +\dfrac{\beta(R_c // \frac{1}{2}R_L)}{2[r_{be} + (1+\beta)R_W]}\Delta u_I$

$\Delta u_O = \Delta u_{C1} - \Delta u_{C2} = -\dfrac{1}{2}\left[\dfrac{1}{r_{be} + (1+\beta)R_W} + \dfrac{1}{r_{be}}\right] \cdot \beta(R_c // \frac{1}{2}R_L)\Delta u_I$

$A_{ud} = \dfrac{\Delta u_O}{\Delta u_I} = -\dfrac{1}{2}\left[\dfrac{1}{r_{be} + (1+\beta)R_W} + \dfrac{1}{r_{be}}\right] \cdot \beta(R_c // \frac{1}{2}R_L)$

2. ① $R'_L = R_c // R_L = 5 \text{ k}\Omega, V'_{CC} = \dfrac{R_L}{R_c + R_L} \cdot V_{CC} = 7.5 \text{ V}$

$U_{BEQ} + I_{EQ} \cdot \dfrac{R_w}{2} + 2I_{EQ}R_e = V_{EE}$

$I_{EQ} = \dfrac{V_{EE} - U_{BEQ}}{\dfrac{R_W}{2} + 2R_e} = \dfrac{6 - 0.7}{0.1 + 2 \times 10} \text{ mA} \approx 0.26 \text{ mA}$

$I_{C2} = I_{EQ2} = 0.26 \text{ mA}$

$V_{C2} = V'_{CC} - I_{C2}R'_L = (7.5 - 0.26 \times 5) \text{ V} \approx 6.2 \text{ V}$

② $r_{be} = r_{bb'} + (1+\beta) \cdot \dfrac{26(\text{mV})}{I_{EQ}} = \left[100 + (1+100) \times \dfrac{26(\text{mV})}{0.26}\right] \Omega = 10.2 \text{ k}\Omega$

$A_{ud} = \dfrac{\Delta u_O}{\Delta u_I} = \dfrac{1}{2} \times \dfrac{\beta(R_c // R_L)}{r_{be} + (1+\beta)\dfrac{R_W}{2}} = \dfrac{1}{2} \times \dfrac{100 \times (10 // 10)}{10.2 + (1+100) \times 0.1} = 12.3$

$R_{id} = 2r_{be} + (1+\beta)R_W = [20.4 + (1+100) \times 0.2] \text{ k}\Omega = 40.6 \text{ k}\Omega$

$R_o = R_c = 10 \text{ k}\Omega$

③ $A_{uc} = \dfrac{\Delta u_{OC}}{\Delta u_{IC}} = -\dfrac{\beta(R_c // R_L)}{r_{be} + (1+\beta)\left(\dfrac{R_W}{2} + 2R_e\right)} = -\dfrac{100 \times (10 // 10)}{10.2 + (1+100) \times (0.1 + 2 \times 10)} = -0.254$

$K_{CMR} = \left|\dfrac{A_{ud}}{A_{uc}}\right| = \left|\dfrac{12.3}{-0.245}\right| \approx 50$

$u_{iC} = \dfrac{u_{i1} + u_{i2}}{2} = 6 \text{ mV}$

④$u_{id} = u_{i1} - u_{i2} = 8 \text{ mV}$

$\Delta u_O = A_{uD}u_{id} + A_{uC}u_{iC} = [12.3 \times 0.008 + (-0.245) \times 0.006] \text{ V} \approx 0.1 \text{ V}$

3. ① $I_B = \dfrac{1}{\beta}I_C = \dfrac{1\,000}{50} \mu\text{A} = 20 \mu\text{A}$

$U_{CE1} = V_{C1} - U_{E1} = (V_{CC} - I_{C1}R_c) - (0 - I_{B1}R_b - U_{BE})$

$\quad\quad = [(12 - 1 \times 5) - (0 - 0.02 \times 0.2 - 0.7)] \text{ V} = 7.7 \text{ V}$

② $r_{be} = r_{bb'} + (1+\beta)\dfrac{26(\text{mV})}{I_{EQ}} = \left[200 + (1+50)\times\dfrac{26}{1}\right]\Omega \approx 1.5\ \text{k}\Omega$

$A_{ud} = -\dfrac{\beta(R_c // \frac{1}{2}R_L)}{R_b + r_{be}} = -\dfrac{50(5//5)}{0.2+1.5} = -73.5$,

$R_{id} = 2(r_{be} + R_b) = 2(1.5+0.2)\ \text{k}\Omega \approx 3.4\ \text{k}\Omega$,

$R_o = 2R_c = 10\ \text{k}\Omega$

4. ① $U_{B3} = \dfrac{R_4}{R_4 + R_3}\cdot(V_{CC}+V_{EE}) = 11.25\ \text{V}$, $I_{C3} = \dfrac{U_B - V_{BE}}{R_5} = 0.88\ \text{mA}$

$I_{C1} = 0.44\ \text{mA}$, $V_{C1} = V_{CC} - I_{C1}R_1 = (15-0.44\times5)\ \text{V} = 12.8\ \text{V}$

$I_{E4} = \dfrac{U_{R2}}{R_2} = \dfrac{V_{CC}-U_{C1}-U_{BE3}}{R_2} = \dfrac{15-12.8-0.7}{6}\ \text{mA} = 0.25\ \text{mA}$

② $r_{be1} = r_{bb'} + (1+\beta)\dfrac{26(\text{mV})}{I_{E1Q}} = \left[200+(1+100)\dfrac{26}{0.44}\right]\Omega \approx 6.17\ \text{k}\Omega$

$r_{be4} = r_{bb'} + (1+\beta)\dfrac{26(\text{mV})}{I_{E4Q}} = \left[200+(1+100)\dfrac{26}{0.25}\right]\Omega \approx 10.7\ \text{k}\Omega$

输入级的电压增益：

$A_{ud} = -\dfrac{\beta(R_1 // R_{i2})}{2r_{be1}} = -\dfrac{\beta\{R_1 // [r_{be4}+(1+\beta)R_2]\}}{2r_{be1}} = -40.5$

$A_{u4} = -\dfrac{\beta R_6}{r_{be4}+(1+\beta)R_2} = -\dfrac{100\times10}{10.7+(1+100)\times6} = -1.6$

所以 $A_u = A_{ud}\cdot A_{u4} = 65.7$

$R_i = 2r_{be1} = 12.4\ \text{k}\Omega$

$R_o = R_c = R_6 = 10\ \text{k}\Omega$

5~6. 略

7. 根据负反馈的运算公式：$A_u = -\dfrac{R_f}{R_i}$ 可知反馈电阻 $R_f = 2\,000\ \text{k}\Omega$

8~11. 略

12. 利用"虚短"概念，

①反相输入方式

$u_o = -\dfrac{R_f}{R_1}u_{i1} = -\dfrac{43}{12}\times0.2\ \text{V} = -0.72\ \text{V}$

②同相输入方式

$u_o = \left(1+\dfrac{R_f}{R_1}\right)u_{i2} = \left(1+\dfrac{43}{12}\right)\times0.2\ \text{V} = 0.92\ \text{V}$

③差分输入方式

$u_o = -\dfrac{R_f}{R_1}u_{i1} + \left(1+\dfrac{R_f}{R_1}\right)u_{i2} = (-0.72+0.92)\ \text{V} = 0.2\ \text{V}$

13. $R_i = 50\ \text{k}\Omega$，$u_M = -2u_I$。$i_{R2} = i_{R4} + i_{R3}$。

即 $-\dfrac{u_M}{R_2} = \dfrac{u_M}{R_4} + \dfrac{u_M - u_O}{R_3}$

输出电压 $u_O = 52u_M = -104u_I$

14~16. 略

17. $u_{o1} = -\dfrac{R_f}{R_1} u_{i1} + \left(1 + \dfrac{R_f}{R_1}\right) \dfrac{R_3}{R_2 + R_3} u_{i2} = -\dfrac{24}{12} u_{i1} + \left(1 + \dfrac{24}{12}\right) \dfrac{10}{10 + 10} u_{i2} = -2u_{i1} + 1.5 u_{i2}$

$u_0 = -RC \dfrac{\mathrm{d}u_{o1}}{\mathrm{d}t} = -RC \dfrac{\mathrm{d}}{\mathrm{d}t}(-2u_{i1} + 1.5 u_{i2}) = RC\left(2\dfrac{\mathrm{d}u_{i1}}{\mathrm{d}t} - 1.5\dfrac{\mathrm{d}u_{i2}}{\mathrm{d}t}\right)$

平衡电阻 R_6 取值分析：$R_6 = R_5 /\!/ \dfrac{1}{\omega C}$

18～25. 略

第 6 章

一、判断题

1～5. √×√××　6～8. ×√×

二、选择题

1. ①B　②D　③A　④C

2. A；B

3. D

4. B

5. C

6. ①A　②B　③A　④B　⑤B

7. ①B　②B　③D　④C　⑤A　⑥A

三、分析计算题

1. (a)电流串联负反馈。$F = \dfrac{R_1 R_3}{R_1 + R_2 + R_3}$，$\dot{A}_{uf} \approx \dfrac{R_1 + R_2 + R_3}{R_1 R_3} \cdot R_L$ (式中 R_L 为电流表的等效电阻)

(b)电压并联负反馈。$F = -1/R_2$，$\dot{A}_{uf} \approx -R_2/R_1$

(c)电压串联负反馈。$F = 1$，$\dot{A}_{uf} \approx 1$

(d)正反馈

2. ①应引入电压串联负反馈，(图略)

②因 $\dot{A}_u \approx 1 + \dfrac{R_f}{R_1} = 30$，故 $R_f = 290 \text{ k}\Omega$

3. 因为 $f = 10^5 \text{ Hz}$ 时，$20\lg|\dot{A}| = 40 \text{ dB}$，$\varphi'_A = -180°$；为使此时 $20\lg|\dot{A}\dot{F}| < 0$，则需 $20\lg|\dot{F}| < -40 \text{ dB}$，即 $\dot{F} < 10^{-2}$

4. (a)直流负反馈；(b)交、直流正反馈；(c)直流负反馈；(d)、(e)、(f)、(g)、(h)均引入交、直流负反馈

5. (a)交、直流负反馈；(b)交、直流负反馈；(c)R_8 引入交、直流负反馈，C_2 引入交流正反馈；(d)、(e)、(f)均引入交、直流负反馈；(g)R_3 和 R_7 引入直流负反馈，R_4 引入交、直流负反馈

6. (d)电流并联负反馈，$\dot{F} = \dot{I}_f / \dot{I}_o = 1$

(e)电压串联负反馈，$\dot{F} = \dot{U}_f / \dot{U}_o = \dfrac{R_1}{R_1 + R_2}$

(f)电压串联负反馈，$\dot{F} = \dot{U}_f / \dot{U}_o = 1$

7. (a)电压并联负反馈，$\dot{F} = I_f / U_o = -1/R$

(e)电流并联负反馈，$\dot{F} = \dot{I}_f / \dot{I}_o = \dfrac{R_2}{R_1 + R_2}$

(f)电压串联负反馈，$\dot{F}=\dot{U}_f/\dot{U}_o=\dfrac{R_1}{R_1+R_4}$

(g)电流串联负反馈，$\dot{F}=\dot{U}_f/\dot{I}_o=-\dfrac{R_2R_9}{R_2+R_4+R_9}$

8.(d)$\dot{A}_{uf}=\dfrac{\dot{U}_o}{\dot{U}_i}\approx\dfrac{\dot{I}_oR_L}{\dot{I}_iR_1}\approx\dfrac{\dot{I}_oR_L}{\dot{I}_fR_1}=\dfrac{R_L}{R_1}$

(h)$\dot{A}_{uf}=\dfrac{\dot{U}_o}{\dot{U}_i}\approx\dfrac{\dot{U}_o}{\dot{U}_f}=1+\dfrac{R_9}{R_1}$

9.(e)$\dot{A}_{uf}=\dfrac{\dot{U}_o}{\dot{U}_i}\approx\dfrac{\dot{I}_o(R_4//R_L)}{\dot{I}_fR_b}=\left(1+\dfrac{R_1}{R_2}\right)\cdot\dfrac{R_L}{R_b}$

(g)$\dot{A}_{uf}=\dfrac{\dot{U}_o}{\dot{U}_i}\approx\dfrac{\dot{I}_o(R_7//R_8//R_L)}{\dot{U}_f}=-\dfrac{(R_2+R_4+R_9)(R_7//R_8//R_L)}{R_2R_9}$

10.(f)(h)输入电阻增大，输出电阻减小

11.(a)输入电阻减小，输出电阻增大；(b)输入电阻减小，输出电阻减小；

(c)输入电阻增大，输出电阻增大；(e)输入电阻减小，输出电阻增大

12.电压串联负反馈；无穷大；11；11；1；14；14；1

13.若 $u_{B1}=u_{B2}$ 增大，则产生下列过程：

$$u_{B1}=u_{B2}\uparrow\to u_{C1}=u_{C2}\downarrow(u_{B4}=u_{B5}\downarrow)\to i_{E4}=i_{E5}\downarrow\to u_{R5}\downarrow(u_{B3}\downarrow)\to i_{C3}\downarrow\to u_{R1}\downarrow$$

$$u_{C1}=u_{C2}\uparrow\longleftarrow$$

14.(1)$A_f\approx1/F=500$。

(2)A_f 相对变化率为 A 的相对变化率的 $\dfrac{1}{1+AF}$，约为 0.1%

$$\dot{A}\dot{F}\approx\dfrac{10\%}{0.1\%}=100$$

15.$\dot{F}\approx\dfrac{1}{\dot{A}_f}=\dfrac{1}{30}\approx0.03$

$$\dot{A}_f\approx\dfrac{\dot{A}}{1+\dot{A}\dot{F}}\Rightarrow\dot{A}\approx3\,000$$

16.略

17.U_o 的调节范围为 $\dfrac{R_1+R_2+R_3}{R_1+R_2}U_Z\sim\dfrac{R_1+R_2+R_3}{R_1}U_Z$，即 $\dfrac{R_1+R_2+R_3}{R_1+R_2}\times6\sim\dfrac{R_1+R_2+R_3}{R_1}\times6$

18.已知负反馈放大电路的 $\dot{A}=\dfrac{10^4}{\left(1+\mathrm{j}\dfrac{f}{10^4}\right)\left(1+\mathrm{j}\dfrac{f}{10^5}\right)^2}$

反馈系数 $20\lg|\dot{F}|$ 的上限值为 $-60\ \mathrm{dB}$，即 $\dot{F}$ 的上限值为 10^{-3}

19.

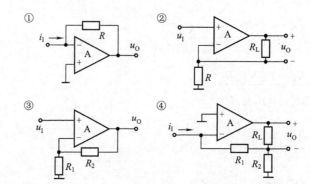

20.①引入电流串联负反馈,通过电阻 R_f 将三极管的发射极与 T_2 管的栅极连接起来。

②$\dot{F}=\dfrac{R_1 R_f}{R_1+R_f+R_6}$

$\dot{A}_f \approx \dfrac{R_1+R_f+R_6}{R_1 R_f}$

代入数据$\dfrac{10+R_f+1.5}{10\times1.5}=\dfrac{10}{5}$,所以

$R_f=18.5\ \text{k}\Omega$

21. 略

22.①一定会产生自激振荡。因为在 $f=10^3$ Hz 时附加相移为$-45°$,在 $f=10^4$ Hz 时附加相移约为$-135°$,在 $f=10^5$ Hz 时附加相移约为$-225°$,因此附加相移为$-180°$的频率在 $10^4\sim10^5$ Hz 之间,此时$|\dot{A}\dot{F}|>0$,故一定会产生自激振荡。

②加消振电容,在晶体管 T_2 的基极与地之间。

③可在晶体管 T_2 基极和集电极之间加消振电容。因为根据密勒定理,等效在基极与地之间的电容比实际电容大得多

23.(a)C_2 到 R_3,提高输入电阻,改善跟随特性。

(b)C_2 到 R_3,提高第二级跟随范围,增大放大倍数,使输出的正方向电压有可能高于电源电压

24.①$\dot{A}_u \approx 1+\dfrac{R_f}{R}$

②$\dot{U}_n=\dot{U}_i-\dot{I}_i r_o \approx \dot{U}_i$(因为 r_o 很小)

$\dot{I}_i = \mathrm{j}\omega C \dot{U}_o$

$\dot{I}_i \approx \dfrac{\dot{U}_i}{R}+\dfrac{\dot{U}_i-\dot{U}_o}{R_f}=\dfrac{\dot{U}_i(R+R_f)}{RR_f}-\dfrac{\dot{U}_o}{R_f}=\mathrm{j}\omega C \dot{U}_o$

$\dot{U}_o\left(\dfrac{1+\mathrm{j}\omega R_f C}{R_f}\right) \approx \dfrac{\dot{U}_i(R+R_f)}{RR_f}$

$\dot{A}_u=\dfrac{\dot{U}_o}{\dot{U}_i} \approx \left(1+\dfrac{R_f}{R}\right)\cdot\dfrac{1}{1+\mathrm{j}\omega R_f C}$

所以 $f_H = \dfrac{1}{2\pi R_f C}$

25.（a）反馈放大电路的基本放大电路如下图所示，因此

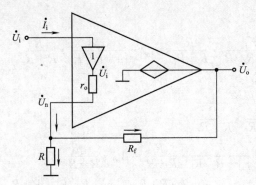

$R_i = r_{id} // R_f$

$R_o = r_o // R_f$

$A = \dfrac{\Delta u_o}{\Delta i_I} = \dfrac{\Delta u_o}{-\dfrac{\Delta u_i}{r_{id} // R_f}} = -A_{od}(r_{id} // R_f)$

$F = \dfrac{\Delta i_F}{\Delta u_o} = -\dfrac{1}{R_f}$

$1 + AF = 1 + A_{od}(r_{id} // R_f) \cdot \dfrac{1}{R_f} \approx A_{od} \cdot (r_{id} // R_f) \cdot \dfrac{1}{R_f}$

$A_f = \dfrac{-A_{od}(r_{id} // R_f)}{1 + A_{od} \cdot (r_{id} // R_f) \cdot \dfrac{1}{R_f}}$

$R_{if} \approx \dfrac{r_{id} // R_f}{A_{od} \cdot (r_{id} // R_f) \cdot \dfrac{1}{R_f}} = \dfrac{R_f}{A_{od}}$

$R_{of} \approx \dfrac{r_o // R_f}{A_{od} \cdot (r_{id} // R_f) \cdot \dfrac{1}{R_f}} = \dfrac{(r_o // R_f)(r_{id} + R_f)}{A_{od} r_{id}}$

若 $r_{id} \gg R_f, r_o \ll R_f$，则 $A \approx -A_{od}R_f, R_i \approx R_f, R_o \approx r_o$，

$A_f = \dfrac{-A_{od}R_f}{1 + A_{od}}, R_{if} \approx A_{od}R_f, R_{of} \approx r_o / A_{od}$。

整个电路的输入电阻约为 $(R + R_f / A_{od})$。

（b）反馈放大电路的基本放大电路如下图所示，因此

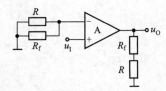

$R_i = r_{id} + R // R_f \quad R_o = r_o // (R + R_f)$

$u_I = u_{Id} \cdot \dfrac{r_{id} + R // R_f}{r_{id}}$

$$A=\frac{\Delta u_{\mathrm{o}}}{\Delta u_{\mathrm{I}}}=\frac{\Delta u_{\mathrm{o}}}{\Delta u_{\mathrm{Id}}\cdot\dfrac{r_{\mathrm{id}}+R//R_{\mathrm{f}}}{r_{\mathrm{id}}}}=A_{\mathrm{od}}\cdot\frac{r_{\mathrm{id}}}{r_{\mathrm{id}}+R//R_{\mathrm{f}}}$$

$$F=\frac{\Delta u_{\mathrm{F}}}{\Delta u_{\mathrm{o}}}=\frac{R}{R+R_{\mathrm{f}}}$$

$$1+AF=1+A_{\mathrm{od}}\cdot\frac{r_{\mathrm{id}}}{r_{\mathrm{id}}+R//R_{\mathrm{f}}}\cdot\frac{R}{R+R_{\mathrm{f}}}\approx A_{\mathrm{od}}\cdot\frac{r_{\mathrm{id}}}{r_{\mathrm{id}}+R//R_{\mathrm{f}}}\cdot\frac{R}{R+R_{\mathrm{f}}}$$

$$A_{\mathrm{f}}=\frac{A_{\mathrm{od}}\cdot\dfrac{r_{\mathrm{id}}}{r_{\mathrm{id}}+R//R_{\mathrm{f}}}}{1+A_{\mathrm{od}}\cdot\dfrac{r_{\mathrm{id}}}{r_{\mathrm{id}}+R//R_{\mathrm{f}}}\cdot\dfrac{R}{R+R_{\mathrm{f}}}}$$

$$R_{\mathrm{if}}\approx(r_{\mathrm{id}}+R//R_{\mathrm{f}})A_{\mathrm{od}}\cdot\frac{r_{\mathrm{id}}}{r_{\mathrm{id}}+R//R_{\mathrm{f}}}\cdot\frac{R}{R+R_{\mathrm{f}}}=A_{\mathrm{od}}\cdot\frac{r_{\mathrm{id}}R}{R+R_{\mathrm{f}}}$$

$$R_{\mathrm{of}}\approx\frac{r_{\mathrm{o}}//(R+R_{\mathrm{f}})}{A_{\mathrm{od}}\cdot\dfrac{r_{\mathrm{id}}}{r_{\mathrm{id}}+R//R_{\mathrm{f}}}\cdot\dfrac{R}{R+R_{\mathrm{f}}}}=\frac{r_{\mathrm{o}}//(R+R_{\mathrm{f}})}{A_{\mathrm{od}}}\cdot\frac{r_{\mathrm{id}}+R//R_{\mathrm{f}}}{r_{\mathrm{id}}}\cdot\frac{R+R_{\mathrm{f}}}{R}$$

若 $r_{\mathrm{id}}\gg R//R_{\mathrm{f}}$，$r_{\mathrm{o}}\ll(R+R_{\mathrm{f}})$，则

$$R_{\mathrm{i}}\approx r_{\mathrm{id}}\quad R_{\mathrm{o}}\approx r_{\mathrm{o}}$$

$$A\approx A_{\mathrm{od}}\quad AF\approx A_{\mathrm{od}}\cdot\frac{R}{R+R_{\mathrm{f}}}$$

$$A_{\mathrm{f}}\approx\frac{A_{\mathrm{od}}}{1+A_{\mathrm{od}}\cdot\dfrac{R}{R+R_{\mathrm{f}}}}$$

$$R_{\mathrm{if}}\approx r_{\mathrm{id}}\left(1+A_{\mathrm{od}}\cdot\frac{R}{R+R_{\mathrm{f}}}\right)\approx\frac{A_{\mathrm{od}}r_{\mathrm{id}}R}{R+R_{\mathrm{f}}}$$

$$R_{\mathrm{of}}=\frac{r_{\mathrm{o}}}{1+A_{\mathrm{od}}\cdot\dfrac{R}{R+R_{\mathrm{f}}}}\approx\frac{r_{\mathrm{o}}}{A_{\mathrm{od}}}\cdot\frac{R+R_{\mathrm{f}}}{R}$$

(c)略

26.略

第7章

一、填空题

1.有规则的、持续存在的交流输出波形；电路的形式和自身的参数；增益

2.正反馈放大电路、反馈网络和选频网络；稳幅

3.$\dot{A}\dot{F}=1$；$\varphi_{\mathrm{a}}+\varphi_{\mathrm{f}}=2n\pi$；$|\dot{A}\dot{F}|=1$；$|\dot{A}\dot{F}|>1$

4.RC；LC；石英

5.RC；LC；石英

6.阻性；容性；感性

二、判断题

1～5.××××× 6～8.×√×

三、分析计算题

1.正弦波振荡器是人为地将放大器和反馈网络在预定的频率下，满足相位条件：$\varphi_{\mathrm{a}}+\varphi_{\mathrm{f}}=2n\pi$，$n=0,1,2\cdots$，构成正反馈系统，从而产生了正弦振荡。

而负反馈放大器则不同,它在预定的工作频率范围内是负反馈,但由于放大器中三极管的结电容、分布电容等因频率不同,而产生不同的附加相移,当这种相移满足相移平衡条件:$\varphi_a + \varphi_f = (2n + 1)\pi$,$n = 0,1,2\cdots$,负反馈转换为正反馈系统,从而产生了自激振荡

2. (a)不能产生正弦波振荡,因为 $\varphi_a = 180°$,而 $\varphi_f = 0$,不满足相位条件;

(b)不能产生正弦波振荡,因为 $\varphi_a = 180°$,而 $\varphi_f = 0$,不满足相位条件;

(c)可以产生正弦波振荡,因为 $\varphi_a + \varphi_f = 2n\pi$,满足相位条件

3. 该电路不能产生正弦波振荡,因为 $\varphi_a = 180°$,而 $\varphi_f = 0$,不满足相位条件。将电路图中 T_3 的输出端由发射极更改到集电极,即可满足相位条件,电路的振荡频率为 $f = \dfrac{1}{2\pi RC}$

4. ①电路中,输出电压经二极管 D 整流和 R_4、C_1 滤波后通过 R_5 为场效应管栅极提供控制电压。当幅值增大时,U_{GS} 变负,r_{DS} 将自动加大以加强负反馈;反之亦然。这样,就可达到稳幅的目的

②假设 u_o 幅值减小,该电路自动稳幅过程如下:当 u_o 幅值减小时,U_{GS} 变正,r_{DS} 将自动减小以减弱负反馈,从而维持幅值稳定。

③振荡频率为 $f_0 = \dfrac{1}{2\pi RC}$

5. ①该电路是文氏电桥 RC 正弦波振荡电路,输出正弦波。

②RC 元件串并联组成选频网络。

③振荡频率 $f_0 = \dfrac{1}{2\pi RC} = \dfrac{1}{2 \times 3.14 \times 16\,000 \times 0.01 \times 10^{-6}}\,\text{Hz} = 995\,\text{Hz}$

④振荡时,选频网络的反馈系数 $F = \dfrac{1}{3}$,为了满足起振的条件,则 $A_u = 1 + \dfrac{R_1}{R_2} > 3$,所以 $R_1 > 2R_2 = 2 \times 1\,\text{k}\Omega = 2\,\text{k}\Omega$。$R_1$ 略大于 $2\,\text{k}\Omega$

6. 该电路不能产生正弦波振荡,因为 $\varphi_a = 180°$,而 $\varphi_f = 0$,不满足相位平衡条件。只要将运算放大器的同相输入端和反相输入端互换,电路可以产生正弦振荡。

二极管具有非线性等效电阻,当二极管两端电压小时,等效电阻大;反之,等效电阻小。利用反并联的两个二极管 D_1 和 D_2 可构成非线性负反馈网络。当输出电压较小时,负反馈较弱,电路放大倍数较大,电路容易起振;当输出电压较大时,负反馈较强,能较快地使放大器在未进入非线性区时,输出电压达到稳定。这样可以减小输出电压的非线性失真。

二极管 D_1 和 D_2 起到稳定振荡幅度的作用。

7. 图(a)所示电路有可能产生正弦波振荡。因为共射放大电路输出电压和输入电压反相($\varphi_a = -180°$),且图中三级移相电路为超前网络,在信号频率为 $0\sim\infty$ 时相移为 $+270°\sim0°$,因此存在使相移为 $+180°$($\varphi_f = +180°$)的频率,即存在满足正弦波振荡相位条件的频率 f_0(此时 $\varphi_a + \varphi_f = 0°$);且在 $f = f_0$ 时有可能满足起振条件 $|\dot{A}F| > 1$,故可能产生正弦波振荡。

图(b)所示电路有可能产生正弦波振荡。因为共射放大电路输出电压和输入电压反相($\varphi_a = -180°$),且图中三级移相电路为滞后网络,在信号频率为 0 到无穷大时相移为 $0°\sim-270°$,因此存在使相移为 $-180°$($\varphi_a = -180°$)的频率,即存在满足正弦波振荡相位条件的频率 f_0(此时 $\varphi_a + \varphi_f = -360°$);且在 $f = f_0$ 时有可能满足起振条件 $|\dot{A}F| > 1$,故可能产生正弦波振荡。

8. 图(a)所示电路可以起振,因为 $\varphi_a + \varphi_f = 2n\pi$,满足起振条件,此为电容三点式振荡电路。

图(b)所示电路可以起振,因为 $\varphi_a + \varphi_f = 2n\pi$,满足起振条件,此为电感三点式振荡电路。

图(c)所示电路不能起振,因为 $\varphi_a = 180°$,$\varphi_f = 0$,不能振荡。修改方法:将变压器的同名端修改一下。

图(d)所示电路可以起振,因为 $\varphi_a + \varphi_f = 2n\pi$,满足起振条件,此为电感三点式振荡电路

9.①振荡线圈一、二次绕组的同名端电路为变压器 1、5 端。

②图中线圈 2 端和 3 端的输出电压为正反馈输入电压,所以增加 L_{23},有利于起振。

③C_1 为旁路电容,直流开路,保证电路有合适的静态工作点,交流短路,使得晶体管 T 基极交流接地,放大器组态为共基极放大电路。C_2 为耦合电容,起着隔直流、通交流的作用,将变压器 L_{23} 两端的电压信号耦合反馈至晶体管的射极。

④当 $C_4 = 10$ pF 时,在 C_5 的变化范围内,由于 $C = C_4 // C_5 + C_3$,所以 $C_{max} = 50$ pF,$C_{min} = 20.5$ pF,而 $f = \dfrac{1}{2\pi\sqrt{LC}}$,所以振荡频率 f 的调节范围是 $2.25\sim3.5$ MHz

10. 图(a)所示的电路不能产生正弦振荡,因为按照三点式电路的相位条件,同相端相连的不是同类电抗,所以不满足相位条件。

图(b)所示的电路是按照三点式电路的相位条件,同相端相连的是同类电抗,可以产生正弦振荡的电路,此电路为电感三点式 LC 振荡电路。

图(c)所示的电路不能产生正弦振荡,因为按照三点式电路的相位条件,同相端相连的不是同类电抗,所以不满足相位条件。

图(d)所示的电路是按照三点式电路的相位条件,同相端相连的是同类电抗,所以可以产生正弦振荡,此电路为电容三点式 LC 振荡电路

11. 将电路中的端口 m 和端口 k 连接,端口 j 和端口 p 连接;端口 n 接地,这样连接后的电路可以产生正弦振荡

第 8 章

一、选择题

1~3. ABC   4. BDE

二、判断题

1~3. ×√×   4. ××√   5. √×√√

三、填空题

1. 无交越失真

2. $\dfrac{(V_{CC} - U_{CES})^2}{2R_L}$

3. 为 T_1 和 T_2 提供适当的偏压,使之处于微导通状态,消除交越失真;16 W;69.8%;10

4. 50%(峰值功率);越小;越大

5. 78.5%;$V_{CC} - U_{CES}$;输出波形严重失真;$0.2\,P_0$;4 W;$\dfrac{V_{CC}^2}{2R_L}$

6. 甲乙类

7. $V_{CC}/2$

8. 大;图解法

四、问答题

(略)

五、分析计算题

1. ① $P_{om} = \dfrac{U_{om}^2}{2R_L} = \dfrac{V_{CC}^2}{2R_L} = 14$ W

$\eta = 78.5\%$

② $P_{om} = \dfrac{U_{om}^2}{2R_L} = \dfrac{10^2}{2 \times 8} = 6.25 \text{ W}$

$P_T = 2P_{T1} = \dfrac{2}{R_L}\left(\dfrac{V_{CC}U_{om}}{\pi} - \dfrac{U_{om}^2}{4}\right) = \dfrac{2}{8}\left(\dfrac{15 \times 10}{\pi} - \dfrac{10^2}{4}\right) \text{ W} = 5.7 \text{ W}$

$\eta = \dfrac{P_{om}}{P_E} = \dfrac{P_{om}}{P_{om} + P_T} = \dfrac{6.25}{6.25 + 5.7} = 52.3\%$

2. ①电压并联负反馈

② $A_{uf} = \dfrac{U_o}{U_i} = -\dfrac{R_2}{R_1} = 10$

③ $U_{om} = |A_{uf} \cdot U_{im}| = 10 \text{ V}$

$P_o = \dfrac{U_{om}^2}{2R_L} = \dfrac{10^2}{2 \times 8} \text{ W} = 6.25 \text{ W}$

$P_T = 2P_{T1} = \dfrac{2}{R_L}\left(\dfrac{V_{CC}U_{om}}{\pi} - \dfrac{U_{om}^2}{4}\right) = \dfrac{2}{8}\left(\dfrac{12 \times 10}{\pi} - \dfrac{10^2}{4}\right) \text{ W} = 3.3 \text{ W}$

$P_E = P_o + P_T = (6.25 + 3.3) \text{ W} = 9.55 \text{ W}$

$\eta = \dfrac{P_{om}}{P_E} = \dfrac{P_{om}}{P_{om} + P_T} = \dfrac{6.25}{6.25 + 3.3} = 65.4\%$

3. ① $P_{om} = \dfrac{U_{om}^2}{2R_L} = \dfrac{V_{CC}^2}{2R_L} = \dfrac{12^2}{2 \times 8} \text{ W} = 9 \text{ W}$

② $P_{T1m} = P_{T2m} = \dfrac{1}{R_L}\left(\dfrac{V_{CC}U_{om}}{\pi} - \dfrac{U_{om}^2}{4}\right) = \dfrac{V_{CC}^2}{R_L}\left(\dfrac{4-\pi}{4\pi}\right) = \dfrac{12^2}{8}\left(\dfrac{4-\pi}{4\pi}\right) \text{ W} = 1.23 \text{ W}$

③ $P_E = P_o + P_T = (9 + 2 \times 1.23) \text{ W} = 11.46 \text{ W}$

$\eta = \dfrac{P_{om}}{P_E} = \dfrac{P_{om}}{P_{om} + P_T} = \dfrac{9}{11.46} = 78.5\%$

④ $|U_{(BR)CEO}| > 2V_{CC} = 24 \text{ V}$

⑤静态时给 T_1，T_2 提供适当的偏压，使之处于微导通状态，克服交越失真。

4～5. 略

6. ①本电路是带甲乙类互补推挽功放的多级放大电路，中间级（T_3 管）是共射极放大电路，输入级是单端输出差分放大电路。输入信号接在 T_1 管的基极，而反馈信号接在 T_2 管的基极。反馈网络由 R_2 和 R_3 组成，反馈信号是 R_2 两端的电压。利用瞬时极性法判别本电路是负反馈电路，并且是电压串联负反馈。

② $A_{uf} = 1 + \dfrac{R_3}{R_2} = 1 + \dfrac{3.9}{0.2} = 20.5$

$U_o = |A_{uf}|U_i = 20.5 \times 0.5 = 10.25 \text{ V}$

$P_o = \dfrac{U_{om}^2}{2R_L} = \dfrac{(\sqrt{2}U_o)^2}{2R_L} = \dfrac{U_o^2}{R_L} = \dfrac{10.25^2}{8} \text{ W} = 13.1 \text{ W}$

$P_T = \dfrac{2}{R_L}\left(\dfrac{V_{CC}U_{om}}{\pi} - \dfrac{U_{om}^2}{4}\right) = \dfrac{2}{R_L}\left(\dfrac{\sqrt{2}V_{CC}U_o}{\pi} - \dfrac{2U_o^2}{4}\right) \text{ W} = 9.9 \text{ W}$

$P_E = P_o + P_T = (13.1 + 9.9) \text{ W} = 23 \text{ W}$

$\eta = \dfrac{P_o}{P_E} = \dfrac{13.1}{23} = 57\%$

③当输出电压幅值达到电源电压时,输出功率和效率达到最大。

$$P_{om} = \frac{V_{CC}^2}{2R_L} = 25 \text{ W}$$

$$\eta_m = 78.5\%$$

7. 略

第 9 章

一、判断题

1~6. √√√××√

二、选择题

1~5. ABCBD　6~7. CA　8. ①C;②C;③C;④A;⑤A;⑥C;⑦A(D_2 击穿断开)、C(D_2 击穿短接);⑧B

三、填空题

1. 将交流电网电压降压成整流电路所要求的电压;将交流电换成脉动的直流电;减小脉动、滤去整流输出电压中的纹波、使输出平滑;维持输出直流电压稳定,使之不受电网波动和负载变化的影响

2. 变压、整流、滤波、稳压;能量

3. 基准电路、比较放大、调整电路、采样电路

4. 基准电压与反馈电压的差值

5. 反向击穿;并联;并联式

6. 开关

7. 占空比

8. 桥式;电容型;稳压管;串联型

9. 放大;20

四、分析计算题

1. ①各物理量的波形图如右图所示。

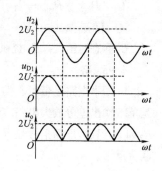

②由定义:$U_o = \frac{1}{T} \int_0^T u_o(t) \mathrm{d}t$,由于整流后 $\omega t = \pi$;

因此,$U_{o(AV)} = \frac{1}{\pi} \int_0^\pi \sqrt{2} U_2 \sin\omega t \mathrm{d}(\omega t) = 0.9 U_2$;

同理:$I_{o(AV)} = \frac{U_o}{R_L} = 0.9 \frac{U_2}{R_L}$。

③根据①问图解,$I_{D(AV)} = \frac{1}{2\pi} \int_0^\pi \frac{u_o}{R_L} \mathrm{d}(\omega t) = \frac{I_o}{2}$;

$U_{BRmax} = 2u_{i(max)} = 2\sqrt{2} U_2$

2. ① $I_o = \frac{U_o}{R_L} = \frac{30}{120} \text{ A} = 0.25 \text{ A}$。

②由于每个二极管仅有一半时间导通,导通时 $I_D = I_o$,截止时 $I_D = 0$,所以 $I_D = \frac{1}{2} I_o = 0.125 \text{ A}$

半波整流二极管最大反向电压 $U_{DR} = \sqrt{2} U_I$。

③滤波电容 $C \geqslant (3 \sim 5) \frac{1}{2R_L f}$

取 $C = \frac{5}{2 \times 50 \times 120} \text{F} = 420 \text{ μF}$

3. 选择整流二极管：流经二极管的平均电流 $I_D = \frac{1}{2}I_o = 75\ \text{mA}$，取 $U_0 = 1.2U_2$，则二极管承受

的最大反相电压 $U_{RM} = \sqrt{2}U_2 = \frac{\sqrt{2}U_0}{1.2} = \frac{\sqrt{2} \times 30}{1.2}\ \text{V} = 35.35\ \text{V}$，所以，可以选用 2CP6A 作为整流管。

选择滤波电容器：

负载电阻 $R_L = \frac{U_o}{I_o} = \frac{30}{150}\ \text{k}\Omega = 0.2\ \text{k}\Omega$，

由 $\tau_d = R_L C \geqslant 2T = 0.04\ \text{s}$，所以 $C = \frac{0.04\ \text{s}}{0.2\ \text{k}\Omega} = 200\ \mu\text{F}$，

电容承受的最高电压：$U_{CM} = \sqrt{2}U_2 \times 1.1\ \text{V} = 38.5\ \text{V}$。

所以可以用标值为 200 μF/50 V 的电解电容

4. 略

5. 由图可知，$I_{Zmax} \geqslant I_Z = \frac{U_{Imax} - U_Z}{R} - \frac{U_Z}{R_{Lmax}}$，

$I_{Zmin} \leqslant I_Z = \frac{U_{Imin} - U_Z}{R} - \frac{U_Z}{R_{Lmin}}$。

而根据题中条件，$R_{Lmax} = \infty$，$R_{Lmin} = \frac{9}{10}\ \text{k}\Omega = 900\ \Omega$，$U_{Imax} = 16.5\ \text{V}$，$U_{Imin} = 13.5\ \text{V}$。

$R \geqslant \frac{U_{Imax} - U_Z}{I_{Zmax} + 0} = \frac{16.5 - 9}{26}\ \Omega = 288.5\ \Omega$；

$R \leqslant \frac{U_{Imin} - U_Z}{I_{Zmax} + 10} = \frac{13.5 - 9}{11}\ \Omega = 409.1\ \Omega$；

所以 $288\ \Omega \leqslant R \leqslant 409\ \Omega$

6. 略

7. ①由题可知，$R_{Lmin} = \frac{6}{40}\ \text{k}\Omega = 150\ \Omega$，

而 $I_{Zmin} \leqslant I_Z = \frac{U_2 - U_Z}{R} - \frac{U_Z}{R_{Lmin}}$，代入可得：

$R \leqslant 200\ \Omega$。

② $I_{Zmax} \geqslant I_Z = \frac{U_2 - U_Z}{R}$（$R = 200\ \Omega$），所以 $I_{Zmax} = 45\ \text{mA}$。

③当 U_2 变化 10% 时，$V_{Zmin} = 13.5\ \text{V}$，

根据①，可以得到 $R = 167\ \Omega$

8. ①由图可知，$R = \frac{U_I - U_Z}{I_Z + I_o} = \frac{400 - 10}{30 + 20}\ \text{k}\Omega = 7.6\ \text{k}\Omega$，

②由图可知，$R_L = \frac{2U_Z}{I_o} = 1\ \text{k}\Omega$，

$I_{Zmax} = \frac{U_{Imax} - 2U_Z}{R} - \frac{2U_Z}{R_L} = 50\ \text{mA}$，

$I_{Zmin} = \frac{U_{Imin} - 2U_Z}{R} - \frac{2U_Z}{R_L} = 10\ \text{mA}$，

由以上可以得出：$248\ \text{V} \leqslant U_I \leqslant 552\ \text{V}$

9~11. 略

参 考 文 献

[1] RICHARD C J，TRAVIS N B. Microelectronic Circuit Design[M]. 4th. New York：McGraw-Hill Companies，Inc,2011.

[2] DONALD N，DONALD A N. Microelectronic Circuit Analysis and Design[M]. 3rd. New York：McGraw-Hill Science/Engineering/Math,2007.

[3] ULRICH T，CHRISTOPH S. Electronic Circuits：Handbook for Design and Application[M]. 2nd. New York：Springer,2008.

[4] DINESH C D. Electronics：Circuits and Analysis[M]. 2nd. Oxford：Alpha Science International Ltd,2012.

[5] PAUL H，WINFIELD H. The Art of Electronics[M]. New York：Cambridge University Press,2015.

[6] 童诗白,华成英. 模拟电子技术基础[M]. 5 版. 北京：高等教育出版社,2015.

[7] 康华光. 电子技术基础模拟部分[M]. 5 版. 北京：高等教育出版社,2006.

[8] 杨素行. 模拟电子技术基础简明教程[M]. 3 版. 北京：高等教育出版社,2006.

[9] 陈大钦,秦臻. 模拟电子技术基础[M]. 北京：机械工业出版社,2000.

[10] 何碧贵,韩德勋. 模拟电子技术基础[M]. 北京：中国水利水电出版社,2013.

[11] 唐朝仁. 模拟电子技术基础[M]. 北京：清华大学出版社,2014.

[12] BOB D. 模拟电路设计手册[M]. 张徐亮,译. 北京：人民邮电出版社,2016.

[13] THOMAS L F，DAVID M B. 模拟电子技术基础：系统方法[M]. 朱杰,蒋乐天,译. 北京：机械工业出版社,2015.

[14] DONALD A N. 电子电路分析与设计：模拟电子技术[M]. 王宏宝等,译. 北京：清华大学出版社,2009.

[15] ROBERT L B ,LOUIS N. 模拟电子技术[M]. 李立华,李永华,译. 北京：电子工业出版社,2008.

[16] 邱关源,罗先觉. 电路[M]. 5 版. 北京：高等教育出版社,2006.

[17] 沈元隆,刘陈. 电路分析基础[M]. 3 版. 北京：人民邮电出版社,2008.

[18] 程勇. 实例讲解 Multisim 10 电路仿真[M]. 北京：人民邮电出版社,2010.

[19] 黄志伟. 基于 NI Multisim 的电子电路计算机仿真设计与分析：修订版.[M]. 北京：电子工业出版社,2013.

[20] 赵永杰,王国玉. Multisim 10 电路仿真技术应用.[M]. 北京：电子工业出版社,2012.